Kostenberechnung im Tiefbau

Ein Hilfsbuch für die Kalkulation von Tiefbauarbeiten

Von

Dipl.-Ing. Dr. techn. **Richard Fill**

Zivilingenieur für Bauwesen
Wien

Mit 40 Textabbildungen

1965

Springer-Verlag

Wien · New York

ISBN-13:978-3-7091-8120-1 e-ISBN-13:978-3-7091-8119-5
DOI: 10.1007/978-3-7091-8119-5

Softcover reprint of the hardcover 1st edition 1965

Titel-Nr. 8203

Vorwort

Bauleistungen in aller Exaktheit zu kalkulieren, ist unmöglich. Die Kalkulation wird immer eine mehr oder weniger gute Schätzung bleiben. Die Unsicherheit in der Ermittlung von Baupreisen ist um so größer, je ungenauer die Beschreibung der auszuführenden Leistungen durch Bedingnisse, Leistungsverzeichnisse und Pläne ist und je unsicherer die Verhältnisse des Ortes sind, an dem die Bauleistung erstellt werden soll. Hierzu kommen noch alle Faktoren, die in der Ausführung selbst liegen, also in der gewählten Baumethode, im zur Verfügung stehenden Personal, im Gerät, in der Jahreszeit und in der allgemeinen Wirtschaftslage. Es ist daher nicht verwunderlich, daß Preise für Bauleistungen auch unter gleichrangigen erfahrenen Firmen mitunter beträchtliche Unterschiede aufweisen. Je genauer und erschöpfender Pläne, Beschreibungen und Bodenaufschlüsse sind, um so weniger werden auch die Kosten der Ausführung von den angebotenen abweichen, da die Unsicherheit der Einflußgruppe Personal, Gerät und Witterung vom anbietenden Unternehmer eingeschätzt und im Leistungsansatz sowie im Risikozuschlag berücksichtigt werden kann.

Jeder Unternehmer will für seine Leistung einen angemessenen Preis erzielen, jeder Auftraggeber ist im allgemeinen bereit, einen angemessenen Preis zu zahlen. Verständlicherweise sind jedoch die Auffassungen über die Angemessenheit von Preisen auch unter den Unternehmern nicht immer gleich. Dies liegt, wie eingangs erwähnt, in der Vieldeutigkeit der Kostenermittlung und in der Marktlage. Es gibt daher keinen befriedigenden Weg für beide Teile, Baupreise verläßlich und frei von jeder Spekulation gerecht zu beurteilen, es sei denn, man zieht eine sehr erfahrene neutrale Prüfstelle zu. Als angemessen ist fraglos der Preis oder die Preissumme zu bezeichnen, die bei sparsamster Betriebsführung die Selbstkosten deckt und dem Unternehmer noch einen wohlverdienten Gewinn sichert. Der Druck einer seriösen Konkurrenz wird immer dafür sorgen, daß jeder Unternehmer schon bei seiner Kostenermittlung bei voller Wahrung der Ausführungsgüte an die für ihn vertretbare untere Grenze gehen muß.

Der Unterschied zwischen Kalkulation und Ausführung ist im Tiefbau größer als im Hoch- und Industriebau, weil die Einflüsse der Örtlichkeit im Tiefbau viel unbestimmter sind, so daß beispielsweise schwierige Untergrundverhältnisse die Gründungskosten beträchtlich erhöhen können. Dies trifft nicht weniger auch auf den Stollen- und Tunnelbau zu. Schließlich spielt beim Hochbau das Moment der Wiederholung gleichartiger oder ähnlicher Bauleistungen eine größere Rolle, so daß dort die Erfassung der Selbstkosten mit einiger Sicherheit möglich ist, während die Objekte des Tiefbaues viel unterschiedlicher sind. Gleiche Gelände- und Bodenverhältnisse sind äußerst selten.

Das vorliegende Hilfs- und Nachschlagebuch soll die Arbeit des Kalkulanten unterstützen; es soll den weniger erfahrenen auf die Zusammenhänge des Kostengefüges aufmerksam machen, den geübten immer wieder an sie erinnern. Dem Anfänger soll es eine erste Anleitung, dem Praktiker eine Gedächtnisstütze sein. Allerdings sollte niemand die „Kunst der Kalkulation“ versuchen, der nicht aus eigener Anschauung, besser noch in eigener Verantwortung, den Betrieb einer Baustelle mitgemacht hat, denn erst aus der Sicht eigener Erfahrung, aus dem „Gewußt wie", erhalten Kalkulationshinweise ihren wahren Wert.

Die „Kostenberechnung im Tiefbau" entstand aus den Bedürfnissen der eigenen praktischen Arbeit sowie auf Anregung von Berufskollegen. Viele darin enthaltenen Werte und Hinweise stammen aus der Praxis oder wurden mit praktischen Werten verglichen und abgestimmt, ergänzt durch Angaben aus dem einschlägigen Schrifttum. Die Arbeit an dieser Zusammenstellung wurde bereits vor vielen Jahren begonnen, manche Abschnitte sind durch die rasche Entwicklung der Ausführungstechnik überholt worden, sie wurden teilweise ergänzt, teilweise wurde noch die konservative Ausführungsweise beibehalten. Von einer Beifügung charakteristischer Berechnungsbeispiele für alle Kapitel wurde einerseits abgesehen, um nicht starre Rechnungsgänge festzulegen, anderseits sollte durch das Weglassen von „Preisen" das Hauptgewicht auf die Beschreibung von Arbeitsvorgängen, auf den mutmaßlichen Arbeitsaufwand und Materialbedarf gelegt werden und das Buch somit auch zeitloser bleiben. Die „Arbeitstabellen" im Anhang beziehen sich auf Werte für Spanndrähte, Rundstähle, Seile, Rohre und Stahlausbau für Tunnel und Stollen.

Die Kapitel 9 bis 11 und 13 bis 15 wurden vorwiegend von meinem Kollegen Dipl.-Ing. O. Kühtreiber bearbeitet, mit dem mich eine langjährige erfolgreiche Zusammenarbeit verbindet und der viele Stunden seiner Freizeit für die Mitarbeit an diesem Buche geopfert hat. Ich danke ihm an dieser Stelle herzlich, ebenso vielen Kollegen im In- und Auslande für Ratschläge und Hinweise. Dem Springer-Verlag in Wien danke ich für die überaus verständnisvolle Zusammenarbeit während der Bearbeitung und für die vorzügliche und sorgfältige Ausstattung.

Möge das vorliegende Hilfsbuch Studierenden und Praktikern, Bauherren und Unternehmern in gleicher Weise nützlich sein und dazu beitragen, das Dickicht des sehr komplexen Gebietes der Baupreisermittlung leichter zu durchdringen, um zu dem Preis zu kommen, den man im Interesse von Auftraggeber und Auftragnehmer als angemessen bezeichnen kann.

Wien, im November 1964

Richard Fill

Inhaltsverzeichnis

1. Einleitung

In diesem Hilfsbuch wird versucht, dem kalkulierenden Tiefbauingenieur die maßgebenden kostenbildenden Elemente der Preisbildung darzustellen und Erfahrungswerte anzugeben, die als Vergleichszahlen zur Ermittlung der mutmaßlichen *Selbstkosten* herangezogen werden können. Der schließlich anzubietende *Gesamtpreis* ist von der Besonderheit der jeweiligen Geschäfts- und Marktlage abhängig und sei nicht Gegenstand dieses Buches. Auch würde es die vorgefaßten Grenzen überschreiten, wenn es auf die verschiedenen Arten des Kalkulationsaufbaues kritisch einginge. Sie sind im einschlägigen Schrifttum genügend beschrieben und seien ebenso wie die preisrechtlichen und gesetzlichen Bestimmungen und Vorschriften als bekannt vorausgesetzt. Grundsätzlich ist hier zu sagen, daß es für die Preisermittlung belanglos ist, welches Schema man benützt, wenn nur alle zur Ausführung der beschriebenen Leistung anfallenden Kosten erfaßt werden. Nur dann, wenn Preise und ihre Aufgliederungen miteinander verglichen werden sollen, erweist sich die Einhaltung eines „genormten" Schemas und die Verwendung gleicher Begriffe und Bezeichnungen als vorteilhaft. Auch wenn sich Ausmaße oder Grundlagen der Preisbildung ändern, wenn Löhne oder Baustoffpreise steigen oder sinken, bewährt sich ein einheitlicher, übersichtlicher Rechnungsgang, sowohl bei der Ermittlung durch den Unternehmer als auch bei der Überwachung der Preise durch Auftraggeber oder Behörde.

So wie in Deutschland eine Reihe baupreisrechtlicher Vorschriften vor allem für öffentliche Aufträge bestehen und die Preisbildung nach oben beschränken sowie auch bestimmte Aufgliederungen vorschreiben, sind auch in Österreich die Baupreise nach bestimmten Vorschriften und Normen zu ermitteln. In der Schweiz hat die „Vereinigung schweizerischer Tiefbauunternehmer" Berechnungsgrundlagen für Tiefbauarbeiten herausgegeben, die eine bewährte und bereits übliche Methode der Preiskalkulation darstellen.

G. Opitz und viele andere in Deutschland, in Österreich Maculan, in der Schweiz A. Walther, können das Verdienst für sich in Anspruch nehmen, den Aufbau der Baupreiskalkulation zusammenfassend dargestellt und in ein ordnendes, übersichtliches Schema gebracht zu haben. Nach diesem Schema wird mit geringfügigen Abweichungen heute allgemein gearbeitet, es ist zur „anerkannten Methode der Preisbildungstechnik" geworden, wohl unter der selbstverständlichen Voraussetzung, daß die Preisgestaltung durch die Grundsätze wirtschaftlicher Methoden der Bauführung und einer sparsamen Betriebsführung gekennzeichnet sein muß, wenngleich sich erst bei der Bauausführung zeigt, ob ein Angebot „preiswert" oder nur „billig" war.

In Anlehnung an „genormte Begriffe" wird auch in diesem Hilfsbuch vom *Bruttomittellohnpreis* die Rede sein, der aus dem Mittellohn abgeleitet die Kosten einer produktiven Arbeitsstunde samt allen Zuschlägen enthält. Er ist als „Lohnfaktor" in Deutschland bekannt und wäre als „Offertkosten der Arbeitsstunde" nach Schweizer Begriffen zu bezeichnen.

Im Bruttomittellohn sind nicht nur die anteiligen Löhne mit ihren Zulagen für Mehrarbeit und mit Erschwernissen, Sondererstattungen (Lohnnebenkosten) und sozialen Lasten, sondern als *Erfahrungszuschläge* die lohngebundene Baustellenregie und schließlich je nach Aufgliederung auch umzulegende Kosten, Gemein- und Gerätekosten als *Errechnungszuschläge* enthalten. Der Bruttomittellohn beinhaltet mithin sinnrichtig alles, was zum Lohn gehört, auf ihn erfahrungsgemäß bezogen wird und sich mit ihm verändert und schließlich manchmal auch Kosten, die gesondert ermittelt und auf die Lohnsumme ganz oder teilweise umgelegt werden. Mit dem *Endzuschlag* (für Geschäftskosten, Umsatzsteuer, Gewinn und Wagnis) versehen, ergibt sich der *Bruttomittellohnpreis* je Arbeitsstunde, in Deutschland als „Lohnfaktor" je Arbeitsstunde bezeichnet, dem analog der Bruttobaustoffpreis gegenübersteht. Der *Angebotspreis* errechnet sich demnach aus dem kalkulierten Zeitaufwand der Teilleistungen in Stunden multipliziert mit dem Bruttomittellohnpreis und aus der Menge der Stoffe und sonstigen Anteile multipliziert mit den Bruttobaustoffpreisen zuzüglich allfälliger mit dem (verminderten) Endzuschlag versehenen Kosten von Subunternehmerleistungen.

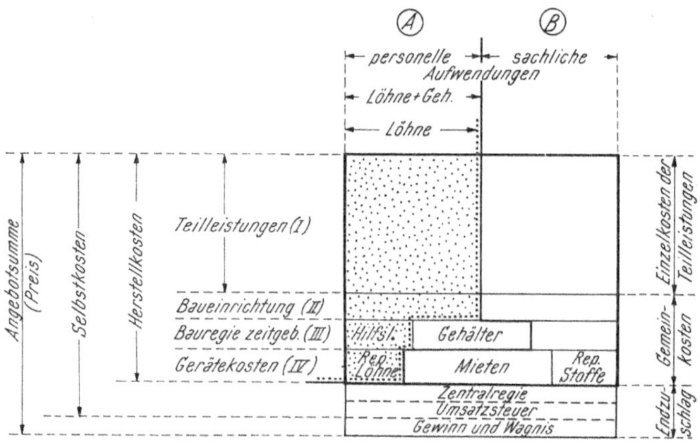

Abb. 1. Aufgliederung der Angebotssumme

Abb. 1 stellt die Aufgliederung der Angebotssumme in ihre Kostengruppen dar. Diese teilen sich ihrer Natur nach in personelle (A) und sachliche Aufwendungen (B), ihrer technischen Gliederung nach in solche, die unmittelbar mit den Teilleistungen anfallen (I) und jene, die mittelbar entstehen und als *Gemeinkosten* (II bis IV), Betriebs- oder Bauregiekosten bezeichnet werden. Eine besondere Stellung nehmen die *Gerätekosten* (IV, Mieten und Reparaturen) ein, die bei den verschiedenen Teilleistungen anfallen und entweder mit diesen als personelle und sachliche Aufwendungen berechnet werden, oder — und dies ist wohl bei großen Tiefbauten die Regel — im Aufbau der Ausschreibung als zeitgebundene Werte (z. B. je Monat) anzubieten sind. Auch bei einer Verteilung der Gerätekosten auf die sie hervorrufenden Einzelarbeiten verbleiben noch Kosten für die Beistellung von Reservegerät, Geräte allgemeiner Art (z. B. Werkstätte, Magazine usw.) und die in Stilliegezeiten entstehenden Kosten. Diese sind in Summe zu berechnen und gleichmäßig (als Errechnungszuschläge) auf alle Positionen zu verteilen.

Teilleistungen und Gemeinkosten ergeben zusammen die *Herstellkosten*, also die Gesamtsumme der auf der Baustelle und für die Baustelle anfallenden Kosten. Um zu den *Selbstkosten* zu kommen, sind noch die anteiligen Geschäftskosten und die Umsatzsteuer zuzurechnen. Aus Gründen der rechnerischen Vereinfachung werden zu den letzteren auch die Zuschläge für *Gewinn und Wagnis* zugerechnet und zusammen als *End-* oder Gesamt- (Kalkulations-) Zuschlag bezeichnet.

Tabelle 1

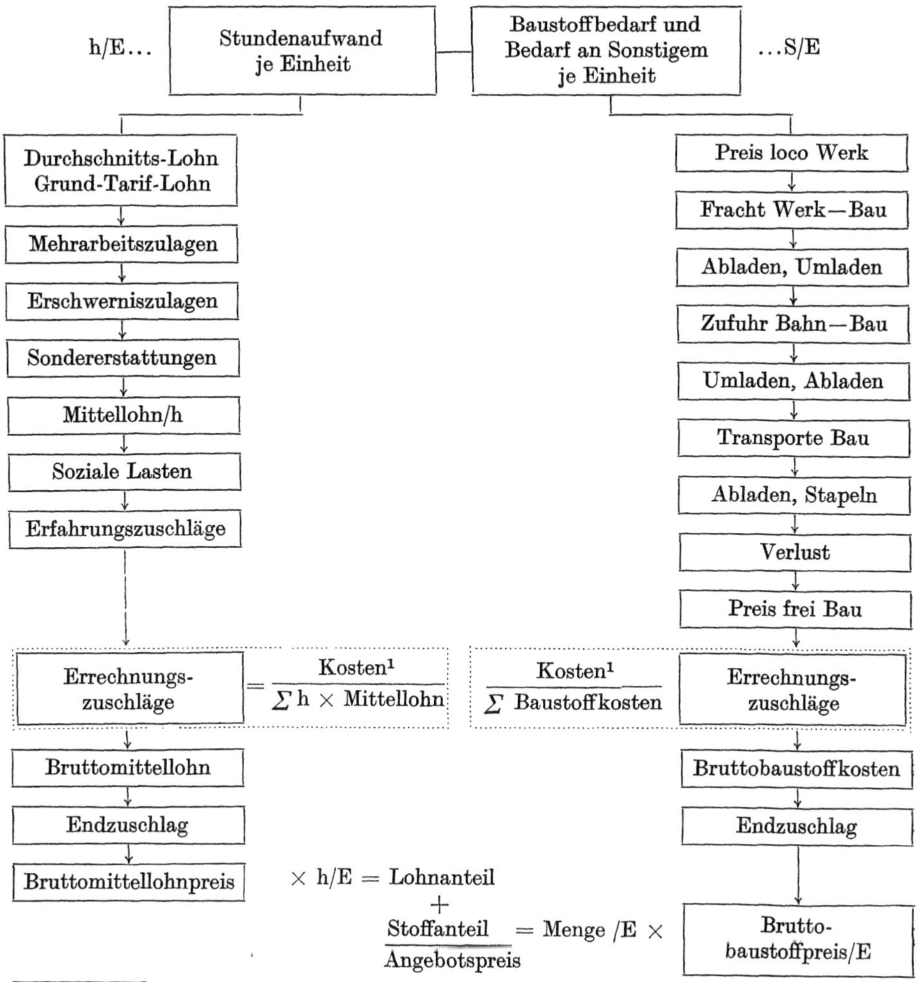

¹ Gemein- und Gerätekosten je nach Ausschreibung.

Tab. 1 zeigt den Aufbau der Angebotspreisermittlung.

Ob „umzulegende Kosten" (mit nachgeprüften Erfahrungswerten) als Errechnungszuschlag in den Bruttomittellohnpreis eingerechnet werden, wie dies bei kleineren und mittleren Bauten des Hochbaues und gleichartigen kleineren Tiefbauten üblich ist, oder ob sie jeweils gesondert ermittelt und nachher zugeschlagen werden (Endpreisverfahren), ist in Summe gesehen gleichgültig. Bei näherer Betrachtung der Kostenstruktur ist diese Frage jedoch keineswegs belanglos. Grundsätzlich soll die Kalkulation zu einem Einzelpreis führen, der alle zur angebotenen Leistung gehörenden Kosten enthält; desgleichen soll die Nachkalkulation aus den Betriebsaufzeichnungen eine Gegenüberstellung aller dieser Kosten im einzelnen ermöglichen. Eine gleichmäßige Umlegung von mehr oder weniger genau ermittelten (Zuschlags-) Kosten führt naturgemäß zu unechten Preisen, die um so mehr von ihrem wahren Aufbau abweichen, je größer die im

Zuschlag enthaltenen Kosten sind. Man wird daher in diesem Falle trachten, beispielsweise bei den Gerätekosten, diese den sie bedingenden Leistungsgruppen zuzuordnen, wenn man es nicht überhaupt vorzieht, die Großgerätekosten positionsweise den Teilleistungen zuzuordnen. Man darf in diesem Falle wohl nicht übersehen, daß auch das nichtarbeitende — vorübergehend stillstehende — Gerät Kosten verursacht, daß auch in der An- und Abtransport- und Installationszeit Kosten entstehen, die besonders bei nicht voll ausgelasteten stationären Anlagen bedeutend sein können. Diese Kosten, die als „fixe Kosten" der Baustelle betrachtet werden können und zu denen auch die Baubetriebskosten während langdauernder Schlechtwetter- (Hochwasser- und Frost-) Perioden zählen, könnten gleichmäßig auf alle Teilleistungen aufgeteilt werden. Bei großen Baustellen sind Geräte- und Gemeinkosten als Installationspauschale oder als zeitgebundene Kosten anzubieten. Dies erleichtert zwar die Kostenermittlung und führt zu echten *Gesamtkosten*, jedoch zu unechten Einzelpreisen.

Neben der grundsätzlichen Verteilung der Gemeinkosten auf die Teilleistungen ist auch die Art der Verteilung auf die Lohn- und Stoffseite wichtig.

Dieses Problem spielt besonders bei Mengenänderungen eine große Rolle. Sind die Mengen richtig ermittelt und keine Ausmaßveränderungen zu erwarten, so wird die Art der Verteilung belanglos. Meist wird die Stoffseite nur mit dem Endzuschlag versehen, hingegen alle umzulegenden Kosten auf die Lohnseite gelegt; hierbei kann die Verteilung je nach Art der Ausschreibung gleichmäßig oder in ungleichen Gruppen oder überwiegend auf „tragende Teilleistungen" vorgenommen werden. Auch ist es üblich geworden, den Endzuschlag auf der Stoffseite zu erniedrigen, da die Lieferung von Baustoffen und deren Verarbeitung mit geringeren Wagnissen, Schwierigkeiten und Verwaltungsarbeit verbunden ist als die „Lieferung von Arbeitsleistung". Für den Fall von Preisänderungen sollten hingegen die Löhne der umzulegenden Kosten auf die Lohnseite, ihre Stoffanteile auf die Stoffseite gelegt werden. Es wird sich also von Fall zu Fall lohnen, zu untersuchen, welche Zuschlagsart sowohl für den Bauherrn als auch für den Bauunternehmer mit den geringsten Unsicherheiten bei Mengen- und Preisänderungen verbunden ist; anderseits soll die Kostenrechnung nicht unnötig erschwert werden und die Kostenstruktur so durchsichtig bleiben, daß der Soll-Ist-Vergleich noch weitgehend möglich ist.

Die Aufgliederung der Gesamtbausumme in die Kostengruppen A und B bzw. I bis IV ist im allgemeinen erwünscht, um einen rohen Vergleich der prozentuellen Anteile mit Bauten ähnlicher Struktur zu erhalten, oder um Angebote für ein und dasselbe Bauvorhaben gegenüberzustellen. Es zeigt sich dann allerdings, daß ein solcher Vergleich nur bei Einhaltung eines gleichen inneren Aufbaues der Preisermittlung möglich ist. Im allgemeinen schwanken die Anteile der einzelnen Kostengruppen innerhalb großer Grenzen auch bei ähnlichen Bauvorhaben, da z. B. die Unterschiede in der Baueinrichtung und — je nach Bautermin — der Gerätekosten sehr groß sein können. Tab. 2 gibt mittlere Werte aus einer größeren Zahl von Bauten der letzten Jahre zur Orientierung. Sie sind nur bedingt zu Vergleichszwecken verwendbar, da z. B. die Gerätekosten je nach Konkurrenzlage jeweils mit verschiedenen Sätzen zum Ansatz kamen.

Doch nicht allein des interessanten Vergleiches wegen wird die Aufteilung der Gesamtbausumme z. B. in A und B vorgenommen, sie spielt vielmehr eine wichtige Rolle, wenn die Preise nicht als Festpreise, sondern als veränderliche Preise (gleitende Preise) anzubieten sind. Nur durch die Aufteilung der Preise in ihre Lohn- und Stoffanteile und die Kenntnis ihres inneren Aufbaues (belegt durch Kalkulations-Blätter) kann unter vorher zu vereinbarenden Voraussetzungen eine Veränderung der Ausgangswerte berücksichtigt werden.

Tabelle 2. *Aufteilung der Angebotsumme (in %)*

		Hochbau	Tiefbau	Erdbau (maschinell)	Straßenbau	Wasserbau	Stollenbau	Brückenbau	Talsperrenbau	
a) Anteile der personellen und sachlichen Aufwendungen										
A. Löhne und Gehälter einschließlich aller Zuschläge	A	34—40	40—50	25—40	30—40	40—45	35—50	35—40	45—50	100% (Angebotsumme)
B. Baustoffe, Mieten usw.	B	60—65	50—60	60—75	60—70	55—60	50—65	60—65	50—55	
b) Anteile nach Teilkosten										
I. Teilleistungen	I	80÷90	60÷80	65÷70	85÷90	70÷75	75÷85	75÷80	75÷80	100% Herstellkosten oder Angebotsumme
II. Baueinrichtung (einschließlich Wohnlager), Auf- und Abbau, Montage und Demontage	II	3—5	6—10	6—8	2—6	10—12	4—10	3—5	6—10	
III. Bauregie zeitgebunden	III	2—5	3—6	3—6	3—6	5—8	3—4	3—4	2—4	
IV. Gerätekosten (Mieten und Reparaturen)	IV	3—5	10—30	20—30	5—15	10—20	10—15	12—15	12—20	

2. Lohnkosten

Der Lohnanteil einer bestimmten Leistung ergibt sich aus dem für diese Leistung erfahrungsgemäß notwendigen Zeit- (Stunden-) Aufwand und den je Zeit- (Stunden-) Einheit erforderlichen Lohn- (Stunden-) Kosten. Der Zeitaufwand — die große Unbekannte — läßt sich auf verschiedene Weise, in der Regel nach Erfahrungswerten gleicher oder ähnlicher Ausführungen, ableiten und stellt den mutmaßlichen Bedarf an Arbeitsstunden für die beschriebene Leistung dar. Als Anhaltspunkte und Vergleichswerte dienen die Angaben der Abschnitte 8 bis 26.

Je nach Art der Leistungsbeschreibung sind neben dem unmittelbaren Stundenaufwand auch jene Aufwendungen mit einzubeziehen, die als *Nebenleistungen* (Randleistungen) nicht immer direkt beschrieben sind, jedoch anteilig anfallen. Die an der Ausführung einer bestimmten Arbeit beschäftigten Arbeiter stellen in ihrer Summe den Hauptanteil dieser Teilarbeit (Teilleistung), während als Nebenarbeit teils vorher, teils nach Abschluß die anteiligen Aufwendungen für

1. Auf-, Ab- und Umladen der Baustoffe aller Art,
2. Auf- und Abbau der zugehörigen Einrichtung,
3. Instandhaltung der Geräte und Einrichtungen und
4. Boten, Wächter, Magazineure, Figuranten usw.

anfallen. Die Aufwendungen für 1. bis 4. sind je nach Aufbau der Kalkulation ganz oder teilweise einzurechnen. Üblicherweise werden die Löhne für 1 mit den Baustoffkosten „frei Baulager“ ermittelt. Die Löhne für die Bauinstallation 2 und für die Instandhaltung der Geräte 3 sind meist in eigenen Positionen zu berücksichtigen, sowie auch die Hilfslöhne 4 mit den Baubetriebskosten ermittelt und als „Errechnungszuschlag“ den Lohnkosten zugerechnet werden.

Der Zeitaufwand wird vom Kalkulanten je nach dessen Erfahrung und unter Zuhilfenahme von Nachkalkulationswerten und Tabellenbüchern mehr oder weniger gut geschätzt, hingegen sind die Lohnkosten einer genaueren Erfassung zugänglich. Die Zeitansätze werden auch bei gewissenhaftester Vorstudie gegenüber den Werten der tatsächlichen Ausführung nach oben und unten schwanken, da der Ablauf der Arbeiten auf der Baustelle sich nie genau mit dem vorher zurechtgelegten Vorgang deckt. Im Mittel sollen sich jedoch die Ansätze der Gesamtkalkulation mit der Gesamtausführung decken. Während also Überschreitungen durch Unterschreitungen abgefangen werden, dürfen die Stundenlohnwerte unter keinen Umständen zu niedrig berechnet werden. Es gehört daher die sofort einsetzende, laufende Überwachung und Gegenüberstellung der kalkulierten und tatsächlichen Löhne zu den wichtigsten Aufgaben der Nachkalkulation bzw. Bauerfolgsprüfung.

2.1 Mittellohn

Die Erhebung des richtigen *mittleren* Lohnes einer Baustelle ist selten in aller Genauigkeit möglich, da die angenommene Verteilung der Belegschaft und die wahre Höhe ihrer Löhne nicht immer eingehalten werden können. So erfordern z. B. Veränderungen am Arbeitsmarkt eine stärkere Beschickung der Baustelle mit teuren Stammarbeitern oder Arbeitern aus höheren Tarifgebieten; Notstandsgebiete zwingen zum stärkeren Einsatz von ungeübten Bauarbeitern in einer ursprünglich nicht vorgesehenen Gruppierung. Der tatsächliche Lohn liegt dann vielleicht weit unter den kalkulierten Werten, aber auch die gebotene Leistung wird lange Zeit unter den angenommenen Ansätzen liegen. Es ist daher ein vornehmliches Ziel jeder Kostenermittlung, die Verhältnisse des mutmaßlichen Lohnanfalles in aller Sorgfalt zu erfassen, um von dieser Seite vor Überraschungen sicher zu sein, einerlei, ob es vertraglich möglich ist, geänderte Verhältnisse auf den Auftraggeber abzuwälzen oder nicht.

Grundsätzlich werden die Lohnkosten mit den Stundenlöhnen und allen sonstigen Bedingungen der geltenden Kollektivverträge errechnet. Die Kollektivverträge, die von den Gewerkschaften und Standesvertretungen abgeschlossen werden, regeln nicht nur die Lohnhöhe, die Vergütungen für Mehrarbeit, für Erschwernisse und sonstige Aufwendungen des Arbeiters, sie enthalten auch eine Reihe weiterer Arbeitsbedingungen, deren Auswirkung auf die Lohnkosten zu beachten ist.

Die Lohntafel des Kollektivvertrages beispielsweise in Österreich unterscheidet im wesentlichen zwischen vier Beschäftigungsgruppen:

I. Hilfspoliere, Partieführer usw., Vorarbeiter,
II. Facharbeiter (Arbeiter mit erlerntem Beruf),
III. Angelernte Bauarbeiter (Spezialisten — angelernte Hilfsarbeiter),
IV. Bauhilfsarbeiter.

Je nach Arbeitsvorgang und Teilleistung setzen sich die Arbeitspartien aus einer unterschiedlichen, im gegenseitigen Verhältnis jedoch gleichbleibenden Anzahl von Vertretern dieser vier Beschäftigungsgruppen zusammen. Es ist daher üblich geworden, für gleichbleibende oder ähnliche Teilleistungen den *mittleren* Lohn der Arbeitsgruppen als *Mittellohn* zu bestimmen und auf diesen aufbauend die Gesamtlohnkosten je Stunde zu errechnen. Werden Arbeitskräfte verschiedener Tarifgebiete nebeneinander beschäftigt (z. B. örtliche Kräfte und Stammarbeiter), so ist der Mittellohn aus dem Durchschnitt der Löhne zu ermitteln.

Tabelle 3

		I/IIb/IIIc/IV
Mittellöhne für Einzelleistungen	Umschlagarbeiten	1/0/2/8
	Erdarbeiten händisch	1/0/5/20
	Erdarbeiten maschinell	1/2/5/20
	Stollenarbeiten	1/10/10/5
	Rammarbeiten	1/0/2/3
	Abbrucharbeiten	1/5/5/5
	Holzbauarbeiten (Schalung usw.)	1/10/5/5
	Betonarbeiten	1/3/6/10
	Mauerungsarbeiten (Stein)	1/10/5/5
	Verputzarbeiten	1/5/2/2
	Oberbauarbeiten	1/5/10/20
	Montage (Stahlbau)	1/5/5/10
	Eisenbiegen	1/—/5/5
Ein Mittellohn	Wasserbauarbeiten	1/6/5/10
	Sperrenbauarbeiten	1/6/9/10
	Tunnel- und Stollenbau	1/10/10/5
	Brückenbauarbeiten	1/10/8/5
	Straßenbauarbeiten	—

Aus dem Mittellohn der Tariflöhne und Zulagen wird mit den Zuschlägen für soziale Lasten und den Erfahrungs- und Errechnungszuschlägen der *Bruttomittellohn* errechnet, aus dem sich mit dem Endzuschlag für Zentralregie, Gewinn, Wagnis und Umsatzsteuer der *Bruttomittellohnpreis* je Stunde ergibt.

Im Tiefbau ist die Zusammensetzung der Baustellenbelegschaft im allgemeinen während der Bauzeit keinen allzu großen Schwankungen unterworfen, ebenso haben Verschiebungen innerhalb der einzelnen Lohngruppen keinen ausschlaggebenden Einfluß auf den Mittellohn zur Folge, weshalb ohne weiteres mit einem einzigen Mittellohn für die Baustelle gerechnet werden kann. Nur für große Abschnitte verschiedener Einzelarbeiten, z. B. Stollenarbeiten innerhalb einer Krafthaus-(Beton-) Baustelle, wird man selbstverständlich mit mehreren Mittellöhnen rechnen.

Die Kapitel der Teilleistungen enthalten mit den Angaben für den Zeitaufwand für die echte Anschätzung auch eine Kurzangabe für die Mittellohnerrechnung. Sie bezieht sich auf die Anteile der Beschäftigungsgruppen *I, IIb, IIIc und IV*. Die Anteile der Spezialisten der Gruppe IIIa und IIIb sind im Anteil für IIb berücksichtigt. (2/10/8/10) bedeutet demnach eine Besetzung von 2 Partieführern, 10 gelernten Facharbeitern, 8 qualifizierten Hilfsarbeitern und 10 Hilfsarbeitern.

In Tab. 3 sind die Gruppenanteile, die sich für die Mittellohnrechnung der wichtigsten Arbeiten der Kapitel 9 bis 25 ergeben, zusammengestellt.

2.2 Mehrarbeitszulagen

Der Tariflohn (Grundlohn) stellt die Vergütung für die normale Arbeitszeit dar, die derzeit mit 45 h/Woche begrenzt ist. Diese verteilt sich auf 5, selten 6 Werktage, also auf 8 bis 10 h/Tag. Über 45 h hinausgehende Zeiten werden mit verschieden hohen *Aufzahlungen* vergütet, je nachdem, ob diese Mehrarbeitszeit als Überstunde (25 oder 50%), als Sonn- und Feiertagsstunde (100%), als Nacht- (50 bis 100%) oder Schichtarbeit (25%) anfällt. Wenn sich auf Grund des festgelegten Bauprogrammes ergibt, daß die Arbeiten mit einem bestimmten Anteil an Überstunden oder in Nacht- oder Schichtarbeit abgewickelt werden müssen, ist die Aufzahlung als durchschnittlicher Mehrarbeitszuschlag dem Mittellohn zuzurechnen. Auch bei normaler Arbeitszeit von 45 h fallen für einen kleinen Teil der Belegschaft immer Überstunden an. Es handelt sich dabei um Vorbereitungs- und Abschlußarbeiten, um Reinigungs- und Schmierarbeiten usw.

Während der Mehrarbeitszuschlag aus dem Verhältnis der Mehrarbeitsstunden zu den gesamten Stunden je Berechnungszeitraum ermittelt wird, ist die Schichtarbeit auf den Stand der Belegschaft zu beziehen, der sie ausführt.

Beispiel

(Normalarbeitszeit 45 h/Woche)

a) Annahme: Über zwei Wochen durchlaufender Zweischichtbetrieb; Arbeitszeit 50 h/Woche.

Mehrarbeitsstunden	zu	25%	(45.—48. h)	3 h je Mann und Woche
,,	zu	50%	(48.—50. h)	2 h je Mann und Woche
		100%		5 h je 2% der Belegschaft
Schichtarbeit	zu	25%		40 h je 2 Wochen je 80% der Belegschaft

Gesamtzuschlag:

$$\left.\begin{aligned} \frac{3\,\text{h} \times 25\%}{50\,\text{h}} &= 3{,}5\% \\ \frac{2\,\text{h} \times 50\%}{50\,\text{h}} &= 2{,}0\% \\ 2\%\text{ von } \frac{5\,\text{h} \times 100\%}{50\,\text{h}} &= 0{,}2\% \\ 80\%\text{ von } \frac{20\,\text{h} \times 25\%}{50\,\text{h}} &= 8{,}0\% \end{aligned}\right\}\ 13{,}7\%$$

b) *Annahme*: Durchlaufender, voller Dreischichtbetrieb; Arbeitszeit 48 h/Woche.

Mehrarbeitsstunden	zu 25%	3 h je Mann und Woche
Schichtarbeit	zu 25%	48 h je Mann und 3 Wochen = 16 h je Mann und Woche

Gesamtzuschlag:

$$\left.\begin{aligned} \frac{3\,\text{h} \times 25\%}{48\,\text{h}} &= 1{,}56\% \\ \frac{16\,\text{h} \times 25\%}{48\,\text{h}} &= 8{,}34\% \end{aligned}\right\} 9{,}90\%$$

Als Mittelwert über einen längeren Beobachtungszeitraum und eine große Anzahl von Tiefbaustellen wurde ein durchschnittlicher Mehrarbeitszuschlag von 8 bis 10% des Tariflohnes festgestellt (Höchstwert: 20%).

2.3 Erschwerniszulagen

Außer den Aufzahlungen für Mehrarbeit usw. sind für eine Reihe von speziellen Arbeiten *Erschwerniszulagen* einzurechnen, die ähnlich wie die Mehrarbeitszulagen zu berücksichtigen sind. Es ist jedoch von Fall zu Fall zu überlegen, ob man nicht besser mit einer mittleren Erschwerniszulage für die gesamte Baustelle (nach Erfahrungswerten) rechnet oder ob diese Zulage nicht richtiger bei den Arbeiten zu berücksichtigen ist, bei denen sie anfällt bzw. zu zahlen ist. Im Stollen- und Tunnelbau wird nahezu für die ganze Belegschaft die Stollenzulage anzurechnen sein, ebenso wird man für Baustellen im Gebirge die Höhenzulage anteilig vorweg berücksichtigen. Hingegen wird man z. B. die Zulage für ,,hohe Arbeiten" bei den Schalungsarbeiten für eine Talsperre nur bei der Kalkulation der Sperrenschalung einrechnen bzw. für jenen Anteil der Belegschaft berücksichtigen, die mit der Sperrenschalung unmittelbar befaßt ist. Ebenso wird die Staubzulage für die Manipulation mit Zement nur beim Beton eingerechnet, es sei denn, die Lohnsätze sind so gewählt, daß Erschwernisse darin bereits berücksichtigt sind, wie dies bei Mineuren, Asphaltierern, Drittelführern usw. der Fall ist.

Die Erschwerniszulagen liegen im großen Durchschnitt zwischen 4 und 6% des Tariflohnes. Sie betragen (beispielsweise in Österreich) für die einzelnen Arbeiten laut § 6 des Kollektivvertrages:

a)	Vorarbeiterzulage	10%
b)	Druckluftarbeiten je nach Überdruck	20—130%
c)	Arbeiten unter Tag	15%
d)	Schmutz und Abbruch	10—25%
e)	Trockenbohren (unter Tag)	10%
f)	Erschütterungsarbeiten	10—20%
g)	Wasserarbeiten	10%
	,, mit beigestellter Schutzkleidung	5%
h)	Säurearbeiten	10%
i)	Hitzearbeiten 50 °C	10%
k)	Künettenarbeiten bis 4,0 m	10%
	ab 4,0 m	15%
l)	Schachtarbeiten $f = 4\ \text{m}^2$, $t = 3{,}0$ m	10%
m)	Arbeiten an Masten	15%

n) Hohe Arbeiten	im Mittel 10—	15%	
o) Klinkerverblendung		15%	
p) Hilfsarbeiter an Maschinen		10%	
q) Arbeiten am Seil		10%	
r) Arbeiten mit Stacheldraht		10%	
s) Im Gebirge:			
800—1200 m		8%	des Facharbeiterlohnes
1200—1600 m		12%	,, ,,
1600—2000 m		16%	,, ,,
2000 m		20%	,, ,,

Leistungszulagen bleiben bei der Mittellohnrechnung im allgemeinen unberücksichtigt, vielmehr ist der Zeitaufwand so zu wählen, daß die mit diesem und dem tariflichen Mittellohn sich ergebenden Kosten den Aufwand decken. Wenn durch Leistungszulagen, Prämiensysteme oder Akkorde der Zeitaufwand unterschritten wird, dann sind diese Zulagen aus der Einsparung zu decken. Nur dort, wo dies erwartungsgemäß stets der Fall ist (z. B. im Stollenbau), ist zu überlegen, ob es nicht richtiger ist, mit dem durch Akkorde oder Prämien verringerten tatsächlichen Zeitaufwand zu rechnen und die Prämien dem Mittellohn zuzurechnen. Es ergeben sich dadurch die effektiv verfahrenen Arbeitsstunden und damit auch eine genauere Grundlage für das Bauzeitprogramm, für die Auslegung des Wohnlagers usw. Da jedoch zur Zeit der Kalkulation noch nicht feststeht, mit welchen Prämien oder Akkordsätzen gearbeitet wird, mitunter sogar sonst verakkordierte Arbeiten im Zeitlohn ausgeführt werden müssen, erscheint es ratsam, bei der ersterwähnten Form zu bleiben. Sind übertarifliche Löhne oder nichtleistungsbedingte Zulagen (z. B. Anwesenheitsprämien) zu bezahlen, dann sind sie mit der mutmaßlich anfallenden Höhe zu berücksichtigen. Es ist dann darauf zu achten, daß die Zuschlagsätze für soziale Aufwendungen für diese ,,Mehrlöhne" geringer sind, was bei Verwendung von betrieblichen Nachkalkulationswerten eo ipso im geringeren Satz zum Ausdruck kommt.

2.4 Sondererstattungen (Lohnnebenkosten)

Zu den Sondererstattungen zählen (laut Kollektivvertrag für Baugewerbe und Zusatzkollektivvertrag für Großwasserkraftwerksbauten):

1. Trennungsgeld je Kalendertag für
   betriebsentsandte Verheiratete und Gleichgestellte
   betriebsentsandte Ledige und zugewiesene Verheiratete
   zugewiesene Ledige
2. Wegegeld je Arbeitstag oder Fahrkostenvergütung für Hin- und Rückfahrt
3. Anreise- und Rückreisekosten
4. Familienheimfahrten
5. Übernachtungsgelder je Kalendertag
6. Verpflegsgelder (Verpflegszuschüsse) je Kalendertag
7. Sonderzulagen (z. B. Großwasserkraftzulage)

Diese Kosten sind, wenn sie nicht gegen Nachweis vergütet werden, mit geschätzten Annahmen über mittlere Anspruchsberechtigungen oder aus Erfahrungsziffern ähnlicher Bauten zu ermitteln. Meist ist es üblich, die Sondererstattungen für das Stammpersonal einzurechnen, hingegen für die übrige Belegschaft die tatsächlich anfallenden Kosten gegen Nachweis an den Auftraggeber zu verrechnen. Die Höhe der Sondererstattungen liegt für Bauten im flachen Lande derzeit zwischen 15 und 20%, im Gebirge und bei großen Wasserkraftbaustellen ist mit 20 bis 25% des Tariflohnes zu rechnen.

Der mittlere Tariflohn wird mit den Aufzahlungen für Mehrarbeit, den Zulagen für Erschwernisse und den Sondererstattungen zum *Mittellohn*. Es wurde bewußt von einer Ausschaltung der „unproduktiven“ Aufsichtsstunden der nichtmitarbeitenden Hilfspoliere oder Vorarbeiter abgesehen. Poliere und Meister gehören als Gehaltsempfänger im allgemeinen nicht in den Mittellohn. Hilfspoliere beaufsichtigen mitunter mehrere Arbeiten. Es ist ohne weiteres möglich, daß sie in der Stundenkarte ihre Arbeitsstunden anteilig auskontieren. Es entsteht dadurch eine richtige, gleichwertige Behandlung aller Lohnempfänger, was für den einfachen Vergleich der Soll- und Ist-Mittellöhne sowie für die Nachkalkulation besonders wichtig ist.

Der *Mittellohn* erhält nunmehr jene lohngebundenen Zuschläge, die als

Soziale Aufwendungen
Erfahrungszuschläge und
Errechnungszuschläge (umgelegte Anteile)

den *Bruttomittellohn* ergeben, der durch Zurechnung des Endzuschlages für Zentralregie, Gewinn, Wagnis und Umsatzsteuer zum *Bruttomittellohnpreis* wird.

2.5 Soziale Aufwendungen

Die sozialen Aufwendungen bilden einen bedeutenden Anteil der Lohnkosten, zu denen sie sinngemäß gehören. Sie sind vom Unternehmer als „gesetzliche soziale Abgaben“ und kollektivvertraglich festgelegte Leistungen zu errechnen und abzuführen. Sie teilen sich in die nach einem festen Hundertsatz festgelegten direkten sozialen Aufwendungen und in die *umgelegten* oder *indirekten* Aufwendungen für verschiedene gesetzlich und kollektivvertraglich geregelte Vergütungen, die innerhalb verschiedener Verrechnungsabschnitte und je nach Lage und Art der Baustelle verschieden hoch sind. Es ist daher für jeden Betrieb ratsam, diese Kosten über längere Zeiträume nachzuprüfen und mit veröffentlichten Werten zu vergleichen. Die theoretische Ermittlung des mittleren Zuschlages für soziale Aufwendungen auf Löhne sei im folgenden wiedergegeben:

A. Österreich

(Entnommen dem Österreichischen Bauhandbuch 1962, herausgegeben von der Österreichischen Bauzeitung), Stichtag 1. Januar 1962

1. *Direkte soziale Aufwendungen*

Arbeitslosenversicherung	1,00%	
Pensionsversicherung	7,00%	
Krankenversicherung	3,65%	
Unfallversicherung	2,00%	
Kinderbeihilfenfonds	6,00%	
Wohnungsbeihilfe für Rentenempfänger	0,75%	
Wohnbauförderungsbeitrag	0,50%	
Schlechtwetterentschädigung	0,50%	
Direkte soziale Aufwendungen	21,40%	21,40%

2. *Umgelegte soziale Aufwendungen*

Bezahlte Feiertage (einschließlich Sonderfeiertage und Landesfeiertage) (5,82 + 0,60) =	6,42%	
Bezahlte Urlaubstage	19,50%	

	Übertrag:	21,40 %
Entgeltliche Freizeit	1,91 %	
Krankengeld	1,65 %	
Weihnachtsgeld (8,48 + 1,71 %)	10,19 %	
Wohnungsbeihilfe	2,14 %	
Schlechtwetterentschädigung	0,11 %	
Freizeit der Betriebsräte	0,40 %	
Lohnsummensteuer auf Ausfalltage der umgelegten sozialen Aufwendungen	0,32 %	
Sozialversicherung bei unbezahltem Urlaub	0,21 %	
Ausgleichstaxe nach dem Invalidenentschädigungsgesetz	0,26 %	
umgelegte soziale Aufwendungen	43,11 %	43,11 %
Lohnzuschlag für soziale Aufwendungen = (auf den Grund- (Tarif-) Lohn)		64,51 %
	rund	64,50 %

Tabelle 4. *Abgabe- und Beitragspflicht auf verschiedene Entgelte in Österreich*

		Es besteht Abgabe- und Beitragspflicht für	Sozial-Versicherung	Kinder-beihilfenfonds (6%)	Wohnungs-beihilfenbeitrag	Wohnbauförde-rungsbeitrag	Arbeiter-kammer-Umlage	Lohnsteuer	Lohnsummen-steuer	Schlechtwetter-zuschlag
1	*K*	Lohn, Gehalt	ja	ja	ja	ja	ja	ja	ja	ja
2		Akkordüberschuß	ja	ja	ja	ja	ja	ja	ja	ja
3		Leistungsprämien, laufende	ja	ja	ja	ja	ja	ja	ja	ja
4	*K*	Überstunden-Zuschläge 25 u. 50% bis 130,— S je Monat[1]	ja	ja	ja	ja	ja	nein	nein	ja
5	*K*	Zuschläge für Sonn-, Feiertags- und Nachtarbeit	ja	ja	ja	ja	ja	nein	nein	ja
6	*K*	Erschwerniszuschläge	ja	ja	ja	ja	ja	nein	nein	nein
7	*K*	Schmutzzulage	nein	ja	nein	nein	nein	nein	nein	nein
8	*K*	Werkzeuggeld	nein	ja	nein	nein	nein	ja	ja	ja
9	*G*	Schlechtwetterlöhne	ja	ja	ja	ja	ja	ja	nein	ja
10	*G*	Urlaubsgeld	ja	ja	ja	ja	ja	ja	ja	ja
11	*G*	Krankenentgelt	ja	ja	ja	ja	ja	ja	ja	nein
12	*G*	Krankengeldzuschuß	nein	ja	nein	nein	nein	ja	ja	nein
13	*K*	Sondererstattungen, Tagegeld	nein	nein	nein	nein	nein	nein	nein	nein
14	*K*	Trennungsgeld	nein	nein	nein	nein	nein	nein	nein	nein
15	*K*	Übernachtungsgeld	nein	nein	nein	nein	nein	nein	nein	nein
16	*K*	Familienheimfahrten, Fahrgeld	nein	nein	nein	nein	nein	nein	nein	nein
17	*K*	Bauzulage	nein	nein	nein	nein	nein	nein	nein	nein
18	*G*	Kinder- und Wohnungsbeihilfen	nein	nein	nein	nein	nein	nein	nein	ja
19	*K*	Gleichengelder	ja	ja	nein	nein	nein	ja	nein	nein
20	*K*	Lehrlingsbezüge	ja	nein	nein	nein	nein	ja	nein	nein
21	*K*, *G*	Jubiläumsgelder	nein	ja	nein	nein	nein	ja	ja	nein
22		Sonderzahlungen, einmalige	ja	ja	ja	ja	ja	ja	ja	ja
23		Soziale Zuwendungen	nein	nein	nein	nein	nein	nein	nein	nein
24		Sachbezüge (Deputate)	ja	ja	ja	ja	ja	ja	ja	ja

K = Entgelte nach Kollektivvertrag; *G* = Gesetzliche Regelungen

Quelle: „Das Arbeits- und Sozialrecht im Baubetrieb", Österr. Bauzeitung Nr. 5 (1963). Mit Erläuterungen über Art der Berechnung usw.

[1] Über 130,— S je Monat auch steuerpflichtig.

Die Summe der sozialen Aufwendungen liegt demnach in Österreich bei rund 65,00% des Grundlohnes, ein Wert, der als obere Grenze zu betrachten ist.

Der Tariflohn (Grundlohn) erhält den vollen Zuschlag der sozialen Aufwendungen, während die Mehrarbeitszuschläge sowie Erschwerniszulagen und Erfahrungszuschläge nur mit dem Satz für direkte soziale Lasten einschließlich Bauzinsen und Lohnsummensteuer zu belasten sind. Mehrlöhne (Überzahlungen) erhalten einen verminderten Satz an sozialen Lasten, da hierfür keine Urlaubstage, kein Krankengeld, Ausgleichstaxe, Wohnungsbeihilfe und Schlechtwetterentschädigung zu bezahlen sind: statt 64,50 nur 40,85%, rund 41%. Tab. 4 enthält eine Zusammenstellung der Abgabepflicht auf Löhne und sonstige Zulagen.

B. Deutschland

(Ermittelt in Anlehnung an die Berechnungen im „Informationsdienst des Bayerischen Bauindustrieverbandes", Dezember 1958 und April 1961)

A. Aufwendungen, die in der Lohnsumme enthalten sind (Soziallöhne):

1. Feiertagsbezahlung	4,69—4,00%	
2. Betriebsratskosten	0,50%	
3. Bezahlte Ausfalltage	2,00—2,40%	
	6,90%	6,90%

B. Aufwendungen, die auf die Lohnsumme in Prozenten zugeschlagen werden:

1. Krankenversicherung	4,30—4,45%	
2. Rentenversicherung	7,00%	
3. Arbeitslosenversicherung	1,00%	
4. Lohnausgleichskasse (Winter)	3,60%	
5. Krankengeldzuschuß	2,10%	
6. Urlaub	5,60%	
7. Kindergeld	1,30%	
8. Lohnfortzahlungen im Krankheitsfall	1,50%	
9. Schwerbeschädigtenausgleich	0,50%	
	27,05%	
10. Tiefbauberufsgenossenschaft (Unfall)	4,50—5,00%	
	32,05%	
$32{,}05 \times \dfrac{106{,}90}{100} =$		34,40%
Lohnzuschlag für tarifliche und gesetzliche soziale Aufwendungen (Mittelwert)		rund 41,30%

(Tabelle über Abgabe- und Beitragspflicht auf verschiedene Entgelte in Deutschland siehe nächste Seite oben)

C. Schweiz

(Entnommen den „Berechnungsgrundlagen für Tiefbauarbeiten" der Vereinigung schweizerischer Tiefbauunternehmen, Anleitung 1962)

Grundlohn = effektiv ausbezahlter Lohn nach GAV (Gesamtarbeitsvertrag)

Beispiel für allgemeinen Tiefbau

a) Unfallversicherung (SUVA[1])
gemäß Einreihung durch die SUVA z. B. (je nach Gefahrenstufe von 0,8 bis 24%) 9,00%

[1] Schweizerische Unfall-Versicherungsanstalt.

Tabelle 5. *Abgabe- und Beitragspflicht auf verschiedene Entgelte in Deutschland*

	Es besteht Abgabe- und Beitragspflicht für: → auf: ↓	Krankenkasse, Rentenversicherung, Arbeitslosenversicherung	Sozialkasse für das Baugewerbe (11,3%)	Tiefbauberufsgenossenschaft	Familienausgleichskasse	Haftpflichtversicherung
1	Stundenlohn	ja	ja	ja	ja	ja
2	Akkorde	ja	ja	ja	ja	ja
3	Leistungszulagen	ja	ja	ja	ja	ja
4	Überstundenzuschläge	ja	ja	ja	ja	ja
5	Nacht-, Sonntags- und Feiertagszuschläge	nein	nein	nein	nein	nein
6	Erschwerniszuschläge für Schmutz, Höhenzulagen, schwarze Anstriche, Säurearbeiten, Taucherzulagen, Wasserzulagen, Druckluftarbeiten	ja	ja	ja	ja	ja
7	Krankengeldzuschüsse	ja	ja	ja	ja	ja
8	Gratifikation bis 100,— DM (Sonderregelung Weihnachten)	nein	nein	nein	nein	nein
9	Gratifikation über 100,— DM	ja	ja	ja	ja	ja
10	Auslösung	nein	nein	nein	nein	nein
11	Wegegelder	nein	nein	nein	nein	nein
12	Fahrgelder	nein	nein	nein	nein	nein
13	Schlechtwetterregelung (wird vom Arbeitsamt erstattet)	nein	nein	nein	nein	nein
14	Urlaubsgeld	ja	ja	ja	ja	ja

		Übertrag:	9,00%
b) Silikoseausgleichskasse 10%			—
c) Krankenkasse			2,00%
d) AHV + IV + EO + Verwaltungskosten (Alters- und Hinterbliebenenversicherung, Invalidenversicherung, Erwerbsersatzordnung)			2,60%
e) Ferien und Feiertagsmarken gemäß GAV:		7,00 %	
+ Verwaltungskosten	1 % von 7%	0,07 %	
+ AHV	2,6% von 7%	0,18 %	
+ FAK (Familienausgleichskasse)	1,0% von 7%	0,07 %	
		7,32 %	7,32%
f) Familienaugleichskasse (FAK) gemäß Gesetz (1 bis 4,5% je nach Kanton) z. B.		1,00 %	
+ SUVA	9% von 1%	0,09 %	
+ Silikoseausgleichskasse		—	
+ AHV (nur wenn nicht gesetzliches Entgelt)		—	
		1,09 %	1,09%
g) Besondere soziale Aufwendungen, z. B. auf Gebirgsbaustellen			1,00%

		Übertrag:	23,01%
h) Unumgängliche Absenzen		0,10 %	
+ SUVA		0,009%	
+ Silikosekasse		—	
+ AHV	2,6% von 0,10%	0,002%	
+ FAK	1,0% von 0,10	0,001%	
		0,112%	0,11%
i) Schlechtwetterentschädigung (Mittelwerte) z. B.		2,00 %	
+ SUVA	9,0% von 2%	0,18 %	
+ Krankenkasse	2,0% von 2%	0,04 %	2,22%
+ AHV	2,6% von 2%	0,05 %	
+ Ferien usw.	7,0% von 2%	0,14 %	
+ FAK	1,0% von 2%	0,02 %	
		2,43 %	2,64%
			27,98%
			= 28,00%

Lohnzuschlag für soziale Aufwendungen beträgt für den allgemeinen Tiefbau 25,55% auf die nach dem GAV bezahlten effektiven Löhne und eventuelle Überzahlungen (für den Tunnel- und Stollenbau erreicht er je nach Einreihung bis zu 45%, für den allgemeinen Straßenbau beträgt er 20,8 bis 21,80%).

Tabelle 6. *Abgabe- und Beitragspflicht auf verschiedene Entgelte in der Schweiz*

			G	*G*	*V*	*G/V*	*G/V*
		Es besteht Abgabe- und Beitragspflicht für: → auf: ↓	SUVA (Betriebs-, Nichtbetriebsversich., Silikose)	AHV IV EO	Ferien- und Feiertagsmarken	Beitrag an Krankenkasse	Beitrag an FAK
1	*V*	Stundenlohn	ja	ja	ja	ja	ja
2		Akkordlohn (Unterakkord von Arbeitern)	ja	ja	ja/nein[1]	ja/nein[1]	ja
3	*F*	Leistungsprämien	ja	ja	—	—[2]	ja
4	*V*	Lohnzuschlag für Überzeit	ja	ja	ja	ja	ja
5	*V*	Lohnzuschlag für Nacht- und Sonntagsarbeit	ja	ja	ja	ja	ja
6	*V*	Zuschläge für Schmutz-, Wasserarbeiten, Durchhalteprämie	ja	ja	ja	ja	ja
7	*V*	Schlechtwetterentschädigung in Prozent des Lohnes	ja	ja	ja	ja	ja
8	*V*	Direkte Auszahlung der Ferien	ja	ja	—	ja	ja
9	*V*	Ferien- und Feiertagsmarken	ja	ja	—	—[2]	ja
10	*V*	Unumgängliche Absenzen	ja	ja	—	—	ja
11	*V*	Weg-, Versetzungsentschädigung, wenn Spesenersatz	—	—	—	—	—
12	*V*	Nachtschichtzulage, wenn Spesenersatz	—	—	—	—	—
13	*V*	Höhenzulage, wenn Spesenersatz (zusätzliche Verpflegung)	—	—	—	—	—

[1] Abgabepflichtig ist lediglich der garantierte Stundenlohn, d. h. derjenige Lohn, den der Arbeitnehmer im Stundenlohnverhältnis verdienen würde.

[2] Je nach Krankenkasse; wenn nach Bruttolohn abgerechnet wird, sind diese Leistungen nicht abgabepflichtig.

Tabelle 6 (Fortsetzung)

		Es besteht Abgabe- und Beitragspflicht für: → auf: ↓	*G* SUVA (Betriebs-, Nichtbetriebsversich., Silikose)	*G* AHV IV EO	*V* Ferien- und Feiertagsmarken	*G/V* Beitrag an Krankenkasse	*G/V* Beitrag an FAK
14	*V*	Krankengeld (aus Krankenversicherung)	—	—	—	—	—
15	*V*	Kinderzulage, wenn nicht gesetzlich	ja	ja	—	—	—
16	*G*	Kinderzulage, wenn gesetzlich	ja	—	—	—	—
17	*G*	Unfallgeld (80% Auszahlung)	—[3]	—	—	—	—
18	*G*	Lohnausfallentschädigung während Militärdienst	—	—[6]	—	—	—
19	*F*	Zusätzliche Lohnzahlung während Militärdienst	—	ja[6]	—	—	—
20	*F*	Lohnzahlung während Krankheit	ja/nein[4]	ja[6]	—	—	ja
21	*F*	Gratifikationen bis 100,— Fr.	ja[5]	—	—	—	—
22	*F*	Gratifikationen über 100,— Fr.	ja	ja	—	—	ja

G = Leistungen gemäß Gesetzen
V = Leistungen gemäß Gesamtarbeitsvertrag
F = Freiwillige Leistungen des Unternehmers
FAK = Familienausgleichskasse
AHV = Alters- und Hinterbliebenenversicherung
IV = Invalidenversicherung
EO = Erwerbsersatzordnung

[3] Unfallgeld gilt nicht als Lohn und ist daher in keiner Weise abgabepflichtig, auch wenn es der Arbeitgeber zum Beispiel auf Rechnung der SUVA oder einer anderen Versicherungsgesellschaft dem Arbeitnehmer direkt auszahlt.

[4] Die Lohnausfallentschädigung während Krankheit ist nur dann SUVA-pflichtig, wenn sie mindestens 80% des normalen Lohnes beträgt.

[5] Naturalgeschenke an Stelle von Gratifikationen sind nicht SUVA-pflichtig bis zum Werte von 50.— Fr. (SUVA) pro Versicherten und Jahr.

[6] Sofern bei Militärdienst der volle Lohn bezahlt wird, kann im Sinne der Abrechnungsvereinfachung der gesamte Betrag deklariert werden.

2.6 Erfahrungszuschläge

Es ist üblich geworden, eine Reihe von Nebenleistungen, die in der Einzelkalkulation nicht gesondert ausgewiesen werden können, erfahrungsgemäß jedoch immer anfallen, als lohngebundene Zuschläge zu berücksichtigen. Diese Zuschläge, in Prozentsätzen der Tarif- bzw. Grundlöhne oder in Schilling je Stunde, werden als Erfahrungszuschläge bezeichnet und sind von der Baubuchhaltung jeweils leicht nachzuprüfen. Es handelt sich um:

1. *Kleingerät und Werkzeug*: Darunter fallen alle Werkzeuge, Kleingeräte und Kleingerüste geringer Anlagewerte, Verschleißmaterialien. Der durchschnittliche Erfahrungssatz beträgt 3,0 bis 6,0%

2. *Sachliche Bürokosten*: Büromaterialien, Post-, Fernsprech- und Fernschreibgebühren, Lichtpausen usw. 1,5 bis 2,0%

3. *Lohnsummensteuer und Haftpflichtversicherung*: Die Lohnsummensteuer, gebietweise verschieden, ist nach den gesetzlichen Be-

stimmungen in Prozenten des Tariflohnes und der Mehrarbeitszuschläge 1,5 bis 2,0%

Die Haftpflichtversicherung beträgt von den Tariflöhnen und Erschwerniszulagen 0,4 bis 0,6%

4. *Bauzinsen*: Im Zuge der Bauabwicklung fallen für das vorzuhaltende Betriebskapital Zinsen an, die bisher als lohngebundene Zuschläge mit einem Erfahrungssatz von 1,5 bis 2,0% der Gesamtlohnsumme ermittelt wurden. Wenn keine Errechnungszuschläge (Umlegungen) auf die Lohnkosten anfallen, da eigene Positionen hierfür vorgesehen sind, ist es richtig, die Bauzinsen hier zu berücksichtigen. Sonst sind sie als *Errechnungszuschläge* von der Summe aller Kosten, auch der umzulegenden, einzusetzen. Die Bauzinsen sind für jeden Baufall gesondert zu errechnen, da die Zahlungsbedingungen immer wieder unterschiedlich sind. Für den laufenden Bau ist unter Beachtung dieser Zahlungsbedingungen der im Durchschnitt notwendige monatliche Bedarf an Geldmitteln festzustellen, wobei z. B. das Zahlungsziel der Lieferantenrechnungen oder Vorauszahlungen usw. nicht außer acht bleiben dürfen. Sind große Leistungen, z. B. Baueinrichtungen, auf alle Preise umgelegt worden, so ist, wenn nicht eine Vorauszahlung vereinbart wurde, die stärkere Geldvorlage am Baubeginn zu berücksichtigen. Werden Rücklässe (Deckungs- und Haftrücklässe) durch Bankhaftbriefe abgelöst, so sind die Haftbriefkosten einzurechnen. Im Durchschnitt betragen die Bauzinsen 1,5 bis 2,5%

5. *Sonstige Baustellenkosten*: Außer den Kosten für 1. bis 4. fallen Kosten für Gutachten, Nebenstoffe und Nebenfrachten, Gleichenfeier, freiwillige soziale Leistungen usw. an, die, wenn sie nicht in den Sätzen 1. und 2. mitberücksichtigt wurden, gesondert mit einem Erfahrungssatz von 1,5 bis 2,5% anzurechnen sind.

Meist wird man nur dann diese Sonderkosten zum Ansatz bringen, wenn die Ausschreibung erkennen läßt, daß sie in größerem Umfange anfallen. In diesem Falle wird man sie im einzelnen anschätzen und als Prozentsatz der Lohnkosten hier oder bei den Errechnungszuschlägen einsetzen.

Zum besseren Verständnis sei im folgenden die Ableitung der *Bauzinsen*, die je nach Zahlungsbedingungen sehr unterschiedlich sein können, wiedergegeben. Abb. 2 zeigt den allgemeinen Verlauf der Selbstkosten, Rechnungen und Zahlungen über die Bau- und Haftzeit. Es ergeben sich Zinsen für die *Kapitalvorlage*, über den Zahlungszeitraum der Rechnungen, für den *Deckungsrücklaß* in Prozenten der Teilrechnungssummen über Baudauer und für den *Haftrücklaß* in Prozenten der Gesamtsumme über die Haftzeit.

Es betragen die

Zinsen für die Kapitalvorlage = Selbstkosten × Bankzinsfuß je Monat × Wartemonate.

Zinsen für den Deckungsrücklaß = Deckungsrücklaß (%) × Bankzinsfuß je Jahr × halbe Baudauer in Jahren; bzw. bei Ablöse durch Haftbrief: Deckungsrücklaß (%) × Haftbriefkosten je Jahr × halbe Baudauer.

Zinsen für den Haftrücklaß = Haftrücklaß (%) × Bankzinsfuß je Jahr × Haftzeit in Jahren bzw. bei Ablöse durch Haftbrief: Haftrücklaß (%) × Haftbriefkosten je Jahr × Haftzeit in Jahren.

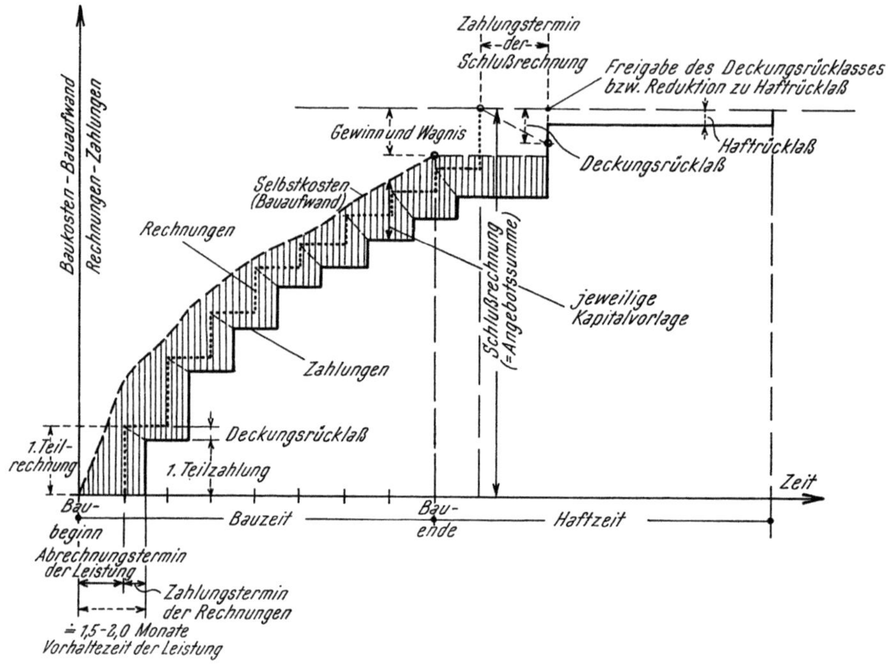

Abb. 2. Verlauf der Selbstkosten, Rechnungen und Zahlungen

Berechnung der Bauzinsen mit durchschnittlichen Annahmen:

A. *Fall 1* (Regelfall): Deckungs- und Haftrücklässe werden durch Bankhaftbriefe abgelöst. Haftbriefkosten angenommen 1,6% p. a. Baudauer 2 Jahre, Zinsfuß: 8% p. a., Wartezeit der Rechnungen: 1,5 Monate.

a) Kapitalvorlage:

$$\text{Selbstkosten} \times \frac{8\%}{12} \times 1{,}5$$

$$= 0{,}95 \text{ Rechnungssumme (R)} \times 1\% = \qquad 0{,}95\% \times \text{R}$$

b) Deckungsrücklaß (Haftbriefkosten):

$$\text{Deckungsrücklaß} = 10\% \times \text{R}$$

$$0{,}1 \times \text{R} \times 1{,}6\% \times \frac{2 \text{ Jahre}}{2} = \qquad 0{,}16\% \times \text{R}$$

c) Haftrücklaß (Haftbriefkosten):

$$\text{Haftzeit} = 2 \text{ Jahre}$$

$$\text{Haftrücklaß} = 5\% \times \text{R}$$

Die Laufzeit des Haftbriefes vermindert sich um die Zeit bis zur Verminderung des Deckungsrücklasses (Zahlungstermin der Schlußrechnung), angenommen 4 Monate.

$$0{,}05 \times \text{R} \times \frac{1{,}6\%}{12}\,(24-4) = 0{,}05 \times \text{R} \times \frac{1{,}6}{12} \times 20 = \qquad \underline{0{,}13\% \times \text{R}}$$

Bauzinsen Fall 1 = $\qquad 1{,}24\% \times \text{R}$

Falls es möglich ist, Materiallieferungen mit dem gleichen Zahlungsziel wie die Teilrechnungen zu vergüten, verringern sich die Bauzinsen um etwa 0,2 bis 0,4% auf 0,80 bis 1,00%. Bei einer Annahme von 50:50 für Lohn und Material ergibt sich bei einer Umlegung auf Lohn allein 1,60 bis 2,00% der Lohnsumme

B. *Fall 2*: Deckungs- und Haftrücklaß werden bar einbehalten.

a) Kapitalvorlage: wie Fall 1 $0{,}95\% \times R$

b) Deckungsrücklaß (10%):

$$0{,}10 \times R \times 8\% \times \frac{2\text{ Jahre}}{2} = \qquad 0{,}80\% \times R$$

c) Haftrücklaß (5%):

$$0{,}05 \times R \times \frac{8\%}{12} \times (24 - 4) = \qquad 0{,}67\% \times R$$

Bauzinsen Fall 2 = $2{,}42\% \times R$

Bei Berücksichtigung des Zahlungstermines für Sublieferanten ermäßigt sich der Wert auf etwa 2,0 bis 2,2%. Auf die Lohnsumme allein ergibt sich der sehr beträchtliche Satz von rund 4,0 % × L

Bei Anzahlungen sind die Bauzinsen je nach Rückzahlungsmodus um die Zinseszinsen zu ermäßigen. Werden z. B. Baueinrichtungskosten erst mit den Teilleistungen vergütet, so erhöhen sich die Bauzinsen aus Kapitalvorlage entsprechend. Die Ermittlung erfolgt in diesem Fall an Hand des Bauprogramms bzw. der Linie des mutmaßlichen Selbstkosten- bzw. Zahlungsanfalles.

2.7 Errechnungszuschläge

„Je größer die Bauleistung, desto größer muß der Genauigkeitsgrad der Preisermittlung sein." Die Einhaltung dieser richtigen und grundlegenden Forderung ist nur möglich, wenn je nach Größe des Bauvorhabens die Gemeinkosten weitgehend aufgegliedert sind. Leider ist dies, auch bei Ausschreibungen von Großbauvorhaben, nicht immer der Fall. Besonders ausländische Ausschreibungen kennen keine klare und übersichtliche Form der (Gemein-) Kostenaufgliederung, was bei Bauzeitverlängerungen, grundlegenden Projekts- und sonstigen Änderungen zu umständlichen und zeitraubenden Auseinandersetzungen führen kann. In vielen Fällen sind die Gemeinkosten in die Preise der Einzelkosten einzurechnen, wobei die Handhabung dieser Einrechnung (Umlegung) je nach den Ausschreibungs- und Zahlungsbedingungen immer etwas unterschiedlich ist.

Die *Errechnungszuschläge* legen einzelne, nicht gesondert als Leistungspositionen ausgeschriebene Gemeinkostenanteile im allgemeinen auf die Lohnsumme (Mittellohn × Stundensumme), seltener auf die Stoffsumme um. Diese Umlegung kann gleichmäßig oder entsprechend den zugeordneten Teilleistungsgruppen unterschiedlich vorgenommen werden. Es ist jedem Kalkulanten überlassen, ob er von der richtigen Überlegung, daß von diesen Kosten Löhne nur auf Löhne und Stoffanteile nur auf Stoffe umzulegen sind, abweichen will. Schließlich sind auch die Erfahrungszuschläge Stoffanteile, die auf Lohnkosten umgelegt werden. Im Falle einer Gleitung der Lohn- und Stoffkosten würde bei anteiliger Umlegung niemand zu Schaden kommen. Anders liegen die Verhältnisse, wenn sich z. B. der Auftraggeber ausbedungen hat, Baustoffe später selbst kostenlos beizustellen. Dann würde der Unternehmer den auf die entfallenden Stoffkosten umgelegten Anteil an Gemein- und Geschäftskosten verlieren, es sei denn, er hat gegen eine solche Änderung der Vertragslage schon mit dem Angebot einen entsprechenden Vorbehalt vereinbart. Die zunehmende Mechanisierung großer Baustellen verschiebt die Bedeutung des Lohnanteiles auf die Stoffseite, es ist daher die Frage der sinngemäßen Umlegung jeweils zu überlegen und es sind die Gemeinkosten — wie es bisher vielfach üblich ist — nicht zur Gänze auf die Lohnkosten umzulegen.

Mit den Errechnungszuschlägen werden zumeist folgende Kosten umgelegt[1]:

1. *Einmalige Kosten der Baueinrichtung,* des Auf- und Abbaues der Installation und des Wohnlagers. 5 bis 15%
2. *Zeitgebundene Baustellenregie:* Alle Kosten der Bauführung, Gehälter einschließlich soziale Lasten und Gehaltsnebenkosten, Hilfslöhne, LKW-Betrieb, Betrieb des Lagers. Dieser Wert liegt bei kleinen und mittleren Baustellen zwischen 10 und 25%
3. *Sonderkosten,* falls solche anfallen: Für Planung, Projekte, Prüf- und Sachverständigengebühren, Lizenzen usw. 2 bis 5%
4. *Gerätekosten,* soweit diese nicht schon in den Einzelkosten berücksichtigt sind, also Mieten und Instandhaltungskosten für allgemeine Geräte, die für verschiedene Arbeiten anfallen, jedoch anteilig bei diesen nicht eingerechnet werden können, z. B. Kosten der Reparaturwerkstätte, Reservegeräte usw. 5 bis 20%
5. Lagerbetrieb (Unterkunft und Verpflegung) 15 bis 30%
6. *Bauzinsen,* errechnet für die Summe der Teilleistungen und der umzulegenden Kosten 1. bis 4., ermittelt nach den Zahlungsbedingungen des Bauvertrages. —

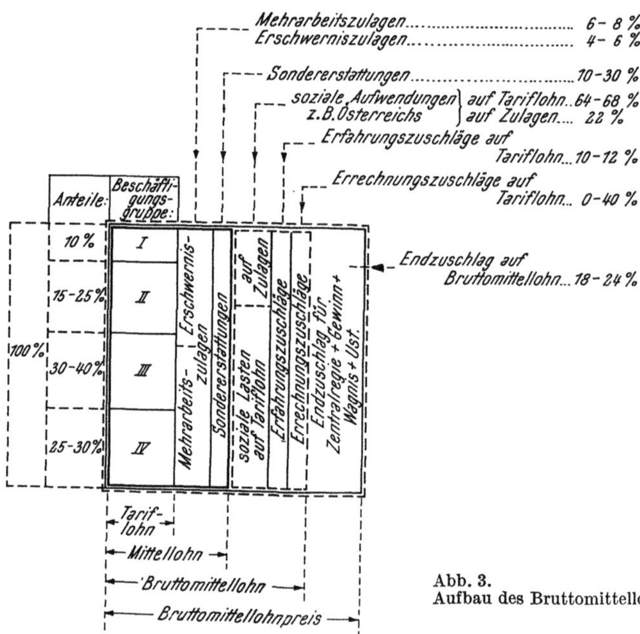

Abb. 3.
Aufbau des Bruttomittellohnpreises

[1] Im Tiefbau sind die Kosten für 1. bis 5. wegen der großen Schwankungen jeweils *neu* zu kalkulieren. Die Anwendung von „Erfahrungswerten" wird *nicht empfohlen*, es sei denn, daß von gleichartigen Bauten Werte vorliegen.

Fallen keine „Errechnungszuschläge“ an, was bei Großbauten und normgemäßer Ausschreibung die Regel ist, so kann der Bruttomittellohnpreis aus Mittellohn + soziale Lasten + Erfahrungszuschlag + Endzuschlag sofort gebildet werden. Das gleiche gilt für die Stoffseite, wenn die Stoffpreise sofort mit dem Endzuschlag versehen sind. Diese Rechnung führt sofort für jede Teilleistung zum Angebotspreis.

Abb. 3 zeigt zusammenfassend den Aufbau des Bruttomittellohnpreises und die prozentuellen Anteile der Zulagen und Zuschläge für durchschnittliche, normale Verhältnisse. In den Übersichtsbeispielen ist die Errechnung eines Bruttomittellohnpreises und die Bildung der Angebotssumme dargestellt.

2.8 Übersichtsbeispiele

Die folgenden Übersichtsbeispiele zeigen die Ableitung des Bruttomittellohnpreises und der Angebotssumme für Österreich, Deutschland und die Schweiz; die Lohnhöhen sind den Lohntafeln an den angegebenen Stichtagen entnommen. Die Ermittlungen haben zum Teil mehr theoretischen Charakter, da sie auf Annahmen über die Verteilung der Belegschaft, über Art der Zulagen, soziale Lasten u. dgl. beruhen. Diese Annahmen sind im praktischen Fall immer wieder an Hand der betriebseigenen Nachkalkulation nachzuprüfen. Dies gilt vor allem für die sozialen Lasten, lohngebundenen Zuschläge und für den tatsächlichen Lohn mit seinen wechselnden Zulagen. Es ist üblich, für die Ableitung des Bruttomittellohnpreises usw. Formblätter zu benutzen bzw. vorzuschreiben; sie erleichtern die Kalkulationsarbeit und die Überprüfung, sind jedoch nicht immer vollständig.

2.81 Österreich

Ermittlung für 1. Januar 1962.

Fall A. Ohne Errechnungszuschlag. Im Lohn sind außer sozialen Lasten und Erfahrungszuschlägen keine sonstigen Kosten (Gemeinkosten usw.) enthalten (Errechnungszuschläge = 0).

Annahme: Mittellohn für eine Wasserbaustelle (1/8/6/5), Werte aufgerundet.

a) *Mittellohn* (Tarif oder Grundlohn):

Vorarbeiter	1 ...	10,75 S/h	10,75
Facharbeiter	8 ...	9,05 S/h	78,80
Angelernte	6 ...	9,35 S/h	56,10
Hilfsarbeiter	5 ...	8,60 S/h	43,00
	20		180,65 ... 9,45 S/h

b) *Zulagen* (Annahmen). Mittelwerte für die gesamte Belegschaft.

Normalstunden: 45 h/Woche, teilweise Schichtbetrieb
Mehrlöhne: (Tarifliche Überzahlungen) im Mittel 15%
Überstunden: 5 h/Woche: 3 h zu 25%, 2 h zu 50%
Sonntagsstunden: 8 h/Woche für 1% der Belegschaft
Schichtzulage: für 40% der Belegschaft zu 25%.
Erschwerniszulagen: im Mittel 10% für 30% der Belegschaft

Mehrlöhne 15,00%

$$\text{Überstunden: } \frac{3\,\text{h} \times 25\% + 2\,\text{h} \times 50\%}{50\,\text{h}} = 5{,}5\ \%$$

$$\text{Sonntagsstunden: } \frac{8\,\text{h} \times 100\%}{50\,\text{h}} \times 1\% = 0{,}16\%$$

	Übertrag: 20,66%	Übertrag: 9,45 S/h
Schichtarbeit: 0,4 × 25%	= 10,0 %	
Erschwerniszulagen: 10% × 30%	= 3,0 %	
Großwasserkraftzulage	—	
	33,66	
	= 33,70 × 9,45 = 3,18 S/h	3,20 S/h

c) *Sondererstattungen* (Lohnnebenkosten) laut Kollektivvertrag

Annahme:	Ohne Trenngeld	—%
	Betriebsentsandte Verheiratete und Gleichgestellte	20%
	Zugewiesene Verheiratete	50%
	„ Ledige	30%

1. Trennungsgeld:

$$20\% \text{ von } 200\% \times 9{,}85\ \text{S/h} \times \frac{7\ \text{Tage}}{45\ \text{h}} \times \frac{1}{9{,}45} = 6{,}50\%$$

$$50\% \text{ von } 125\% \times 9{,}85\ \text{S/h} \times \frac{7\ \text{Tage}}{45\ \text{h}} \times \frac{1}{9{,}45} = 10{,}20\%$$

$$30\% \text{ von } 75\% \times 9{,}85\ \text{S/h} \times \frac{7\ \text{Tage}}{45\ \text{h}} \times \frac{1}{9{,}45} = 3{,}70\%$$

20,40%

2. Wegegeld (Annahme): —

3. Anreise- und Rückfahrkosten:

Anspruchsberechtigte: 80%
Beschäftigungsdauer im Mittel: 20 Monate
Reisekosten: im Mittel 160,—S

$$80\% \times 160{,}\text{— S} \times \frac{1}{20} \times \frac{1}{200}\,\frac{1}{9{,}45} = 0{,}34\%$$

4. Heimfahrten:

Anspruchsberechtigte: 40%
Heimfahrten im Mittel: 120,— S/Heimfahrt

$$40\% \times 120{,}\text{— S}\ \frac{1}{200} \times \frac{1}{9{,}45} = 2{,}54\%$$

5. Übernachtungsgeld (Annahme): —

23,28% 12,65 S/h

6. Verpflegszuschuß: Annahme 3 S/Mann und Tag

$$3{,}\text{—} \times \frac{1}{8\ \text{h}} \times \frac{1}{9{,}45} \times 100\% = 3{,}96\%$$

Summe Sondererstattungen 27,24%

27,24% × 9,45 = 2,55 S/h

Mittellohn mit Zulagen und Sondererstattungen 15,20 S/h

Übertrag: 15,20 S/h

d) *Zuschläge für soziale Lasten* und lohngebundene Kosten:

1. *Soziale Lasten*

laut Betriebsabrechnung auf Tariflohn:

	62% von 9,45 =	5,86 S/h	
auf Mehrlöhne	40% von 1,40 =	0,56 S/h	
auf übrige Zulagen	21,4% von 1,80 =	0,39 S/h	
auf Sondererstattungen	— =	—	
Mittlerer Zuschlag für soziale Lasten:		6,81 S/h	6,80 S/h

2. *Erfahrungszuschläge*

auf Grundlohn	12% von 9,45 =	1,13 S/h	
auf Zulagen (für Bauzinsen, Lohnsummensteuer und Haftpflichtversicherung im Mittel)	4% von 3,20 =	0,13 S/h	
auf Sondererstattungen (für Bauzinsen)	2% von 2,55 =	0,05 S/h	
		1,31 S/h	1,30 S/h
Bruttomittellohn			23,30 S/h

e) *Endzuschlag*: Annahme: Zentralregie 8 %
Gewinn und Wagnis 5 %
Umsatzsteuer 5,25%

18,25% der Angebotssumme

$$\frac{18{,}25 \times 100}{100 - 18{,}25} = 22{,}0\% \text{ der Herstellkosten}$$

Bruttomittellohnpreis:

23,30 S/h + 0,22 × 23,30 = 23,30 + 5,13 = 28,43 ≐ 28,40 S/h

Bruttobaustoffpreis:

Baustoffkosten + 22% = Stoffkosten × = 1,22

Fall B. Mit Errechnungszuschlag. Nach dem Aufbau des Leistungsverzeichnisses seien Gemeinkosten nicht gesondert zu berechnen, sondern auf die Teilleistungen umzulegen. Diese Umlegung kann auf den Lohn allein oder auf Lohn und Stoff erfolgen:

Annahme: die Kalkulation der Herstellkosten hat ergeben:

für Teilleistungen:	200000 h	+	5000000,— S
	Arbeitsstunden		Stoffkosten
für Gemeinkosten:	22000 h	+	1500000,— S

Die Angebotssumme ergibt sich als Summe von Teilleistungen und Gemeinkosten mit

	222000 h	+	6500000,—	
	×		×	
	20,40 S/h		1,22	
	6304800,—	+	7930000,— =	14234800,— S

a) *Umlegung auf Lohn allein:*

Anteil der Gemeinkosten:

$$22000\,\text{h} \times 20{,}40 + 1500000 \times 1{,}22 = \qquad 2454800{,}-\ \text{S}$$

Errechnungszuschlag auf Bruttomittellohnpreis von 28,40 S/h

$$\frac{2454800{,}-}{200000\,\text{h}} = 12{,}28\ \text{S/h} = 43\%\ \text{von}\ 28{,}40$$

Bruttomittellohnpreis (mit Errechnungszuschlag) = 28,40 + 12,28 = <u>40,68 S/h</u>

Kontrolle:

$$14234800 - 5000000 \times 1{,}22 = 8134800{,}-\ \text{S}$$

$$\frac{8134800{,}-}{200000\,\text{h}} = 40{,}67\ \text{S/h}$$

$$\left(\text{Errechnungszuschlag auf Bruttomittellohn} = \frac{12{,}28}{1{,}22} = 10{,}06\ \text{S/h}\right)$$

b) *Umlegung auf Lohn und Stoff (anteilig):*

Errechnungszuschlag auf Lohn:

$$\frac{22000\,\text{h} \times 28{,}40}{200000\,\text{h} \times 28{,}40} = 0{,}11\ (11\%)$$

auf Stoff:

$$\frac{1500000 \times 1{,}22}{5000000 \times 1{,}22} = 0{,}30\ (30\%)$$

Kontrolle:

$$200000\,\text{h} \times 28{,}40 \times 1{,}11 + 5000000 \times 1{,}22 \times 1{,}30 =$$
$$= 6304800 + 7930000 = 14234800{,}-\ \text{S}$$

Bruttomittellohnpreis (einschließlich Errechnungszuschlag)

$$= 28{,}40 \times 1{,}11 = \underline{31{,}52\ \text{S/h}}$$

Bruttobaustoffzuschlag = 1,22 × 1,30 = 1,586 bzw. 58,6%

Tabelle 7. *Zusammenstellung der Kosten je Stunde nach Übersichtsbeispiel (Österreich)*

	ohne Errechnungszuschlag	mit Errechnungszuschlag
a) *Mittellohn* der Tarif- (Grund-) Löhne:	9,45 S/h	
b) *Zulagen*		
α) Mehrlöhne (15%): 1,40 S/h		
β) Mehrarbeit usw. (18,7%): 1,80 S/h	3,20 S/h	
c) *Sondererstattungen*	2,55 S/h	
Mittellohn + Zulagen	15,20 S/h	15,20 S/h
d) *Zuschläge*		
1. Soziale Lasten:		
62% von a); 40% von bα); 21,4% von bβ)	6,80 S/h	6,80 S/h
2. Erfahrungszuschläge		
12% von a); 4% von b); 2% von c)	1,30 S/h	1,30 S/h
3. Errechnungszuschlag	—	10,06 S/h
Bruttomittellohn	23,30 S/h	33,36 S/h
Bruttomittellohnpreis	28,43 S/h	40,70 S/h

2.82 Deutschland

Ermittlung des Preises je Arbeitsstunde (ohne lohngebundene Zulagen und ohne Gemeinkosten usw.) In Deutschland ist hierfür die Bezeichnung „Lohnfaktor" üblich, die mit dem „Bruttomittellohnpreis" der österreichischen Ermittlung nahezu identisch ist. (Stichtag Februar 1962.)

a) *Annahme;*

Aus einer über einen längeren Zeitraum durchgeführten betrieblichen Lohnstatistik ergab sich ein Mittellohn (mittlerer Tariflohn einschließlich Mehrarbeits- und Erschwerniszulagen) von	3,30 DM/h
Die Lohnnebenkosten (Sondererstattungen) für Trennungsgelder, Auslösen, Übernachtungskosten, Fahrgelder betrugen für obigen Fall und für den gleichen Beobachtungszeitraum rund 30% des Mittellohns	1,— DM/h
Mittellohn samt Zulagen	4,30 DM/h
b) *Soziale Aufwendungen* (nach S. 13)	
41,30% von 3,30 DM/h =	1,36 DM/h
Bruttomittellohn	5,66 DM/h

c) *Endzuschlag*:

Geschäftskosten	7%	
Gewinn und Wagnis	6%	
Umsatzsteuer	4%	
	17%	

$$\frac{17 \times 100}{83} = 20{,}5\,\%; \quad 5{,}66 \times 20{,}50\,\% = 1{,}16 \text{ DM/h}$$

Lohnfaktor (ohne Errechnungszuschlag) 6,82 DM/h

Stoffaktor = 1,205 × Stoffkosten

2.83 Schweiz

Ermittlung der Gesamtkosten der kalkulierten Arbeitsstunde (Bruttomittellohnpreis) und der Offertsumme nach in der Schweiz üblichen Verfahren. (Stichtag Februar 1962.)

Mittellohn:

Vorarbeiter	1	7%	5,35 sfr/h	0,38 sfr/h	
Facharbeiter	3	20%	4,85 sfr/h	0,97 sfr/h	
Spezialkräfte	6	40%	5,05 sfr/h	2,02 sfr/h	
Handlanger	5	30%	3,60 sfr/h	1,08 sfr/h	
	15			4,45 sfr/h	4,45 sfr/h

Zulagen (Annahmen):

Überstunden (> 60 h/Woche)	—	
Sonntagsstunden	—	
Schichtarbeit:		
50% der Belegschaft im Schichtbetrieb: 50% × 0,20	0,10 sfr/h	
Erschwerniszulagen:		
20% der Belegschaft erhält im Mittel 25%:		
20% × 0,25 × 4,45	= 0,22 sfr/h	
Überzahlung Stammarbeiter	0,20 sfr/h	
	0,52 sfr/h	0,52 sfr/h

Sondererstattungen:			Übertrag: 4,97 sfr/h
(Direkte Vergütung durch Bauherrn)			—
			4,97 sfr/h

Mittellohn mit Zulagen:

A. *Soziale Aufwendungen:*

Unfallversicherung (gemäß Einreihung)	5,40%		
AHV (Alters- und Hinterbliebenenversicherung)	2,60%		
IV (Invalidenversicherung)	2,60%		
EO (Erwerbsersatzordnung)	2,60%		
Krankenkasse	2,00%		
Ferien- und Feiertagsentschädigung	7,32%		
Familienausgleichskasse	1,09%		
Unumgängliche Absenzen	0,11%		
Schlechtwetterentschädigung	2,43%		
	20,95%	= 21%	

B. *Baubetriebskosten* (Erfahrungswerte):

(Lohngebundene Bauregie)			
Haftpflichtversicherung	1,36%		
Reparatur und Ersatz von Kleingeschirr	3,50%		
Magazin- und Bauplatzdienst	3,00%		
Aufsichtspersonal und Bauplatzbüro im Mittel	14,00%		
	42,86%	von 4,45	1,91 sfr/h
			6,88 sfr/h

(Bruttomittellohn) mit allen Kalkulationszuschlägen
= Werkkosten der Lohnstunde: 6,88 sfr/h

Endzuschlag auf Werkkosten:

Werkkosten		100 %	
Allgemeine Geschäftskosten		8 %	
Selbstkosten		108 %	
Risiko und Verdienst	5% von 108%	5,4 %	
Herstellkosten		113,4 %	
Warenumsatzsteuer	1,98% von 113,4%	2,24%	
		115,64%	
ab Werkkosten:		− 100 %	
Zuschlag auf Werkkosten der Lohnstunde bzw. Zuschlag auf alle übrigen Kosten		15,64%	1,08 sfr/h

Offertkosten der Lohn- (Arbeits-) Stunde (Bruttomittellohnpreis): 7,96 sfr/h

Offertsumme = Gesamtsumme der Arbeitsstunden × 7,96 + alle übrigen Kosten (Material- und Mietkosten usw.) × 1,1564.

Anmerkung: Obige Ableitung folgt im Aufbau der in der Schweiz üblichen Methode; sie ist nicht ganz mit der in Österreich und Deutschland geübten zu vergleichen, da sie auch Errechnungszuschläge (Gemeinkosten) enthält. Auch ist die „Mittellohnrechnung“ in der Schweiz nicht üblich, vielmehr wird für jede Arbeitsgattung die erfahrungsgemäß notwendige Zusammensetzung der Belegschaft neu festgesetzt bzw. mit den effektiv ausbezahlten Löhnen gerechnet.

3. Stoffkosten (Sonstige Kosten)

3.0 Allgemeines

Zum Baustoffanteil der Preise zählen in erster Linie die Aufwendungen für die Hauptbaustoffe, die Bauhilfs- und Betriebsstoffe mit allen auf sie entfallenden Fracht- und Fuhrkosten sowie den Kosten für die Manipulation dieser Stoffe bis zum „Baulager". Je nach Aufbau der Leistungsbeschreibung und der durch sie bedingten Verteilung der Kosten können — so wie bei der Lohnseite — außer den Stoffkosten auch andere Aufwendungen in der Stoffseite aufscheinen. Man spricht dann richtiger von „sonstigen Kosten", die dann neben den Baustoffkosten auch Gerätekosten, Subunternehmerleistungen, Sonderkosten, manchmal auch Gehaltskosten enthalten können.

Die Stoffseite der Preise ist sehr vielfältig, wollte man alle Einzelheiten in der Kalkulation erfassen. Dies hat jedoch keinen praktischen Wert, weshalb man die Ermittlung nur auf jene Anteile beschränkt, die mengenmäßig erfaßbar sind und die den Preis noch maßgebend beeinflussen. Alle übrigen, für die Baudurchführung zwar notwendigen Stoffe, werden nicht für sich allein angeführt, sondern mit „Erfahrungszuschlägen" genau genug erfaßt. Es sollten jedoch diese Erfahrungszuschläge immer wieder durch die Nachkalkulation kontrolliert werden, was bei entsprechender gleichlaufender Zusammenfassung dieser Nebenkosten in der Baubuchhaltung leicht möglich ist.

Der Baustelle werden die Baustoffe an den Baulagerplatz beigestellt. Es sind daher alle bis zum Begriff „frei Bau" gehörenden Aufwendungen den Stoffeinkaufspreisen zuzuschlagen, um die *Bruttobaustoffkosten* zu erhalten. Alle vom Baulagerplatz bis zum Einbau auflaufenden Kosten sind bei der Ermittlung der Teilleistung für jeden Baustoff neu zu kalkulieren, da auch die örtlichen Verhältnisse immer wieder anders liegen. Die durch die Manipulation vom Werk bis zur Einbaustelle entstehende Mengenminderung durch Verlust, Schwund, Bruch und Verschnitt wird man einmal in Ansatz bringen, dabei aber Art und Häufigkeit der Ab- und Umladearbeit und ihren Einfluß auf den Verlust berücksichtigen.

Die Stoffkostenrechnung beschränkt sich demnach auf die

Hauptbaustoffe (Zement, Bindemittel, Sand, Kies, Ziegel, Steine, Holz, Stahl usw.),

Bauhilfsstoffe (Schalholz, Pölzholz, Rüstung, Spundbohlen usw.),

Baubetriebsstoffe (Strom, Dieselöl, Benzin, Schmiermittel usw.).

Die Hauptbaustoffe werden in das Bauwerk eingebaut, also verbraucht, ebenso sind die Betriebsstoffe Verbrauchsmaterialien, hingegen werden die Bauhilfsstoffe nur vorgehalten und nach Bauende wieder zurückgenommen, einerlei, ob sie durch Neukäufe mehrmals ergänzt oder nach einmaliger oder längerer Benützung entwertet wurden. Der Bau hat für die Differenz zwischen beigestellten und zurückgegebenen Werten der Bauhilfsstoffe aufzukommen. Diese Differenz ist als Abschreibung, Wertminderung oder als ‚Holzverlust' zu ermitteln und angemessen einzurechnen.

Die Bruttostoffkosten errechnen sich in folgender Form:

	Stunden	Lohn	Sonstiges
Preis ab Werk (laut Angebot)	—	—	/
Fracht Werk — Baustellenbahnhof	—	—	/
Anschluß- und Zustellgebühren (Schleppbahngebühr)	—	—	/
Zollkosten, Verpackung, Wiegegebühr	—	—	/
Preis frei Bahnhof (Baustelle)			+
Abladen, Umladen auf LKW	/	/	—
Fuhrkosten (LKW) Bahnhof—Baustelle	—	—	/
Umladen auf Bautransportmittel (z. B. Schrägaufzug, Rollbahn, Seilbahn)	/	/	—
Transport auf Bautransportmitteln	/	/	/
Abladen am Baulager, Stapeln	/	/	—
Baustoffkosten frei Bau	++	++	++
Verlust, Bruch, Verschnitt ... % von ++	—	—	/
Mengenrabatte, Skonti	—	—	—/
Bruttobaustoffkosten frei Baulager	+++	+++	+++

Abb. 4 zeigt den Aufbau des Stoffpreises.

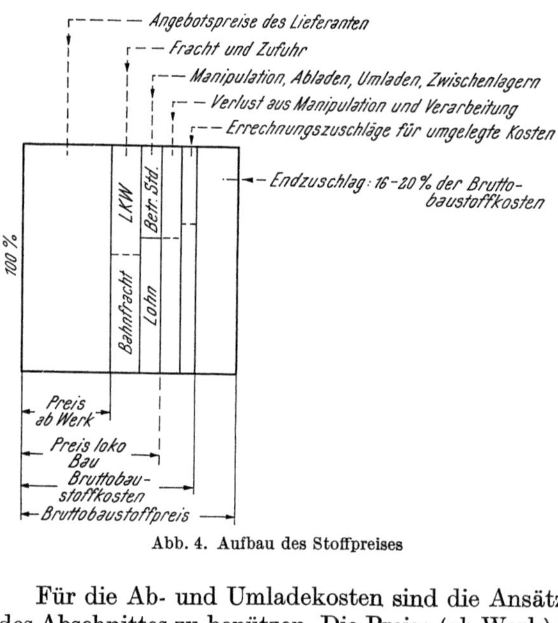

Abb. 4. Aufbau des Stoffpreises

Je nach den örtlichen Gegebenheiten können natürlich einzelne dieser Aufwendungen entfallen oder bei schwierigen Verhältnissen viel umfangreicher werden. Wichtig ist nur, daß hinsichtlich des „Baulagers" allen Ermittlungen die gleichen Annahmen zugrunde liegen. Unter Baulager sei der an der Baustelle liegende, meist an die Magazine anschließende *letzte Lagerplatz* vor dem Einbau oder der Verarbeitung verstanden. Es kann sich dabei in einem Falle um ein Magazin, im anderen um ein Silo oder eine Halde handeln.

Für die Ab- und Umladekosten sind die Ansätze sowie alle übrigen Hinweise des Abschnittes zu benützen. Die Preise (ab Werk) für die Baustoffe sind in jedem Falle für den Stichtag des Angebotes durch verbindliche Offerte mehrerer leistungsfähiger Firmen zu erheben; dabei ist auch die termingerechte Anlieferung bindend zu vereinbaren. Daß die gelieferten Stoffe gütemäßig voll zu entsprechen haben, ist eine selbstverständliche Voraussetzung, die jedoch bei sehr scharfer Konkurrenz nicht immer eingehalten wird.

Die Ermittlung der Frachtkosten erfolgt mit den entsprechenden Sätzen der Bahntarife je nach Tarifklasse und Lademenge. Über die Tarifklassen und Tarifgebühren bei verschiedenen Lademengen (5 t, 10 t, 15 t) sowie über Zustell- und Schleppbahngebühren gibt jede Frachtenkasse der Bundesbahn Auskunft. Es wird daher hier von einer Wiedergabe der Frachtsätze, die sich derzeit in Österreich im Durchschnitt (bei 15 bis 20 t Lademenge) zwischen 0,30 (700 km) und 0,60 (100 km) S/tkm bewegen, abgesehen. Die Lademengen für ein Ladegewicht von 15 t bzw. 5 t sind für einige Baustoffe in Tab. 8 angegeben.

Tabelle 8

		Bahnwagen 15 t	LKW 5 t
Sand, Schotter, Splitt usw.	m^3	9—10	3,0—3,5
Bimskies	m^3	12—15	5,0
Bindemittel	Sack	300	100
Rundholz	m^3	20—22	6—7
Schnittholz	m^3	24	8,0
Schalbretter 24 mm	m^2	1000	350
„ 40 mm	m^2	600	200
Bruchsteine	m^3	4,5—8,0	2,5—3,0
Ziegel (Normalformat)	Stück	4500	1500
Bitumen, Teer	Faß	65	20
Dieselöl	Faß	65[1]	20[1]
Baugeräte	t	15,0[2]	5,0[2]
Betonrohre			
Durchmesser 20 50 kg/m	Stück	300	100
„ 30 110 kg/m	„	150	50
„ 40 185 kg/m	„	90	30
„ 50 280 kg/m	„	55	19
„ 80 500 kg/m	„	28	9
„ 100 850 kg/m	„	18	6
Steinzeugrohre			
Durchmesser 10 15 kg/m	Stück	1000	330
„ 20 37 kg/m	„	403	140
„ 30 71 kg/m	„	240	80
„ 40 117 kg/m	„	130	45
„ 50 150 kg/m	„	100	32

1 Je Faß 230 kg brutto.
2 Bei sperrigen Gütern wesentlich geringer.

Die Ladeflächen schwanken bei 15-t-Bahnwagen (Breite 2,65 bis 2,80 m) je nach Bauart zwischen 15 und 36 m^2, bei 5-t-Lastkraftwagen (Breite 2,20 m) betragen sie rund 10 m^2.

Die Zufuhr mit Lastkraftwagen errechnet sich mit den Tarifsätzen der Fuhrwerksunternehmer. Auch hier ist es zweckmäßig, schon zur Angebotstellung, vor allem bei großen Transportmengen, von den ortsansässigen Frächtern Offerte (je Tonne) einzuholen, getrennt nach Baugeräten, Stück- und Massengütern. Für die Kalkulation der Transporte dienen die Angaben und Beispiele des Abschnittes 8.

Vielfach werden für Bautransporte von den Unternehmungen eigene Fahrzeuge eingesetzt; inwieweit dies wirtschaftlich ist, kann nur ein Vergleich der Frächterkosten mit den eigenen Kosten ergeben. Im allgemeinen ist der firmeneigene Betrieb nur dann wirtschaftlich, wenn er voll ausgelastet ist und innerhalb des Betriebes unter straffer Leitung steht. Hingegen werden Kleintransporte von

Stückgütern usw. zweckmäßiger von firmeneigenen LKW's besorgt, da unregelmäßig einlangende Transporte durch Frächter infolge höherer Stehzeiten teurer sind.

3.1 Baustoffverluste

Durch den Transport und die dabei anfallende Manipulation für das Ab- und Umladen, Zwischenlagern und Stapeln entstehen Verluste, die als Bruch, Streuverluste und Schwund zu berücksichtigen sind. Durch die Verarbeitung fällt bei Holz und Stahl außerdem ein Schnittverlust (Abfall, Verschnitt) an, der sehr beträchtlich sein kann. Die Manipulation mit Bindemitteln hat eine Verstaubung zur Folge, die bei Transport in Säcken 2 bis 3%, bei Behältertransport nur 0,5% beträgt. Im Durchschnitt kann mit den in Tab. 9 angegebenen Sätzen gerechnet werden.

Tabelle 9

	Verluste durch	
	Transport und Lagerung	Verarbeitung
Sand, Betonschotter, Splitt usw.	1–2% [1]	–
Bindemittel in Säcken	2–3% [1]	–
„ lose (in Behältern)	0–0,5% [1]	–
Rundstahl	–	2– 5% [2]
Spannstahldraht	–	2– 6% [3]
Bauholz	–	5–10%
Bruchsteine unbearbeitet „ bearbeitet	1–2%	je nach Mauerwerk und Gestein 0–25%
Betonrohre	2–5%	–
Ziegel aller Art	2–3%	–
Betonzusatzmittel	–	4– 6%

[1] Mit der Zahl der Umladestellen steigt der Verlust.
[2] Ohne Walztoleranz.
[3] Je nach Spannsystem.

Aus den Bruttobaustoffkosten frei Baulager wird mit dem Endzuschlag für Zentralregie, Gewinn, Wagnis und Umsatzsteuer der *Bruttobaustoffpreis*, es sei denn, daß auf die Stoffkosten auch Errechnungszuschläge für umzulegende Kosten zu geben sind. Der Endzuschlag auf die Stoffkosten wird üblicherweise niedriger angesetzt als für die Lohnseite, weil aus der Stofflieferung ein geringeres Risiko anfällt als bei den schwerer anschätzbaren Werten der Arbeitsanteile.

3.2 Nachunternehmerleistungen

Werden Teile der Bauleistung an Dritte weitervergeben, so spricht man von *Nachunternehmerleistungen*, die stets gesondert zu betrachten sind. Meist liegt ein Angebot eines Fremdunternehmers vor, das zur Grundlage der Vergebung dient. Fallen hierzu noch Nebenleistungen an z. B. für Transporte, Gerüstungen, Beistellungen von Geräten und Unterkünften usw., so sind diese zusätzlichen Kosten des Hauptunternehmers dem Angebotspreis des Nachunternehmers zuzuschlagen. Der Endzuschlag liegt meist noch etwas unter dem der Stoffkosten, weil das

Wagnis zum größten Teil auf den Fremdunternehmer abgewälzt werden kann. Dieser Zuschlag liegt meist zwischen 10 und 15%. Bei geringem Umfang der Nachunternehmerleistung wird man diesen Zuschlag mit dem Stoffzuschlag gleichsetzen.

Abb. 5 zeigt den Aufbau der Preisbildung für Leistungen der Nachunternehmer.

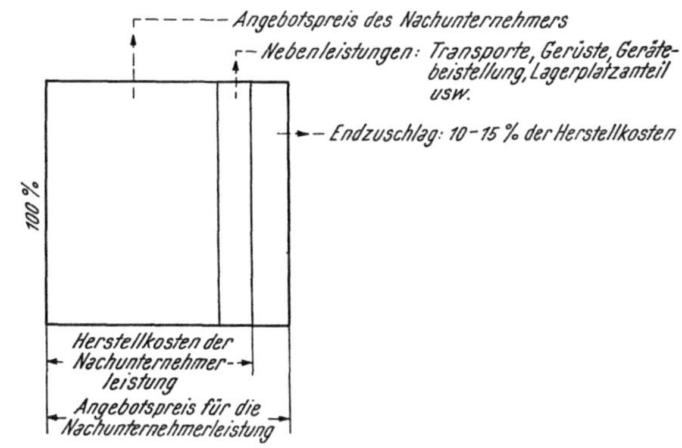

Abb. 5. Aufbau des Preises der Nachunternehmerleistung

4. Endzuschlag für Geschäftskosten, Gewinn, Wagnis und Umsatzsteuer

Es hat sich eingebürgert, im sogenannten *Endzuschlag* auf die Herstellkosten diejenigen Anteile zusammenzufassen, die üblicherweise in Prozenten der Angebotssumme, also des Umsatzes angegeben werden. Es hat dies nichts mit der genauen Abgrenzung der Herstellkosten zu tun, zu denen begrifflich auch die allgemeinen Geschäftskosten und die Umsatzsteuer gehören und mit denen sie die *Selbstkosten* bilden. Was über die Selbstkosten hinaus verbleibt, kann als Brutto- oder Rohgewinn bezeichnet werden, der erst dann zum Reingewinn wird, wenn alle aus den einzelnen Geschäften übernommenen Verpflichtungen, z. B. die der Gewährleistung u. dgl. erloschen sind, also nach Ablauf der Haftzeit. Der Bruttogewinn beinhaltet mithin einen Anteil, der als „Wagnis" den Reingewinn schmälern oder erhöhen kann.

Die Abgrenzung der Begriffe Geschäftskosten und Wagnis haben Opitz, Maculan u. v. a. ausführlich dargestellt.

4.1 Allgemeine Geschäftskosten

Unter allgemeinen Geschäftskosten (oder Zentralregie) sind die am Sitz des Unternehmens entstehenden Kosten für *Hauptbüro* und *Lagerplätze* zu verstehen. Dazu gehören:
Gehälter und Löhne samt sozialen Aufwendungen, Mieten, Pachten und Abschreibungen, Bürokosten, Reisespesen, Versicherungen allgemeiner Art, Umlagen, Steuern, sonstige soziale Leistungen, Beiträge für Berufsvertretung und Fachvereine, Werbespesen.

Diese Kosten werden in der Hauptbuchhaltung erfaßt und in Prozenten des Umsatzes ausgewiesen. Sie liegen im allgemeinen zwischen 6 und 8% des Umsatzes. Sie steigen mit sinkendem Umsatz und können geringer angesetzt werden, wenn ein sicheres Ansteigen des Umsatzes zu erwarten ist.

Die allgemeinen Geschäftskosten der Zentrale verteilen sich auf die einzelnen Bauaufträge sicherlich nicht gleichmäßig. Sie werden z. B. bei Bauten, die in Arbeitsgemeinschaften aufgeführt werden, etwas geringer sein, bei Alleinbauten höher. Geräteintensive Tiefbauten oder sonstige Spezialbauten werden den Zentralapparat stärker in Anspruch nehmen als Hochbauten. Trotzdem wäre eine Variation des Prozentsatzes der Zentralregie nicht zu empfehlen, da die Abweichungen, wenn man sie überhaupt exakt nachweisen könnte, kaum sehr groß sein werden. So hat der Gesamtumsatz die Basis für die Ermittlung zu bilden, die alljährlich, in kritischen Zeiten in kürzeren Abständen, durchzuführen ist. Diese Ermittlung sollte nie summarisch vorgenommen werden, sondern aufgegliedert nach den einzelnen Kostenträgern, um die Veränderung ihrer Anteile laufend verfolgen zu können.

4.2 Wagnis und Gewinn

Wagnis und Gewinn werden stets zusammen genannt und als gemeinsamer Prozentsatz der Angebotssumme (des Umsatzes) den Herstellkosten zugerechnet. Im Idealfall, wenn im Zuge einer Bauführung keine unvorhergesehenen Kosten irgendwelcher Art entstehen, würde das Wagnis zum Gewinn, der in diesem Falle höher als „kalkuliert" anfällt. Nun tritt dieser Fall gerade im Baugeschäft kaum ein, da Risken erfahrungsgemäß immer vorhanden sind und auch immer Mehrkosten verursachen. Diese Teilwagnisse können vielfältig sein. Sie sind bekannt als:

Kalkulationswagnis: Unterschätzung der Situation führt zu Unterkalkulationen, Mängel und Fehler in der Preisermittlung zu Unterpreisen. Risiko der Mengenänderung.

Preiswagnis: Preisteigerungen müssen oft übernommen werden, sie sind wahrscheinlicher als Preissenkungen.

Abrechnungswagnis: Mängel und Fehler in der Abrechnung.

Gewährleistungswagnis: Haftung für Mängel der Ausführung, der Ausführungsgehilfen.

Wagnis aus der Haftpflicht: Schäden Dritten gegenüber, z. B. Mängel in der Fundierung beeinflussen Nachbarobjekte, ungenügende Sicherung gegen Unfälle.

Wagnis aus der Bauführung: Schäden am Objekt durch unsachgemäße Fundierung, durch ungenügende Sicherung gegen Hochwasser, gegen Gebirgsdruck. Schäden durch ungeeignete Stoffe, nicht sofort erkennbare Isolierschäden, schwierige Unterfangungen, Gütemängel, z. B. Verwechslung von St 37 und St 52. Risken besonders schwieriger Arbeiten (Hochwasser, Stromausfall).

Wagnis aus dem Gesamtgeschäft: Unternehmerwagnis, Risken aus großen Betriebsunfällen, Risken wirtschaftlicher Art.

Mit allen diesen Wagnissen hat der Bauunternehmer mehr oder weniger zu rechnen und hat von Fall zu Fall neben seinen Chancen auch diese Risken abzuschätzen.

Der Zuschlag für das *Wagnis* stellt streng genommen eine Rücklage dar, die in ihrer Gesamtsumme aus allen Bauten dazu dient, die verschiedenen Risken abzufangen. Diese Rücklage löst sich erst mit Ablauf der Haftzeit auf, wenngleich später erkennbare (fahrlässige) Mängel den Unternehmer nie entlasten.

Die Höhe des Wagnisses wird naturgemäß von jedem Unternehmer unterschiedlich beurteilt und ist von Bau zu Bau verschieden, im allgemeinen liegt der Satz zwischen 2 und 4%. Durch Abschluß von Versicherungen (Bauwesen und Haftpflicht) ist es möglich, diesen Satz weitgehend zu senken und nur auf die Fälle zu beschränken, die durch die Versicherung ungedeckt bleiben. Die Prämien für die Bauwesenversicherung liegen zwischen 1,0 und 2,0% der Bausumme je nach Art und Umfang der Versicherung. Die Haftpflichtversicherung, meist auf die Lohnsumme bezogen, beträgt beispielsweise in Österreich 0,25 bis 0,4% der Lohnsumme, je nach Schwierigkeitsgrad der Baustelle.

Auch der Zuschlagsanteil für den *Gewinn* wird je nach Marktlage und Konkurrenz verschieden hoch sein. Zwingt schlechte Beschäftigungslage zu Notpreisen, so wird der Gewinn nicht viel von Null verschieden sein. Liegen die Chancen des Wettbewerbes gut, so wird der Gewinn höher als der Durchschnittssatz angesetzt, der zwischen 4 und 6% liegt.

Die Umsatzsteuer und Verbrauchsteuer wird ebenfalls von der Angebotssumme berechnet, sie beträgt derzeit in Österreich 5,24%.

Der Endzuschlag beträgt in Prozenten der Angebotssumme, also *von* 100:

Allgemeine Geschäftskosten	a %	
Gewinn und Wagnis	b %	
Umsatzsteuer	c %	
	m %	von 100

Es ist also den Herstellkosten *auf* 100% zuzuschlagen

$$\frac{100 \times m}{100 - m\,\%} = n\ \%$$

Wenn beispielsweise gerechnet wird für

allgemeine Geschäftskosten	7,0 %
Gewinn und Wagnis	7,0 %
Umsatzsteuer	5,25%
	19,25%

so ist der Zuschlag auf die Herstellkosten für

$$\text{allgemeine Geschäftskosten} = \frac{100 \times 7}{100 - 19{,}25} = 8{,}67\%$$

$$\text{Gewinn und Wagnis} = \frac{100 \times 7}{100 - 19{,}25} = 8{,}67\%$$

$$\text{Umsatzsteuer} = \frac{100 \times 5{,}25}{100 - 19{,}25} = 6{,}50\%$$

$$23{,}85\%$$

$$\text{Endzuschlag} = \frac{100 \times 19{,}25}{100 - 19{,}25} = 23{,}80\% \text{ auf Herstellkosten.}$$

23,80% müssen den Herstellkosten zugeschlagen werden, wenn die allgemeinen Geschäftskosten 7%, Gewinn und Wagnis 7% und die Umsatzsteuer 5,25% der Angebotssumme betragen sollen.

5. Kosten der Baubetriebsführung

Vom Beginn bis zur Räumung der Baustelle, oft genug noch bis zur nachhinkenden Vorlage der Schlußabrechnung laufen die Kosten der Baubetriebsführung, die „allgemeinen Baukosten" — als „zeitgebundene Baustellenregiekosten" bezeichnet. Während sich die Lohnkosten mit verschiedener Intensität je nach Bauablauf über die Bauzeit verteilen, sind die Kosten der Baubetriebsführung geringeren Schwankungen unterworfen. Der nach einer bestimmten Anlaufzeit erforderliche Stand an Angestellten läuft meist in annähernd gleicher Höhe bis zum Ende durch. Nur sehr große Unterbrechungen im Winter oder längere Stillstände bei Hochwasser oder sonstigen Ereignissen könnten eine vorübergehende Senkung der Angestelltenzahl nach sich ziehen. Während der Bauzeit sind jedoch genügend Ausweicharbeiten für Abrechnung, Nachkalkulation oder Planung vorhanden, so daß im allgemeinen der Durchschnittsaufwand an Gehältern usw. gleich bleibt.

5.1 Baubetriebskosten

Zu den Baubetriebskosten zählen:

1. *Gehälter* der Baustelle samt allen Nebenkosten, einschließlich Poliere und Meister, wenn sie Gehaltsempfänger sind.

2. *Hilfslöhne* für Boten, Figuranten, Wächter, Transport- und Platzpartien usw.

3. *Personentransportbetrieb* (PKW usw.).

4. *Betriebskosten des Baubüros* (Beheizung, Beleuchtung, Telefon und Fernschreibbetrieb), Beleuchtung der Baustelle, Platzmieten, Lichtpausen.

5. *Betriebskosten des Unterkunftslagers* für Arbeiter und Angestellte, wenn deren Kosten nicht gesondert anzubieten sind. Gehaltskosten und Löhne der Lagerführung sowie Kosten aller Betriebsmittel des Lagers, getrennt für den Lager- und Verpflegsbetrieb.

6. *Betriebskosten der Bauwerkstätte* für die laufende Betreuung der eingesetzten Geräte, falls diese Kosten nicht bereits bei Ermittlung der Gerätekosten berücksichtigt wurden.

7. *Sonderkosten*: Projekte, Detailentwürfe usw., meist in 1. berücksichtigt.

8. *Nebenstoffe* und Nebenfrachten, wenn nicht im Bruttomittellohn eingerechnet.

Die Baubetriebskosten liegen zwischen 15 und 30% der Lohnkosten bzw. 5 bis 15% der Gesamtkosten, sie bilden mithin einen erheblichen Anteil, dessen Ermittlung immer wieder neu durchzuführen ist.

5.11 Gehälter

Die Zahl der notwendigen Angestellten steht in Abhängigkeit zur Eigenart und Betriebsweise der Baustelle, zur Art und Intensität der eingesetzten Geräte und zur Zahl der beschäftigten Arbeiter. Zunehmende Mechanisierung senkt den Arbeiterstand, hebt aber den Stand der Spezialisten und Angestellten. Während eine nur schwach mit Geräten besetzte Baustelle mit 5 bis 8% der Lohnkosten für Gehälter auskommt, wird bei einer hochmechanisierten Baustelle dieser Anteil auf 15% und mehr ansteigen. Ausgedehnte, weitläufige Baustellen erfordern unter sonst gleichen Verhältnissen mehr Aufsicht als örtlich enger begrenzte Arbeiten.

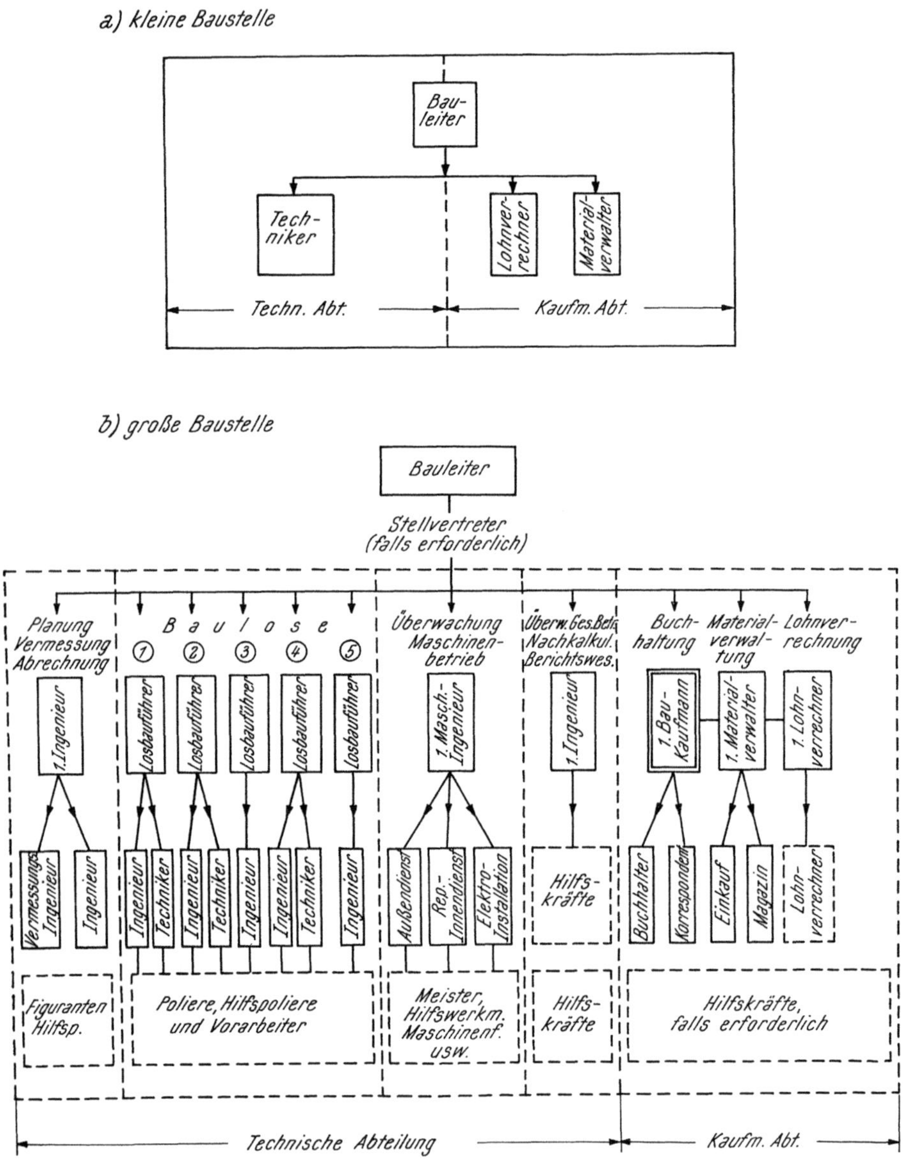

Abb. 6. Baustellen-Organisationsschema

Verantwortungsvolle und schwierige Arbeiten in Mehrschichtbetrieb müssen mit mehr Aufsichtspersonal besetzt sein als normale Bauten. Sich wiederholende Reihenausführungen hingegen, die eine steigende Einarbeitung der ganzen Belegschaft zur Folge haben, können schwächer besetzt sein. Bauten in Arbeitsgemeinschaft haben mehr Angestellte als Alleinbauten, weil zwangsläufig Mehrarbeiten vorwiegend kaufmännischer Art anfallen, die sonst ohne zusätzliches Personal in den Hauptverwaltungen ausgeführt werden können.

Poliere und Meister sind Angestellte. Ihre Kosten sind in der zeitgebundenen Bauregie zu berücksichtigen.

Die Tätigkeit der Angestellten einer Baustelle zerfällt in die *technische* Arbeit der Bauführung und in die *kaufmännische* der Lohnabrechnung und Verwaltung aller zu- und abgehenden Baustoffe und Geräte. Für beide Tätigkeiten ist der *Bauleiter* verantwortlich, ihm ist hierfür je nach Größe der Bauaufgabe eine ausreichende Anzahl von Technikern und kaufmännischen Angestellten zugeteilt. Bei kleinen Baustellen besteht die Besetzung nur aus dem Bauleiter und einem kaufmännischen Angestellten, der die Lohnverrechnung und Materialverwaltung besorgt. Bei sehr großen Arbeiten gliedert sich die *technische* Arbeit in mehrere Losbauführungen, in eigene Abteilungen für Vermessung und Abrechnung, in eine maschinentechnische Abteilung und eine für Nachkalkulation und Berichtswesen; die *kaufmännischen* Obliegenheiten zerfallen in die Baubuchhaltung, die Materialverwaltung und Lohnabrechnung.

Abb. 6 zeigt zwei Organisationsschemen für eine kleine und eine sehr große Baustelle. Nicht selten wird anstelle einer Gliederung in Losbauführungen, die örtliche Abschnitte umschließen, eine Gliederung nach Arbeiten gewählt, in der beispielsweise die Erdarbeiten, die Betonarbeiten usw. eigenen Abschnittsingenieuren zugewiesen werden.

Es erweist sich als zweckmäßig, die Besetzung der Baustelle erst nach Abschluß der Kalkulation der Teilleistungen festzulegen. Die Gesamtsumme der Arbeitsstunden geteilt durch die Baumonate ergibt den durchschnittlichen Stundenanfall bzw. die Arbeiterzahl je Monat, woraus sich in Gegenüberstellung zur durchschnittlichen Leistung an Erd-, Beton- und Mauerungsarbeiten die notwendige Zahl an Aufsichtspersonen bestimmen läßt. Es läßt sich keine allgemeine Richtlinie angeben, wieviel Ingenieure, Poliere und Meister in diesem oder jenem Falle erforderlich sind. Als Anhaltspunkt dienen folgende Angaben:

Es beaufsichtigen je nach Schwierigkeitsgrad

1 mitarbeitender Vorarbeiter		6 bis 8 Mann
1 nicht mitarbeitender Vorarbeiter		15 bis 25 Mann
1 Hilfspolier	2 bis 3 Vorarbeiter	15 bis 60 Mann
1 Polier (Meister)	2 bis 3 Hilfspoliere 4 bis 9 Vorarbeiter	30 bis 150 Mann
1 Bauführer	3 bis 5 Poliere	75 bis 300 Mann
1 Bauleiter	3 bis 5 Bauführer	150 bis 2000 Mann
1 Maschinenmeister	500 bis 3000 PS	
1 Maschinen-Ingenieur	2 bis 4 Meister	
1 Vermessungs-Ingenieur 1 Abrechnungs-Ingenieur	erforderlich bei schwierigen Stollen-, Sperren- und Wasserbauten, wenn die Bauführer oder zugeteilten Ingenieure voll ausgelastet sind.	
1 Lohnverrechner	verrechnet bei monatlicher Abrechnung 100 bis 150 Mann.	

Im allgemeinen ist das Verhältnis von technischem Personal (Ingenieure, Techniker, Poliere und Meister) zu kaufmännischem wie 2:1. Die Zahl der Arbeiter je Angestellten soll 10 nicht unterschreiten.

5.12 Hilfslöhne

Die Bauführung benötigt neben den Angestellten zusätzlich Hilfskräfte für verschiedene Arbeiten, wie

Botengänge, Bewachungen,
Figurantendienste,
Aufräumen der Büroräume,
Magazindienst, Telephondienst, Sanitätsdienst,
freigestellte Betriebsräte.

Die Löhne dieser Arbeiter werden als *Hilfslöhne* bezeichnet und erfahrungsgemäß mit 3,5 bis 5% der Lohnsumme zugerechnet, oder von Fall zu Fall neu ermittelt.

Oft werden zu den Hilfslöhnen auch solche gerechnet, die in den Teilleistungen nicht berücksichtigt werden, doch in Summe nicht vernachlässigbar sind:

Platzarbeiter, die Kleintransporte am Baulagerplatz besorgen, ebenso ständige Aufräumungsarbeiter aller Art. Arbeiter für die Erhaltung der Baustraßen (von großer Bedeutung beim gleislosen Baubetrieb).

Elektriker und Schlosser, die ständige Revisionsdienste an Leitungen und Beleuchtung vornehmen.

Verkehrsregler bei Straßenbauten, Absperrdienste, Wahrschaudienst im Schiffsverkehr. Besatzung von Rettungsbooten, Schiffswachen.

Auf der Stoffseite ist der Aufwand für ständige Platzfahrzeuge (Kräne, Raupen, Grader usw.) zu berücksichtigen, wenn ihre Kosten bei den Baustoffkosten nicht eingerechnet wurden.

5.13 Personentransportbetrieb

Sind für die Beförderung von Personen auf der Baustelle Personenkraftwagen, Klein- und Großautobusse, Motorräder, Motorboote, Schrägaufzüge, Seilbahnen notwendig, so sind deren Kosten (für Fahrer und Gerät) für die ganze Bauzeit mit den zeitgebundenen Kosten zu ermitteln. Werden Privatfahrzeuge der Angestellten benutzt, sind ihre Kosten aus einer angeschätzten Kilometerzahl je Monat mit den Kilometergeldern der verwendeten Wagenklasse einzurechnen.

5.14 Kosten des Baubüros

Auf- und Abbau des Büros sind mit allen Installationen in die *einmaligen* Kosten der Baueinrichtung einzurechnen. Die Bürogröße richtet sich nach Art der Arbeit und Zahl der Angestellten, sie beträgt für

500	Mann	200—250 m^2
1000	,,	300—400 m^2
1500	,,	500—600 m^2
2000	,,	700—800 m^2

Der Bürobetrieb — der Verbrauch an Papier, Schreib- und Zeichenmittel, Briefporti, Telephon- und Fernschreiberspesen usw. — wird mit einem Erfahrungssatz von 1,0 bis 1,5% als Lohnzuschlag berechnet. Bei großen Bauten ist dieser Satz gesondert zu überprüfen und die Kosten für Bürobeleuchtung, Beheizung und Miete zu berücksichtigen.

Auch die Kosten der Baustellenbeleuchtung sind zweckmäßig hier zu berücksichtigen, sie können bei ausgedehnten Baustellen im Schichtbetrieb bedeutend werden. Näherungsweise kann mit 0,3 bis 0,5 W je m² auszuleuchtendes Baugelände (Arbeitsbereich) gerechnet werden. Die Lebensdauer von Scheinwerferlampen von 500 bis 1500 W beträgt etwa 1000 h.

5.15 Kosten der Unterkünfte

An abgelegenen Baustellen, die nicht täglich von den Beschäftigten erreicht werden können, müssen für die gesamte oder anteilige Belegschaft Unterkünfte und Verpflegsmöglichkeiten vorgesehen werden.

Die *festen* Kosten für den Lagerauf- und -abbau, Wasserversorgung, Heizeinrichtung, Elektroinstallation usw. sind meist in eigenen Positionen oder mit der Baueinrichtung zu errechnen. Für die Lagergröße sind die Bestimmungen der Gewerbeaufsichtsbehörde zu beachten:

Bedarf an Wohnfläche:	4— 6 m²/Mann (je Arbeiter 4 —6 m², je Angestellten 8,0—15,0 m²)
,, ,, Luftraum:	8—15 m³/Mann
,, ,, Speiseraum:	1,5— 2 m²/Mann
Anteiliger Bedarf an Toiletteanlagen und Waschgelegeheiten	0,3—0,4 m²/Mann
,, ,, Krankenstuben	0,2—0,3 m²/Mann
Zentralheizung (Kesselgröße)	10000 WE/100 m²
Beleuchtung	0,65 kW/100 m²
Wasserbedarf für Kochen, Waschen, Brausen	50—100 l je Mann und Tag

Der Aufwand für den Betrieb des Lagers wird mit den zeitgebundenen Kosten für den durchschnittlichen Stand ermittelt, hingegen hat sich die Festlegung der Lagergröße für den Auf- und Abbau auf den Höchststand (einschließlich Bedarf für Fremdfirmen) zu beziehen, der sich aus dem Bauprogramm ergibt. Während die Vorhaltekosten für das Unterkunftslager nicht selten zusammen mit den Gerätekosten erfasst werden, gliedert sich der Lagerbetrieb in:

a) *Beaufsichtigung und Wartung* (Beheizung) des Lagers samt Beistellung der Einrichtungsgegenstände und Spinnstoffe (Betten, Spinde, Tische, Hocker, Decken, Strohsäcke, Matratzen, usw.) sowie in Strom-, Wasser- und Heizmaterialverbrauch.

b) *Verpflegung der Lagerinsassen*, Herstellung der Verpflegung, Aufsicht, kaufmännische Führung, Löhne des Küchenpersonals, Kosten der Kücheneinrichtung bzw. deren Vorhaltung, der Beheizung usw.

Für einen Belag von mindestens 250 Mann beträgt näherungsweise der Aufwand für a) ohne Vorhaltekosten für die Baracken bzw. Unterkünfte:

1,20 bis 0,60 × Facharbeiterstundenlohn je Mann und Tag

Die Kosten für b) betragen:

1,00 bis 0,50 × Facharbeiterstundenlohn je Mann und Tag

(Die niederen Werte werden erst bei einem Stande von mindestens 800 Mann erreicht.)

Während in Deutschland und in der Schweiz die Kosten für den Küchenbetrieb in die Verpflegskosten eingerechnet werden und vom Arbeiter zu tragen sind, bezahlt in Österreich der Arbeiter nur die Kosten der unverarbeiteten Lebensmittel.

5.16 Sonderkosten

Soweit die Kosten für Entwürfe, Detailzeichnungen, Ausführungszeichnungen besonderer Art, Bestandspläne und sonstige Projekte nicht in eigener Position anzugeben sind, wird man sie nach Bedarf mit den zeitgebundenen Kosten der Betriebsführung errechnen. Die Kosten fallen zwar überwiegend vor oder nach den Hauptarbeiten an, doch wird man sie einfachheitshalber mit den übrigen Kosten gleichmäßig auf die Bauzeit verteilen.

5.17 Nebenstoffe

Die normale Kalkulation erfaßt den Stoffaufwand nur bis zu einer gewissen Grenze, die durch die Größenordnung des Stoffanteiles gegeben ist; darüber hinaus werden jedoch eine Reihe von Hilfsstoffen — hier als Nebenstoffe bezeichnet — verbraucht, die in Summe nicht vernachlässigt werden können. Wenn sie nicht in den Erfahrungszuschlägen auf den Lohn bereits berücksichtigt wurden, sind sie mit den zeitgebundenen Kosten in Ansatz zu bringen. Auch hier benützt man Erfahrungsziffern, die von der Baubuchhaltung leicht nachzuprüfen sind.

Es erweist sich als zweckmäßig, die Nebenstoffe mit ihren Frachten in zwei Gruppen zu teilen, und zwar in

1. Nebenstoffe der Bau-, Bauhilfs- und Betriebsstoffe und
2. Nebenstoffe der Gerätewartung.

Die Nebenstoffe 2., die im Zuge von Reparaturen am Gerätepark anfallen und die als *Reparaturstoffe* leicht zusammengefaßt werden können, sind in den Reparaturentgelten enthalten. Ihr Anteil ist daher sinngemäß in Prozenten des Gerätewertes oder der Gerätemiete mit den Reparaturkosten nachzuprüfen. Hingegen sind die Nebenstoffe nach 1. unabhängig vom Geräteeinsatz und im Verhältnis zur Lohnsumme als Erfahrungswert zu berechnen. Allerdings muß betont werden, daß alle derartigen Erfahrungswerte nur von Baustellen ähnlicher Struktur übernommen werden können. Näherungsweise beträgt der Erfahrungswert für die Nebenstoffe nach 1. 2 bis 4% der Tariflohnsumme.

Die Nebenstoffe nach 1. umfassen: Bauklammern, Nägel, Laschen, Rödeldraht, Schalungsöl, Bindedraht, Dachpappe, Elektro-Nebenmaterial, Isolatoren usw. usw.

Die Nebenstoffe der Gerätewartung umfassen: Formeisen, Bleche, Nieten, Lagermetalle, Schrauben, Schweißdraht, Schweißausrüstung, Wasserstoff, Sauerstoff usw. usw.

5.2 Hilfsbetriebe

Fast auf jeder Tiefbaustelle arbeiten Geräte gleichzeitig für eine Reihe verschiedener Teilleistungen. Eine zentrale Druckluftstation beschickt beispielsweise nicht nur den Stollenvortrieb und sonstige Orte unter Tag, sondern es beziehen auch viele andere Stellen für ihre Preßluftgeräte Druckluft aus der gleichen Quelle. Ähnlich ist eine gemeinsame Wasserversorgungsstation für die Betonierung, für die Kühlung oder für das Feuchthalten einer Dammschüttung gleichzeitig tätig. Wird Strom aus einer Notstromanlage bezogen, so liegt der Fall ähnlich. In allen diesen Fällen sind die Betriebskosten dieser *Hilfsbetriebe*[1], wie sie bezeichnet werden sollen, für sich zu ermitteln und auf die Einheit der gelieferten Druckluft (m^3/min), der minutlichen oder stündlichen Wassermenge (l/min, m^3/h) bzw. auf die erzeugte Kilowattstunde zu beziehen. Mit diesen Werten, die

[1] OPITZ bezeichnet sie als „besondere Anlagen“ (OPITZ, Teil I, S. 35).

vorweg ermittelt werden, geht man in die Kalkulation der Teilleistungen, wobei es von Fall zu Fall abzuklären ist, wo man die *Geräte*mieten einrechnet. Sind diese Anlagen ständig und annähernd gleichmäßig über die Bauzeit beschäftigt, so wird man diese wie alle übrigen behandeln. Bei fallweisem Einsatz, wie er bei Notstromaggregaten vorkommt, ist es wohl zweckmäßig, die Bereitstellung des Gerätes über die ausbedungene Zeit gesondert anzubieten und in den Betriebskosten je Kilowattstunde nur die Differenz zwischen Stilliege- und Vollmiete zu berücksichtigen. Gewisse Betriebe verlangen eine gesonderte Behandlung. Eine Pendelseilbahn für Schwerlasten z. B. ist wohl ständig mit Seilbahnführer und allenfalls auch mit Belademannschaft besetzt, doch nicht ununterbrochen in Betrieb; das gleiche gilt für einen Verladekran am Umschlagplatz oder für einen Schrägaufzug usw. In diesen Fällen ist die Kalkulation wohl auf sehr vorsichtige Schätzungen angewiesen. Entweder rechnet man derartige Betriebe mit angeschätzten Betriebsstunden wie die ‚Hilfslöhne' zu den zeitgebundenen Kosten oder man ermittelt mit einer durchschnittlichen Mindestbesetzung ihre Betriebskosten über die ganze Bauzeit und bezieht diese Kosten auf die mutmaßliche Gesamttonnage. Mit den so ermittelten Kosten je Tonne wird weitergerechnet. Je nach besonderer Lage wird man feststellen, ob eine derartige Berücksichtigung nichtausgelasteter Hilfsbetriebe notwendig ist. Meist genügt die Ermittlung der täglichen Betriebskosten, die man dann auf die Einheit der täglich umgeschlagenen Baustoffmengen bezieht.

Die festen Kosten der Hilfsbetriebe, d. h. der Auf- und Abbau der Einrichtungen, An- und Abtransport der Geräte usw. sind als Teile der Baueinrichtung mit dieser zu berechnen, es sei denn, daß eigene Positionen hierfür vorgesehen sind, was z. B. bei Notstromaggregaten und Winterbaueinrichtungen stets der Fall ist.

Die Kosten der Hilfsbetriebe werden je Tag (10 h) ermittelt und auf die tägliche oder stündliche Leistung bezogen. Man kann diese Berechnungsart, die stets vor Beginn der Detailkalkulation durchzuführen ist, auch für alle Großgeräte anwenden, was später in der Berechnung der Einzelkosten zu Vereinfachungen führt, da Wiederholungen und Fehler vermieden werden. Wenn also die stündlichen oder täglichen Betriebskosten bekannt sind, wird man für jeden einzelnen Fall nur zu überlegen haben, welche durchschnittliche Leistung anzunehmen ist (siehe Gerätekosten).

6. Gerätekosten

Kennzeichnend für den Tiefbau war immer schon ein intensiver Geräteeinsatz, der sich mit der inzwischen allseits zunehmenden Mechanisierung beträchtlich gesteigert hat. Es spielen daher die Gerätekosten in der Kostenermittlung des Tiefbaues eine wichtige Rolle und sollen im folgenden ausführlich dargestellt werden.

Unter *Gerätekosten* sei die Gesamtheit aller Aufwendungen verstanden, die sich aus dem Einsatz der Maschinen auf der Baustelle ergeben und die sich gliedern in

Feste Kosten der An- und Rücktransporte, des Auf- und Abbaues auf der Baustelle;

Zeitbedingte Kosten der Benützung (Vorhaltekosten) als Gesamtheit der Abschreibungen und Verzinsungen für Normal-, Sonder- und Fremdgeräte, Anteile der Überstunden, Kosten der Wartung und Reparaturen für die Einsatzzeit;

Betriebskosten: Aufwand an Löhnen und Betriebsstoffen für das arbeitende Gerät, bezogen auf die Arbeitsstunde oder auf die Einheit der Leistung.

Man rechnet fast durchwegs die Betriebskosten nicht unmittelbar zu den Gerätekosten, da sie je nach Einsatzart von der erzielten Maschinenleistung abhängen. Sie werden mit der Teilleistung, bei der sie anfallen, berücksichtigt und dort eingerechnet.

Der Anteil der Gerätekosten (ohne Betriebskosten) an den Gesamtbaukosten ist je nach Bauzeit, Ausnutzung und Einsatzbedingungen verschieden, er liegt zwischen 5 und 50%, und zwar:

Erdbau	15—50%
Betonbau	7—15%
Straßenbau	5—20%
Wasserbau	10—30%
Stollenbau	10—20%.

6.1 Feste Kosten

Die festen Gerätekosten, die Transport- und Installationskosten werden aus der Tonnage der eingesetzten Geräte ermittelt. Hierbei sollte weder für die Transporte noch für den Auf- und Abbau schematisch mit durchschnittlichen Schätzziffern gerechnet werden.

6.11 Feste Kosten des An- und Rücktransportes

Die Transportkosten für Baugeräte werden im Kapitel 8 besprochen. Hier sei nur auf einige wichtige Punkte hingewiesen, die bei der Kostenermittlung zu beachten sind. Die Ermittlung der Transportkosten erfolgt nach dem sich aus der Baustellen-Geräteliste ergebenden Gesamtgewicht in Tonnen mit den Frachtsätzen der Bahn oder den verbindlich vereinbarten Fuhrwerkskosten eines Frächters. Ein Großteil der Geräte wird meist per Bahn zum Versand kommen, doch nicht immer sind die Wagenladungen ausgenützt, da viele Geräte, wie Turmkranteile, Baggerausleger oder große Kessel als sperrige Güter mehr Laderaum beanspruchen. Das gleiche gilt auch bei Autotransporten. Die ungünstige Ausnützung der Transportmittel ist bei Feststellung der Transportpreise zu berücksichtigen. Ein kleiner Teil der Geräte (10 bis 15%) kommt als Einzel- (Stück-) Gut zum Versand. Auch hier dürfen die höheren Transportkosten nicht übersehen werden, ebenso nicht die höheren Verpackungsspesen. Das Gesamtgewicht ist für die Transportkostenermittlung um 5 bis 10% zu erhöhen, um den Anteil der Kleingeräte und sonstiger zusätzlicher Ausrüstung zu berücksichtigen.

Bei Transporten über unausgebaute Straßen ist für die provisorische Instandsetzung der Wege, Freimachen des Lichtraumprofils, Unterstellung und Verbreiterung von Brücken, Abstützen von zu schwachen Stützmauern besonders bei sehr schweren Maschinenteilen Vorsorge zu treffen, die Kosten hierfür sind einzurechnen. Ist ein Transport mit den üblichen Straßenfahrzeugen wie LKW oder Tieflader nicht mehr möglich, so ist die Beförderung mit geländegängigen Spezialfahrzeugen usw. zu kalkulieren. Steilrampen sind mit Seilwinden, provisorischen Schrägaufzügen oder Schwerseilbahnen zu bewältigen. In schwierigen Fällen ist eine weitgehende Zerlegung des Gerätes notwendig. So ist der Gang der Anlieferung bis zur Einbaustelle genau zu verfolgen und mit allen Kosten für den händischen oder maschinellen Umschlag und den Spesen für die Transportmittel selbst festzustellen.

Für die Kalkulation ist anzunehmen:

1. Aufladen von Baugeräten auf LKW	2,0—3,0 h/t
auf Bahnwagen	2,5—3,5 h/t
2. Umladen von Baugeräten von LKW oder Bahnwagen auf LKW	1,5—2,5 h/t
3. Abladen von Baugeräten und Beiseiteschaffen	1,5—2,5 h/t
4. Zuschlag für schwere Teile (mehr als 10 t Einzelgewicht)	1,5—2,5 h/t
5. Ermäßigung bei Verwendung von Hebezeugen, Kränen usw.	1,0—1,5 h/t
6. Zerlegen von Stahlkonstruktionen, Maschinenteilen usw. (auf ladegerechte Teile) je nach Art	4,0—15,0 h/t

6.12 Feste Kosten des Auf- und Abbaues

Der Auf- und Abbau der Geräte gliedert sich in Arbeiten für den Unterbau, Fundamente, Anschlüsse, Überdachungen, Hilfseinrichtungen, für den Aufbau, und in die eigentlichen Arbeiten für die Herstellung der Betriebsbereitschaft des Gerätes. Die Ausmaße für Unter- und Überbau sind aus den Entwürfen der Einrichtung zu ermitteln, die Arbeiten für die Montage werden nach mittleren Stundensätzen je Tonne Gerät errechnet. Es kann hierbei vorausgesetzt werden, daß bei größeren Arbeiten Hilfseinrichtungen für die Montage, wie Kräne, Montagenadeln usw. zur Verfügung stehen. Wo dies nicht der Fall ist, sind stets die höheren Werte zu wählen. Im Durchschnitt über einen größeren Gerätepark bewegt sich der Aufwand für den *Aufbau* zwischen 30 und 40 h/t ohne die Arbeitsstunden für den Unter- und Überbau. Der *Abbau* erfordert 15 bis 20 h/t. Im einzelnen schwanken die Werte für den Auf- und Abbau in weiten Grenzen, je nachdem, ob das Gerät nur betriebsbereit zu stellen ist wie bei mittleren und kleinen Raupenbaggern, Traktoren usw. oder ob es erst an Ort und Stelle zusammengebaut werden muß.

Die in Tab. 10 angegebenen Durchschnittswerte gelten ohne Fundamente, ohne Über- und Unterbauten, ohne Unterstellgerüste usw., die getrennt zu kalkulieren sind.

Geräte oder besondere Anlagen, z. B. schwimmende Geräte, erfordern kostspielige Maßnahmen für Transport, Verpackung und Verladung. Ebenso sind die Aufwendungen für die Installationen für verschiedene Gerätegruppen unterschiedlich. Bei schwierigen Transporten über Seilbahnen, schmale Wege u. dgl. sind die Geräte weitgehend zu zerlegen oder Hilfseinrichtungen zur Förderung über Steil-

Tabelle 10

Geräte	Arbeitsstunden/t, m^2, m^1 (1/5/5/10) Aufbau	Abbau
Mischmaschinen (ortsfest)	40—50	20—30
Aufgeber und Abmeßapparate	35—40	15—25
Baustellensilos in Eisen	50—80	20—30
Steinbrecher und Mühlen	15—25	10—15
Schwingsiebe	40—60	20—30
Sortiertrommeln	50—70	20—30
Waschmaschinen	40—60	20—30
Turmdrehkräne	20—35[1]	15—20
Kleinkräne	10—15	5—10
Aufzüge	40—60	20—30
Förderbänder fahrbar	10—15	5—10
„ stationär	15—25	10—15
Becherwerke Betonpumpen Zementpumpen	35—45	15—20
Rohrleitungen für Pumpen m^1	0,4—0,5	0,2—0,3
Lokomotiven (Dampf-)	4—6	2—4
„ (Diesel-)	3—8	2—4
Bagger — Diesel auf Raupen bis 1,5 m^3	3—5[2]	2—3[2]
„ „ „ „ ab 1,5 m^3	10—20	8—10
Rammen klein	25—35	15—25
groß MR 27 usw.	15—25	10—15
Pumpen (Kreisel-)	50—60	30—40
Rohrleitungen bis Durchmesser 200 m^1	0,5—0,6	0,2—0,3
„ „ „ 300 m^1	0,6—0,7	0,3—0,4
Straßenwalzen	3—6	2—4
Planierraupen usw.	5—10	2—5
Schürfwagen, Dumptor usw.	2—5	1—3
Kompressoren fahrbar	15—20	8—10
„ stationär	40—60	20—30
Dampfkessel	15—20	10—15
Diesel- und Benzinmotoren	60—75	30—40
Elektromotoren	50—70	20—30
Werkstattmaschinen (im Mittel)	80—120	40—60
Baracken einfach m^2	2,0—3,0[3]	1,2—2,0[3]
„ doppelwandig m^2	2,5—5,5[3]	1,5—3,0[3]
Baumaschinen (im Mittel)		
fahrbare Geräte	20—30	10—15
stationäre Geräte	40—60	20—30
Stahlkonstruktionen	60—180	40—60
Druckluftleitungen[4] 100—150 mm		
legen m^1	0,3—0,6	
abmontieren m^1		0,15—0,40
Aufbereitungsanlagen (im Mittel)	20—30	10—15

[1] Aufbau mit Nadelhilfe: 25 h/t, mit Kran: 10 h/t.
[2] Für nicht zu zerlegende bahnverladbare Geräte.
[3] Je nach Einteilung. [4] Je nach Konstruktionsart der Verbindungen.

strecken zusätzlich einzurichten. Die Mehrkosten, die sich dadurch ergeben, können beträchtlich sein und sind mit einer durchschnittlichen Anschätzung nicht mehr erfaßbar.

6.2 Zeitbedingte Kosten

Die zeitbedingten Kosten für die Beistellung der Geräte, die Vorhaltekosten (Mieten, Abschreibungen und Verzinsungen), die Wartung während der Bauarbeit und die Anteile an den Überholungsreparaturen werden aus Geräteverzeichnissen (Listen) an Hand des Bauzeitplanes (Geräteeinsatzplan) festgestellt. Aus dem Bauzeitplan ergeben sich Beginn und Ende der Hauptarbeiten und damit die Termine des Geräteversandes zur und von der Baustelle. Hierbei ist auch der Zeitbedarf für die Installationen (Auf- und Abbau) zu berücksichtigen. Für die Festlegung der Einsatzdauer sind folgende Zeiten festzuhalten:

1. Zeitaufwand für Antransport und Montage,
2. Zeitraum des Einsatzes, ein- oder mehrschichtig,
3. Zeiten vorübergehender Stillegung (Winter, Hochwasser),
4. Zeiten einer abschließenden Überholung, falls diese vereinbarungsgemäß auf der Baustelle erfolgen soll,
5. Zeitaufwand für Demontage und Rücktransport an den Hauptlagerplatz oder nächsten Verwendungsort.

Abb. 7. Geräteeinsatzplan (Ausschnitt)

Diese Termine, im Geräteeinsatzplan (Abb. 7) vermerkt, ergeben die Grundlagen für die Ermittlung der Gerätekosten samt den anteiligen Reparaturen. Für die allgemeine rechnerische Ermittlung der Vorhaltekosten wurden in Deutschland und Österreich sowie in anderen Ländern von den zuständigen Fachverbänden *Gerätelisten*[1] herausgegeben. Sie bilden sowohl für die Kalkulation als auch für die Überlegungen zur Baueinrichtung eine wertvolle Stütze, da sie neben den Abschreibungs- und Verzinsungsbeträgen, Neuwerten, üblichen Nutzungszeiten auch eine Fülle maschinentechnischer Daten und Hinweise enthalten. Die Gerätelisten haben überdies den Vorzug, daß sie die Ermittlung der Vorhaltekosten vereinheitlichen und so leichter Vergleiche und Nachprüfungen ermöglichen. Die ausgewiesenen Werte sind Erfahrungsziffern, die für einen normalen mittleren Einsatz eines größeren Geräteparkes gelten. Es ist selbstverständlich dem Ermessen des kalkulierenden Unternehmers überlassen, entsprechend seiner eigenen Erfahrung, seiner jeweiligen Gerätelage und der Marktsituation die Werte der Geräteliste voll oder abgemindert zu verwenden.

[1] Österreich: Österreichische Baugeräteliste 1961. Herausgegeben von der Bundesinnung der Baugewerbe. Wien: Österreichischer Wirtschaftsverlag.

Deutschland: Baugeräteliste, Ausgabe 1960. Herausgegeben vom Hauptverband der Deutschen Bauindustrie. Wiesbaden: Bauverlag GmbH.

Schweiz: Tiefbau-Berechnungsgrundlagen der Vereinigung Schweizer Tiefbauunternehmer, Ausgabe 1962.

Frankreich: Barème de base des prix de location des principaux engins de travaux publics.

6.21 Nutzungsdauer

Für die Ermittlung der Abschreibungssätze ist die *Nutzungsdauer* des Gerätes von größtem Einfluß. Sie wird als die durchschnittliche Zeitspanne bezeichnet, innerhalb derer das Gerät wirtschaftlich eingesetzt werden kann. Meist werden Nutzungsjahre angegeben, verläßlicher sind die möglichen Betriebsstunden je Jahr oder über die gesamte Lebensdauer.

Tabelle 11

Geräteart	Wirtschaftlich nutzbare Betriebsstunden insgesamt schlechte → gute Einsatzbedingungen	im Mittel je Jahr
Bagger	10000–16000	1800
Planierraupen	8000–12000	2000
Transportfahrzeuge	8000–20000	2000
Mischer	4000– 8000	1600
Kompressoren	10000–16000	1200
Pumpen	6000– 9000	1200

Die Nutzungsdauer ist von der Geräteart abhängig, sie ist aber auch von Benützer zu Benützer verschieden. Eine schlechte Gerätepflege, eine dauernd schwere Beanspruchung setzt die Nutzungsdauer stark herab, während vorsorgliche und gute Bedienung und Wartung sowie ungewöhnlich leichte Einsätze die Nutzungsdauer verlängern. Auf diese von Bau zu Bau stets wechselnden Verhältnisse können Gerätelisten naturgemäß keine Rücksicht nehmen, sie sind vielmehr gesondert einzukalkulieren. Die in den Listen der Ermittlung der Abschreibungs- und Verzinsungssätze zugrunde gelegte Nutzungsdauer ist aus Erfahrungswerten vieler Firmen erhoben und entspricht einer durchschnittlichen mittelschweren Ausnützung des Gerätes. Wenn für eine zu kalkulierende größere, länger dauernde Arbeit ungewöhnliche Verhältnisse vorliegen, so sind diese durch angemessene Zu- oder Abschläge gesondert zu berücksichtigen, wobei es zweckmäßig ist, erhöhter Beanspruchung durch einen ausreichenden Ansatz für Verschleißteile Rechnung zu tragen.

6.22 Beschäftigungsgrad

Während beispielsweise in Amerika neben der Nutzungsdauer mit durchschnittlichen Betriebsstunden je Jahr gerechnet wird, die je nach Geräteart zwischen 1200 und 2000 h liegen, hat die deutsche Geräteliste den Begriff des *Beschäftigungsgrades* eingeführt, worunter das Verhältnis von Einsatzzeit zur Ruhezeit innerhalb der Nutzungsdauer zu verstehen ist. Es werden, nachdem die Verzinsung des Anlagekapitals während der Ruhezeit nicht aussetzt, die vollen jährlichen Mietsätze auf die reinen Beschäftigungsmonate reduziert. Bei einem erfahrungsgemäß festgestellten Beschäftigungsgrad von 60% erhöhen sich daher die Mietsätze um $\left(\frac{1}{0{,}60} = 1{,}67\right)$ das 1,67fache. Beschäftigungsgrad und Nutzungsdauer hängen zusammen. Steigt beispielsweise bei langdauernden Baustellen und besonderen Einsätzen der Beschäftigungsgrad, so sinkt die Nutzungsdauer und umgekehrt.

Berechnungen dieser Art nehmen nur Rücksicht auf den zeitabhängigen Einsatz des Gerätes, der mit dem Abgang vom Lagerplatz bis zu seiner Rückkehr dorthin begrenzt ist. Der Beschäftigungsgrad definiert sich mithin als Verhältnis von Vermietungsdauer des Gerätes auf den Baustellen zur gesamten „wirtschaftlichen

Lebensdauer". Es wird nichts über die tatsächliche Leistungszeit des Gerätes ausgesagt, die als Beschäftigungsgrad der Baustelle (Betriebsintensität, Zeitgrad) berücksichtigt werden müßte. Die Kosten einer Betriebsstunde ergeben sich daher als die auf die wirklichen Arbeitsstunden bezogenen Vermietungskosten. Nachdem nur das arbeitende Gerät eine Leistung und damit einen Gewinn erbringt, ist die Reduktion der Mietkosten auf die Betriebsstunde dann unerläßlich, wenn der Preis für die Leistungseinheit ausschreibungsgemäß die Gerätekosten einschließt. Der Beschäftigungsgrad der Baustelle ist nach Art und Einsatz der Maschinen unterschiedlich und stets neu zu überlegen. Er wird bei einschichtigem Betrieb zwischen 120 und 200 h je Monat schwanken.

6.23 Abschreibung und Verzinsung

Die monatlichen Mietsätze für Abschreibung und Verzinsung der Geräteliste schwanken je nach Geräteart und Nutzungsdauer zwischen 1,3 und 5,1% des Anschaffungswertes (siehe Tab. 12).

Tabelle 12

Gerätegruppe	Nutzungsdauer	Miete je Monat in %
1. Schwimmende Geräte (Eimerbagger usw.)	20	(1,0)—1,3
2. Dampfmaschinen	15	1,3
3. Elektromotoren, Transformatoren, Freifallrammen, Kompressoren (stationär), Dieselbagger	12	1,8
4. Diesellokomotiven, Steinbrecher	10	1,7
5. Kompressoren (fahrbar), Pumpen, Mobilkräne, Explosions-Rammen, Rammhämmer, Förderbänder	8	2,1
6. Diesel-, Benzin-Motoren, Straßenbaugeräte	5	3,2
7. Planierraupen, Scraper	4	3,9
8. Innenrüttler, Druckluftwerkzeuge usw.	3	5,1

Die Mietsätze beziehen sich in der Regel auf 8 Arbeitsstunden je Tag und 25 Arbeitstage je Monat, also auf 200 Arbeitsstunden je Monat. Ist das Gerät in Überstunden eingesetzt, so steigt die Abnützung, nicht jedoch der Anteil der Verzinsung; die Mietwerte für die Überstunden werden daher mit einem geringeren Satz verrechnet. Je Überstunde sind laut Geräteliste 0,4% der monatlichen Mietsätze anzunehmen. Auch hier ist zu beachten, daß die Verlängerung der Arbeitszeit durch Mehrschichtbetrieb die Nutzungsjahre herabsetzt und die Wartungskosten in ungleich höherem Maße steigen. Überholungsarbeiten sind im durchlaufenden Betrieb nur mehr mit ausreichender Bereitstellung von Reservegerät möglich.

Die *Verzinsung* ist vom Anschaffungswert des Gerätes zu berechnen, ihre Höhe richtet sich danach, ob Eigen- oder Fremdkapital bei der Beschaffung notwendig war. Den Mietsätzen der Geräteliste liegt offenbar in Angleichung an die Verzinsung langfristiger Anleihen der sehr niedere Satz von 4,5% zugrunde.

In ihrer Gesamtheit sollen die über die ganze Nutzungsdauer vereinnahmten Mieten dem Vermieter die Wiederbeschaffung des verbrauchten Gerätes ermöglichen, sie stellen den Gegenwert für die Amortisation des Anschaffungskapitals und für die Abnützung des Gerätes dar. Abb. 8 zeigt schematisch den Zusammenhang zwischen den zeitbedingten Gerätekosten und den Kosten je Zeit- und Leistungseinheit, verteilt über die Nutzungsdauer. Es ist hierbei die Abnahme der Leistungsfähigkeit von besonderer Bedeutung und in aller Vorsicht — besonders bei modernen Geräten — anzunehmen. Die „Abnützung" enthält nicht nur die Wertverminderung durch Gebrauch, Witterung und Verschmutzung, sondern auch durch Überalterung.

Ist ein Gerät bereits abgeschrieben und noch immer wirtschaftlich einsetzbar, dann sollte die Verrechnung von Mieten streng genommen aussetzen, da nach dem oben Gesagten der Gegenwert für Abnützung und Kapitaldienst bereits vereinnahmt wurde. Es dürften in diesem Falle nur die allerdings viel stärker anfallenden Reparaturkosten berechnet werden.

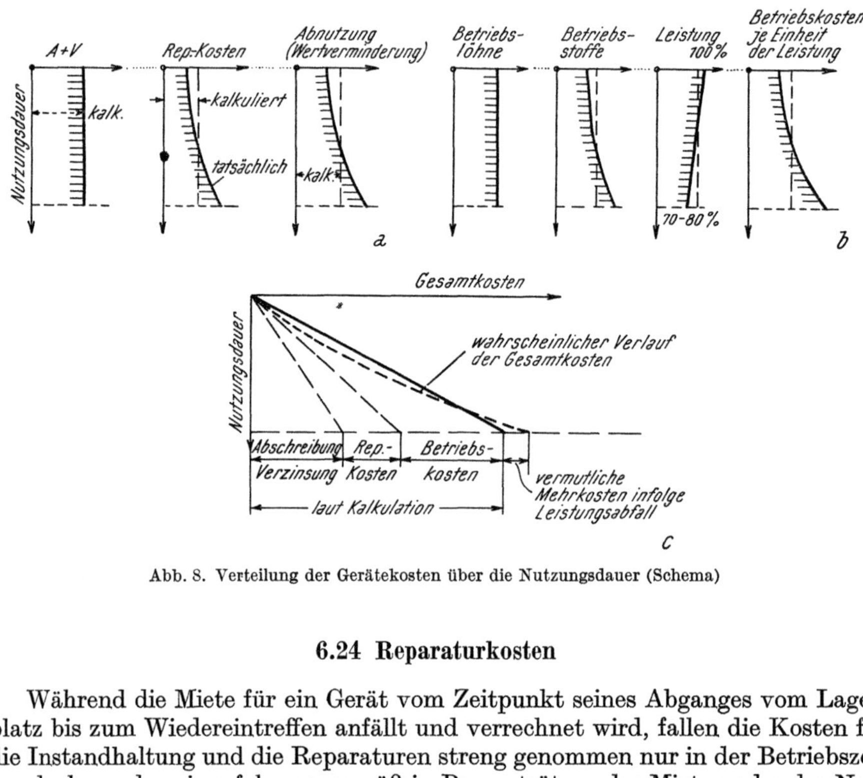

Abb. 8. Verteilung der Gerätekosten über die Nutzungsdauer (Schema)

6.24 Reparaturkosten

Während die Miete für ein Gerät vom Zeitpunkt seines Abganges vom Lagerplatz bis zum Wiedereintreffen anfällt und verrechnet wird, fallen die Kosten für die Instandhaltung und die Reparaturen streng genommen nur in der Betriebszeit an, doch werden sie erfahrungsgemäß in Prozentsätzen der Mieten oder des Neuwertes bestimmt. Die Praxis unterscheidet zwischen den Reparaturen, die auf der Baustelle anfallen und die vereinbarungsgemäß meistens vom Mieter durchgeführt werden müssen, und jenen, die als Hauptüberholungen, Schluß- und Grundreparaturen vom Vermieter (Hauptwerkstätte) nach dem Einsatz auszuführen sind. Die Unterteilung der Hauptreparaturen in Schluß- und Grundreparaturen ist nicht allgemein üblich. Die Gerätelisten bezeichnen die *Schlußreparatur* als Überholungsarbeiten, die nach Beendigung eines Einsatzes erforderlich sind, um das Gerät für eine neue Verwendung wieder in betriebsfähigen Zustand zu bringen. Die *Grund-* oder Generalüberholung umfaßt hingegen jene Reparaturarbeiten, die nach längerer Verwendung (nach 2 bis 3 Jahren) vorgenommen werden müssen, um die Leistungsfähigkeit des Gerätes während der vorgesehenen Nutzungsdauer sicherzustellen. Schluß- und Grundüberholungen sind meist nicht scharf zu trennen. In Amerika bezeichnet man sie zusammen als Major repairs, in Frankreich als Gros-entretiens. Eindeutiger ist am ehesten zwischen der *laufenden Reparatur* der Baustelle und den *Hauptreparaturen* zu trennen, wenn man unter der *laufenden*

Reparatur jene versteht, die von der Baustelle (vom Benützer) auf ihre Kosten gemacht werden muß, um das Gerät über die *Bauzeit* betriebsbereit zu halten. Bei länger dauernden Baustellen können allerdings diese Arbeiten bereits zu Hauptreparaturen werden. In diesem Falle ist eine Klarstellung der Vergütung zwischen Mieter und Vermieter erforderlich.

Nach den Gerätelisten betragen die Reparaturkosten 66% der Mietsätze, wovon üblicherweise ein Drittel auf die laufende, zwei Drittel auf die Hauptreparaturen entfallen. Von den 66% sind 50% Lohnkosten (Löhne einschließlich soziale Lasten), 50% Materialkosten (Reparaturstoffe, Ersatzteile usw.).

Der Wert von 66% ist ein roher Durchschnittswert über einen größeren Gerätepark und gilt für eine mittlere Beanspruchung; er ist bei manchen Geräten (z. B. Turmkranen) niedriger, hingegen etwa bei Raupen sicherlich höher als 66%. Diese Berechnung nimmt naturgemäß keine Rücksicht darauf, ob ein Gerät nur kurzfristig und unter schwierigen Bedingungen eingesetzt ist oder sehr lange unter günstigen Verhältnissen arbeiten kann. Sie berücksichtigt nicht, daß sich die Reparaturkosten nicht linear über die Nutzungsdauer verteilen oder daß sie nicht nur in Abhängigkeit vom Gerätewert und dessen Abschreibung stehen. Bei der Kalkulation der Geräte- (Betriebs-) Kosten ist daher in jedem einzelnen Falle zu untersuchen, ob ein außergewöhnlicher, vom Durchschnitt abweichender Fall vorliegt.

In diesem Falle ist — wie bereits erwähnt — durch einen erhöhten Einsatz von Verschleiß- und Ersatzteilen der stärkeren Beanspruchung Rechnung zu tragen. So erhöht z. B. die Verarbeitung von gebrochenem Hartgestein den Verschleiß — und damit auch die Reparaturanfälligkeit — von Aufbereitungsmaschinen, Mischern, Betonpumpen und Rüttlern gegenüber Rundkorn beträchtlich. Ein dauernder Baggereinsatz im Felsaushub ist sicher überdurchschnittlich, ebenso die Verwendung von Schaufelladern in sehr schwerem, nur ungenügend aufgeschlossenem Blockwerk. Das Befahren von übersteilen oder zumeist schlecht gepflegten oder unsachgemäß angelegten Rampen und Straßen im gleislosen Erdbetrieb beansprucht die Fahrzeuge im Dauerbetrieb sicher viel stärker, als durch 66% der Mieten an Reparaturkosten abgedeckt werden kann.

Tab. 13 gibt Vergleiche der Miet- und Reparaturkostenermittlung in Deutschland, Österreich, Amerika und Frankreich. Die angegebenen Werte — in Promille je Betriebsstunde — beziehen sich auf Abschreibung, Verzinsung und Hauptreparaturen. Die laufende Reparatur, die schätzungsweise zwischen 10 und 15% der ausgeworfenen Kosten (Miete + Reparaturen) liegt, ist in der Zusammenstellung nicht enthalten.

Tabelle 13. *Miete (Abschreibung + Verzinsung) und Hauptreparaturen je Betriebsstunde in Promille des Geräteneuwertes*

Nutzungsjahre	Österreich[1] h/Jahr			Deutschland[2] h/Jahr			Frankreich[3] h/Jahr			Amerika[4] h/Jahr		Schweiz[5] h/Jahr
	2400	4800	7200	2400	4800	7200	2520	5440	8360	1600	2000	2400
5	0,23	0,214	0,219	0,23	0,198	0,198	0,183	0,216	0,303	0,256	0,205	0,24
10	0,121	0,114	0,111	0,121	0,102	0,105	0,135	0,159	0,236	0,194	0,155	0,19
15	0,094	0,087	0,085	0,094	0,080	0,080	0,116	0,132	0,214	0,177	0,138	0,13
20	0,079	0,073	0,072	0,079	0,068	0,068	0,108	0,121	0,202	0,163	0,130	0,07

Quellen:

[1] Österreichische Geräteliste 1953.
[2] Deutsche Geräteliste 1952.
[3] Barème de Base 1956.
[4] PEURIFOY: Estimating construction costs 1953.
[5] Schweizer Bauunternehmer (1958).

Es ist unter Umständen zweckmäßig, die Kosten der laufenden Reparatur als Teil der Allgemeinkosten der Baustelle zu kalkulieren. Hierzu dienen folgende Erfahrungssätze:

Ein normaler Gerätepark von 100 t erfordert zur laufenden Betreuung bei einschichtigem Betrieb 2 bis 3 Mann (Mittellohn 1/5/5/5) unter Führung eines erfahrenen Maschinenvorarbeiters, für rund 500 t sind 8 bis 10 Mann notwendig. 1000 t benötigen je Schicht 15 bis 25 Mann, wobei bereits 1 bis 2 Maschinenmeister notwendig sind. Über 1000 t ist die ständige Beaufsichtigung des Geräteeinsatzes durch einen Maschineningenieur zweckmäßig. Es ist weiter zu berücksichtigen, daß je nach Art der Bauarbeiten ein ständiger Werkstättenbetrieb notwendig ist. Ebenso wird die Nähe von guten Fremdwerkstätten, wenn sie nicht voll ausgelastet sind, die Anlage von größeren Reparatureinrichtungen entbehrlich machen. Die Materialkosten der laufenden Reparatur bewegen sich zwischen 120 und 150% der Lohnkosten, wobei der gleislose Betrieb im Erd- und Betonbau einen höheren Bedarf an Reparaturstoffen und Ersatzteilen erfordert. Auch die Größe der Werkstätte ist vom Umfang des Geräteparks abhängig. Je 100 t sind durchschnittlich 20 bis 30 m^2 Werkstättenfläche nötig, wozu alle Einrichtungen für den Umschlag (Krane usw.) kommen, sowie der Platzbedarf für die Zwischenlagerung der Geräte im Bereich der Werkstätte.

6.3 Betriebskosten

Die Betriebskosten der Geräte werden in der Regel mit der Kalkulation der Bauleistung festgestellt, für die sie verwendet werden. Sie gliedern sich in den Arbeitsaufwand für die Bedienung und den Verbrauch an Betriebsstoffen, wie Kohle, Strom, Dieselöl, Druckluft, Wasser, Verschleißteile usw. Sowohl die Lohn- als auch die Materialkosten werden je Stunde oder je Schicht festgestellt und auf die in dieser Zeit erbrachte Durchschnittsleistung bezogen.

6.31 Lohnaufwand

Der Lohnaufwand setzt sich aus den Arbeitsstunden für die unmittelbare Bedienung des Gerätes, den Stunden für die Betriebsbereitstellung (Anheizen, Schmieren usw.) und eventuellen Arbeitsstunden für kleinere Nebenarbeiten, wie Herstellen des Baggerplanums, Einweisen bei Kranarbeiten usw. zusammen.

6.32 Betriebsstoffverbrauch

Der Verbrauch an Betriebsstoffen und Verschleißteilen der Geräte ist aus Erfahrungsziffern ähnlicher Betriebsverhältnisse, aus Angaben der Erzeugerfirmen oder mit den nachfolgenden Werten zu ermitteln. Grundsätzlich ist zu unterscheiden zwischen dem Verbrauch des einzelnen Gerätes und von Gerätegruppen, wie sie in Aufbereitungen oder Betonfabriken vereint sind. Für das Einzelgerät ist die durchschnittliche Beanspruchung (Verhältnis von Höchst- zu Mindestleistung im Einsatz) maßgebend. Für die Gerätegruppe wird in der Regel die Belastung der einzelnen Geräte verschieden sein, mithin auch der durchschnittliche Betriebsstoffverbrauch je nach ihrem Zusammenwirken höher oder niedriger. Weiters ist für den Betriebsstoffverbrauch die Eigenart des Einsatzes entscheidend. Häufiges kurzfristiges Ein- und Ausschalten steigert den durchschnittlichen Verbrauch, so wie gleichmäßiges Einhalten eines günstigen Wirkungsgrades den Verbrauch an der unteren Grenze hält.

Bei elektrisch- oder druckluftinstallierten Baugeräten sinkt mit steigender Geräteanzahl der Gleichzeitigkeitsfaktor, der Wirkungsgrad wird günstiger, der Verbrauch an Energie je Betriebsstunde wird geringer! Es soll daher der Betriebsstoffverbrauch nicht mechanich nach den installierten Pferdestärken errechnet werden, sondern es ist stets auf die spezifische Art des Einsatzes und der Ausnützung (Belastung) Rücksicht zu nehmen, da sonst der kalkulierte Verbrauchswert zu hoch oder zu niedrig ausfällt.

Die im folgenden angegebenen angenäherten Verbrauchsziffern gelten bei normalen Betriebsverhältnissen der Baustellen.

6.321 Dampfgeräte

1. *Kohle*: Der Verbrauch an Steinkohle (rund 7000 WE) ist abhängig von der Leistung, der Heizfläche, den Betriebsverhältnissen, der Beanspruchung und dem Alter des mit Dampf betriebenen Gerätes.

Dampflokomobile	2,5 kg/PSh
Dampflokomotiven	1,5—2,0 kg/PSh
Dampfbagger	1,5—2,5 kg/PSh, 4—5 kg/m² Heizfläche
Dampframme	4,0—5,0 kg/PSh

2. *Speisewasser*: Wasserverbrauch = 7—8facher Kohlenverbrauch/h
= 10—16 l/PSh

3. *Schmierstoffe*: Maschinenöl, Zylinderöle, Putzwolle, Staufferfett, Putzöle usw. } rund 15—20% der Kohlenkosten

6.322 Verbrennungskraftmaschinen

1. *Dieselöl* (Benzin): Der stündliche Verbrauch an Dieselöl (Benzin) ist von Motorengröße und -type, Leistung, Beanspruchungsart und Betriebsverhältnissen des mit Diesel- (Benzin-) Motor angetriebenen Baugerätes abhängig.

Durchschnittlicher Verbrauch:	$V = \alpha$. Vollastverbrauch
Verbrauch bei Vollast:	0,18 — 0,22 kg Dieselöl/PSh
	0,25 — 0,35 kg Benzin/PSh
Dieselbagger	$\alpha = 0{,}65$
	$V = 0{,}12$—0,15 kg Dieselöl/PSh
Diesellokomotiven	$\alpha = 0{,}60$—0,70
	$V = 0{,}12$—0,16 kg/Dieselöl/PSh
Diesel-LKW, Dumptor	$\alpha = 0{,}40$—0,50
Diesel-Raupen, Diesel-Lader	$\alpha = 0{,}50$—0,60
Dieselmotoren (Dauerbetrieb)	$\alpha = 0{,}90$—1,00
Dieselkompressoren	$\alpha = 0{,}70$—0,90
Dieselstromaggregate	$\alpha = 0{,}90$—1,00.

2. *Schmierstoffe*: Maschinenöl, Putzöl, Putzhadern 20—25% der (Diesel-) Brennstoffkosten (für Benzin 75%).

6.323 Elektrisch angetriebene Baumaschinen

1. *Strom*: Der Stromverbrauch je Stunde schwankt je nach Belastung und ist im Betriebsdurchschnitt nur ein Teil (α) der Nennleistung (N) (kW) des Antriebsmotors.

Im Mittel ist $\alpha = 0{,}60 \times N$ (kW).

Für einzelne Geräte ist α:

Betonmischer	0,60—0,70	
Elektrobagger	0,50—0,70	
Kräne	0,20—0,40	
Turmkräne	0,30—0,40 $\times \Sigma N$ (kW)	Summe aller Einzelmotoren
Kabelkräne	0,25—0,30 $\times \Sigma N$ (kW)	
Aufbereitung	0,40—0,50 $\times \Sigma N$ (kW)	
Betonfabriken	0,50—0,60 $\times \Sigma N$ (kW)	
Motorgruppen	0,50—0,60 $\times \Sigma N$ (kW)	

2. *Schmierstoffe*: Motorenöle, Putzstoffe, Fette usw. 10—15% der normalen (ortsüblichen) Stromkosten.

3. *Elektrolokomotiven*: Angaben der Erzeugerfirmen

4. *Elektrokompressoren*: Kraftbedarf je 1 m³/min (6 atü) Ansaugleistung: 5 kW

6.324 Druckluftgeräte

Der angegebene Druckluftverbrauch (6 atü) gilt für Geräte in sehr gutem Erhaltungszustand und bei ununterbrochenem Betrieb (mit geringfügigen Unterbrechungen). Der durchschnittliche Verbrauch (0,80 bis 0,85) sinkt mit zunehmender Zahl der gleichzeitig laufenden Geräte (auf 0,50 bis 0,60).

Bohrhämmer	20 kg	2,5—3,5 m^3/min
	30 kg	3,5—4,5 m^3/min
Abbauhämmer	10 kg	1,0 m^3/min
Aufbruchhämmer	30 kg	1,5 m^3/min
Stampfer	20 kg	1,0 m^3/min
Innenrüttler Durchmesser	75 mm	1,25 m^3/min
„ „	100 mm	1,50 m^3/min
Schaufellader	200 l	5—7 m^3/min
„	300 l	6—10 m^3/min
„	400 l	10—16 m^3/min
Stollenbagger auf Raupen	330 l	14—20 m^3/min
Luttenlüfter Durchmesser	300 mm	1,6 m^3/min
„ „	400 mm	2,5 m^3/min
„ „	500 mm	3,2 m^3/min
Bohrerschärfmaschine	1000 kg	3,0 m^3/min
Bohrerschleifmaschine	35 kg	0,7 m^3/min

Rohrleitungen: Der Druckluftverlust von Rohrleitungen steht in Abhängigkeit von Durchmesser und Leitungslänge sowie von der Zahl der eingebauten Zubehörteile wie Schieber, Krümmer, Verengungen usw.

Schmierstoffe: 15—20% der Druckluftkosten.

6.325 Verschleißteile

Neben dem Verbrauch an Betriebsstoffen ist auch der an Verschleißteilen zu berücksichtigen. Die Werte der Tab. 14 sind aus Erfahrungsziffern ausgeführter Bauten abgeleitet. Sie können jedoch nur als rohe Anhaltspunkte benutzt werden. Verschleißziffern hängen allzusehr von der Materialgüte und von der Sorgfalt der Gerätewartung ab. Die Güte der Verschleißteile erfährt laufend Verbesserungen, so daß sich die Verschleißziffern stets verändern, es sei denn, daß ungewöhnliche Beanspruchungen, Einsätze in exponierter Lage oder in sehr hartem Gestein vorkommen, die den Verschleiß des ganzen Gerätes stark beeinflussen. So erhöht die dauernde Benützung von Planierraupen in quarzsandreichen Schüttungen den Verschleiß der Raupenketten beträchtlich. Starke Quarzeinschlüsse können im Urgestein unter sonst gleichen Verhältnissen den Bohrkronenverbrauch um ein unwahrscheinliches Maß steigern. Ebenso steigt der Verschleiß an Betonpumprohren beträchtlich, wenn statt rundlichen Zuschlagstoffen gebrochenes Material gefördert werden muß oder das Material geblasen und nicht kontinuierlich gepumpt wird.

Tabelle 14

		Ungefähre Lebensdauer in Betriebsstunden
Brecherbacken		1000—1200
Baggerzähne	im Fels	100— 150
„	im groben Kies	300— 400
Baggerseile	im Fels	100— 150
„	im Kies	300— 400
Raupenketten (bei Planierraupen)		3000—4000
Gummibänder (je nach Beanspruchungsart)		4000—8000
Gummireifen von LKWs auf guter Straße		3500—
„ „ „ auf schlechter Straße		2000
Gummireifen von Scrapern		2000—4000
Betonpumprohre samt Verschlüssen		800—1000
Betonpumpteile:	Schieber, Kolben	50— 100
„	Zylinder, Wellen	300— 500
Mischertrommel		3000—4000
Bohrhämmer		2000—2500
Vibrationssiebe:	Siebbespannungen	800—1000
Zementschnecken von Bindemittelpumpen		1200—1500
Bohrkronen Durchmesser 35—42 (Monoblock)		50—150 m^1 } im Hartgestein
„ „ 57 (Aufsteckkronen)		200—250 m^1 } im Hartgestein
		+ 50—70% im Weichgestein
Scraper- (Grader-) Schneiden je nach Bodenart		250—800

6.33 Zusammenfassung

Hat man den stündlichen oder täglichen Aufwand an Löhnen, Betriebs- und Verschleißstoffen ermittelt, so ist dieser auf die stündliche bzw. tägliche Durchschnittsleistung des Gerätes zu beziehen. Der Ansatz des Leistungswertes ist mit besonderer Sorgfalt vorzunehmen. Soweit nicht schon bei der Festlegung des Betriebsstoffverbrauches überlegt wurde, mit welcher durchschnittlichen Geräteleistung zu rechnen ist, darf nicht übersehen werden, daß die nun angenommene Leistung einen Durchschnitt aus dem Betrieb über einen längeren Zeitabschnitt darstellt. Sie enthält die Leistungsminderung durch Aufenthalte, Reparaturen, Störungen, Anfangsschwierigkeiten, beengte Raumverhältnisse, schwierige Profile Absprießungen, Sprengungen, Hindernisse in den verschiedenen Bodenarten, Findlinge, Wassereinbrüche usw. Es ist von Fall zu Fall zu entscheiden, inwieweit derartige Leistungsminderungen tatsächlich zu erwarten sind. Da in den meisten Fällen ungleiche Verhältnisse durch eigene Positionen in den Leistungsverzeichnissen gesondert berücksichtigt werden, empfiehlt es sich, die stündlichen oder täglichen Gerätebetriebskosten jeweils für alle Geräte ein für allemal zu ermitteln

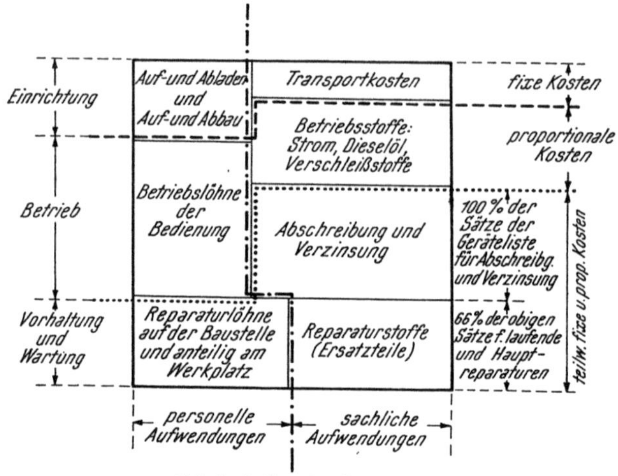

Abb. 9. Aufbau der Gerätekosten

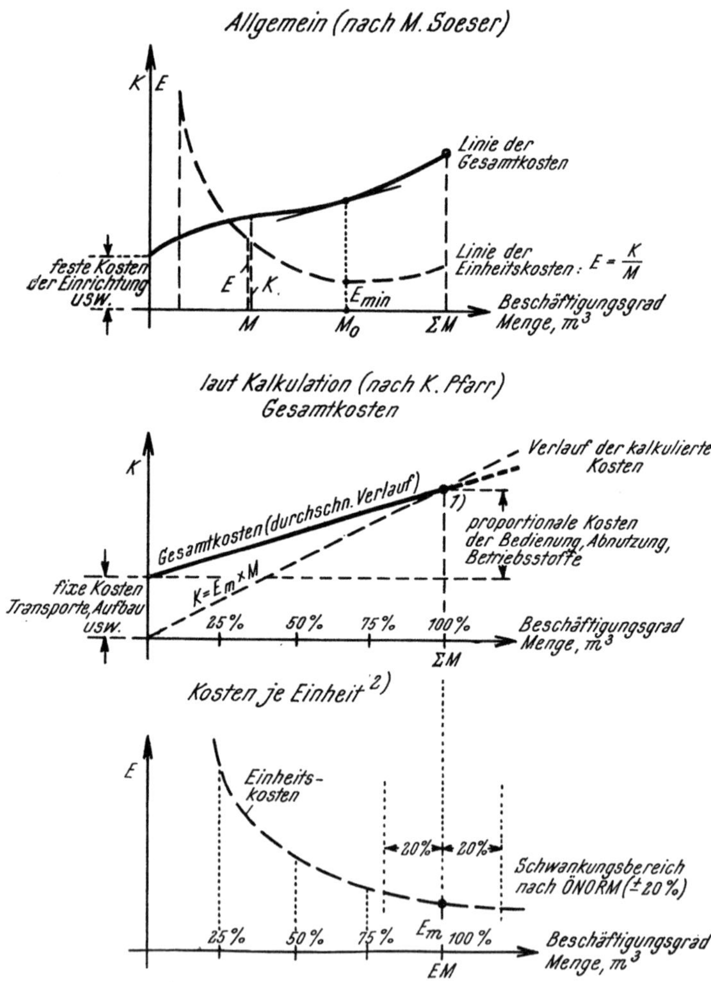

Abb. 10. Gerätekosten und Beschäftigungsgrad

und auf die den verschieden gelagerte Umständen und Positionen entsprechende Leistung zu beziehen. Diese Rechnungsart (Gerätelaufstunden-Kalkulation), die zwar wegen der konstant gehaltenen Betriebskosten nicht exakt ist, hat sich jedoch im praktischen Gebrauch der Kalkulation als zweckmäßig und genau genug erwiesen (siehe Hilfsbetriebe). Sie ist nach Möglichkeit immer anzustreben, da sie aufbaurichtig die Gerätekosten der vom Gerät zu erbringenden Leistung zuordnet, wobei diese Zuordnung für Leistungsgruppen (Kostenplatzrechnung) oder unmittelbar für einzelne Positionen erfolgen kann. Bei Massenänderungen bleibt der Anteil der Gerätekosten gleich und braucht nicht Gegenstand von Nach- und Rückforderungen zu werden.

Bei dieser Art der Berechnung darf nicht übersehen werden, daß in der Regel mehr Gerät auf die Baustelle geschafft werden muß (Reservegerät) und auch in Zeiten der Montage, des Antransportes und bei Stillstand Vorhaltekosten anfallen. Diese Mehrkosten sind von Fall zu Fall anzuschätzen und durch eine entsprechende Erhöhung der Mieten zu berücksichtigen. Diese Erhöhung kann genau genug aus einem Vergleich der

Gerätekosten je Einheit × geleistete Mengen zu Gerätekosten × Bauzeit

festgestellt werden.

Zeigt Abb. 9 den Aufbau der Gerätekosten, so ist aus Abb. 10 die Abhängigkeit dieser Kosten vom Beschäftigungsgrad dargestellt. Diesen bekannten, charakteristischen Verlauf, der ganz allgemein die Beziehung zwischen Kosten und Leistungsmenge bzw. Beschäftigungsgrad zeigt, soll sich jeder Kalkulant, besser noch jeder Bauleiter immer wieder vor Augen halten, besonders dann, wenn Mengen- oder Bauzeitänderungen eintreten, Geräte schlecht ausgenutzt herumstehen, so daß zwangsläufig eine Veränderung des (normalen) Beschäftigungsgrades (der Betriebsintensität) und damit der Einheitskosten eintritt.

7. Bauprogramm und Baueinrichtung

Die Festlegung der Termine, in denen eine bestimmte Bauarbeit auszuführen ist, geschieht durch den Auftraggeber; ihre sichere Einhaltung ist daher stets eine sehr wichtige Bedingung des Bauvertrages. Mit den Terminen ist die durchschnittliche tägliche Leistung gegeben; mit der Durchschnittsleistung auch die Größe und Zahl der zu installierenden Geräte. Die Verteilung der einzelnen Leistungen innerhalb der Bauzeit wird im *Bauprogramm* festgelegt, die Installation der Geräte im *Baueinrichtungsplan* dargestellt. Die Aufstellung des Bauprogrammes und Entwurf der Baueinrichtung ist für alle größeren Arbeiten von entscheidender Bedeutung und mit besonderer Sorgfalt auszuführen. Das mit dem Angebot erstellte Bauprogramm wird in der Regel Bestandteil des Bauvertrages und ist hinsichtlich seiner Zwischen- und Endtermine genau einzuhalten, besonders wenn diese durch Sanktionen (Pönalien usw.) gesichert sind. An Hand des Bauprogrammes teilt sich der Bauherr die Bereitstellung seiner Geldmittel ein, setzt Termine mit Montagefirmen fest und kontrolliert die Arbeit des Bauunternehmers. Dieser organisiert mit Hilfe des Bauprogrammes und mit den Baueinrichtungsplänen die rechtzeitige Beistellung seiner Geräte, die Sicherstellung und Abberufung der Baustoffe, den zeitgerechten Ablauf der Bauleistungen, die Termine von Nachunternehmern sowie die rechtzeitige Anforderung der notwendigen Arbeitskräfte.

Die Überlegungen über Programm und Einrichtung haben bei jeder Kalkulation allen anderen vorauszugehen, denn nur so läßt sich ein verläßlicher Überblick über den Bauablauf gewinnen und sind fehlerhafte Ergebnisse auszuschließen.

7.1 Bauprogramm

Bevor das Bauprogramm erstellt wird, sind die Massen des Leistungsverzeichnisses mit einiger Genauigkeit zu überprüfen, die vom Bauherrn verlangten End- und Zwischentermine sowie sonstige, den Bauablauf beeinflussende Weisungen festzustellen, die meist „besonderen Bedingnissen" zu entnehmen sind. Erst dann folgt die Festlegung des Bauvorganges mit der mutmaßlichen zeitlichen Reihenfolge der einzelnen Arbeiten. Dieser Festlegung geht ein gewissenhaftes Studium der Baupläne, eine Besichtigung der Örtlichkeit und — falls erforderlich — eine Aussprache mit dem Bauherrn über örtliche Fragen voraus. Nach der richtigen Reihung der Arbeiten und der Verteilung der Massen auf die einzelnen Bauabschnitte ergibt sich mit den vorgeschriebenen Anfangs-, Zwischen- und Endterminen die tägliche Arbeitsleistung. Ob hierbei 25, 22 oder 20 Arbeitstage je Monat genommen werden, hängt davon ab, welche Arbeiten ausgeführt werden und in welche Jahreszeit sie fallen. Im Jahresdurchschnitt wird man mit 20 bis 22 möglichen Arbeitstagen je Monat rechnen können. Erdarbeiten in bindigen Böden sind sehr von der Witterung abhängig, ebenso z. B. der Aufbau einer großen Erddammschüttung. Hier wird je nach Höhenlage ein Durchschnitt von 15 bis 18 Tagen für die frostfreien Monate nicht zu hoch sein. Beton- und Maurerarbeiten können ohne Schutzvorkehrungen unter 4 °C nicht mehr ausgeführt werden. Die möglichen Arbeitstage im Jahr würden auf 185 oder 15 je Monat sinken. Nun ist heute jede größere Tiefbaustelle mit Einrichtungen für den Winterbau ausgerüstet, so daß auch für Betonarbeiten die Zahl der durchschnittlichen Arbeitstage mit 18 bis 20 je Monat angenommen werden kann.

Stollen- und Tunnelbauten sind von der Witterung unabhängiger und können mit maximal 25 Tagen je Monat abgewickelt werden. Ebenso sind große Felsarbeiten witterungsunempfindlicher und mit 22 Arbeitstagen je Monat anzusetzen.

Mögliche Bauunterbrechungen durch Hochwässer, längerdauernde Regenperioden, Frosteinbrüche sind entsprechend zu berücksichtigen, desgleichen die Einflüsse von Ebbe und Flut bei Arbeiten an Meeresküsten.

Die tägliche (Soll-) Leistung kann in 1, 2 oder 3 Schichten erbracht werden. Kleine Tagesleistungen wird man einschichtig abwickeln, bei größeren Leistungen wird man die verwendeten Geräte naturgemäß voll ausnützen und in zwei Schichten (2 × 9 h oder 2 × 10 h) arbeiten, vor allem auch dann, wenn Unterbrechungen in der Betonierung unzulässig sind (z. B. bei Tragwerksbetonen usw.). Im Stollen- und Tunnelbau ist der durchlaufende, dreischichtige Betrieb üblich, um den Vortrieb an einem kleinen Arbeitsort nicht zum Stillstand zu bringen und eine maximale Tagesleistung zu erreichen. Nicht selten wird im Stollenbau in vier Schichten (Springerschichten) gearbeitet, um alle möglichen Arbeitstage des Monats auszunützen.

Mit der Feststellung der Tages-Solleistung und der gewählten Schichteinteilung ergibt sich die stündliche Durchschnitts-Solleistung über die Zeitdauer der jeweils laufenden Arbeit. Man wird hierbei die Gerätegröße so wählen, daß eine im Durchschnitt um 30 bis 40% höhere Leistung erwartet werden kann. Da jeder Kalkulant vorerst mit dem vorhandenen Gerätepark rechnen muß, wird er auf den Zustand gebrauchter Geräte Rücksicht nehmen und bei der Leistungsannahme alter Geräte mit seiner Geräteverwaltung Rücksprache pflegen. Schwieriger werden die Überlegungen, wenn die vorhandenen Geräte bereits technisch überholt sind und man weiß, mit welchen modernen Geräten bereits die Konkurrenz arbeitet. In diesem Falle ist abzuwägen, ob die Senkung der Mietsätze für die überalteten Geräte oder die Anschaffung eines neuen Gerätes zweckmäßiger ist.

Mit der Wahl der Geräte kann die Anzahl der für jede Arbeit erforderlichen Besetzung an Arbeitskräften bestimmt werden. Hier sind Nebenarbeiten, zusätzliche Handbetriebe und Transporte nicht zu vergessen.

Nun kann an die zeichnerische Darstellung des Bauzeitplanes geschritten werden. (Beispiele von ausgeführten Arbeiten siehe[1].) Die Art der Darstellung ist oft unterschiedlich, grundsätzlich kommt es darauf an, den Verlauf der *wesentlichen* Arbeiten herauszustellen. Liniendarstellungen haben den Vorteil, daß auch die Geschwindigkeit der einzelnen Phasen gleich erkannt werden kann. Sie sind im Stollen- und Erdbau üblich. Eine weitere Verdeutlichung kann durch besondere Kennzeichen vorgenommen werden, Schraffen und Farben sollen die Arbeitsarten, den Schichtbetrieb usw. unterscheiden. Es ist zweckmäßig, gleich für jede Arbeit die durchschnittlich je Monat erforderliche Zahl an Arbeitskräften je Schicht einzutragen mit der Angabe, ob es sich um ein- oder mehrschichtigen Betrieb handelt. Es erweist sich auch als praktisch, mit den Mengen auch die eingesetzten Großgeräte anzuführen, wenn man nicht für die Ermittlung der Gerätekosten überhaupt einen eigenen Geräteeinsatzplan anfertigt.

Neben der Darstellung des Bauablaufes mit allen wichtigen Terminen werden je nach Erfordernis Verteil- und Summenlinien der Arbeitskräfte, der Baustoffe, der Massenbewegung usw. wiedergegeben. Sie sind zur Beurteilung vieler Fragen

---

[1] Walch, O: Baumaschinen und Baueinrichtungen, Bd. I, 1956; Bd. II, 1957; Bd. III, 1958. Berlin-Göttingen-Heidelberg: Springer.

Tabelle 15. *Bauzeitplan (Schema)*

Arbeit	Menge m^3	Menge/h m^3/h	Geräte	Jahr/Monate I 15	II 20	III 22	IV 22	V Tage
x	150000	1500	2 Mc 1 Mb		2 × 80 Mann			
y	60000	800	1 BB 12 1 Ma	2 × 25 Mann				
z	8000 m^2	20 m^2/h	2 MR 27					
				50	210	210	210	50 Mann

unentbehrlich, ob es sich nun beispielsweise um die Ermittlung der Größe des Unterkunftslagers oder die rechtzeitige Abberufung von Baustoffen, die Ermittlung von Depotplätzen von zwischenzulagernden, brauchbaren Aushubmassen oder für diese selbst handelt. Die zeichnerische Darstellung läßt eine gute Beurteilung zu, ob die Arbeiten richtig verteilt sind, ob ungünstige Spitzen im Verlauf des Arbeiterstandes und im Einsatz der Großgeräte auftreten. Meist ist es möglich, durch Verschiebung des Arbeitsablaufes ungelegene Spitzen abzubauen.

Mit der Darstellung des *Bauprogrammes* liegt die für die einzelnen Teilarbeiten zu erbringende Durchschnittsleistung fest und damit auch die Größe und Zahl der zu installierenden Geräte. Hier setzt weitgehend die Erfahrung des Bauunternehmers ein, so wie auch der Umfang und Zustand des ihm zur Zeit der Bauausführung zur Verfügung stehenden Geräteparkes von ausschlaggebendem Einfluß auf die Wahl der Geräte sein wird. Ob für eine bestimmte Leistung ein einziges großes Gerät oder mehrere kleine zum Einsatz kommen sollen, ob in diesem oder jenem Falle eine neue Maschine beschafft werden muß oder eine Sonderanfertigung vorzusehen ist — wobei Entwurfs- und Lieferzeiten zu berücksichtigen sind —, dies sind für jeden Bauausführenden entscheidende Fragen, auf die hier wegen ihrer Besonderheit nicht näher eingegangen werden kann. Im allgemeinen darf nicht übersehen werden, daß viele kleinere Geräte die Lohnkosten in die Höhe schrauben, anderseits bei einem einzigen großen Gerät keine Reserve für Ausfälle vorhanden ist, abgesehen davon, daß sich ein großes Gerät wechselnden Tagesleistungen weniger gut anpassen kann. Bei Sondergeräten kann nicht mit den üblichen Abschreibungssätzen gerechnet werden, da sich die Nutzungsdauer meist nur auf die Bauzeit beschränkt. Wenn eine Vergleichsrechnung unter Berücksichtigung aller Vorteile trotzdem für die Anschaffung spricht, sollte sie vorgenommen werden.

Über die sich für jede einzelne Arbeitsgattung ergebenden Möglichkeiten der Installation ist in den einzelnen Kapiteln der Abschnitte 6 bis 26 immer wieder die Rede.

7.2 Baueinrichtung (Einrichtungsplan)

Der Einrichtungsplan einer Baustelle, die zeichnerische Darstellung vor allem der festen Baueinrichtung, soll das Zusammenwirken der gesamten installierten Geräte veranschaulichen. Sie soll der örtlichen Situation des Bauwerkes und den jeweiligen Bauphasen entsprechend entworfen sein. Die richtige Wahl der Einrichtung ist für die Ausführung von entscheidender Bedeutung und damit für die Kostenberechnung von größter Wichtigkeit. Grundsätzlich wird jene Einrichtung die günstigste sein, die bei richtig gewählten Gerätegrößen mit einem Minimum an Transportwegen durchkommt, ohne dabei in den Fehler allzu gedrängter oder leistungsknapper Anordnung bzw. Auswahl der Geräte zu verfallen. Der Bauablauf ist ein ununterbrochenes, ineinanderfließendes Fördern von großen und kleinen Massen aller Art; die Baueinrichtung hat daher auf den reibungslosen Zutransport der Stückgüter wie Schalung, Armierung usw. ebenso Rücksicht zu nehmen wie auf die Massengüter, deren Transportwege naturgemäß an Bedeutung überwiegen. Der Entwurf hat mithin vorwiegend auf diese Rücksicht zu nehmen. Aber auch für eine günstig gelegene Wartungsmöglichkeit für die Geräte in Form von Haupt- und Nebenwerkstätten samt Lagerplätzen ist ausreichend Vorsorge zu treffen.

Der Entwurf der Baueinrichtung stellt bei großen Baustellen eine sehr verantwortungsvolle Aufgabe dar, die mit Erfolg nur von erfahrenen Ingenieuren gemeistert werden kann. Es spiegelt sich gerade im Einrichtungsentwurf die gesamte Erfahrung wider, über die eine Bauunternehmung verfügt. An ihm kann auch der Bauherr beurteilen, ob der Bauunternehmer die gestellte Aufgabe einwandfrei, wirtschaftlich und termingerecht ausführen kann.

Die Baustelle einzurichten ist ureigenes Arbeitsgebiet des ausführenden Unternehmers. Wenn heute vielfach Bauherren die Einrichtung von Großbaustellen durchführen oder vorschlagen, so mag es triftige Gründe dafür geben, empfehlenswert ist es nicht. Das Kostenminimum, das jeder Bauherr anzustreben hat, erreicht er nur dann, wenn er dafür sorgt, daß sich der ausführende Unternehmer seine Arbeitsstelle selbst mit seinen eigenen oder ihm passend erscheinenden Geräten einrichtet und mit diesen ohne geteiltes Wagnis arbeitet. Der Druck der Konkurrenz sorgt schon dafür, daß sich der Unternehmer bei seinen Überlegungen an die untere für ihn vertretbare Grenze der Selbstkosten begibt. Sind wesentliche Einrichtungen aber vorweg errichtet, so ist unter Umständen die Einheit der Baueinrichtungsidee gestört. Dies trifft wohl nicht bei Zufahrtswegen und Anschlußgeleisen, Strom- und Wasserversorgungen oder Unterkünften usw. zu, die schon aus Zeitgewinn vor Beginn der eigentlichen Arbeiten vom Bauherrn errichtet bzw. vergeben werden sollen.

Auf- und Abbau der Baueinrichtung sind in der Regel als Sammel- (Pauschal-) Positionen anzubieten, während die Vorhaltung der Geräte und der Einrichtung der Bauzeit entsprechend je Monat zu kalkulieren ist. Dieses Monatspauschale wird meist als Durchschnittswert an Hand eines Geräteeinsatzplanes für alle Geräte oder Gerätegruppen ermittelt. Bei internationalen Tendern sind die vorgenannten Kosten nicht selten auf alle Posten der Teilleistungen umzulegen bzw. dort einzukalkulieren. Damit kommt zum Ausdruck, daß diese Leistungen als Hilfsleistungen den Bauherrn als Verrechnungsposten nicht interessieren, auch wenn sie noch so umfangreich sein mögen. Lediglich in den Zahlungsvereinbarungen räumt der Bauherr eine Vorauszahlung der oft fast zur Gänze am Baubeginn anfallenden Ausgaben für die Installation der Baustelle ein.

Die für den Bauerfolg entscheidenden Lösungen der Einrichtung sind in aller Gründlichkeit durchzuarbeiten und besonders sorgfältig zu kalkulieren. Der Anteil der Baueinrichtungskosten an den Gesamtkosten liegt bei großen Tiefbauten zwischen 5 und 15%; die oft in viele Millionen gehenden Beträge sind in wenigen Pauschalposten anzubieten. Dies hat zur Folge, daß, trotz genauer Aufgliederung der Einzelarbeiten der Baueinrichtung, die Gesamtkosten häufig unterschätzt werden. Der Grund hierfür liegt darin, daß meist wohl aus Zeitmangel die Arbeitsleistungen für die Baueinrichtung nicht mit genügender Vollständigkeit im einzelnen erfaßt werden, wie es für eine Position dieses Umfanges erforderlich wäre.

Die Kalkulation tritt mit den Überlegungen für die Baueinrichtung in ein wichtiges Stadium, da das künftige Baugeschehen in der Vorstellung des kalkulierenden Ingenieurs in allen Einzelheiten lebendig wird und der Arbeitsablauf für jede einzelne Teilleistung in einer für die Ausführung möglichen Form festgelegt werden muß.

Vor der Kalkulation der Baueinrichtung sind als wichtige Vorarbeiten durchzuführen:

a) Studium der Pläne, der Ausschreibungsunterlagen und Bedingnisse, technischen Beschreibungen und Leistungsverzeichnisse;

b) Besichtigung der Örtlichkeit und Erhebung aller sonstigen für die Kalkulation wichtigen Unterlagen;

c) Rückfragen und Vorsprachen beim Bauherrn über sonstige, aus den Unterlagen nicht eindeutig erkennbare Umstände, Widersprüche usw. Bei wichtigen Mitteilungen sind diese schriftlich zu bestätigen.

Für diese Vorarbeiten wird zweckmäßig das folgende Fragebogenmuster verwendet. Es ist aus den in der Literatur bekannten Fragebogen abgeleitet, sehr umfangreich gehalten und nimmt auf die vielfältigen Umstände Rücksicht, die bei verschiedenartigen Baustellen eintreten können. Es dient gleichzeitig als Grundlage für die gesamte Kostenermittlung.

7.3 Fragebogen für die Kostenermittlung

Bauvorhaben .... in ....

1. *Entfernungen zur Baustelle:*
   a) Hauptlagerplatz—Bahnstation der Baustelle ..... km
   b) Nebenlagerplatz—Bahnstation der Baustelle ..... km
   c) Baustelle—Bahnstation der Baustelle ..... km
   d) Straßenverhältnisse Bahnstation—Baustelle: ....
   e) Kann die Straße mit schweren Fahrzeugen, Raupen usw. befahren werden? .... Sind die Brücken tragfähig? .... Straßenerhaltung (wer zahlt sie)? Schneesäuberung, Lawinenschutz.
   f) Anschlußgleis Bahnstation—Baustelle ..... km
   Zustand: ...., Anschlußgebühr: ....
   g) Wenn keine Straße vorhanden: Überlegung, ob Neuanlage einer Straße, Verbindung mit Schmal- oder Normalspur oder Seilbahn zweckmäßig, oder kombinierte Lösung.
2. *Frachtsätze* für Bahn-, Straßen- und Wassertransporte:
   a) Für Baustellen im Ausland sind die Sätze einschließlich Umschlaggebühren von Transportgesellschaften verbindlich einzuholen.
   b) *Bahnfracht* für gebrauchte Baugeräte, gebrauchtes Holz, gebrauchte Träger usw. ....
   Bahnfracht für neue Baugeräte ....
   ,, ,, Baustoffe aller Art ....
   LKW-Fracht ....
   Wasserfracht ....
   Umschlaggebühren an Bahnhöfen und Häfen je t ....
   Sonstige Nebengebühren ....
3. *Einfuhr- und Ausfuhrzölle und sonstige Abgaben* ....
   Zollvormerkgebühren, Zölle
   Steuern (Gewinnsteuern), Stempel- und Vertragsgebühren.
   Vermittlungsgebühren.

4. *Untergrundverhältnisse:*
   a) Querschnitt des Untergrundes bis in ausreichende Tiefe. Aufschlußbohrungen, Schürfungen, geologische Gutachten und Prüfergebnisse.
   b) Grundwasserstand, Wasseruntersuchung auf Aggressivität gegen Frisch- und Altbeton.
   c) Beobachtungen an der Umgebung, ob Rutsch- oder Setzungsgefahr der Hänge vorliegt (wichtig für Aushübe in rutschgefährdeten Gebieten).
   d) Bei Felsuntergrund: Lage von Gleitflächen, Verwerfungen, Klüftigkeit und Durchlässigkeit. Nimmt das geologische Gutachten darauf Rücksicht?
   e) Bei Rammarbeiten: Sind Findlinge zu erwarten, Holzreste, alte Fundamente und Umspundungen? Wasserstände für schwimmende Rammung. Nachbarobjekte, wie sind sie fundiert? Liegen Rammschlagdiagramme von Versuchsrammungen vor?

5. *Planunterlagen:*
   a) Reichen die vorhandenen Pläne für die Entwürfe der Baueinrichtung aus oder sind eigene ergänzende Aufnahmen nötig?
   b) Ist die Situation des Hauptbauwerkes eindeutig oder sind unter Rücksicht auf die Bodenaufschlüsse Verschiebungen möglich? Bei Großinstallationen sehr wichtig! Installation soll sich allenfalls anpassen können.
   c) Bei Bauten, für die mit der Angebotsstellung auch die Gewährleistung für die Richtigkeit der Pläne zu geben ist; Überprüfung durch Statiker, statische Berechnungen beim Bauherrn einsehen. Bemessungen roh durch andere Verfahren nachprüfen; Gegenvorschläge, Varianten, wenn preisliche und terminliche Vorteile erkennbar! Bei bedenklichen Entwürfen Vorbehalte im Begleitbrief.

6. *Wasserverhältnisse* (bei Bauten an oder in der Nähe von Flußläufen):
   a) Wasserrechtliche Bestimmungen des Landes.
   b) Hydrologische Daten der Wasserführung, Ganglinien über längere Beobachtungszeiträume usw.
   c) Schwankungen des Grundwassers, Hochwasserstände (alte Marken usw.); Gang der Gezeiten.
   d) Anlage der Vorflut für die Wasserhaltung und Ableitung von Tagwässern des an die Baugruben angrenzenden Geländes.
   e) Beschaffenheit des Wassers, Eignungsuntersuchungen für Trink- und Nutzzwecke.
   f) Anlage von Wassergewinnungsstellen für Trink- und Nutzwasser. Brunnen? Rohrbrunnen? Quellfassungen, Anlage von Hochbehältern usw.
   g) Besteht Anschlußmöglichkeit an Ortsnetze? Anschlußgebühren, feste und laufende.

7. *Kraftversorgung:*
   a) Vorschätzung des mutmaßlichen Kraftbedarfes der Baustelle in Kilowatt, Stromart 220/380.
   b) Ist Anschluß an bestehende Netze möglich? Kosten des Anschlusses samt Transformatorstation.
   c) Kann Transformator aus eigenen Beständen beschafft werden?
   d) Stromkosten je Kilowattstunde für Kraft und Licht, für Tag, für Nacht, für Blindstrom.
   e) Ist die Anlage von Blindstromkompensatoren notwendig?
   f) Entfernungen von Stromanschlußstellen zur Baustelle.
   g) Sind Stromstörungen zu erwarten? Was geschieht dann? Ist die Umschaltung auf ein anderes Netz möglich? Ringversorgung anstreben.

h) Für wichtige Betriebe wie Wasserhaltung, Betonierung, Beleuchtung, Unterkünfte ist eine Reserveanlage durch Notstromaggregat vorzusehen; bei Strombeistellung durch Bauherrn ist dieser auf die Notwendigkeit einer Notstromversorgung aufmerksam zu machen.
i) Bei Betrieb von Notstromaggregaten durch Diesel- oder Dampfmaschinen sind die Preise für Dieselöl und Steinkohle zu erheben.

8. *Bodenabfuhr und Lagerplätze für Haldenlagerung von Zuschlagstoffen:*
a) Entfernung der Kippe oder Lagerfläche zur Baustelle.
b) Kann die Kippe den gesamten Aushub aufnehmen? Querprofile beachten! Belastung des Untergrundes durch die Kippe!
c) Ist das Aushubmaterial ohne besondere Vorsorge zur Schüttung geeignet? Vorsorge für Dammfuß! Entwässerungen, Verdichtung.
d) Bei Verwertung des Aushubes zur Aufbereitung: Trennung von brauchbarem und unbrauchbarem Anfall, Anteil des Unbrauchbaren, Rücksichtnahme auf geeignete Wiederaufnahme.
e) Grundgebühren für benützte Deponieflächen?
f) Planierungsarbeiten vor und nach der Lagerung.
g) Bei Wassertransporten: Miete für Kähne, Schuten, Motorboote oder Schlepper je Tag, je Monat. Entlade- und Umschlageinrichtungen.
h) LKW-Transportkosten für Bodenabfuhr je Kubikmeter bzw. je Tonne. (Bei Kubikmeter Raumgewicht richtig anschätzen; Kontrollwägungen vorsehen!)
i) Zufahrten zu den Einbaustellen, Zwischenrampen. Ihre Herstellung und Erhaltung.

9. *Arbeitskräfte* (Beschaffung und Unterkünfte):
a) Erste Anschätzung des mutmaßlichen Arbeiterstandes.
b) Wieviel Arbeiter stehen aus der unmittelbaren und weiteren Umgebung zur Verfügung, auch Fachkräfte? (Rückfragen bei Arbeitsämtern.) Sind Autobuszutransporte möglich? Besondere Kosten bei Einsatz ausländischer Arbeitskräfte.
c) Für wieviel Arbeiter sind Unterkünfte vorzusehen? Für Fremdfirmen?
d) Sind die Arbeiter von der Baustelle zu verpflegen? Ist eine Verpflegung durch eine leistungsfähige Gastwirtschaft möglich (am Baubeginn und Bauende zu kleine Arbeiterzahl)?
e) Lohngebiet? Welche Tarife gelten? Sind übertarifliche Entlohnungen notwendig? Existieren Sonderkollektivverträge an Nachbarbaustellen usw.? Erhebung der sozialen Abgaben. Sonstige Abgaben. Unfall- und Haftpflichtversicherung.
f) Unterkünfte für Angestellte: Kosten von Wohnungen, Zimmern, Büroräumen. Aufstellen eigener Unterkünfte? Zutransport der Angestellten (oder Arbeiter) zur Baustelle. Betriebseigene Fahrzeuge, angemietete Autobusse. PKW-Entschädigung an private PKW. Kilometergeld.
g) Leistungen des Arbeiters (besonders im Ausland, von fremden Gegenden). Verhältniszahlen erheben.
h) Beschäftigung von ortsgebundenen kleinen Bauunternehmern oder Spezialfirmen als Nachunternehmer oder in Regie, besonders für Baubeginn und Nebenarbeiten.

10. *Baustoffpreise:*
a) Zuschlagstoffe: Kiesgruben, Schotterwerke, Sandvorkommen, Entnahmen aus Sandbänken; Eignungsuntersuchung, Anteil des Unbrauchbaren, Grubenzins.

b) Holz: Ankaufsmöglichkeit von Rundholzbeständen, Einschnitt in Nachbarsäge oder auf Baustelle. Rechtzeitige Schnittholzabschlüsse sichern.
c) Zement, Rundstahl, Sprengstoffe; Werksbestellungen rechtzeitig aufgeben! Sprengstoffmagazin vorsehen!
d) Stahlträger usw. für Baueinrichtung und Lehrgerüste bei Altwarenhändlern nachfragen.
e) Fuhrlöhne: Pferde- und LKW-Transporte.
f) Geräte: Anmietung von Geräten aus der Umgebung für kurzfristige Einsätze. Mietsätze erheben.

11. *Besondere Verhältnisse:*
a) Klimatische Verhältnisse: Jahresgang der Niederschläge und Temperaturen; Situation in den Wintermonaten, Lawinengefahr? Überschwemmungsgefahr? Gefahr von Eisgängen?
b) Hygienische Verhältnisse (bei Bauten im Ausland), Schutz der eigenen Belegschaft gegen (unbekannte) Krankheiten, Impfungen rechtzeitig durchführen lassen.
c) Sicherungsmaßnahmen besonderer Art: Schutz gegen Steinschlag, Sicherung bei schwierigen Aushüben an Felswänden, Versicherung heikler Transporte, Bauwesenversicherung. Feuerversicherung, Haftpflicht- und Kaskoversicherung, zusätzliche Unfallversicherung für Angestellte.

Der *Einrichtungsentwurf* hat im allgemeinen folgende Einzelheiten zu enthalten, bzw. sind diese, soweit nicht zeichnerisch dargestellt, in der Kostenberechnung zu berücksichtigen:

1. *Zufahrtswege*, Zufahrtsgeleise, Baustellengeleise zur Baustelle und zum Unterkunftslager; Bauhaupt- und -nebenstraßen.

2. *Lagerplätze* am Ende der Zufahrten für
a) Baustoffe, Holz und Steine, Larssen, Schaltafeln, Kohle.
b) Geräte: Großgeräte, Kleingeräte, Zusatzeinrichtungen, Reservegeräte.
c) Rundeisen, getrennt nach Sorten.
d) Hauptmagazin für Kleinwerkzeug, Kleingerät und Verbrauchsstoffe.
e) Ersatzteilmagazin.
f) Elektromagazin, Sprengstoffmagazin.
g) Zimmerer- und Eisenbiegeplatz in der Nähe von a) und c).

3. *Einrichtungen* zur Manipulation von a) bis f):
Fahrbare Portalkräne, gleisfahrbare oder gleislose Hebekräne.

4. *Lagerplätze* für Bindemittel und Zuschlagstoffe:
Silos, Magazine, Halden.

5. *Wohnlager* für Arbeiter, mit Küche, Waschräumen usw.:
Günstige Nähe anstreben! Tagesunterkünfte und Kantine auf der Baustelle.

6. *Wohnlager* für Angestellte mit Waschräumen usw.

7. *Baubüro* in zentraler, doch ruhiger Lage.

8. *Hauptwerkstätte*, Nebenwerkstätten, Druckluftstation, Transformatorstationen.

9. *Einrichtungen* für die Verarbeitung der Bindemittel und Zuschlagstoffe:
a) Stahl- oder Holzsilos mit Füll- und Entnahmeeinrichtungen,
b) Aufbereitung der Zuschlagstoffe: Sortierung, Reinigung und Zerkleinerung, Überkornabfuhr. Feinsandzufuhr und Einrichtung für Aufgabe.
c) Betonfabrik mit Verbindung zu a) und b).

d) Verbindung Betonfabrik — Baustelle:
Gleise, Straße, Seilbahnen, Kabelkräne, Förderbänder, Pumpen.

e) Einbau:
Turmkräne, Förderbänder, LKW's, Pumpen, Kabelkräne.

10. *Einrichtungen des Aushubes* (Arbeitsvorgang):
Gleis-Lokomotiven, Straßen, Bagger, LKW's, Deponieplätze.

11. *Einrichtungen* für sonstige Arbeiten:
Rammen, Bohren, Torkret usw. usw., Wasserhaltung (Grundwasser), Wasserversorgung, Beleuchtung (Flutlichtanlage), Betonprüfstelle, Sanitätsstelle, Winterheizeinrichtung, Feuerlöscher.

12. *Strom-, Wasser- und Druckluftleitungen.*

Die in Punkt 1. bis 12. aufgezählten Einzelheiten erheben weder einen Anspruch auf Vollständigkeit, noch sind sie in allen Teilen unbedingt zu berücksichtigen. Es hängt von der Größe und Eigenart der Baustelle ab, mit welcher Gründlichkeit der Baueinrichtungsentwurf durchgearbeitet werden muß.

Sowohl der kalkulierende Ingenieur als auch der spätere Bauleiter haben der Einrichtung, von der der wirtschaftliche Erfolg der Baustelle maßgebend abhängt, ihr besonderes Augenmerk zuzuwenden, wobei die Mitarbeit des Baumaschineningenieurs — vor allem bei großen Bauten — unentbehrlich ist. Die Überlegungen beim Baueinrichtungsentwurf haben sich im allgemeinen an folgende Grundsätze zu halten:

1. Übersichtliche und klare, weiträumige Anordnung der Maschinen sind komplizierten und verkrampften Lösungen vorzuziehen, da der Betriebsablauf störungsfreier ist.

2. Situierung und Wahl der Maschinen und Anlagen so, daß Förderung und Hebearbeit ein wirtschaftliches Minimum werden.

3. Wahl der Maschinengröße so, daß die nach dem Bauprogramm sich ergebenden Durchschnittsleistungen und die aus dem tatsächlichen Leistungsablauf zu erwartenden Spitzenleistungen mit Sicherheit erreicht (besser noch überschritten) werden.

4. Bei länger dauernden Einsätzen, vor allem bei exponierten Baustellen, Aufteilung der Maschinenleistung auf mehrere (mindestens zwei) Einheiten, um genügend Reserve zu haben.

5. Bei Einzel- und Sondergeräten Bereitstellung von Reserveteilen (Reservemotoren usw.), besonders bei schwierigen Zutransportverhältnissen.

6. Gleichartigkeit der Maschinentypen erhöht die Betriebssicherheit, verringert die Wartungsspesen und erleichtert die Einschulung des Bedienungspersonals.

7. Vollautomatische oder elektrisch kontrollierte Anlagen nur dann vorsehen, wenn sie betriebs- (verschmutzungs-) sicher, leicht reparierbar sind und das notwendige Fachpersonal für die Wartung vorhanden ist.

8. Wahl von leicht zerlegbaren Konstruktionen für die festen Anlagen der Baueinrichtung. Kombinierte Stahl-Holzkonstruktionen sind solchen aus Holz und Beton vorzuziehen.

9. Die Zu- und Abgänge für die Belegschaft so kurz als möglich halten. Werkstätten und Magazine im Schwerpunkt des Maschineneinsatzes. Bei weiträumigen Baustellen fliegende Werkstätten.

10. Bei gleislosem Förderbetrieb und langdauernden Bauten ist die gut befestigte (staubfreie), leistungsfähige, genügend breite Baustraße eine wirtschaftliche Notwendigkeit.

Für die Kalkulation der Baueinrichtung sind aus dem Baueinrichtungsentwurf, der durch Schnitte, Detailentwürfe, Geländeaufnahmen usw. zu ergänzen ist, Massenauszüge soweit anzufertigen, daß die Kostenerrechnung mit ausreichender Genauigkeit möglich ist. Für die Ansätze dienen die Werte der Tab. 16 (als Schätzziffern), soweit nicht für genauere Ermittlungen die Werte der Abschnitte 6 bis 26 verwendet werden.

7.4 Generelle Angaben

Tabelle 16. *Generelle Angaben (Bedarfsziffern) über Abmessungen und Leistungen*

	Bezeichnung	Arbeitsstunden je Einheit	Materialaufwand je Einheit in % der Lohnkosten
1.	*Zufahrten*[1] (ohne Nebenarbeiten)		
	a) Straßen 3,5 m breit in mäßig geneigtem Gelände, Quertransport des Aushubes, mittelschwerer Boden *ohne* Oberflächenbehandlung; ohne Unterbau je lfm	3—5	60—100
	b) Straßen wie a), 5,5 m breit je lfm	5—10	100—150
	c) Wege wie a), 1,0—1,5 m breit je lfm	1—2	30— 50
	d) Baugleise samt Unterbau ohne Erdarbeiten, Auf- und Abbau		
	60 cm je lfm	1,5—2,5	100—150[2]
	90 cm je lfm	2,5—3,0	
	143,5 cm je lfm	5,0—8,0	
	e) Turmkrangleise verlegen, und abbauen ohne Erdarbeiten je lfm	6,0—10,0	
	f) Straßen und Wege mit brauchbarem Schotter, Material herstellen je m²	0,4—0,60	100—120
	Lagerplätze		
2.	a) Planierungsarbeiten für Lagerplätze aller Art und verfestigen je m²	0,3—0,5	100
	b) Auf- und Abbau von doppelwandigen Magazinsbaracken aller Art je m²	6,0—8,0	—
	c) wie b), einwandig je m²	4,0—6,0	
	d) Flugdächer je m²	2,0—4,0	100—150
	Unterkünfte		
3.	a) Aufstellen und Abbrechen von Unterkünften für Arbeiter. Bedarf je Mann 4,5 bis 5,5 m² einschließlich Bade- und Nebenbaracken; einschließlich Planum und Fundamente, ohne An- und Abtransport je m²	10—12	—
	b) wie a) für Angestellte, Bedarf je Mann 7 bis 10 m² je m²	10—14	—
	c) *Lagerbetrieb* ohne Küche, ohne Vorhaltekosten für Baracken, mindestens 250 bis 800 Mann je Mann und Tag	0,60 bis 1,20 × Facharbeiterstundenlohn	

[1] Die Angaben gelten in normalen tragfähigen, schottrigen Böden.
[2] Je nach Schwellenabschreibung, Neuschotter usw.

Tabelle 16 (Fortsetzung)

	Bezeichnung	Arbeitsstunden je Einheit	Materialaufwand je Einheit in % der Lohnkosten
	d) *Lagerbetrieb* mit Küche, ohne Vorhaltekosten für Baracken usw., mindestens 250 bis 800 Mann — je Mann und Tag	1,10 bis 2,40 × Facharbeiterstundenlohn	
4.	*Baubüro*: Größe siehe Abschnitt 5 — je m²	8,0—10,0	
	Werkstätten und Magazine: Bedarf siehe Abschnitte 5 und 6 — je m²	6,0—8,0	
	Druckluftstation: Bedarf: m² je m³/min: rund 1,0 bis 2,0 m² — je m²	4,0—6,0	
5.	*Aufbereitung und Betonfabriken*: *Auf- und Abbau* (ohne Fundamente):		
	a) Holz 0,02 bis 0,04 m³ je m³ umbauter Raum	—	Holzkosten
	je m³ Holz	35—50	+ 0,01 m³/m² Außenhaut für Einhausung
	b) Stahl 30 bis 40 kg je m³ umbauter Raum	—	Stahlkosten
	je t Stahl	60—80	+0,04 m³ Holz/m² Außenhaut
6.	*Installation*: Auf- und Abbau der Geräte (siehe Gerätekosten) im Mittel je t	30—45	—
7.	*Leitungen*: Aushübe 1,0 m tief — m¹	2—3	20—40
	„ 2,0 m „ — m¹	6—8	30—50
	Verlegen und Abmontieren von Rohrleitungen Durchmesser 100 bis 150 — m¹	0,5—1,0	—
	Niederspannungsleitungen Verlegen und Abnehmen — m¹	0,3—0,5	Leitungsmaterial (Abschreibung)
	Aufstellen von Masten im Mittel	3,0—6,0	Mastkosten

8. Transport- und Umschlagarbeiten

Das Bauen ist vorwiegend ein Transportproblem. Die genaue Erfassung und Senkung der beim Transport entstehenden Kosten ist für die Wirtschaftlichkeit der Bauarbeiten von ausschlaggebender Bedeutung, besonders dort, wo die Zahl der Umschlagstellen groß ist. In den meisten Fällen ist die Baustelle bereits soweit erschlossen, daß die anfallenden Transport- und Umschlagarbeiten mit Sicherheit erfaßt werden können. Bei abgelegenen Baustellen, besonders in gebirgigen Gegenden, ist die wirtschaftliche Erschließung von vielen Überlegungen abhängig, die am Schlusse dieses Kapitals nochmals besprochen werden sollen.

Die Baustelle erhält in erster Linie Massengüter, wie Zement, Kies, Sand, Holz, Bruchsteine, Quadern, doch auch eine nicht unbeträchtliche Menge an leichten und schweren Stückgütern. Während letztere mit LKW's und Tiefladern auf einer Zufahrtsstraße herangeschafft werden können, gibt es für die Massengüter noch eine Reihe weiterer Möglichkeiten, die je nach den örtlichen Verhältnissen und der geforderten Leistung untersucht werden müssen. Ungewöhnlich ist beispielsweise die Lösung, die an der Großbaustelle Jochenstein erstmalig gewählt wurde, wo nahezu sämtliche Stück- und Massengüter, die aus der nächstgelegenen Bahnstation Obernzell mit Bahnwagen einlangten, ohne Umschlag mit Spezialtieflader an die Baustelle gebracht wurden und dort unmittelbar an die Einbaustelle, an Zementsilos oder sogar bis in die Baugrube gebracht wurden. Die Baustelle war mit einer zweispurigen Straße (rund 7,0 km) mit Obernzell verbunden. Die genauen Ziffern der Transportkosten sind nicht bekannt, doch war die Wirtschaftlichkeit durch den Entfall der Schleppgleisverbindung samt Erhaltung und Betrieb, ferner durch den Entfall von mehrmaligen Ab- und Umladekosten trotz der nicht unbeträchtlichen Leertransporte offensichtlich. Allerdings ist ein derartiger Transport nur dann möglich, wenn die Bahnverwaltung mit entsprechenden Spezialtiefladern und Transportmaschinen ausreichend ausgerüstet ist. Dieses Beispiel soll nur darauf hinweisen, daß auch im Bauwesen der Güterumschlag bereits so rationell gestaltet werden kann, daß neben der unmittelbaren Kostensenkung der Transporte auch noch weitere Vorteile genützt werden können. So ergeben sich Arbeitserleichterung, Zeiteinsparung, Verminderung des Verlustes (Beschädigungs-, Bruch-, Streuverlust), Ordnung und Übersicht sowie Platzgewinn.

Es ist Sache des Kalkulanten, alle Erhebungen anzustellen, wieweit auf der jeweiligen Baustelle ein rationeller Güterumschlag möglich ist. Hierbei sind folgende Faktoren von Bedeutung: Umschlagmenge, Umschlagleistung, Art der Güter, Entfernung Bahn—Baustelle, Zementwerk—Baustelle, Hilfsmittel für den Umschlag (Kräne, Stapler usw.), Art der Verbindung Bahn—Baustelle.

Während man heute die Bindemittel (Zement) für kleinere Baustellen von „Haus zu Haus" in Silobehälterwagen transportiert und der Sacktransport nur mehr auf Sonderfälle und sehr kleine Mengen beschränkt bleibt, ist der Umschlag von Holz und sonstigen losen Gütern noch immer stark mit Handarbeit belastet. Auch hier könnte der Umschlag durch Verwendung von zweckentsprechenden Kränen oder Staplern billiger gestaltet werden. Eine Gegenüberstellung von Umschlagkosten für die Umladung mit maschineller Hilfe soll zeigen, daß die Wirtschaftlichkeit des Einsatzes von Entladegeräten schon bei relativ kleinen Mengen gegeben ist.

8.1 Einrichtung und Gerätebedarf

Die Einrichtung einer Baustelle für einen wirtschaftlichen Umschlag von Baustoffen und Geräten hängt — wie bereits erwähnt — von vielerlei Faktoren ab. Im wesentlichen kommen für den Umschlag Stückgüter (Geräte usw.) und Massengüter (Zement, Schotter, Holz usw.) in Frage. Es ist sicher nicht zweckmäßig, beide Arten mit den gleichen Geräten umzuschlagen. Für die Schwergüter und Einzelstücke ist je nach maximal zu erwartender Stückgröße ein Portalkran, ein Turmkran, oder ein fester Derrick mit einfacher Windenausrüstung (eventuell handbetriebene Winden) ausreichend. Bei größerem Anfall ist zusätzlich ein fahrbarer Kran sehr nützlich, da er nach Beendigung des Hauptumschlages bei den Bauarbeiten selbst weiterverwendet werden kann.

Für den Umschlag der Massengüter kommen folgende Einrichtungen und Geräte in Frage:

1. *Bindemittel* (Zement, Traß usw.):
   Transport in Säcken oder Fässern, Entsacken und Umschlag von Hand in Haupt- oder Zwischensilos.
   Transport in Behälterwagen vom Werk zur Baustelle.
   Transport in Behälterwagen vom Bahnhof zur Baustelle; Entnahme von Zwischensilos.
   Transport in Behältern mit Füllung im Werk oder von Zwischensilos; Weitertransport mit LKW, Seilbahn oder Bahnwagen.
   Transport mit Preßluft bei Entfernungen bis zu 1000 m oder 100 m Höhenunterschied.
   Transport mit Förderbändern. Gedeckte Bänder von Entladestelle in Silos der Baustelle.
2. *Schotter, Kies usw.:*
   Beladung mit Ladegeräten (Bagger, Schaufellader usw.) auf LKW oder Bahnwagen, direkt oder über Zwischensilo.
   Transport mit LKW, Bahnwagen (Schmal- oder Normalspur), Förderbändern, Seilbahn.
   Entladung meist durch Abkippen oder durch Entladegeräte (Bagger, Schrapper usw.).
3. *Werksteine,* Bruch- und Pflastersteine:
   a) Verladung: Händisch über Laderampen oder mit fahrbaren Kränen.
   b) Transport: Mit LKW oder Bahnwagen.
   c) Entladung: Wie a), bei Bruch- und Pflastersteinen auch durch Abkippen.
4. *Ziegel* und sonstige Bausteine:
   a) Verladung: Einzelziegel von Hand auf LKW oder Bahnwagen, Paletten (200 Stück, 700 kg) mit Hebegeräten; Großpaletten, Stapler oder Hublaster.
   b) Transport: Mit LKW, Bahnwagen oder Sonderfahrzeugen.
   c) Entladung: Wie a), fallweise durch Abkippen von LKW.
5. *Bauholz:*
   a) Verladung: Händisch, mit Kränen, Staplern usw.
   b) Transport: LKW, Bahnwagen, Seilbahn.
   c) Entladung: Wie a) bzw. durch Abkippen von LKW.
6. *Träger und Stahlkonstruktionen:*
   a) Verladung: Überwiegend mit Kränen.
   b) Transport: LKW, Bahnwagen, Seilbahnen, Schrägaufzüge.
   c) Entladung: Wie a), Träger, Spundbohlen usw. auch durch Abkippen.

8.2 Material- und Arbeitsaufwand

Je nach Wahl der Umschlageinrichtungen und Ansatz ihrer Leistung errechnet sich der Anfall an Gerätekosten, Betriebsstoffen und Installationskosten. Der Arbeitsaufwand für Umschlagarbeiten von und auf LKW kann mit den Werten der Tab. 17 ermittelt werden; diese Werte gelten für *händische* Durchführung der Arbeiten. Bei Einsatz von Geräten sinken diese Werte beträchtlich, wobei jedoch die Berücksichtigung der Gerätekosten, ihres An- und Rücktransportes sowie ihrer Montage nicht übersehen werden darf. Zur Ermittlung von Transportkosten enthält Tab. 18 (siehe S. 70/71) Daten, die als Durchschnittswerte normaler Betriebsverhältnisse verwendet werden können; besonders ungünstig oder ungewöhnlich gelagerte Situationen oder große Fördermengen erfordern jedoch eine gesonderte Untersuchung der Zeiterfordernisse. Für die LKW-Transporte wird man sich von ortsansässigen Frächtern für alle vorkommenden Baustoffe und Geräte verbindliche Angebote einholen und mit diesen Werten in die Kostenberechnung gehen.

Tabelle 17. *Arbeitsaufwand für Ladearbeiten*

		E	Aufladen h/m³ (t)	Abladen h/m³ (t)	Umladen h/m³ (t)
1.	Schotter	m^3	0,8—1,2	0,6—0,8[1]	0,6 —1,0
2.	Sand	m^3	0,7—1,0	0,5—0,8[1]	0,6 —0,9
3.	Kies, Splitt	m^3	0,8—1,1	0,6—0,8[1]	0,6 —1,0
4.	Bruchsteine bis 0,1 t	t	0,6—0,8	0,5—0,6[1]	0,5 —0,6
5.	,, von 0,1—1,0 t	t	1,5—3,0	1,5—2,0	1,2 —2,0
6.	Werksteine, Quadern	t	2,5—4,0	1,0—3,0	2,0 —3,0
7.	Ziegel NF	1000 Stück	2,5—3,0	2,5—3,5	2,0 —3,0
8.	Zement in Säcken	t	0,6—0,8	0,6—0,8	0,5 —0,7
9.	,, lose	t	nur mechanisch		
10.	Bauholz (Rundholz)	m^3	1,0—1,2	0,8—1,0	0,7 —0,8
11.	,, (Schnittholz)	m^3	1,1—1,4	1,0—1,2	0,8 —1,0
12.	Eisenbetonpfähle	t	1,5—2,0	1,5—2,0	1,3 —1,8
13.	Rundstahl	t	1,5—2,0	1,3—1,8	1,2 —1,5
14.	Eiserne Träger	t	1,5—2,0	1,3—1,8	1,2 —1,5
15.	Geräte bis 5 t[2]	t	2,0—4,0	2,0—3,5	2,0 —3,0
16.	,, 5 bis 10 t[2]	t	3,0—5,0	2,5—4,5	2,5 —3,5
17.	Rohre (Preßluft-)	t	1,2—1,8	1,2—1,5	1,2 —1,5
18.	,, (Lutten-)	t	1,5—2,0	1,5—1,8	1,4 —1,6
19.	Barackenteile	t	1,8—2,0	1,8—2,0	1,6 —1,8
20.	Ölfässer	Stück	0,2—0,3	0,1—0,2	0,05—0,10

[1] Bei Abkippen von LKW 0—0,1 h/m³.
[2] Demontagekosten bei sperrigen Teilen gesondert berücksichtigen!

8.3 Transportwege

Jedes Bauwerk wird im allgemeinen mit dem Netz der öffentlichen Verkehrswege so verbunden sein, wie es seinem Anlagezweck am besten entspricht. Diese Verbindung ist ein fester Teil der Gesamtplanung und wird aus vielen Gründen meist vorweg errichtet, so daß sie schon mit Beginn der Hauptarbeiten allen Bauausführenden zur Verfügung steht. Fast immer ist es eine *Straße*, die in den Schwerpunkt der Anlage führt, oft sind es *Straße und Vollbahnanschluß*, wenn der Betrieb des Werkes auch auf einen Anschluß an das Bahnnetz angewiesen ist.

Tabelle 18. *Durchschnittliche technische Daten*

		Ladegröße Lademaß, Fassungsvermögen, Tragfähigkeit	*Steigung* im Mittel	*Steigung* maximal	*Durchschnittliche Transportgeschwindigkeit* auf ebener, guter Bahn	*Durchschnittliche Transportgeschwindigkeit* auf maximaler Steigung
		l, m³, kg, t	%	%	m/min, km/h	m/min, km/h
1	Träger	40— 60 kg	5	40	2—3 km/h	0,2—0,3[1]
2	Tragtiere	60—100 kg	5	35	2—4 km/h	0,3—0,5[1]
3	Pferdefuhrwerk Zweispänner	1,0—1,5 t	2	20	3—5 km/h	2—3 km/h
4	Schiebtruhe	75 l	3	10	50—60 m/min	30—40 m/min
5	Japaner	250—500 l	0	5	50—70 m/min	40—50 m/min
6	„ motorisiert	0,5—1,0 m³ (1,0—2,0 t)	0	15	8—10 km/h	2—5 km/h
7	Muldenkipper 600 mm	0,75—1,00 m³	1	4	60 m/min	30 m/min
8	„ 600 mm	1,00—2,00 m³	2	3	10—15 km/h	5 km/h
9	„ 900 mm	2,00—4,00 m³	2	3	10—15 km/h	8 km/h
10	Lastkraftwagen 3,5 t	2,0 m³	5—10	20—30	Leer: 40—60 km/h	Leer: 15—25 km/h
11	„ 5,0 t	3,0 m³	5—10	20—30	Voll: 20—40 km/h	Voll: 8—15 km/h
12	Schwerlastwagen 200 PS 10 t	5,5 m³	5—10	25—30		
13	Schwerlastwagen 200 PS 15 t	7,5 m³	5—10	25—30	Leer: 30—40 km/h Voll: 15—20 km/h	Leer: 10—15 km/h Voll: 5—8 km/h
14	Schwerlastwagen 250-300 PS 18 t	10—11 m³	5—10	25—30		
15	Dumptor 109 PS	3— 4 m³	5—10	25—30	30/15 km/h	15/8 km/h
16	Diesellokomotiven	50 PS	2,0	3,0	15 km/h	5 km/h
17	Dampflokomotiven 600 mm	50 PS	2,0	3,0	10—15 km/h	8 km/h
18	Dampflokomotiven 900 mm	100 PS	2,0	3,0	10—15 km/h	8 km/h
19	Bandstraßen: B = 600—800 mm			32	1—2 m/sec	
20	Seilbahnen: (Umlauf-)	25—40 t/h			1—3 m/sec	

[2] Beladung mit passendem Gerät: Baggergröße: 1,5—2,0 m³ Löffelinhalt, Beladezeit

für die Ermittlung von Transportkosten

	Aufenthalte							
Beladung von Hand min	Beladung mit Gerät min	Entladung von Hand min	Entladung mit Gerät min	sonstige Aufenthalte min	Durchschnittliche Leistung auf ebener Bahn	Transportmannschaft ohne Ladepartie Mann	Betriebsstoff durchschnittlich l/h oder kg/h	Anmerkungen
3	—	1	—	Sonstige Aufenthalte für Wenden, Ausweichen, Störungen, Rangieren je nach örtlichen Verhältnissen 1—5 min bzw. nach gesonderten Annahmen		1		¹ 200—300 Höhenmeter/h
5	—	2	—			1		¹ 300—500 Höhenmeter/h
10	—	5	—			1		
$1^1/_2$	—	0,3	—		20 km/8 h	1		
5	—	0,5	—			1—2		
8—10	1—2	0,5—1	—		10 PS	1		Motorkipper (10 PS)
20	$1^1/_2$—2	1—2	0,5—1		25km/8h	1—2		Handbetrieb
25	2—3	1—2	0,5—1		60—70 km/8 h	1/15		Lokomotivbetrieb 15 Wagen/Zug
—	3—5	1,2	1			1/20		Lokomotivbetrieb 20 Wagen/Zug
30—40	4—5	25—30	40 sec		200—300 km/8 h	1	5 l/h	15 l/100 km
60—70	4—5	30—40	1[1]		200—300 km/8 h	1	10 l/h	¹ Entladung durch Abkippen
—	3—4[2]	—	1[1]			1	8 l/h	Euclids usw. ¹ Entladung durch Abkippen
—	3—5[2]	—	1[1]			1 (+1)	12 l/h	Euclids usw. ¹ Entladung durch Abkippen
—	3—5[2]	—	1[1]			1 (+1)	15 l/h	Euclids usw. ¹ Entladung durch Abkippen
—	2—3[2]	—	10—20 sec			1	5 l/h	Aveling Koehring usw.
—	—	—	—			1	6 l/h	
—	—	—	—			2	30 kg/h	
—	—	—	—			2	50 kg/h	
je nach konstruktiver Lösung					100 bis 160 t/h	1/km		
je nach konstruktiver Lösung der Stationen								

$$= \frac{J \cdot 60}{\text{Baggerleistung/h}}$$

Diese Hauptverbindungen sind in den meisten Fällen so ausgelegt, daß sie dem Betriebsbedarf genügen.

Bei großen Baustellen ergeben sich hingegen meist größere Transportaufgaben, so daß zusätzliche Verbindungen provisorischer Art notwendig werden. Es kommen hierfür in Betracht: Baustraßen, Rollbahnen, Seilbahnen und Schrägaufzüge, Bandstraßen.

Soweit nicht schon vom Bauherrn eine oder mehrere dieser Einrichtungen eingeplant und errichtet wurden, ist es Sache des Bauunternehmers, die den örtlichen und zeitlichen Erfordernissen der Baustelle entsprechende zusätzliche Förderverbindung zu wählen und seiner Kostenermittlung zugrunde zu legen. Nicht immer bieten sich eindeutige Lösungen an, so daß eine Vergleichsrechnung verschiedener Entwürfe notwendig ist. Die folgende Zusammenstellung der Anwendungsbereiche, Vor- und Nachteile, Leistung und Durchschnittskosten von Förderanlagen soll eine erste Überlegung über die Wahl des geeigneten Weges erleichtern. Fast immer handelt es sich um den letzten Abschnitt des Förderweges zur Baustelle, der mitten in die Baueinrichtung führt und damit zum Teil der Baueinrichtung selbst wird.

Die zu fördernden Güter gliedern sich, wie bereits erwähnt, in

Massengüter: Bindemittel, Zuschlagstoffe, Steine

Stückgüter: Steine, Holz, Treibstoffe
Baugeräte
Maschinenteile der Bauwerksausrüstung.

8.31 Baustraßen

Von allen Verbindungsmöglichkeiten ist die Straße am beliebtesten. Nicht nur, weil sie universell für Massen- und Stückgüter gleich gut verwendbar ist, sondern auch ihre Leistungsfähigkeit bei guten Anlageverhältnissen sehr hoch ist. Sie erschließt außerdem vorteilhaft wenig zugängliche Gebiete und ermöglicht so eine zusätzliche Aufschließung sonst schwer erreichbarer Gegenden für den Fremdenverkehr und Nutzung von Bodenschätzen. Man wird also immer eine Straße wählen, solange ihre Anlage möglich ist und die zu fördernde Gütermenge die Baukosten rechtfertigt.

Die Leistungsfähigkeit einer Straße hängt von ihrer Breite, ihrer Steigung, den Krümmungsverhältnissen, der durchschnittlichen Fahrgeschwindigkeit und der Tragfähigkeit ihrer Objekte ab.

Die Steigung wird man für Massentransporte nicht über 10 bis 12% wählen, für Stückgüter und Schwerlasten sind 20% als wirtschaftliche obere Grenze anzusehen. Ebenso wird man Krümmungen nicht unter einem Radius von 20 m (Kehren: Radius 8,0 m), für Massenförderung nicht unter 50 m annehmen. Eine einspurige Straße mit einer Breite von 2,80 bis 3,50 m muß mit genügend Ausweichen (Abstand auf Sicht) versehen sein. Die Förderleistung einer einspurigen Straße kann in diesem Falle, bei annähernd horizontaler Bahn und 40 km/h durchschnittlicher Fahrgeschwindigkeit mit 100 t/h angenommen werden. Eine zweispurige, gut erhaltene Straße leistet hingegen bei kreuzungsfreier Fahrtmöglichkeit 300 bis 350 t/h. Schlechte Straßenhaltung senkt die Leistungsfähigkeit der Straße um 20 bis 30% und steigert die Betriebskosten um 15 bis 20%.

Die *Vorteile* der Straße liegen in ihrer Leistung und ihrer nahezu unbegrenzten Belastbarkeit, sie stellt eine — besonders im Katastrophenfall — sichere und universelle Verbindung dar, die für Massengüter und Schwerlasten gleich gut verwendbar ist. Der Transportbetrieb ist gegen Störungen unempfindlich. Guter Aufschluß des Baugebietes.

Als *Nachteile* sind anzuführen: Hohe Baukosten besonders im schwierigen, gebirgigen Terrain; Störungsempfindlichkeit durch Steinschlag, im Winter durch Lawinen und Vereisung. Lange Bauzeit.

Eine allgemeine Angabe von Baukosten fertiger Straßen ist nicht möglich, hierzu ist wenigstens ein generelles Projekt erforderlich. Für einen rohen Vergleich dienen die in Tab. 19 angeführten Daten für Baustraßen, ohne die Kosten für Objekte (Brücken und Tunnel).

Tabelle 19. *Baukosten (1960) je laufenden Meter einer zweispurigen Straße (Breite 5,5 bis 6,0 m)*

Gelände einfach, leicht geneigt	500,— bis 1000,— S/m
Gelände mittlerer Schwierigkeit	2000,— bis 2500,— ,,
Gelände gebirgig	4500,— bis 6000,— ,,

8.32 Rollbahnen

Während einst neben einer schmalen Baustraße die Rollbahn als Gleisverbindung für den Transport aller Güter verwendet wurde, verschwindet sie heute allmählich aus dem Bild der Baueinrichtungen. Wenn der gleislose Versorgungsbetrieb wegen seiner rascheren und besseren Anpassungsfähigkeit sich immer mehr durchsetzt, so bleiben für den Gleistransport noch Anwendungsgebiete, wo man ihn aus wirtschaftlichen Gründen vorsehen soll. So ist er als feste Verbindung bei gut eingerichteten Be- und Entladestellen, bei schwierigen Terrainverhältnissen der Straße überlegen.

Das geringere Lichtraumprofil, die kleinen Krümmungsradien und die kleinere spezifische Belastung lassen eine günstige Trassenführung mit niederen Anlagekosten zu. Es kann daher eine feste Gleisverbindung z. B. von der Baustelle zum nächsten Bahnhof bei entsprechender Umschlagmenge trotz des verlorenen Aufwandes noch sehr wirtschaftlich sein. Auch Stollen- und Tunnelbauten werden gleisbetrieben geführt, wenn auch bei kurzen Stollen ein gleisloser Betrieb wirtschaftlicher ist.

Tabelle 20

			Spurweite	
			600 mm	900 mm
R_{min} (je nach Größe der Lokomotive		m	10—35	40—70
s_{max}		%	2—3	1—2
V_{max} für Baubetrieb		km/h	10—15	15—25
Fassungsraum der Wagen		m³	0,75—2,0	1,5—4,0
Baukosten (1960) je lfm	einfaches Gelände		250,— S/m	350,— S/m
	mittleres ,,		600,— S/m	900,— S/m
	schwieriges ,,		1200,— S/m	1600—1800,— S/m

Bei großen Transportweiten und großen Mengen ist der Gleisbetrieb im Massentransport an Wirtschaftlichkeit dem gleislosen überlegen, vor allem wenn mit großen Wagen gefahren wird.

Als weitere *Vorteile* neben den geringen Anlagekosten ergeben sich: Unempfindlichkeit gegen Wetter, leichte Sicherung gegen Lawinen, billigere Objekte, geringere Betriebskosten bei großen Distanzen und Massenförderung.

Nachteilig wirkt sich die Beschränkung durch die nach oben begrenzte Leistungsfähigkeit, durch die geringe Höchstneigung ($s_{\max} = 25$ bis $35\,^0/_{00}$) und durch die starre Linien- und Betriebsführung aus. Störungsempfindlichkeit.

Für die Überlegungen des Kalkulanten dienen die in Tab. 20 angegebenen Daten für Baubahnen (Durchschnittswerte).

8.33 Seilbahnen und Schrägaufzüge

Seilbahnen

Wenn die Geländeverhältnisse die wirtschaftliche Linienführung einer Straße oder Rollbahn nicht mehr zulassen, sei es, daß die maximale Steigung überschritten wird oder die Kosten für Brücken und Tunnel sehr hoch werden, wird man besonders für den Transport der großen Massen von Zuschlagstoffen oder Zement andere Förderwege wählen müssen. Für den Fall des gänzlichen Verzichts auf eine Straßen- oder Bahnverbindung für den Massentransport bleiben für den Stückgut-Schwertransport nur mehr Pendelseilbahnen oder Schrägaufzüge, für den Massentransport die vielfach bewährte Umlaufseilbahn.

Große Höhenunterschiede, große Transportweiten und schwierige Geländeverhältnisse sind für die Seilbahn keine Hindernisse, sie sind mit ihr am besten zu überwinden. Als weiterer Vorteil ist zu verbuchen: Geringe Anlagekosten bei langen Bahnen und große Stundenleistung.

In Österreich wurden im Kraftwerksbau Umlaufbahnen mit Leistungen bis zu 100 t/h gebaut, Penselseilbahnen mit 5 bis 6 t Tragfähigkeit.

Als *Nachteile* des Seilbahnbetriebes erweisen sich neben der geringen Überlastbarkeit der Bahn die beschränkte Transportfähigkeit von Einzellasten und ihre Empfindlichkeit gegen Windangriffe. Der Betrieb ist lohnintensiv, doch kann der Lohnanteil durch Mechanisierung der Umschlageinrichtungen stark gesenkt werden. Die *Leistung* der Bahn hängt von der Umlaufgeschwindigkeit, den Gehängelasten, der Bahnlänge und dem zu überwindenden Höhenunterschied ab.

Wenn ein Seilbahntransport in Erwägung gezogen wird, soll man unter allen Umständen eine Spezialfirma zuziehen und sich von ihr beraten lassen, auch wenn man eine passende Seilbahn selbst besitzt. Jedes neue Längenprofil erfordert eine neuerliche Durchrechnung und Überprüfung, allenfalls Ergänzungen in der Ausrüstung besonders der Stationen, die sich einer anderen Baueinrichtung anzupassen haben. Bei einer Neuerstellung wird von den Maschinenfirmen Lieferung und Montage der Bahn angeboten, die Kosten für den Bau der Stützen und Stationen sind, sofern sie nicht in Stahl ausgeführt werden, vom Tiefbauingenieur selbst zu kalkulieren. Dabei ist zu beachten, daß Stützen, Winkelstationen usw. an schwer zugänglichen Stellen liegen, so daß für den Zutransport der Baustoffe an diese Orte mit besonderen Einrichtungen gerechnet werden muß (Seilzuggeräte, Tragtiertransporte usw.).

Schrägaufzüge

Der Transport von Einzellasten ist bei Seilbahnen beschränkt und im allgemeinen unter bestimmten Betriebsbedingungen auf 1,5 bis 2,0 t/Stück begrenzt, wenn auch z. B. in Amerika bereits Einzellasten bis zu 150 t auf Seilen von Kabelkranen befördert wurden. Schrägaufzüge können hingegen für alle im Tiefbau vorkommenden Einzelschwerlasten gebaut werden. So liegen die schweren Rohrbahnaufzüge der Kraftwerke bei Tragfähigkeiten von 10 bis 15 t. Beim Bau des Kraftwerkes Kaprun wurde sogar ein Schrägaufzug von 60 t Tragkraft errichtet, der zwei Straßenzüge bei einem Höhenunterschied von 430 m verbindet und mit einem

Antriebswindwerk von 400 kW Antriebsleistung, Fahrgeschwindigkeit 0,39 m/sec, ausgestattet ist.

Die provisorischen Aufzugsanlagen auf Tiefbaustellen haben meist eine Tragkraft von 3 bis 5 t und sind als Gleis- oder Gestellaufzüge, ein- oder zweigleisig, mit oder ohne Gegengewichte eingerichtet.

Die Anlagekosten sind bei günstigen Geländeverhältnissen gering. Im allgemeinen sind Schrägaufzüge — wenn man von den großen Rohraufzügen absieht — willkommene Helfer, um anschließend an eine Rollbahnanlage kurze Höhenunterschiede auch mit großen Lasten zu überwinden. Bei Neigungen bis 30% werden Gleisaufzüge (Spurweite 600 mm), über 30% Gestellaufzüge (Spurweite nach Wahl 900 bis 1200 mm) vorgezogen.

Der *Vorteil* der Schrägaufzüge liegt in ihrer einfachen Handhabung; sie sind rasch gebaut und für provisorische Anlagen gut geeignet. Sie eignen sich je nach Bahnlänge und Neigung für kleinere Massentransporte von 20 bis 40 t/h wie bei verminderter Geschwindigkeit für schwere Einzellasten.

Nachteilig wirkt sich schwieriges Gelände aus, das entsprechende Unterbauten und Überbrückungen erfordert. Leistung und Kraftbedarf ergeben sich aus den zu fördernden Lasten und der gewählten Hubgeschwindigkeit ($v = 0{,}5$ bis 1,5 m/sec).

8.34 Bandstraßen

Massengüter werden auf der Straße absatzweise mit Lastkraftwagen von 3 bis 10 m³ Inhalt transportiert. Die Seilbahn fördert sie in Behältern von 0,4 bis 0,6 m³. Die Bandstraße hingegen bringt die Zuschlagstoffe in ununterbrochenem Strom von 0,03 bis 0,10 m² Querschnitt und 1,0 bis 2,5 m/sec Transportgeschwindigkeit über Steigungen bis zu 40% vom Umschlag- oder Gewinnungsort zur Baustelle. Steilförderbänder gestatten sogar eine Neigung bis 100%. Das ursprünglich nur 20 bis 25 m lange Förderband wurde in den letzten Jahrzehnten zum Großfördermittel von Baustellen: Bandstraßenlängen von vielen hunderten Metern, die aus Einzelabschnitten von 120 bis 150 m zusammengebaut werden, sind keine Seltenheit. Als größte Länge — 12 km — ist eine Bandstraße zur Versorgung einer Sperrenbaustelle in Amerika ausgeführt worden. Wenn auch eine derartige Anwendung ungewöhnlich ist und nicht so schnell in Frage kommt, wird man bei Distanzen von 0,5 bis 2,0 km eine Bandförderung für Zwischen- und Endtransporte in Erwägung ziehen.

Der *Vorteil* der Bandstraße liegt in ihrer großen Leistungsfähigkeit. Sie ist leicht auf- und abzubauen und erfordert geringe Wartungskosten, vor allem ist der Lohnanteil der Betriebskosten gering. Die Unterbauten sind leichte Konstruktionen, so daß auch bei schwierigen Untergrundverhältnissen und durchgehenden Überbrückungen keine hohen Kosten entstehen. Die größtmögliche Bandneigung liegt bei kiesigem Material zwischen 30 und 35%; sie ermöglicht eine rasche Höhenentwicklung.

Die *Nachteile* sind gering. So wirken sich Störungen unangenehm aus, da die ganze Bandstraße ausfällt, was bei großen Leistungen sofort fühlbar wird. Weiters bringt die Anlage einer Bandstraße in den wechselnden und provisorischen Betrieb einer Baustelle eine gewisse Starrheit, die nicht immer vorteilhaft ist. Die Wartung ist einfach, erfordert jedoch geschultes Personal. Im Hochgebirge und in windigen Gegenden muß das Band abgedeckt werden. Auch ist eine Bandstraße leicht zu beschädigen, daher sabotageempfindlich.

Die *Leistung* einer Bandstraße hängt von der gewählten Bandgeschwindigkeit (in der Regel 1,0 bis 1,5 m/sec), von der Bandbreite und schließlich von der Bandneigung und Art des geförderten Gutes ab. Die im Baubetrieb üblichen Breiten sind 500, 650, 800 und 1000 mm. Die durchschnittlichen Förderleistungen ergeben sich bei 1,0 bis 1,3 m/sec Bandgeschwindigkeit und horizontaler Bahn mit:

Bandbreite	Leistung m^3/h
500	40— 50
650	65— 80
800	100—125
1000	170—210

Bei geneigter Bahn ist die Leistung abzumindern:

Bandneigung	Abminderungsfaktor
10% (6°)	0,98
20% (12°)	0,93
30% (17°)	0,87
40% (22°)	0,75

Die Grenzneigungswinkel verschiedener Materialien betragen (nach TELSMITH, „Aggregate Producers Handbook"):

Zement	30°	Sand trocken, lose	20°
Erde trocken	20°	„ gering feucht	20°—22°
Erde feucht	20°—25°	„ sehr feucht	15°
Kies gebrochen	18°—20°	Beton je nach Ausbreitmaß	12°—30°
„ rund	18°		

Die Anlage einer Bandstraße erfordert eine gewissenhafte Bearbeitung und Planung der Konstruktionseinzelheiten, um einen störungsfreien Betrieb an Aufgabe- und Umladestellen zu sichern und die maximale Leistung einzuhalten.

Die ungefähren Anschaffungskosten von stationären Förderbandstraßen liegen für eine Breite von 650 mm bei 3000 bis 4000,—S/m, bei 800 mm ist mit 4000,— bis 5000,—S/m, bei 1000 mm mit 5000,— bis 7000,—S/m zu rechnen.

8.35 Zusammenfassung

Bei mehreren möglichen Lösungen der Förderwege ergibt nur eine Vergleichsrechnung Aufschluß über die richtige Wahl. Hierzu ist zu sagen, daß auch dann noch die Entscheidung zweifelhaft sein kann. Eine Vergleichsrechnung hat sich auf die Gesamtkosten: Auf- und Abbau, Betrieb (Löhne und Betriebsstoffe), Abschreibung und Instandhaltung zu erstrecken. Dabei spielt der Anteil an verlorenen Kosten für Auf- und Abbau, Fundamente und Frachten eine große Rolle. Während bei der Straße die verlorenen Kosten hoch sind und die Abschreibung kaum ins Gewicht fällt, sind sie bei der Seilbahn und Bandstraße gering, hingegen ist die Festlegung der Abschreibung über die Bauzeit, die Beurteilung des Restwertes von entscheidender Bedeutung. Eine Bandstraße ist meist rasch wieder einsetzbar, was von einer Seilbahn nicht gesagt werden kann; ebenso wird man die Teile eines Schrägaufzuges sehr bald wieder verwenden können, nicht so oft die Anlagen einer Rollbahn samt dem Lokomotiv- und Wagenpark. Eine Baustraße kann nachher für die Erschließung des Geländes von Wert sein, es wird aber schwer jemand zu finden sein, der diesen ‚Restwert' in bare Münze einlöst, es sei denn, daß bereits vorher mit Interessenten eine Vereinbarung wegen Übernahme und Beteiligung abgeschlossen wurde.

Die Vergleichsrechnung wird stark von der jeweiligen Situation abhängen und ist unter Berücksichtigung der ideellen Werte und der Auswirkung auf den ganzen Baubetrieb zu erstellen. Ein ziffernmäßiger Vergleich allein wird nicht immer ein befriedigendes Resultat bringen.

9. Erdarbeiten

9.0 Allgemeines

Grundsätzlich lassen sich die Erdarbeiten in sieben Einzelleistungen zerlegen, und zwar: Lösen, Beladen, Transportieren, Entladen, Verteilen, Einebnen, Verdichten. Die Grenze zwischen den einzelnen Abschnitten ist nicht immer scharf zu ziehen; gelegentlich können einzelne Teilleistungen entfallen oder mehrere Leistungen in einem Arbeitsvorgang ausgeführt werden, wie z. B. beim Einsatz einer Planierraupe, die praktisch alle sieben Teilleistungen auf einmal durchführen kann. Trotzdem hat es sich in der Praxis als zweckmäßig erwiesen, eine Unterteilung der Erdarbeiten vorzunehmen, die auch den folgenden Erörterungen zugrunde gelegt werden soll, und zwar 1. Abtrag, 2. Förderung, 3. Einbau.

Der *Abtrag* beinhaltet sowohl das Lösen des Erdmateriales als auch das Laden in ein Fördermittel. Beide Arbeiten werden zusammengefaßt, da sie händisch meist von ein und demselben Arbeiter und maschinell immer von dem gleichen Gerät am gleichen Ort, nämlich der Abtrags- oder Gewinnungsstelle ausgeführt werden.

Die *Förderung* umfaßt daher sinngemäß den Transport und auch das Entladen oder Kippen des Erdmaterials am Ende der Fahrt an der Depot- bzw. Einbaustelle.

Der *Einbau* schließlich soll die restlichen Arbeiten beinhalten, die an dem gekippten Boden noch auszuführen sind, also die Verteilung, das Einebnen und das Verdichten des Materials. Bei bestimmten Bauaufgaben, bei denen auf den Einbau kein Wert gelegt wird, entfällt dieser zur Gänze, mit dem Kippen des Materials findet die Arbeit ihr Ende.

In einem gesonderten Kapitel sollen dann die Geräte besprochen werden, die mehrere Teilleistungen gleichzeitig oder in einem Arbeitsgang auszuführen vermögen (Planierraupe u. a.).

Der Abtrag ist normalerweise im Erdbau die wichtigste Teilleistung, die anderen Leistungen passen sich ihm an; nur auf einem Sondergebiet, nämlich dem Dammbau, tritt er gegenüber dem Einbau zurück.

9.01 Bauprogramm

Die Aufstellung eines Programmes ist zumindest bei größeren Arbeiten unbedingt erforderlich. Hierfür sind vor allem vier Faktoren von Bedeutung:

1. die zu leistenden Mengen,
2. die zur Verfügung stehende Zeit,
3. die Bodenart und
4. die örtlichen Verhältnisse.

Zu Punkt 1 ist zu bemerken, daß nicht nur die in Leistungspositionen ausgewiesenen, sondern fallweise auch nicht verrechenbare Mehraushübe (Abraum, Arbeitsräume usw.) einbezogen werden müssen.

Punkte 1 und 2 ergeben die erforderliche Schichtleistung und damit unter Berücksichtigung von Punkt 3. und 4. einen Überblick über die Anzahl der einzusetzenden Geräte oder Arbeiter. Die Entscheidung, ob die Erdarbeiten händisch oder maschinell durchzuführen sind, ist nach der Gesamtkubatur und der Schichtleistung normalerweise leicht zu treffen. In Grenzfällen ist die Wirtschaftlichkeit des einen oder des anderen Einsatzes durch eine Kostenrechnung festzustellen.

Die örtlichen Verhältnisse können mannigfachster Art sein: Aushub im Trockenen, aus dem Nassen, vom Planum, in einer Baugrube usw. Sie sind es, die den Bauablauf so veränderlich und das Aufstellen von festen Regeln unmöglich machen.

Die Festlegung eines Bauprogramms erfordert natürlich einige Erfahrung, da ja ein zukünftiger Bauablauf festgelegt werden soll. Treffen bestimmte Voraussetzungen nicht zu, wird der Erfolg der gesamten Arbeit fraglich. Es ist daher das Bauprogramm mit aller Sorgfalt aufzustellen, dann aber auch mit allem Nachdruck einzuhalten oder, wenn sich die Unmöglichkeit der angenommenen Durchführung ergibt, sofort richtigzustellen.

9.02 Bodenarten

Einer der maßgeblichsten Faktoren für die Kosten ist die Bodenart, in der die Erdarbeiten durchzuführen sind. Die Unterteilung der Bodenarten kann nach den verschiedensten Eigenschaften erfolgen, entscheidend für die Kosten der Erdarbeiten ist jedoch der Widerstand, den der Boden dem Lösen entgegensetzt. Entsprechend diesem Lösewiderstand werden die verschiedenen Bodenklassifikationen vorgenommen.

In Anlehnung an die DIN 1962 wird die in Tab. 21 gezeigte Einteilung der Bodenarten getroffen.

Tabelle 21

Bodenklasse	Bodenart	Lösewerkzeug	Raumgewicht γ	Auflockerung vorübergehend α %	Auflockerung bleibend β %	tg ϱ %	Kennzeichnung
a Schlämmboden	Schlamm, Triebsand	Schöpfgefäß	—	—	—	—	Schöpfboden
b Leichter Boden	Loser Boden, Mutterboden, loser Sand und Kies	Schaufel und Spaten	1,6	10	2	45	Schaufelboden
c Mittlerer Boden	Festgelagerter Sand, sandiger bzw. kiesiger Lehm, feinkörniger, fester Kies	Spaten und Hacke	1,7	20	3	60	Stichboden
d_1 Fester Boden	Schwerer Lehm, Ton, festgelagerter grober Kies, Mergel	Hacke und Keile	1,85	30	7	70	Hackboden
d_2 Sehr fester Boden	Weicher oder schiefriger Fels, schwerer Mergel	Keile und Sprengen	2,0	40—50	15	80	Hackfels
e Fels		Sprengen	2,2—3,0	70	30	90	

Die angegebenen Werte sind nur als Mittelwerte zu betrachten.

Jeder Boden zeigt drei verschiedene Volumenszustände. Im unberührten Zustand hat er das Volumen des *gewachsenen Bodens*. Nach dem Lösen erfährt die gleiche

Bodenmenge eine Raumvergrößerung, die Differenz der beiden Volumina wird als *vorübergehende Auflockerung* bezeichnet. Nach dem Einbau erhält die gleiche Bodenmenge ein neues Volumen; der Unterschied zwischen diesem und dem gewachsenen Rauminhalt stellt die *bleibende Auflockerung* dar. Beide Auflockerungen werden in Prozenten vom Volumen des gewachsenen Bodens ausgedrückt. Das Raumgewicht des Bodens verändert sich dementsprechend im umgekehrten Sinne; der gewachsene Boden hat meist das höchste, der aufgelockerte das geringste Raumgewicht. Das Raumgewicht des eingebauten Bodens hängt wesentlich von der Verdichtungsarbeit ab, es kann unter Umständen das Gewicht des gewachsenen Bodens übersteigen.

Die vorübergehende Auflockerung ist von besonderer Wichtigkeit für die Dimensionierung der Fördermittel und der Depotflächen, die bleibende dagegen für die Ermittlung des Bedarfes an gewachsenem Boden für eine bestimmte Dammschüttung. Wie bereits erwähnt, ist die bleibende Auflockerung in hohem Maße von der Einbauarbeit abhängig und kann durch Verdichtung Null und sogar für Boden der Klasse *a* bis *c* negativ werden.

Die Werte für bleibende Auflockerung der Tab. 22 beziehen sich auf einen Einbau ohne besondere Verdichtungsarbeit. Tab. 22 zeigt den Zusammenhang zwischen Volumen, Raumgewicht und Auflockerung.

Tabelle 22

	Volumen m^3	Raumgewicht t/m^3	Auflockerung
Gewachsener Boden	V	γ_E	—
Gelöster Boden	$(1 + \alpha) \cdot V$	$\frac{1}{(1 + \alpha)} \cdot \gamma_E$	α vorübergehend
Eingebauter Boden	$(1 + \beta) \cdot V$	$\frac{1}{(1 + \beta)} \cdot \gamma_E$	β bleibend

Wasser verändert die Eigenschaften des Bodens ganz beträchtlich. Es kann ganz grob angenommen werden, daß nasser Boden wegen des größeren Arbeitsaufwandes in die nächstfolgende schwerere Kategorie einzureihen ist, falls er nicht ohnehin der Bodenklasse *a* angehört. Unangenehm ist hoher Wassergehalt bei allen feingekörnten Böden, vor allem bei Lehm und Ton. Es ist hier nicht nur das Lösen, sondern auch das Kippen durch die Klebrigkeit des Materials außerordentlich erschwert. Ein Umstand, der für die Auswahl des Fördergerätes von großer Bedeutung ist, aber leider sehr oft nicht beachtet wird.

Gruppe *e* (Fels) nimmt gegenüber den anderen Gruppen eine Sonderstellung insofern ein, als hier das Lösen des Materials auf grundsätzlich andere Art, und zwar durch Sprengen, erfolgt. Es soll daher das Lösen von Fels im Kapitel „Felsarbeiten näher behandelt werden.

9.03 Abrechnung

Die Vergütung des Abtrages erfolgt immer nach der Raumeinheit (also Kubikmeter) im gewachsenen Zustand. Beim Transport und beim Einbau hingegen ist die Abrechnung von Fall zu Fall verschieden. Hier ist die Einschätzung der Auflockerung, mitunter aber auch die des Raumgewichtes, falls die Vergütung nach Tonnen erfolgen soll, von entscheidender Bedeutung. Bei großen Mengen wird es sich lohnen, die Auflockerungswerte bzw. Raumgewichte durch Großversuche an der Baustelle zu bestimmen.

Manchmal müssen über die nach den Leistungsposten verrechenbaren Mengen hinaus noch Mehrleistungen erbracht werden, die nicht gesondert verrechnet werden. Es sind dies vor allem Mehraushübe für benötigte Arbeitsräume und Baugrubenböschungen, jedoch auch für Zufahrtswege, Rampen und zur Beseitigung des Abraumes. Die Massen hierfür sind möglichst zu rechnen und nicht nur zu schätzen, da sie häufig einen nicht unbedeutenden Anteil an den Kosten ausmachen.

9.04 Leistung

Für die Kostenbestimmung ist die Einschätzung der stündlichen Leistung von größter Wichtigkeit. Aus der Anzahl der erforderlichen Arbeiter und dem Materialverbrauch je Stunde, dividiert durch die Leistung je Stunde, ergeben sich dann der Zeitaufwand und der Materialverbrauch je Masseneinheit für die jeweilige Arbeitsgattung. Hierzu kommen bei maschinellem Einsatz noch die Gerätekosten, die stets einen erheblichen Anteil der Kosten ausmachen.

9.1 Erdarbeiten im Trockenen (maschinell)

9.11 Abtrag

9.110 Allgemeines

Aus der Menge der zu leistenden Massen und der zur Verfügung stehenden Zeit ergibt sich normalerweise, wie bereits unter „Bauprogramm" erläutert, ob der Abtrag händisch oder maschinell durchgeführt wird. Die Entscheidung darüber ist neben wirtschaftlichen Erwägungen auch noch von dem zur Verfügung stehenden Gerätepark des Unternehmens abhängig. Es zeigt sich jedoch, daß der Handaushub immer mehr zurückgedrängt wird, da von der Baugeräteindustrie in steigendem Maße Gerätetypen auf den Markt gebracht werden, die für kleine Aushubmengen bestens geeignet sind. Eine Grenzmenge zwischen Hand- und maschinellem Aushub läßt sich schwer angeben. Im allgemeinen wird man schon bei 500 m^3 ein Aushubgerät einsetzen, in besonderen Fällen liegt diese Grenzmenge noch tiefer. Es darf jedoch nicht vergessen werden, daß auch bei größeren Baggerungen Handaushub fast immer als Nebenarbeit in Erscheinung tritt und dadurch die Kosten der Gesamtarbeit beeinflußt. Der Anteil des Handaushubes wird hierbei als Prozentsatz der Gesamtmenge ermittelt, normalerweise jedoch nur geschätzt. Die Kosten für den händischen und maschinellen Aushub werden dann anteilig gemittelt oder bei geringfügigem Anteil ein Zuschlag für Mehrkosten gemacht.

Für den maschinellen Abtrag gibt es eine Vielzahl von Möglichkeiten, wobei jedes Gerät für bestimmmte Verhältnisse ein Optimum besitzt. Wie auf jedem technischen Gebiet, ist auch beim Erdbau eine stetige Entwicklung zu verzeichnen, so daß Arbeiten, die früher nur dem Bagger vorbehalten waren, nunmehr auch mit Schürfraupen und -wagen durchgeführt werden. Es soll nun für die gebräuchlichen Gerätetypen der Einsatzbereich im wesentlichen dargestellt werden.

9.111 Universalbagger

Die früher verwendeten Schienenbagger sind praktisch verschwunden und durch Raupenbagger ersetzt worden. Auch bei diesen ist insofern eine Wandlung eingetreten, als der Dampf fast gänzlich durch den Dieselantrieb abgelöst wurde. Es sollen daher nur die Dieselraupenbagger näher erörtert werden.

Jeder modernere Bagger ist als Umbaubagger ausgeführt, so daß er binnen kürzester Zeit als Hoch- oder Tieflöffelbagger, als Eimerseil- oder Greifbagger arbeiten kann. Das wichtigste Kennzeichen eines Baggers ist die Größe seines Grabgefäßes, also des Löffels, Eimers oder Greifers. Nun gehören zu einem bestimmten Grundbagger die verschiedenen Lösegeräte, die entsprechend ihrem Einsatz verschiedene Größe haben. Normalerweise haben Hochlöffel und Schleppschaufel annähernd gleiche Größe, während Tieflöffel und Greifer mit kleinerem Inhalt ausgeführt werden.

Die einzelnen Werte über Löffelgröße, PS und Konstruktionsgewicht können den Prospekten der Lieferfirmen entnommen werden, jedoch kann für Überschlagsrechnungen angenommen werden

Installierte PS $\doteq$ 100 × m³ Löffelinhalt der Hochlöffel
Konstruktionsgewicht in t $\doteq$ 30 × m³ „ „ „

Die überwiegend verwendete Einrichtung ist der *Hochlöffelbagger*. Er ist am leistungsfähigsten, wenn vom Planum aus eine Wand abzubaggern ist. Wird die Wand zu hoch, so ist der Abtrag natürlich in mehreren Schnitten durchzuführen, wobei auf die Zufahrts- und Lademöglichkeit zu achten ist. Da der Hochlöffel durch ein starres Konstruktionsglied, den Stiel, geführt wird, ist er imstande, große Reißkräfte zu entwickeln und auch in sehr festen Böden zu arbeiten. Er hat überdies den Vorteil, daß er sich seinen Weg selbst freibaggern kann.

Ist der Abtrag unter einem vorhandenen Planum durchzuführen, so kommt der *Tieflöffelbagger* zur Anwendung. Er gräbt sich dauernd sein eigenes Planum ab, so daß sein Einsatz im Hinblick auf die Förderung besondere Aufmerksamkeit beansprucht. Da sein Grabgefäß kleiner, die Hebearbeit jedoch größer als beim Hochlöffelbagger ist und außerdem sein Bewegungsspiel und die Entleerung etwas ungünstiger sind, ist auch die erzielbare Leistung wesentlich kleiner. Er kommt besonders bei Baugruben zur Anwendung und kann auch unter Wasser baggern. Der Tieflöffel ist wie der Hochlöffel für alle Bodenarten geeignet.

Der *Eimerseilbagger* kann wohl über, aber besser noch unter einem vorhandenen Planum baggern. Da er durch Seile geführt wird, ist die Lösekraft kleiner als beim Tieflöffel, er ist daher auch für leichte und weichere Böden besser als für festere geeignet. Bei leichtem Boden übertrifft er den Tieflöffel in seiner Leistung bei weitem. Sein Hauptvorteil liegt vor allem darin, daß sein Ausleger eine beträchtliche Reichweite besitzt, die bei geschickter Handhabung durch das Ausschwingen der Schleppschaufel noch besonders vergrößert werden kann. Der Bagger braucht also nicht so nahe an einer Böschung zu stehen, wie es bei einem Tieflöffelbagger der Fall sein müßte, wodurch ein sichereres Arbeiten ermöglicht wird. Er vermag ebenfalls wie der Tieflöffel- und Greiferbagger aus dem Nassen zu baggern.

Der *Greifer* schließlich kann sowohl über als unter dem Planum arbeiten. Seine Lösekraft hängt von der Form und vor allem von dem Gewicht des Greifkorbes ab; je schwerer der Greifer, um so größer seine Reißkraft. Die kleineren Typen kommen also nur für leichte Böden in Betracht und versagen meist schon bei mittleren Bodenarten. Für schwere Böden kommt der normale Greifer überhaupt nicht in Frage. Er muß hierfür mit besonderen Zähnen ausgestattet werden, die durch konzentrierten Kraftangriff den Boden aufreißen. Besonders ungünstig ist der Greifer dann, wenn loser Boden mit größeren Stücken, wie Holztrümmern, Findlingen u. dgl. vermischt ist, da in diesem Falle das vollständige Schließen des Greiferkorbes durch die dazwischen geklemmten Stücke verhindert wird und der lose Boden ausrinnt. Sein Vorteil liegt darin, daß er punktförmig baggern kann, daher als einziges Gerät in einer Baugrube zwischen Pölzungen zu arbeiten vermag. Von allen vier Baggereinrichtungen hat der Greifer die kleinste Leistung, ist jedoch für bestimmte Aufgaben unentbehrlich.

Leistungen

Die Leistungen sind weitgehend von den örtlichen Verhältnissen und vor allem davon abhängig, ob das gebaggerte Material entsprechend der Baggerleistung auch abtransportiert werden kann. Störungen aus diesem Grunde können vor allem bei beengten Baugruben eintreten. Von den örtlichen Verhältnissen sind die Schwenkwinkel des Baggers und die Schnitthöhe der abzubaggernden Wand von Bedeutung. Die Leistungen bei den Schwenkwinkeln von 45°, 90° und 180° verhalten sich ungefähr wie 1,5:1,3:1,0, wobei bemerkt sein soll, daß fast immer mit 180° zu rechnen sein wird. Die günstigste Schnitthöhe ist außer von der Baggergröße auch von der Bodengattung abhängig. Sie ist bei festem Boden höher als bei rolligem Material, da die Schaufel in ersterem Fall nur eine dünne Schicht abzubaggern vermag. Ist die Schnitthöhe kleiner, dann wird der Löffel nicht voll, ist sie zu groß, dann tritt ein Zeitverlust durch das erforderliche Abkeilen der oberen Schichten ein. In beiden Fällen sinkt also die Leistung. Die günstigste Schnitthöhe liegt jedenfalls unter der größten Reichhöhe, und zwar um so mehr, je rolliger der Boden ist.

Die in Tab. 23 angegebenen Werte sind Leistungen für den Hochlöffelbagger, wie sie unter gleichbleibenden günstigen Bedingungen bei einem Schwenkwinkel von 180° erzielt werden können. Für normalen Betrieb, bei dem auch wechselnde Verhältnisse berücksichtigt werden müssen, empfiehlt es sich, nur rund 70 bis 80% der angegebenen Werte einzusetzen, womit kleinere Ausfälle und Anlaufschwierigkeiten berücksichtigt sind. Es ist klar, daß auch das Baggern eine gewisse Anlaufzeit benötigt, um eine bestimmte Leistung zu erreichen. Die Anlaufzeit wird daher um so mehr ins Gewicht fallen, je kleiner die zu baggernden Massen sind, was bei der Festlegung der Durchschnittsleistung wohl zu beachten ist.

Tabelle 23. *Leistungen für Hochlöffelbagger in Kubikmeter gewachsenem Boden je Stunde*
Löffelinhalt J in m³

$J =$	0,5	0,75	1,0	1,5	2,0	2,5 m³ Näherungswerte
b Leichter Boden	35	55	75	105	135	$170 \doteq 75 \times J \doteq 100\%$
c Mittlerer Boden	25	40	55	85	115	$140 \doteq 55 \times J \doteq 75\%$
d_1 Fester Boden	—	—	45	75	95	$115 \doteq 45 \times J \doteq 60\%$
d_2 Sehr fester Boden	—	—	—	55	70	$90 \doteq 35 \times J \doteq 45\%$
e Fels gesprengt	—	—	—	30	40	$50 \doteq 20 \times J \doteq 30\%$

Da die Leistungen der Tieflöffel-, Eimerseil- und Greifbagger in noch viel größerem Maße von den örtlichen Gegebenheiten abhängen, sollen in Tab. 24 nur die Verhältniswerte zum Hochlöffelbagger angegeben werden.

Tabelle 24

	Hochlöffel-bagger	Tieflöffel-bagger	Eimerseil-bagger	Greifer-bagger
Inhalt des Grabgefäßes m³	1,0	0,8	1,0	0,7 —0,75
Leistungen	1,0	0,65	0,7—0,9	0,35—0,45
Verwendung	alle Böden	alle Böden	leicht—fest	leicht—mittel

Die zu einem bestimmten Grundbagger gehörenden Löffel- und Eimergrößen wechseln je nach Fabrikat und sind jeweils zu erheben.

Materialverbrauch

Maßgebend ist der Betriebsstoff, also Dieselöl, Strom oder Kohle. Je nachdem, ob leichter oder schwerer Betrieb zu erwarten ist, muß 0,1 bis 0,15 kg Dieselöl je PSh angenommen werden. Für Elektrobagger sind rund 0,67 kWh je installiertes Kilowatt und Stunde einzusetzen; der Kohlenbedarf für Dampfbagger beträgt rund 2 kg/PSh. Der Verbrauch an Motoröl kann mit rund 3 g/PSh eingesetzt werden. Die Kosten für die Schmierung, Putzwolle usw. können mit rund 20% der Betriebskosten veranschlagt werden.

Falls der Bagger auf sehr schlechtem Boden arbeiten muß, sind hierfür „Baggermatratzen" erforderlich, deren Anteil an den Gesamtkosten normalerweise unbedeutend ist.

Zeitaufwand bzw. Bedarf an Arbeitskräften

Für die Bedienung eines Dieselbaggers ist nur ein Baggerführer erforderlich, dem bei größeren Typen ein Baggerschmierer beigegeben wird. Darüber hinaus sind noch Leute erforderlich, die herabfallenden Boden wegräumen und das Planum vorbereiten, um Gewinnung und Beladung nicht zu behindern. Je nach Größe und örtlichen Verhältnissen sind hierfür 1 bis 3 Mann vorzusehen. Aus den anfallenden Stunden je Schicht, dividiert durch die Leistung, ergibt sich der Stundenaufwand je Kubikmeter. Es ist hierbei zu berücksichtigen, daß der Baggerführer über die Betriebsstunden hinaus beansprucht wird und dafür auch bezahlt werden muß. Diese Mehrstunden können mit rund 20% veranschlagt werden.

Gerätekosten

Die Vorhalte- und Reparaturkosten sind in den „Gerätelisten" festgelegt und hieraus zu entnehmen. Im Mittel beträgt die Nutzungsdauer 8 bis 10 Jahre, der Abschreibungssatz 1,7% bis 2,1% je Monat.

Die Vorhalte- und Reparaturkosten sind in der Regel bedeutend. Es ist zu beachten, daß erstere auch für die Zeit des An- und Abtransportes sowie des Auf- und Abbaues und für Stillstandszeiten zu rechnen sind, was vor allem bei kurzfristigem Einsatz von Einfluß ist.

Über die einmaligen Gerätekosten für Montage und Demontage gibt Tab. 25 einen Überblick.

Tabelle 25

Baggergröße	0,5	0,75	1,0	1,5	2,0	2,5 m³	Löffelinhalt
Montage und Demontage[1]	310	480	620	900	1100	1200	h
Montage-Partie	6	7	8	9	10	10	Mann
Umbau von Hoch- auf Tieflöffel	50	75	100	125	150	180	h
Montage-Partie	4	5	5	6	6	6	Mann

[1] Für bahnverladbare Geräte können diese Werte wegen Entfall der Zerlegungsarbeit wesentlich unterschritten werden.

Für Überschlagsrechnungen können angenähert 20 h/t für den Auf- und Abbau eingesetzt werden, wobei 60% auf die Montage und 40% auf die Demontage entfallen.

9.112 Schaufellader

Diese Geräte kommen in immer größerem Maße auf den Baustellen zur Anwendung. Wie ihr Name schon besagt, werden sie vor allem zum Laden von Aushub- und Schüttmaterial verwendet. Zu diesem Zwecke wird die Schaufel besonders breit ausgeführt. Da das Verhältnis der installierten PS zum Schaufelinhalt eher kleiner als das bei den Baggern ist (ungefähr 10 PS/m³), wird die Reißkraft je laufenden Meter Schaufelbreite entsprechend geringer. Für Lösearbeiten kommen daher die Schaufellader nur bei leichtem und mittlerem Material in Betracht. Sie werden sowohl auf Raupen als auch auf Reifen fahrend von den verschiedensten Firmen auf den Markt gebracht.

Sehr häufig werden sie in Kombination mit Planierraupen ausgebildet und sind dann entsprechend vielseitig verwendbar.

Der Schaufellader kann, zum Unterschied vom Bagger, keine Drehbewegungen ausführen. Beim Beladen eines Fahrzeuges kann er, nicht so wie dieser, auf einem Platz stehen bleiben, sondern muß hierfür eine Rückwärts- und Vorfahrt durchführen und das gleiche, um wieder in seine Ausgangsstellung zurückzukommen. Um diese zeitraubenden Zwischenfahrten zu ersparen, hat es sich als zweckmäßig erwiesen, das Fahrzeug nicht stillstehen, sondern ebenfalls fahren zu lassen. Die Fahrbewegungen für beide Fälle sind in Abb. 11 festgehalten.

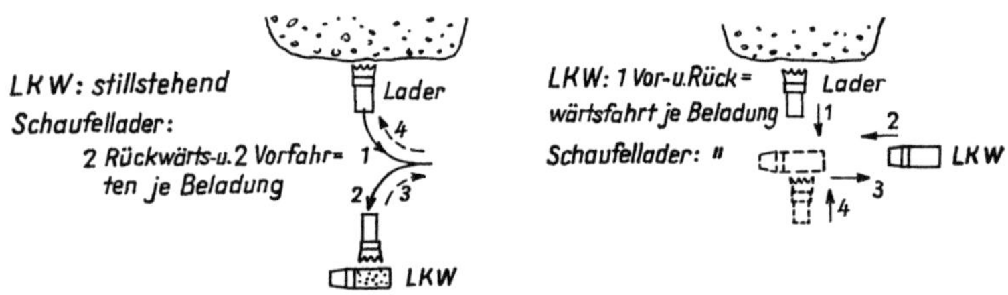

Abb. 11. Fahrbewegungen des Schaufelladers beim Beladen von LKW

Die Schaufellader sind also imstande, auch kleinere Förderwege durchzuführen, die allerdings mit rund 100 m begrenzt werden müssen. In diesem Falle bilden die Schaufellader den Übergang zu den kombinierten Erdgeräten, die in einem gesonderten Kapitel behandelt werden.

Leistung

Die Ladeleistung dieser Geräte ist ähnlich jener der Hochlöffelbagger. Bei Förderwegen, die unter 10 m liegen, betragen sie demnach:

Schaufelinhalt:	0,5 m³	0,75 m³	1 m³	1,5 m³	2 m³	2,5 m³
Leistung/h:	35	55	75	105	135	170 m³

Für über 10 m hinausgehende Förderwege ist die Leistung entsprechend den im Kapitel „Kombinierte Erdgeräte" erläuterten Verfahren durchzuführen.

9.113 Schrapper

Der Schrapper ist ein Gerät, das nach dem gleichen Prinzip wie der Eimerseilbagger arbeitet. Der Schrappenkübel hängt nicht an einem Bagger, sondern wird mit einer Doppeltrommelwinde vom Schürffeld zu einer Entladeschurre und nach der Entleerung wieder in das Schürffeld zurückgezogen. Die möglichen Förderwege sind daher wesentlich größer; der Schrapper kommt deshalb vor allem dann in Frage, wenn ein größeres Feld abzutragen ist, das keine oder nur geringe Umstellungen der Entladeschurre erfordert. Der Schrapper ist ebenso wie der Eimerseilbagger geeignet, aus dem Nassen zu arbeiten, also bei seichten Flüssen, bei welchen ein Manövrieren mit einem Schwimmbagger und den zugehörigen Schuten nur schwer möglich ist. Der Schrapperkübel muß, um überhaupt schürfen zu können, eine bestimmte Form und ein entsprechendes Gewicht haben, um sich wirksam in den Boden einzugraben. Der Schrapper ist daher nur für leichte und mittlere Bodenarten geeignet. Ist jedoch das Lösen bereits erfolgt, dann kann der Schrapper auch festen Boden und Fels fördern.

Die Kennziffer des Schrappers ist sein Kübelinhalt; dieser bewegt sich üblicherweise zwischen 0,5 und 2,0 m³. Die Winden arbeiten mit rund 1,0 bis 1,5 m/sec Geschwindigkeit und sind mit Motoren versehen, deren PS-Anzahl ungefähr gleich dem 60fachen Kübelinhalt gesetzt werden kann. Daß hier Schwankungen je nach der Schwere des zu schrappernden Bodens eintreten können, ist selbstverständlich.

Leistung

Diese hängt — wie schon erwähnt — außer von der Art des Bodens von der Kübelgröße, dem zurückzulegenden Weg und der Geschwindigkeit ab. Es lassen sich demnach die Leistungen rechnerisch ermitteln, wobei an Aufenthalten für das Entleeren, Wenden usw. rund 1 bis 2 min je Spiel gerechnet werden kann. Überschlägig ergeben sich die in Tab. 26 angegebenen mittleren Leistungen im leichten Boden.

Tabelle 26

Kübelinhalt	Förderweg in m 50	100	150	200
	m³/h			
0,5 m³ (30 PS)	8	5,5	4	3
1,0 m³ (60 PS)	16	11	8	6
1,5 m³ (90 PS)	42	16	12	10
2,0 m³ (120 PS)	30	22	16	14

Im mittleren Boden sinken die Leistungen auf 60 bis 80% der angenommenen Werte. Bei festem Boden kommt der Schraper kaum noch in Frage, wenn, dann nur mit besonderen Reißzähnen ausgestattet und in schwerer Ausführung.

Materialverbrauch

Es gelten die gleichen Werte wie für die Universalbagger, nur kommt bei Schrappern meist Elektroantrieb zur Anwendung.

Zeitaufwand

Hierfür sind erforderlich 1 Windenführer, 1 Mann an der Schurre sowie 1 bis 2 Mann für Nebenarbeiten, die auch das Umhängen der Umlenkrolle besorgen. Während des Umhängens erfolgt natürlich keine Förderung. Der Einsatz eines Schrappers ist daher nur dann zweckmäßig, wenn möglichst wenig Umhängungen erforderlich sind.

9.114 Eimerkettenbagger

Die Eimerkettenbagger des normalen Baubetriebes sind fast durchweg auf Schienen fahrbar; es gibt auch modernere, auf Raupen fahrbare, meist in kleinerer Ausführung als Grabenbagger. Im großen Abraumbetrieb verwendet man nur mehr große, auf Raupen fahrende Eimerkettenbagger und Absetzgeräte, die jedoch nicht Gegenstand dieses Buches sein sollen.

Der Eimerkettenbagger ist lange nicht so allgemein verwendungsfähig wie der Löffelbagger, da er vor allem ein ebenes Planum benötigt, um überhaupt arbeiten zu können. Er besitzt auch nicht dessen Reißkraft und Robustheit und ist daher für festeres und stark wechselndes Material nicht geeignet. In leichtem, gleichförmigem Boden jedoch erreicht der Eimerkettenbagger beträchtliche Leistungen. Er kann mit durchhängender oder mit geführter Eimerkette arbeiten. Normalerweise kommt die durchhängende Eimerkette zum Einsatz, bei der der Verschleiß geringer ist. Wird jedoch ein genaues Profil verlangt, z. B. im Kanalbau, so kommt die geführte Kette zur Anwendung, es wird hierbei eine so profilgerechte Baggerung durchgeführt, wie sie sonst für größere Aushübe mit keinem anderen Bagger möglich ist.

Je nachdem, ob sich die abzutragenden Massen unter- oder oberhalb des Planums befinden, arbeitet der Eimerkettenbagger als Tief- oder Hochbagger. Als Tiefbagger kann er natürlich auch aus dem Nassen arbeiten, was als besonderer Vorteil zu werten ist. Trotzdem wird der Eimerkettenbagger wegen der vielen kostspieligen Gleisarbeiten und einer gewissen Umständlichkeit des Betriebes immer mehr durch den Universalbagger verdrängt. Es ist auch bemerkenswert, daß in Amerika der Eimerkettenbagger als Trockenbagger im Baubetrieb überhaupt nicht mehr in Erscheinung tritt.

Die Art der Schüttung des Baggergutes ergibt eine weitere Unterteilung der Eimerbagger. Es werden kleinere Typen als Seitenschütter (S-Bagger) und größere als Portalbagger ausgeführt. Letztere können wiederum Eintor- (E-Bagger) oder Doppeltorbagger (D-Bagger) sein. Bei den älteren Baggern herrscht der Dampfantrieb vor, bei den moderneren Typen jedoch der Dieselantrieb. Bei ortsgebundenen Anlagen kommt auch der Elektroantrieb in Frage.

Die Werte für Gewicht, Motorleistung usw. sind vor allem von der Eimergröße abhängig, variieren jedoch auch für gleiche Größe ganz beträchtlich und müssen für den Einzelbagger den Angaben der Lieferfirma entnommen werden. Für erste Schätzungen kann angenommen werden:

Diesel- oder	Installierte PS	$\doteq$ 0,8 bis 1,2 × Eimerinhalt in l
Elektrobagger	Konstruktionsgewicht in t	$\doteq$ 0,5 bis 0,7 × „ „ l
	Preis	$\doteq$ 5,— bis 5,50 DM/kg
Dampfbagger	Installierte Kesselheizfläche in m²	$\doteq$ 0,25—0,3 × Eimerinhalt in l
	Konstruktionsgewicht	$\doteq$ 0,7 × Eimerinhalt in l

Die erreichbaren Baggertiefen liegen annähernd zwischen 5 und 8 m für die kleineren und 20 m für die großen Typen. Die Abtragshöhen bleiben etwas unter den Werten der Baggertiefen.

Leistung

Für die Leistung des Eimerkettenbaggers ist neben der Bodenart und der Eimergröße vor allem die Anzahl der Eimerschüttungen je Minute maßgebend. Letztere bewegen sich zwischen 20 und 30, also im Mittel 25 Schüttungen/min.

In Tab. 27 sind die theoretischen Leistungen sowie die erzielbaren Leistungen in den verschiedenen Bodenarten angegeben.

Auch hier ist, wie bei den Universalbaggern für den mittleren Dauerbetrieb nur mit rund 70 bis 80% der angegebenen Leistungen zu rechnen. Es soll nochmals aufmerksam gemacht werden, daß Boden mit wechselnder Lösefestigkeit die Lei-

Tabelle 27

	Eimergröße in l							in % der theoretischen Leistung	Leistung/h f × Eimerinhalt in l (ungefährer Wert)
	30	50	80	100	150	250	400		
	m³/h								f
Theoretische Leistung bei 25 Schüttungen/min	37	75	110	150	225	375	600	100	1,5
Leistung in leichtem Boden *b*	30	50	80	100	150	250	400	70	1,0
„ „ mittlerem „ *c*	20	40	60	80	120	180	300	50	0,8
„ „ festem „ *d*	—	—	40	50	80	130	200	35	0,5

stung beträchtlich herunterdrückt. Außerdem ist zu beachten, daß der Einsatz des Eimerkettenbaggers eine noch sorgfältigere Vorplanung erfordert als die des Universalbaggers, der sich auf Grund seiner Wendigkeit den wechselnden Anforderungen des Baubetriebes viel besser anzupassen vermag.

Zeitaufwand

Zum Unterschied vom Universalbagger erfolgt beim Eimerkettenbagger der Abtrag stetig, wobei dieser über die Fördergefäße, also meist einer Zugsgarnitur hinwegzieht. Es ist also außer dem Baggerführer und Schmierer noch ein Klappenschläger erforderlich. Bei Dampfantrieb kommt noch ein Heizer hinzu. An reinem Bedienungspersonal sind demnach 3 bis 4 Mann notwendig.

Für Nebenarbeiten wie Gleisrücken, Zutransport der Betriebsmittel, Aufladen von neben die Wagen fallendem Material und Abtrag kleinerer, vom Bagger nicht erreichbarer Mengen ist eine größere Mannschaft erforderlich, deren Stärke je nach Baggergröße und den örtlichen Verhältnissen von 6 bis 25 Mann schwanken kann.

Falls für diese Nebenarbeiten zusätzliche Geräte (Löffelbagger, Gleisrückmaschinen, Planierraupen) eingesetzt werden können, verringert sich dementsprechend die Stärke der Hilfsmannschaft.

Materialaufwand

Über den ungefähren Betriebsstoffverbrauch gibt Tab. 28 einen Überblick:

Tabelle 28

	Eimergröße in l				
	50	100	250	400	im Mittel
Installierte PS	45	90	200	250	
Dampfbagger					
Kohle kg/h	45	90	250	420	1,0–1,5 kg/PS ≐ 1,0 l
Wasser m³/h	0,4	0,8	1,4	2,0	
Dieselbagger					
Dieselöl kg/h	7	12	30	50	0,10–0,15 kg/PS ≐ 0,12 l
Elektrobagger					
Strom kWh/h	20	40	110	220	70% der installierten kW

Die angegebenen Werte gelten für schienenfahrbare Eimerkettenbagger; die Raupenbagger, die nur mit Diesel- oder Elektroantrieb ausgestattet werden, haben eine um 20 bis 50% höhere installierte Leistung, also dementsprechend auch einen höheren Betriebsstoffverbrauch.

Die Kosten für die Schmierung können wie beim Universalbagger mit 15% der Betriebskosten angenommen werden. Neben diesen Kosten spielen beim Eimerkettenbagger die Kosten für die Verschleißteile (Kettenglieder, Baggerschneiden) eine große Rolle. Nicht immer finden sie ihre Deckung in den laut Geräteliste verrechenbaren Reparaturentgelten. Es ist daher üblich, den Betriebsstoffkosten außer den Schmierkosten noch einen bestimmten Prozentsatz für Verschleißmaterial, je nach Bodenart 5 bis 15%, zuzuschlagen.

9.12 Förderung

9.120 Allgemeines

Es gibt die verschiedensten Möglichkeiten, gelösten Boden zu transportieren, sowohl in der Art als auch in der Größe des Fördermittels. Grundsätzlich kann gesagt werden, daß dieses um so größer sein muß, je größer die zu fördernden Mengen sind. Die Größe der Fördergeräte schwankt daher auch von der einfachen Schubkarre des händischen Aushubes bis zu den Großraumwagen der großen Baggerbetriebe.

9.121 Förderleistung

Die Menge (M'), die ein bestimmtes Fördermittel je Stunde leisten kann, ergibt sich aus dem Inhalt des Fördermittels (I') mal der Anzahl der Fahrten je Stunde (F/h), d. h.

$$\boxed{M' \text{ m}^3/\text{h loser Boden} = I' \text{ m}^3 \times F/\text{h}.}$$

Soll die geleistete Menge in Kubikmeter gewachsenem Boden (M) ausgedrückt werden, ist der Inhalt des Fördermittels mit Rücksicht auf den jeweiligen Auslockerungsfaktor zu reduzieren, demnach:

M m³/h gewachsener Boden $= I \text{ m}^3 \times F/\text{h}$, wobei $I = \dfrac{I'}{1 + a}$ und a = Auflockerung in %.

Die Fahrten je Stunde sind abhängig von der Dauer eines Fahrspieles (T). Es besteht die Beziehung:

$$F/\text{h} = \frac{1\text{ h}}{T \text{ in h}} \text{ bzw. } \frac{60'}{T \text{ in min}}$$

Es wird demnach die Förderleistung eines Transportmittels

$$M \text{ m}^3/\text{h} \times I(\text{m}^3) \times \frac{1}{T\ (\text{h})}$$

Die Dauer eines Fahrspieles (T) kann in vier Intervalle zerlegt werden, und zwar

1. Beladezeit

$$t_1 = \frac{I \times \text{m}^3}{L \text{ m}^3/\text{h}} \quad \text{in h} = \frac{60 \times I \text{ m}^3}{L \text{ m}^3/\text{h}} \quad \text{in min}$$

2. Fahrzeit zwischen Be- und Entladestelle und zurück

$$t_2 = \frac{2 \times e \text{ km}}{v \text{ km/h}} \text{ in h} = \frac{2 \times e \text{ m}}{v \text{ m/min}} \text{ in min}$$

3. Aufenthalt beim Kippen

$$t_3 = \frac{k \text{ min}}{60} \text{ in h} = k \text{ in min}$$

4. Aufenthalt durch Rangieren oder Wenden usw.

$$t_4 = \frac{r \text{ min}}{60} \text{ in h} = r \text{ in min}$$

Es sind hierbei

L = Leistung des Ladegerätes in m^3/h
e = Entfernung Ladestelle—Kippe in km oder m
v = Geschwindigkeit des Transportmittels.

Die Teilzeiten nach den Punkten 1., 3. und 4. sind von der Weglänge unabhängig und für eine bestimmte Größe des Transportmittels konstant, die Fahrzeit dagegen ist sowohl von der Weglänge als auch von der Geschwindigkeit des Fahrzeuges abhängig, also variabel.

$$T = \frac{I}{L} + \frac{2\,e}{v} + \frac{k + r}{60}$$

Da die geförderte Menge mit abnehmender Spieldauer wächst, ist die Spieldauer möglichst klein zu halten. Dies kann erfolgen durch leistungsfähige Ladegeräte, hohe Fahrgeschwindigkeiten und kurze Kippdauer. Das erste Glied obiger Gleichung zeigt auch, daß der Inhalt des Fördermittels in einem bestimmten Verhältnis zur Ladeleistung stehen muß. Ist der Inhalt zu groß, wird das Fördergerät nicht ausgenützt, ist er zu klein, wird das Ladegerät in seiner Leistung behindert.

Der *Bedarf an Fördergeräten* ist ohne Schwierigkeit aus der Gleichung für die Fahrspieldauer abzuleiten. Das erste Glied gibt die Zeit an, die das Fördermittel an der Beladestelle verbringt, während die restlichen Glieder die Zeit darstellen, die das gleiche Fördermittel bis zur Rückkehr an die Ladestelle benötigt. Soll die Beladung ohne Aufenthalt weitergeführt werden, so müssen während der Zeit der Abwesenheit des einen Fördermittels genügend andere zur Stelle sein, und zwar so viele, daß die Fahr- und Kippzeit des ersten Fördermittels durch die Beladezeiten der anderen abgedeckt werden kann. Unter Fördermittel ist hierbei das gesamte Fördervolumen zu verstehen, das jeweils beladen wird, also z. B. bei Gleistransport nicht der Einzelkipper, sondern die ganze Zugsgarnitur, die am Bagger steht. Die Anzahl der Fördermittel errechnet sich demnach einfach aus

$$n = \frac{\text{Dauer des Fahrspieles}}{\text{Beladezeit}} = \frac{T}{t_1}.$$

Meist ergibt sich für den Wert n keine ganze Zahl. Würde man sich für die nächstkleinere ganze Zahl an Fördermitteln entscheiden, so wären diese zwar voll ausgenützt, aber eben in zu geringer Anzahl vorhanden, d. h. das Ladegerät müßte zeitweilig ruhen und könnte nicht seine volle Leistung erbringen. Normalerweise hat man jedoch das Bestreben, das Ladegerät auszunützen, so daß bei Bestimmung von n dieser Wert aufzurunden ist. Es ist dann immer ein Fördermittel am Ladegerät und der Bagger kann dauernd im Einsatz bleiben. Die Zahl n enthält jedoch noch keine Reserven für ausfallendes Gerät, worauf besonders hingewiesen werden soll.

9.122 Gleisbetrieb

Der Gleisbetrieb war früher die Grundlage jeder größeren Erdförderung, wird aber, da er doch sehr wenig anpassungsfähig ist, in immer stärkerem Maße durch den gleislosen Betrieb verdrängt. Wieweit dies gerechtfertigt ist, muß jeweils eine wirtschaftliche Untersuchung ergeben und hängt weitgehend vom vorhandenen Gerätepark ab.

Die gebräuchlichsten Spurweiten sind 600 mm für Wagen bis 2 m³ und 900 mm für 2 bis 5 m³ Inhalt. Es werden fast nur mehr eiserne Kipper verwendet und auch hier nehmen die Selbstkipper immer mehr überhand.

Die Anzahl der Wagen ist von der Lokomotivleistung abhängig; mit Rücksicht auf die Entgleisungsgefahr wird sie meist mit maximal 15 Wagen bei 600 mm und 20 Wagen bei 900 mm Spur begrenzt. Darüber hinaus ist zu berücksichtigen, ob diese Länge des Zuges nicht aus Platzmangel (z. B. in engen Baugruben, kleine Ausweichen usw.) gekürzt werden muß.

9.123 Leistung

Mit Hilfe der angeführten Formeln kann die Leistung einer bestimmten Zugsgarnitur ohne weiteres errechnet werden. Für die Bestimmung der Dauer eines Fahrspieles sind die Einzelzeiten zu ermitteln.

Beladezeit: Diese ist von der Ladeleistung des Baggers, von der Anzahl der Wagen und deren Inhalt abhängig.

Fahrzeit: Die mittlere Fahrgeschwindigkeit bei Steigungen von 0 bis 5% kann angenommen werden mit:

12 km/h = 200 m/min bei 600 mm Spur
15 km/h = 250 m/min bei 900 mm ,,

Bei größeren Steigungen begnügt man sich mit Rücksicht auf den, wie in der Folge noch näher erläutert, beträchtlichen Abfall der Zugkraft mit entsprechend geringeren Geschwindigkeiten.

Aufenthalte: Auf der Kippe bei gewöhnlichen Kippern 1 bis 2 min/Wagen, bei Selbstkippern $^1/_6$ bis $^1/_4$ min/Wagen; für Rangieren an der Entnahmestelle und an der Kippe je 3 bis 5 min, für jede Kreuzung ebenfalls je 3 bis 5 min.

Das Aufnahmen von Betriebsstoffen kann außer Betracht bleiben, da dies normalerweise vor Arbeitsbeginn oder in einer Pause durchgeführt werden kann.

Mit diesen Werten läßt sich für eine bestimmte Zugsgarnitur die mögliche Lademenge und damit für eine gewünschte Leistung die Anzahl der erforderlichen Zugsgarnituren ermitteln.

Eine allgemeine Übersicht über die Leistungen, wie sie z. B. beim Baggerbetrieb möglich ist, kann hier wegen der Vielzahl der Einflüsse nicht gegeben werden.

9.124 Lokomotiven

Ist die Zugsgarnitur und ihre Leistung festgelegt, so muß die erforderliche Lokomotivstärke bestimmt werden. Die Beziehungen zwischen Leistung, Zugkraft und Geschwindigkeit ergeben sich aus folgenden Formeln:

$$N^{\mathrm{PS}} = \frac{Z \times v}{75 \times \eta} \quad \text{und} \quad Z = (G + P) \times w$$

Hierin sind: N^{PS} = Leistung der Lokomotive
Z^{kg} = Zugkraft
$v^{\mathrm{m}}/\mathrm{m}$ = Geschwindigkeit
G^{kg} = Eigengewicht der Lokomotive
P^{kg} = Anhängelast, also Eigengewicht der Wagen + Gewicht des Fördermaterials
$w^{0}/_{00}$ = Widerstand
η = Leistungsfaktor $\doteq$ 0,7

Die Eigengewichte der Wagen können aus Tab. 29 entnommen werden.

Tabelle 29. *Wagengewichte*

0,75 m^3	0,4 t	[für Bremswagen ist ein Zuschlag
1 m^3	0,65 t	von rund 10% zu machen]
2 m^3	1,4 t	
3 m^3	1,9 t	
4 m^3	2,5 t	

Die Gewichte des Fördermaterials sind abhängig von den Bodenarten, deren Raumgewichte entsprechend Tab. 21 gesetzt werden können:

Bodenklasse	*b*	leichter Boden	= 1,6 t/m^3
,,	*c*	mittlerer Boden	= 1,7 t/m^3
,,	d_1	fester Boden	= 1,85 t/m^3
,,	d_2	sehr fester Boden	= 2,0 t/m^3.

Mit diesen Angaben kann das Gewicht der gesamten Anhängelast errechnet werden.

Die erforderliche Zugkraft ergibt sich, wie schon erwähnt, aus

$$Z = w\,‰ \times (G + P).$$

Der Widerstand, den die Zugkraft überwinden muß, setzt sich zusammen vor allem aus dem Fahrwiderstand und dem Steigungswiderstand. Beim Anfahren wird dann noch zusätzliche Kraft benötigt, die das Beschleunigen des gesamten Gewichtes auf die erforderliche Geschwindigkeit ermöglicht. Da normalerweise ein Beschleunigen nur im Belade- bzw. Kippbereich sowie in Ausweichen erfolgt, die ohnehin möglichst horizontal angelegt werden müssen, bleibt der Beschleunigungswiderstand meist unberücksichtigt.

Der Fahrwiderstand hängt weitgehend von der Güte des verlegten Gleises und den Krümmungsverhältnissen ab. Bei gut verlegten Gleisen kann mit 5‰ gerechnet werden, es ist jedoch zweckmäßig, den Fahrwiderstand bei den normal verlegten Baugleisen mit rund 10‰ einzusetzen. Dabei ist vorausgesetzt, daß der Krümmungsradius der Gleise bei 600 mm im Maximum 40 m, bei 900 m etwa 70 m beträgt.

Aus den angeführten Formeln ergibt sich

$$v = \frac{75 \times N \times \eta}{Z} = \frac{75 \times N \times \eta}{(G + P) \times w}$$

d. h. die Geschwindigkeit für eine bestimmte Maschinenleistung und Anhängelast ist verkehrt proportional dem Widerstand. Um eine bestimmte Geschwindigkeit zu erreichen, darf der Widerstand einen bestimmten Wert nicht überschreiten. Da der Fahrwiderstand praktisch unveränderlich ist, muß eine Begrenzung des Steigungswiderstandes erfolgen. Als Maximum wird man 30‰ in Betracht ziehen, mit Rücksicht auf den beträchtlichen Geschwindigkeitsabfall jedoch trachten, die Trasse so anzulegen, daß längere Steigungen nur bis 10‰ vorkommen.

Die Zugkraft der Lokomotiven beträgt für die im Baubetrieb üblichen Geschwindigkeiten von 10 bis 15 km/h

bei Dampflokomotiven rund 20—30 kg/PS
bei Diesellokomotiven 40—50 kg/PS

9.125 Zeitaufwand

Um diesen zu ermitteln, ist es erforderlich, die Besetzung für die einzelnen Arbeitsgänge zu kennen.

9.1251 Förderung

Je Lokomotive werden benötigt:

1 Lokomotivführer
(1) Heizer nur bei Dampflokomotiven
1 Mitfahrer.

Hierzu kommen — allerdings nur bei größeren Erdbetrieben — eventuell noch Weichensteller auf der Kippe oder bei Ausweichen und Wächter bei Straßenkreuzungen. Es ist weiters zu berücksichtigen, daß die Arbeitszeit des Bedienungspersonals der Lokomotiven für Schmier- und Nebendienste über die reine Betriebszeit hinausgeht. Hierfür können rund 20% veranschlagt werden.

9.1252 Kippe

Die erforderliche Besetzung auf der Kippe hängt weitgehend ab von der zu leistenden Menge, dem Material selbst und der Art der Kippe. Zum Entladen eines normalen Kippers werden je nach Größe 2 bis 4 Mann benötigt. Aus der Anzahl der Kipper und der für die Entladung der Zugsgarnitur zur Verfügung stehenden Zeit ergibt sich bei Berücksichtigung des unter „Leistung“ angegebenen Zeitbedarfes je Kipper die erforderliche Anzahl der Entlademannschaften. Es ist demnach bei kleinen Wagen mit rund 4 bis 8 Mann, bei großen mit 8 bis 16 Mann auf der Kippe zu rechnen. Diese Belegschaft muß auch die erforderlichen Nebenarbeiten wie Gleisrücken, -reinigen und -heben durchführen, nicht jedoch das Ausbreiten, Verteilen und Verdichten des Materials, also Arbeiten, die unter den Begriff „Einbau“ fallen.

Bei klebrigem, also schlecht kippbarem Material, das unter Umständen händisch aus dem Wagen geschaufelt werden muß, sowie bei besonders ungünstigen Kippen (Aufdämmkippen, Hinterfüllungen usw.) kann die angegebene Kippmannschaft auch auf das doppelte anwachsen. Andererseits wird diese bei Verwendung von Selbstkippern auf 2 bis 3 Mann reduziert.

Die erforderliche Freilegung des Gleises kann auch mittels eines Planierpfluges durchgeführt werden. Dieser wird beim Wegziehen der Garnitur an das Zugende angehängt, wobei sofort das Gleis gereinigt wird. Es ist aber zu berücksichtigen, daß für das Heben und Rücken des Gleises trotzdem, zumindest zeitweilig, eine größere Arbeitspartie eingesetzt werden muß, sofern nicht eigene Gleisrückmaschinen verwendet werden.

9.1253 Gleiserhaltung

Diese ist eine nicht zu vernachlässigende Arbeit, deren strikte Durchführung einen reibungslosen Betrieb gewährleistet. Als Richtwert kann angenommen werden, daß rund 1 bis 2 Mann je 1 km Gleis erforderlich sind.

9.126 Materialkosten

Diese Kosten werden in der Hauptsache durch den Verbrauch an Brennstoffen bestimmt. Für Vollbelastung muß bei Dampflokomotiven rund 1,8 kg Steinkohle je PSh, bei Dieselloks mit rund 0,20 kg Dieselöl je PSh gerechnet werden. Nun tritt diese Vollbelastung nur selten, z. B. beim Anfahren mit voller Anhängelast oder auf besonders großen Steigungen, auf. Der mittlere Treibstoffverbrauch je Stunden, über die ganze Betriebsdauer hinweg, liegt daher beträchtlich unter den angegebenen Werten für Vollast, obwohl bei nur teilweiser Belastung der Brennstoffverbrauch ungünstiger ist. Bei Dampflokomotiven kann der mittlere Verbrauch demnach mit rund $^1/_3$, also 0,4 kg bis 0,6 kg/PSh und bei Diesellokomotiven mit rund $^2/_3$, d. h. rund 0,12 bis 0,15 kg/PSh eingesetzt werden.

Die Kosten für Schmier- und Putzmaterialien sind je nach der Art des Betriebes verschieden.

Es kann gerechnet werden:

für Dampflokomotiven rund 20% der Brennstoffkosten.
für Diesellokomotiven rund 25% ,, ,,

In besonderen Fällen können auch noch die Kosten für das Speisewasser von Bedeutung werden. Der Verbrauch hierfür kann mit rund 1 m³ je 100 kg Kohle bzw. 5 l/PSh angesetzt werden.

9.127 Gerätekosten

9.1271 Kosten für An- und Abtransporte

Das zu transportierende Gewicht wird bestimmt durch die Anzahl der Lokomotiven, der Transportwagen und Länge des Gleises. Vor allem das Gleis kann einen beträchtlichen Anteil an der Tonnage haben, wodurch die Transportkosten zu einem wesentlichen Faktor in der Kostenermittlung werden können. Für die Eigengewichte können folgende Werte angenommen werden:

Lokomotiven	(Dampf-)	etwa 150 kg/PS
	(Diesel-)	etwa 200 kg/PS
Eiserne Kipper		etwa 0,7 t/m³ Inhalt
Gleis	600 mm	25—30 kg/lfm
,,	900 mm	52—72 ,,
Weichen	600 mm	0,3—0,5 t/Stück
,,	900 mm	2,5—3,0 ,,
Rahmengleis	600 mm	24—50 kg/lfm
Rahmenweichen	600 mm	0,25—0,5 t/Stück

9.1272 Montagekosten

Diese Kosten sind im wesentlichen durch die Arbeiten für das Verlegen und das Wiederaufnehmen des Transportgleises bestimmt.

Angenähert kann gerechnet werden:

Gleis 600 mm Spur	1,5—2,0 h/lfm;	Weichen	20—50 h
„ 900 mm „	2,0—2,3 „ ;	„	50—120 h.

Für das Verlegen der Weichen sind demnach ungefähr die doppelten Werte einzusetzen. Das gleiche gilt für Gleis, das auf weichem Boden verlegt werden muß.

Die angegebenen Werte setzen voraus, daß das Planum bereits vorhanden ist, eventuell erforderliche Erdarbeiten oder Gerüstungen sind gesondert zu errechnen und können in ungünstigem Gelände, vor allem in Fels, einen beachtlichen Anteil der Kosten ausmachen.

Zu den Aufwendungen für das Gleis gehören auch noch die für die Schwellen. Kommen Holzschwellen zur Verwendung, dann werden sie mit einem bestimmten Satz, der je nach Dauer und Art des Einsatzes bis zu 100% betragen kann, abgeschrieben. Ist die Einsatzdauer so lange, daß mit einer nochmaligen Neulage bzw. einem Ersatz einzelner Schwellen gerechnet werden muß, so ist dies entsprechend zu berücksichtigen. In diesem Falle wird man aber natürlich von der Verwendung von Holzschwellen absehen und auf Stahlschwellen übergehen. Diese sind dann mit den Abschreibungssätzen zu berücksichtigen, die in der Geräteliste vorgesehen sind.

Außer den Kosten für das Gleis fallen noch solche für das Instandsetzen und Überholen der Lokomotiven und Wagen an, die jedoch ersteren gegenüber meist ohne Belang sind. Annähernd kann gerechnet werden

Dampflokomotiven	40—50 h/Stück
Diesellokomotiven	20—30 „
Wagen	5—10 „ .

Zu den Montagekosten fallen auch noch die Kosten für die Errichtung von Wasserstationen an, die entsprechend den örtlichen Verhältnissen gesondert zu ermitteln sind.

9.128 Gleisloser Betrieb (Transportfahrzeuge)

Die in dieser Gruppe zusammengefaßten Fahrzeuge reichen vom einfachen LKW bis zu den speziell für den Erdbau entwickelten Erdtransportwagen (ETW) verschiedenster Ausführung.

Bei den LKW's kommen nur mehr Kipper in Frage, so daß für das Entleeren des Fahrzeuges praktisch kein besonderer Zeitaufwand erforderlich ist. Der Einsatz von LKW's kommt vor allem dann in Betracht, wenn der Transport zum Großteil auf öffentlichen Straßen durchgeführt werden muß.

Die für den eigentlichen Erdbau entwickelten Erdtransportwagen (ETW) überschreiten mit ihren Abmessungen und Raddrücken meist die Vorschriften für den öffentlichen Straßenverkehr und können daher nur mit besonderer Genehmigung die Straßen benützen. Sie unterscheiden sich vor allem durch ihre robuste Ausführung wesentlich von den LKW's. Das Verhältnis von Konstruktionsgewicht zur Nutzlast beträgt etwa 1:1. Die Fahrzeuge sind derart konstruiert, daß rund 7 bis 10 PS je 1 t Gesamtgewicht bzw. 15 bis 20 PS je 1 t Nutzlast entfallen; sie sind daher imstande, beträchtliche Fahr- und Steigungswiderstände zu überwinden. Außerdem sind sie so gebaut, daß eine günstige Entleerung des Fördermaterials erfolgen kann.

Nach der Art des Entleerens sind zu unterscheiden:

Vorderkipper	(Shuttle dumpers)
Hinterkipper	(Rear dump trucks)
Bodenschütter	(Bottom dump trucks).

Die zwei erstgenannten gleichen in ihrer Ausführung im wesentlichen den normalen Straßen-LKW's, während die Bodenschütter in Bezug auf den Entleerungsvorgang den später zu behandelnden Schürfwagen entsprechen.

9.1281 Vorderkipper

Vorderkipper, auch Motorkipper oder Dumper genannt, werden normalerweise mit einem Fassungsvermögen von 0,25 bis 5 m^3 gebaut. Die Entleerung erfolgt schlagartig beim Lösen einer Sperrklinke durch das Gewicht der Kippmulde und des Materials.

In diese Gruppe gehören Fahrzeuge der verschiedensten Firmen. Sie haben durchwegs einen kleinen Radstand und sind daher besonders geeignet für den Aushub in engen Baugruben. Außerdem haben die Vorderkipper den Vorteil, daß sie durch einen meist schwenkbaren Führersitz auch sehr gut für Rückwärtsfahrt eingesetzt werden können. Als Nachteil muß angesehen werden, daß der Kraftschluß der angetriebenen Vorderräder auf Steilstrecken infolge der Gewichtsverlagerung geringer wird.

9.1282 Hinterkipper

Hinterkipper werden meist für größere Tragfähigkeiten gebaut, und zwar in Europa normalerweise von 10 bis 25 t. In Amerika verwendet man auch größere Typen bis zu 100 t Tragfähigkeit. Die Entleerung erfolgt hydraulisch durch Heben der Kippmulde. Da meist 70 bis 80% der Gesamtlast auf die Hinterachse wirken, erhöht sich der Reibungsschluß auf Steigungen. Sie sind allerdings nicht so wendig wie Vorderkipper.

Sowohl Vorder- als auch Hinterkipper können über eine Böschungskante kippen, sind also imstande, einen Damm über Kopf auch ins Wasser hinein vorzutreiben. Sie können auch das Material über einen bestimmten Punkt abkippen, wie es z. B. für die Aufgabe von Rohgut in eine Aufbereitungsanlage erforderlich ist.

9.1283 Bodenschütter

Die Bodenschütter schließlich entleeren das Material durch Öffnungen im Boden, sie sind also nur für Bodenarten geeignet, die sich nicht verklemmen können, also rollige Böden, nicht aber für Fels oder bindigen Boden, der in großen Brocken anfällt. Die Entleerung erfolgt meist durch Öffnen von an Scharnieren hängenden Bodenklappen. Bei den Hoppers der Le Tourneau-Werke geschieht das Öffnen und Schließen nach dem Greifbaggerprinzip, die Lagerung des Fördergutes kann daher tiefer als bei Fahrzeugen mit Bodenklappen erfolgen. Die Bodenschütter werden auf ein- oder zweiachsigen Schleppern aufgesattelt und von diesen gezogen, es müssen also alle Fahrten im Vorwärtsgang durchgeführt werden, im Gegensatz zu den Vorder- und Hinterkippern, die auch Spitzkehren fahren können. Die einachsigen Schlepper sind für schlechten Untergrund besser geeignet als zweiachsige, die mit ihren kleinen Lenkrädern einen größeren Fahrwiderstand im Gelände haben.

Das Fassungvermögen der Bodenschütter bewegt sich zwischen 10 und 20 m³. An Leistung sind rund 5 PS/t installiert. Zum Unterschied vom Hinterkipper kann höchstens die Hälfte des Gesamtgewichtes die Antriebsachse belasten. Die Bodenschütter haben also nicht die gleiche Steigfähigkeit wie die Hinterkipper, sie ist mit maximal 10% begrenzt. Hierbei liegen die Zweiachsschlepper günstiger als die Einachsschlepper.

9.1284 Leistung

Diese läßt sich grundsätzlich mit den unter ,,Förderung" angeführten Formeln errechnen. Der Aufenthalt durch das Wenden ist je nach dem Fahrzeug verschieden. Bei Vorderkippern, die sowohl nach vorwärts als auch nach rückwärts gleich gut fahren können, ist er praktisch gleich Null. Bodenschütter können ihre Fahrtrichtung nur ändern, indem sie in einer Wendeschleife fahren. Hinterschütter können sowohl Wendeschleifen als auch, wie dies bei beengten Baugruben oder Schüttung vor Kopf meist erforderlich ist, Spitzkehren ausführen. Letztere benötigen natürlich etwas mehr Zeit als Wendeschleifen. Annähernd sind die in Tab. 30 angegebenen Werte zu setzen.

Tabelle 30

	Bodenschütter	Vorderkipper	Hinterkipper
Zu t_3: Entladezeit	10—60 sec	10—20 sec	30—90 sec
t_4: Wendezeit	10—40 sec	—	30—60 sec

Bei kurzen Entfernungen ist die Einschätzung der Aufenthalte wichtig, bei größeren Förderweiten jedoch mehr die der möglichen Fahrgeschwindigkeit. Für diese sind, wie beim Gleisbetrieb, vor allem der Fahr- und Steigungswiderstand von Bedeutung.

Im Gegensatz zur Schienenförderung, bei der der Fahrwiderstand nur in geringen Grenzen schwankt, ist dessen Streubereich bei der Förderung mit LKW sehr groß. Tab. 31 gibt hierüber Aufschluß.

Tabelle 31

Beschaffenheit des Transportweges	Fahrwiderstand
Glatter Asphalt und Betonstraßen	1,5%
Gute, trockene Makadamstraße	2,0%
Fester Schnee	2,5%
Trockener Kies, etwas loses Material	4,0%
Ungepflügte Erde, hart	4,0%
Lockerer Schnee rund 10 cm	4,5%
Schlechte, ungewalzte Straße	8,0%
Ungewalzte, schlammige Straße	14,0%
Lockeres Ackerland	17,0%
Flugsand	24,0%

Aus der Formel

$$N^{\mathrm{PS}} = \frac{Z\,\mathrm{kg} \times v\,\mathrm{m/sec}}{75 \times \eta}$$

läßt sich bei gegebener Motorleistung für einen bestimmten Fahr- und Steigungswiderstand die theoretische Geschwindigkeit ermitteln. Für $\eta \doteq 0{,}67$ und

$Z = Q \times w\%$ ergibt sich demnach

$$v^{\mathrm{m/sec}} \doteq \frac{5{,}0 \times N^{\mathrm{PS}}}{Q^{\mathrm{kg}} \times w},$$

hierin ist Q = Gesamtgewicht des Fahrzeuges einschließlich Last
$w = f + s$ Fahr- plus Steigungswiderstand in %
N = Motorleistung in PS

Die Geschwindigkeit ist demnach verkehrt proportional den Widerständen, woraus sich ergibt, wie wichtig eine gute Fahrbahn ist.

Bei einer genauen Ermittlung der Fahrdauer muß demnach eine Fahrstrecke mit wechselnden Fahr- und Steigungswiderständen in Einzelstrecken zerlegt und für diese die Geschwindigkeiten ermittelt bzw. geschätzt werden.

In den Prospekten der Lieferfirmen werden für die Fahrzeuge Geschwindigkeit und Steigfähigkeit in den einzelnen Gängen angegeben, wobei meist ein Fahrwiderstand von 2% bereits berücksichtigt ist.

Da auch noch die Schaltvorgänge und die Beschleunigungszeit zu berücksichtigen sind, müssen die angegebenen Geschwindigkeiten mit den in Tab. 32 angeführten Beiwerten abgemindert werden.

Tabelle 32

Streckenabschnitt in m	mit Anfahrzeit	ohne Anfahrzeit
0— 100	0,25—0,50	0,50—0,80
100— 500	0,35—0,65	0,60—0,80
500—1000	0,60—0,75	0,75—0,85
< 1000	0,70—0,85	0,80—0,90

Die kleineren Werte sind bei ungünstigen Vorbedingungen zu wählen, und zwar:

Starker Wechsel der Fahr- bzw. Steigungswiderstände von einem Streckenabschnitt zum anderen,

ungünstiges Verhältnis Motor-PS zu Bruttogewicht, und zwar $\frac{\mathrm{PS}}{Q^{\mathrm{t}}} < 15$

schlüpfrige Fahrbahn,
ungeschickte Bedienung.

In allen oben angeführten Fällen kommt das Fahrzeug selten auf seine, dem jeweiligen Gang entsprechende, optimale Geschwindigkeit.

Die Ermittlung der Fahrgeschwindigkeit für die einzelnen Teilstrecken verschiedener Steigung ist mühselig und zeitraubend. Meist vereinfacht man die Aufgabe in der Form, daß man die zu überwindenden Höhen (einschließlich verlorener Höhen und Gefälle) in eine virtuelle Länge umgewandelt, und mit gleichbleibender Geschwindigkeit rechnen zu können. Es wird demnach in der Beziehung $t = \frac{L}{v}$ nicht die Geschwindigkeit, sondern die Länge geändert.

Die Geschwindigkeit eines Fahrzeuges ist — wie schon erwähnt — bei gegebener Motorleistung verkehrt proportional den Widerständen, demnach sind diese verhältnisgleich der Fahrzeit. Es gilt also:

$$t = \alpha \times L \times w$$

wobei $$w = f + s$$

und $$s = \frac{H}{L}$$

Hierin sind t = Fahrzeit
L = Länge der Wegstrecke
H = Summe aller Höhenunterschiede
f = Fahrwiderstand
s = Steigungswiderstand.

Aus diesen Beziehungen ergibt sich weiter

$$t = \alpha \times (L \times f \times + L \times s) = \alpha(L \times f + H) = \alpha \times f\left(L + \frac{H}{f}\right).$$

Der Ausdruck $\frac{H}{f}$ entspricht einer gedachten (virtuellen) Länge. Setzt man den Fahrwiderstand mittlerer Baustraßen mit $f = 3$ bis 4% an, so ergibt sich die zur Überwindung einer bestimmten Höhe erforderliche virtuelle Länge mit

$$L_{\mathrm{H}} = 25 \text{ bis } 30 \times H.$$

Bei dieser Näherungsrechnung wird daher der horizontalen Entfernung die 25- bis 30fache Höhe zugeschlagen.

Die Geschwindigkeit, die demnach der Geschwindigkeit in der Horizontalen entspricht, kann wie folgt angenommen werden:

Gute Fahrverhältnisse $v = 30$—40 km/h (8—11 m/sec),
schlechte Fahrverhältnisse $v = 10$—20 km/h (3—5,5 m/sec).

Tab. 33 gibt grobe Mittelwerte für mögliche Leistungen von Erdtransportwagen auf annähernd ebener Bahn.

Hierbei wurden für die weiteren Entfernungen höhere Geschwindigkeiten und für die größeren Wageninhalte die Beladung mit entsprechend größeren Baggern angenommen.

Tabelle 33

Ladeinhalt in m³	Entfernung in m			
	100	500	1000	2000
	m³/h			
2	17	10	7	5
4	25	17	14	10
6	34	23	19	14
8	41	30	25	17
10	50	35	30	22
15	65	48	41	30

9.1285 Materialbedarf

Maßgebend hierfür ist der Bedarf an Betriebsstoffen, also an Dieselöl, mitunter bei normalen LKW auch Benzin. Der Verbrauch an Treibstoffen schwankt natürlich beträchtlich nach der Art des Einsatzes. Im Mittel kann mit 0,08 bis 0,12 kg/PSh gerechnet werden. Der Bedarf an Schmierstoffen beträgt 8 bis 10 g/PSh, so daß bei überschlägigen Ermittlungen die Schmierstoffkosten mit 20 bis 25% der Kosten für die Betriebsstoffe eingesetzt werden können.

9.1286 Zeitaufwand

Der Vorteil dieser Fördergeräte gegenüber dem Gleisbetrieb besteht unter anderem auch darin, daß der Personalbedarf ein Minimum wird. Außer dem Fahrer sind nur eventuelle Einweiser am Bagger oder auf der Kippe notwendig. Falls über eine Böschung abgekippt wird, ist auch keine weitere Verteilung mehr erforderlich. Falls diese wie z. B. bei Bodenschüttern vorzusehen ist, erfolgt sie mit Schubraupen.

9.1287 Gerätekosten

Diese sind der weitaus wichtigste Faktor in der Kostenberechnung für die Förderungen und betragen rund zwei Drittel der Gesamtkosten.

Abschreibung und Verzinsung der Geräte sind nach den Gerätelisten und der Einsatzdauer auf der Baustelle entsprechend zu berechnen. Ob bei der Verwendung von älterem Gerät ein verminderter oder eine Neuanschaffung für eine bestimmte Aufgabe, ein erhöhter Abschreibungssatz oder sogar eine völlige Abschreibung zum Ansatz kommt, hängt naturgemäß von den jeweiligen Firmeninteressen bzw. von der Marktlage ab.

Für die Reparaturkosten werden entweder Prozentsätze der Abschreibung laut Geräteliste eingesetzt, oder aber firmeneigene Erfahrungswerte verwendet. Ersteres hat den großen Nachteil, daß die Reparaturkosten als starrer Prozentsatz, normalerweise 66%, vom Abschreibungssatz genommen werden. Dies ist nun keineswegs der Fall, da die Reparaturkosten weitgehend von den jeweiligen Arbeitsbedingungen abhängen. Bei Verwendung firmeneigener Erfahrungswerte können natürlich die jeweiligen günstigen oder schlechten Arbeitsverhältnisse der Baustelle entsprechend berücksichtigt werden.

Eine Sonderbehandlung erfahren meist die Kosten für die Reifen, da für sie die Lebensdauer als auch das Verhältnis der Reparaturkosten zu Abschreibung und Verzinsung viel geringer als beim eigentlichen Gerät sind.

In Amerika wird grundsätzlich eine bestimmte Einsatzdauer und damit die Zahl der möglichen Betriebsstunden angenommen und alle Gerätekosten auf diese bezogen. Bei den Erdtransportgeräten ist mit rund 10000 Betriebsstunden (= 5 Jahre), bei den Reifen mit 2000 bis 4000 Betriebsstunden (= 1 bis 2 Jahre) zu rechnen.

Die Abschreibung je Betriebsstunde ergibt sich demnach aus dem Anschaffungswert geteilt durch die Anzahl der Betriebsstunden. Entsprechend der Anzahl der Abschreibungsjahre ist dann noch der mittlere jährliche Anlagewert mit dem jeweiligen Zinsfuß zu verzinsen.

Die Reparaturkosten werden entsprechend den Einsatzbedingungen als Prozentsatz der Abschreibung angenommen, und zwar für das Gerät 40 bis 60%, für die Reifen 10 bis 15%.

Wenn es sich um Terminarbeiten handelt, die die Erbringung der Leistung in einem bestimmten Zeitraum verlangen, dann ist es unbedingt erforderlich, auch entsprechende Ersatzgeräte zur Verfügung zu halten. Es kann gerechnet werden, daß hierfür 10 bis 20% der im Betrieb stehenden Geräte zur Verfügung stehen müssen. Die Kosten dieser Ersatzgeräte bestehen natürlich nur in Abschreibung und Verzinsung und eventuellen Kosten für die Wartung. Man kann sagen, daß diese Kosten weitaus geringere sind als eventuell auftretende Verluste, die dann entstehen, wenn bei Ausfall eines Betriebsgerätes kein anderes zur Verfügung steht. Es sollen daher nicht nur Ersatzgeräte in genügender Anzahl vorhanden sein, sondern auch vor allem der Ersatzteilhaltung allergrößtes Augenmerk geschenkt werden.

9.13 Einbau

9.130 Allgemeines, Verteilen

Unter diesem Sammelbegriff werden alle Arbeiten verstanden, die noch mit dem gekippten Erdmaterial durchzuführen sind, also Verteilen, Einebnen und Verdichten des Bodens.

Für das Verteilen kommen beim Gleisbetrieb die Planierpflüge, beim gleislosen Betrieb die Planierraupen in Betracht. Da letztere neben dem Verteilen auch den Abtrag und die Förderung durchzuführen vermögen, werden sie gesondert unter „Kombinierte Erdarbeiten“ erörtert. Darüber hinaus sind noch Absetzgeräte in Verwendung, die wohl bei großen Abraumarbeiten im Tagbau, jedoch kaum für einen Erdbetrieb im normalen Ingenieurbau in Frage kommen und deshalb auch hier nicht weiter behandelt werden sollen.

9.131 Einebnen

Für das Einebnen stehen wieder die Planierraupe und vor allem der Erdhobel (Grader) zur Verfügung. Erstere mehr für die grobe Arbeit, während der Grader die Feinplanie besorgt und auch Profile herzustellen vermag.

9.132 Verdichten

Das Verdichten schließlich als wichtigste dieser Arbeiten kann mit den mannigfaltigsten Geräten durchgeführt werden. Grundsätzlich sind vier verschiedene Arten der Verdichtung möglich, und zwar: Walzen, Rütteln, Stampfen, Einschlämmen.

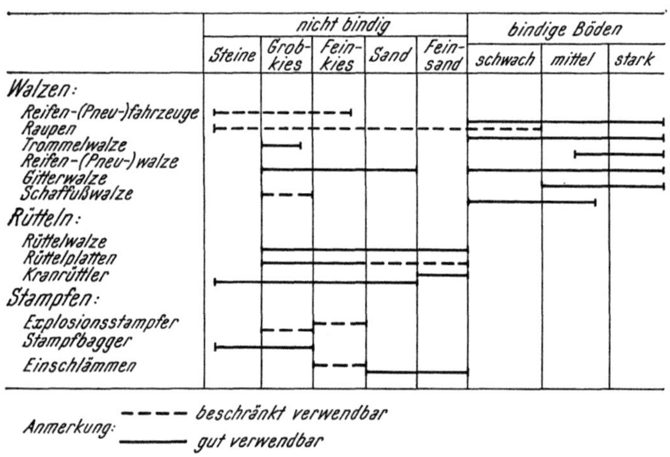

Abb. 12. Verdichtungsgeräte und Bodenarten

Welche Geräte eingesetzt werden können, hängt vor allem von der zu verdichtenden Bodenart ab. Abb. 12 soll einen Überblick über den möglichen Einsatz der Geräte geben. Wie aus Abb. 12 zu ersehen, ist das Walzen, zu dem auch das Befahren mit Reifen- und Raupenfahrzeugen gehört, besonders für bindige Böden geeignet. Die meisten dieser Geräte sind aber auch für gröbere Bodenarten verwendbar, so vor allem die Trommelwalze, die im Straßenbau zum Verdichten der Schotterlage eingesetzt wird.

Die je Stunde abzuwalzende Fläche ergibt sich aus folgender Formel:

$$F^{\mathrm{m}^2/\mathrm{h}} = \text{Breite der Walze}^{\,\mathrm{m}} \times \text{Geschwindigkeit}^{\,\mathrm{m/sec}}$$

$$\times \frac{1}{\text{Anzahl der erforderlichen Walzengänge}} \times 3600 \text{ sec} \times \text{Abminderungsfaktor.}$$

Die Leistung in m³/h ergibt sich demnach aus

$$Q^{\mathrm{m^3/h}} = F^{\mathrm{m^2/h}} \times \text{Schichtstärke}^{\,\mathrm{m}}.$$

Die Breite der Walze bzw. der Reifen oder Raupen schwankt von 0,5 bis 2,0 m, die Geschwindigkeit beim Walzen von 0,1 bis 0,4 m/sec im Mittel rund 0,2 m /sec, d. h. rund 700 m/h. Der Abminderungsfaktor für Wenden und kürzere Aufenthalte ist mit 0,6 bis 0,8 anzunehmen.

Die Anzahl der erforderlichen Walzengänge wird meist vorgeschrieben, ebenso die maximale Schichtstärke, die abgewalzt werden darf. Beide sind vom Material, dem verwendeten Gerät und vor allem vom Gewicht der Walze abhängig. Die Zahl wird meist mit 5 bis 10 Walzungen, bei Straßenschotter auch mehr, festgelegt. Die Schichthöhe soll der wirksamen Verdichtungstiefe der Walze entsprechen. Diese kann annähernd gesetzt werden $t = 0{,}1$ Walzengewicht in Tonnen und liegt meist zwischen 0,20 und 0,40 m für das unverdichtete Material. Im groben Mittel können also mit einer Walze rund 50 bis 200 m²/h bzw. 15 bis 60 m³/h Material verdichtet werden. Das Walzen hat den Nachteil, daß die Verdichtung nicht sehr tief reicht und die Verdichtungszonen nicht homogen sind.

Den Übergang zur nächsten Gruppe der Verdichtungsgeräte, und zwar zu den Rüttelgeräten, stellt die Rüttelwalze dar. Wie alle Geräte, welche die Verdichtung durch Vibration hervorrufen, ist auch die Rüttelwalze nur bei nichtbindigen Böden anwendbar. Für die Leistung der Rüttelwalzen gelten die gleichen Überlegungen wie für die anderen Walzen. Allerdings ist die Tiefenwirkung wesentlich erhöht, d. h., daß bei gleicher Schichthöhe wesentlich leichtere Rüttelwalzen verwendet werden können. Die Rüttelwalzen sind entweder selbstfahrend oder werden von einer Raupe gezogen.

Bei den Rüttelplatten erfolgt die Fortbewegung nicht wie bei den Walzen durch Abrollen, sondern durch Verschieben des Gerätes. Dies geschieht entweder von Hand aus oder selbsttätig durch die Vibration. Die schweren Kranrüttler allerdings benötigen zum Umsetzen, wie schon der Name besagt, einen eigenen Kran. Die mögliche Leistung der Rüttelgeräte ist gegeben durch folgende Beziehung:

$$F^{\mathrm{m^2/h}} = \text{Fläche des Rüttelgerätes} \times 3600\,\text{sec} \times \frac{1}{\text{erforderliche Rüttelzeit} + \text{Umsetzen}^{\mathrm{sec}}} \times \text{Abminderungsfaktor bzw. } Q^{\mathrm{m^3/h}} = F^{\mathrm{m^2/h}} \times \text{Schichtstärke}.$$

Die Zeit für das Rütteln und Umsetzen schwankt je nach Größe des Gewichtes zwischen 20 und 60 sec, die Rütteltiefe kann in ganz grober Annäherung angenommen werden mit $t^{\mathrm{m}} = 0{,}3 \times$ Gewicht des Rüttelgerätes in Tonnen. Bei einer mittleren Rüttelzeit von 30 sec sowie einem Abminderungsfaktor von 0,8 ergibt sich $F^{\mathrm{m^2/h}} \doteq 100 \times$ Fläche der Rüttelgeräte.

Die Verdichtungswirkung der Rüttelgeräte ist also wesentlich intensiver und dabei gleichförmiger als die der Walzen.

Die Stampfgeräte wirken durch ihre Schlagenergie, sie sind demnach mehr für grobes Korn geeignet. Ihre Leistung kann nach folgender Formel abgeschätzt werden:

$$F^{\mathrm{m^2/h}} = \text{Fläche des Stampfgerätes} \times \text{Schlagzahl/min} \times 60\,\text{min} \times \frac{1}{\text{Zahl der Stampfungen}} \times \text{Abminderungsfaktor}.$$

Die Schlagzahl pro Minute ist natürlich beträchtlichen Schwankungen unterworfen, überschlägig kann sie mit 20 bis 30 Schlägen eingesetzt werden. Die Zahl der erforderlichen Stampfungen ist abhängig vom Material, meist wird ein dreifaches Abstampfen genügen.

Die wirksame Verdichtungstiefe entspricht ungefähr der beim Rütteln, der Grad der Verdichtung ist allerdings nicht so gleichförmig, so daß nur gerechnet werden kann: $t^{m} = 0{,}25 \times$ Gewicht des Stampfers in Tonnen. Der Abminderungsfaktor ist wieder mit 0,8 anzunehmen, so daß sich ergibt: $F^{m^2/h} = 300 \times$ Fläche des Stampfgerätes.

9.14 Kombinierte Erdarbeiten

9.140 Allgemeines

Im modernen Erdbau wurden Methoden und Geräte entwickelt, bei welchen die übliche Unterteilung in die einzelnen Teilarbeiten hinfällig wird, da Abtrag, Förderung und auch Einbau ineinander übergehen und in einem Arbeitsgang durchgeführt werden können. Es sind dies vor allem die Flachbaggergeräte, also die Schürfraupe, der Schürfkübelanhänger und Motorschürfwagen. Der bereits erörterte seilgeführte Schrapper nimmt eine Zwischenstellung zwischen den Baggern und den hier angeführten kombinierten Erdbaugeräten ein. Es wird zwar das Material nicht nur geschrappert, sondern auch zu einer Schurre gefördert, jedoch erfolgt erst ab dieser Schurre der eigentliche Abtransport, so daß dieses Gerät zu Recht im Anschluß an die Bagger behandelt wurde.

Auch die bereits besprochenen Schaufellader können kombinierte Erdarbeiten durchführen. Ihre Hauptverwendung finden sie bei Ladearbeiten, so daß ihre Erörterung im Abschnitt 9.11, „Abtrag“, erfolgte.

Jedes Flachbaggergerät hat einen bestimmten Förderbereich, der durch die Art und Weise, wie das Gerät den Abtrag und die Förderung durchführt, abgegrenzt wird.

Die Planierraupe, die den Boden löst und vor sich herschiebt, hat dauernd einen beträchtlichen Widerstand zu überwinden. Ihr wirtschaftlicher Einsatzbereich ist daher auf 50 bis 80 m beschränkt.

Über diesen Bereich hinaus ist es zweckmäßiger, den Boden nicht mehr vor sich herzuschieben, sondern in ein Gefäß hineinzuschürfen, das den Weitertransport wie irgend ein anderes Fördergerät, also LKW durchführt. Die Schürfwagen (Scraper), die diese Art des Abtrages durchführen, gibt es in zwei Formen, und zwar als an Schlepper angehängte oder aufgesattelte und als selbstfahrende Schürfwagen.

Erstere, kurz Schürfwagenanhänger genannt, haben einen beschränkten Förderbereich, da sie von der Raupe sowohl während des Schürfens als auch während des Transportes gezogen werden müssen, also von deren Geschwindigkeit abhängen. Der wirtschaftliche Bereich kann mit 50 bis 300 m angenommen werden.

Über 400 m bis etwa 2000 m kommt praktisch nur mehr der selbstfahrende Motorschürfwagen in Frage, der, als Pneufahrzeug ausgeführt, wesentlich höhere Geschwindigkeiten zu entwickeln vermag. Seine Schürfkraft ist kleiner als die der Planierraupe, so daß er mehr für leichtere Böden besser geeignet ist. Aber auch bei solchen Böden kommt er meist nur mit Schubraupenhilfe beim Schürfen zur Anwendung.

Bei größeren Entfernungen wird man kombinierte Erdbaugeräte wieder verlassen und eine normale Förderung mit LKW bzw. ETW vorsehen.

9.141 Schürfraupe (Planierraupe)

Die Schürfraupe ist über ihren ursprünglichen Zweck, Planierungen durchzuführen, weit hinausgewachsen und zu einem Universalgerät geworden, ohne das eine Erdbaustelle nicht mehr denkbar wäre. Die Verwendungsmöglichkeiten sind fast unbegrenzt, es sollen hier nur kurz folgende angeführt werden:

Freilegen einer Baustelle: Roden und Humusabtrag,
Erdbewegungen über kurze Entfernungen bis maximal 80 m,
Hinterfüllen von Bauwerken und Verfüllen von Gräben,
Verteilen der Abtragmassen auf der Kippe,
Planierarbeiten jeder Art,
Schub- und Zuggerät für Schürfwagen.

Als Raupengerät hat die Planierraupe eine geringe Geschwindigkeit, ihre wirtschaftliche Reichweite ist daher gegenüber Geräten auf Reifen beschränkt. Dafür besitzt sie einen besseren Kraftschluß mit dem Boden und vermag daher bedeutende Schub- und Zugkräfte auszuüben, Nur auf ganz harter Unterlage, also z. B. auf einer Betonfahrbahn, wo die Raupe nicht mehr eindringen kann, ist sie gegenüber den gummibereiften Fahrzeugen im Nachteil. Normalerweise ist die Flächenpressung unter den Raupen günstiger als bei Reifen, so daß daher der Einsatz der Raupe auch in schlechtem Boden möglich wird.

Das Grab- bzw. Schürfwerkzeug der Planierraupe ist das Schild. Es kommt in zwei Ausführungsformen vor, und zwar als Querschild (Bulldozer) oder Schwenkschild (Angledozer). Das Querschild kann gehoben und gesenkt, das Schwenkschild außerdem schräggestellt werden.

Der grundlegende Unterschied zwischen beiden Schildarten liegt darin, daß das Querschild nur Längs-, das Schwenkschild jedoch Längs- und Querförderung durchzuführen vermag. Damit ist auch das Hauptanwendungsgebiet des Schwenkschildes gegeben, und zwar Querförderung auf 2 bis 3 m. Dies ist der Fall z. B. beim Zuschütten von Gräben oder Anreißen von Wegen in geneigtem Terrain. Fast alle anderen Arbeiten lassen sich jedoch mit dem Querschild in Längsförderung besser durchführen.

Die maßgebende Kenngröße für alle Planierraupen ist die Anzahl der installierten PS, die das Gewicht und damit die mögliche Schildgröße der Raupen bestimmt.

Das Verhältnis Motorleistung zu Schildbreite wächst mit zunehmender Größe der Planierraupe und zwar von 20 PS auf rund 60 PS je Meter Schildbreite.

Da bei der Planierraupe eine bestimmte Menge des gelösten Materials dauernd vor sich hergeschoben werden muß, besteht auch zwischen der Schildhöhe und der Schildbreite ein bestimmtes Verhältnis, das allerdings beim Querschild anders als beim Schwenkschild ist, und zwar:

$$\text{Querschildhöhe zu Querschildbreite} = 0{,}4$$
$$\text{Schwenkschildhöhe zu Schwenkschildbreite} \doteq 0{,}3$$

Die Breite des Schildes ist naturgemäß größer als die Breite der Raupe, und zwar überschreitet sie diese um etwa 25% beim Quer- und um etwa 50% beim Schwenkschild.

9.1411 Leistung

Da die Planierraupe neben dem Abtrag auch die Förderung des Erdmaterials durchführt, hängt ihre Leistung außer von den installierten PS natürlich auch noch weitgehend von der Förderweite ab. Es besteht grundsätzlich die Möglichkeit, die Leistung nach den im Kapitel ,,Förderung" entwickelten Formeln zu ermitteln. Es ist hierbei allerdings erforderlich, alle Daten der eingesetzten Raupe zu kennen, also Geschwindigkeit vor- und rückwärts, sowie Schildfüllung und Wendezeit. Für überschlägige Untersuchungen sind diese Hilfswerte annähernd in Tab. 34 angegeben.

Tabelle 34

	Raupengröße in PS 50	100	150	200
	m³			
Schildfüllung	0,8	1,6	2,4	3,0
Geschwindigkeit vorwärts	0,6 m/sec			
„ rückwärts	1,5—2,0 m/sec			
Wendezeit und Verlust durch Beschleunigung	5—10 sec			

Es ist bei Ermittlung der Leistung darauf Rücksicht zu nehmen, daß ein ununterbrochenes Arbeiten natürlich nicht möglich ist, und daß weiters die Schildfüllung je nach Bodengattung mit einem Abminderungsfaktor zu versehen ist.

Tabelle 35

Raupengröße PS	Entfernungen in m 10	30	50	80
	m³/h			
50	55	30	20	12
100	120	65	40	25
150	180	95	60	38
200	250	125	80	50

Als maximale Leistungen in leichtem Boden, also Bodengattung *b*, können die in Tab. 35 angeführten Werte angenommen werden.

Für mittleren Dauerbetrieb sind diese Werte nur mit rund 80% einzusetzen.

Bei den Bodenklassen *c* und *d*, also mittlerem und festem Boden, sind die obenstehenden Werte auf rund 70% bzw. 40% abzumindern. Es ist jedenfalls zweckmäßig, bei festen Böden diese mit einem Aufreißer vorher zu lockern, damit die Schürfraupe wirtschaftlich arbeiten kann. Für die Bodenklasse d_2 (sehr fester Boden) und *e* (gesprengter Fels) ist der Einsatz der Schürfraupe nicht mehr zweckmäßig. Wenn dies dennoch erforderlich wird, sind nur ganz schwere Raupen imstande, diese Arbeit durchzuführen. Der sehr hohe Verschleiß ist in diesem Falle besonders zu berücksichtigen.

Von bedeutendem Einfluß auf die Leistung ist die Neigung des Förderweges. Es ist klar, daß bei Steigungen die Förderleistung geringer wird, sich bei Gefällen dagegen erhöht. Annähernd kann folgender Prozentsatz der Leistungen zugrunde gelgt werden:

Tabelle 36

Steigung	10%	70%
„	5%	90%
Horizontale	—	100%
Gefälle	5%	130%
„	10%	170%.

9.142 Reifenplaniergerät (Turnadozer)

Dieses auf Reifen fahrende Gerät ist eng verwandt mit der Schürfraupe. Der Anwendungsbereich bleibt infolge des geringeren Kraftschlusses auf leichte und mittlere Böden beschränkt. In diesen Böden sind die Leistungen auch ungefähr gleich jenen der Schürfraupe. Bei größeren Entfernungen können sie infolge der größeren Geschwindigkeit die der Schürfraupe übertreffen.

9.143 Schürfkübelanhänger (Scraper)

Der Schürfkübelanhänger ist mit einem Reifenfahrwerk ausgestattet und bedarf zu seiner Fortbewegung eines Raupen- oder Reifenschleppers, an den er je nach Bauart entweder aufgesattelt oder angehängt ist. Aus wirtschaftlichen Gründen ist es erforderlich, daß der Inhalt des Schürfkübels möglichst groß gehalten wird. Seine Mindestgröße liegt bei 3 bis 4 m³. Es kommt daher der Reifenschlepper mit seiner geringen Zugkraft nur für leichten Boden und kleinem Kübel in Frage. Sollte bei schwerem Boden der Schürfwiderstand die Zugkraft der Raupe übersteigen, so muß eine zusätzliche Schubraupe eingesetzt werden, die natürlich mehrere Schürfwagen bedienen kann.

Der Schürfkübelanhänger hat überhaupt den Vorteil, daß jede Kombination zwischen Kübel- und Schleppergröße gewählt werden kann, also große Kübel mit kleinem Schlepper bei leichtem Boden und umgekehrt. Für normale Verhältnisse kann mit etwa 15 PS je m³ Kübelinhalt gerechnet werden, dieser Wert kann in besonders günstigen Fällen auf etwa 8 PS sinken, muß jedoch in ungünstigen Fällen auf 20 PS je m³ Kübelinhalt erhöht werden.

Da der Schürfkübelanhänger an ein Schleppgerät gebunden ist, ist er von dessen Geschwindigkeit und wirtschaftlicher Reichweite abhängig. Letztere bewegt sich in den Grenzen von 50 bis 300 m.

Beim Einsatz des Schürfkübelanhängers ist bemerkenswert, daß er nicht, wie bei der Schürfraupe, den Boden vor sich herschiebt, sondern von unten in den Kübel ladet. Das bedingt nun, daß das Material eine gewisse Steife besitzt, um sich tatsächlich in den Kübel hochpressen zu lassen. Ist der Boden zu locker, dann wird er wie bei der Schürfraupe nur vor dem Kübel hergeschoben, ist der Boden zu sperrig, dann wird der Kübel nicht voll gefüllt. Das geeignetste Material ist etwas lehmiger Sand, der die besten Füllungen ergibt. Die Schürfstrecke selbst soll aus wirtschaftlichen Erwägungen nur rund 30 m betragen, was einer Schürfzeit von rund 1 min entspricht. Ist die Füllung innerhalb dieser Zeit nicht möglich, so muß die erforderliche Schubkraft durch Einsatz einer weiteren Raupe sichergestellt werden.

Weiters ist zu beachten, daß der Schürfkübelwagen nur im Vorwärtsgang zu arbeiten vermag und das Umkehren durch Befahren eines Halbkreises erfolgen muß; ein Pendelverkehr wie bei der Schürfraupe ist nicht möglich. Der Schürfkübel ist daher nicht geeignet für das Hinterfüllen von Fundamenten, wie überhaupt für alle Fälle, bei denen die Manövrierfähigkeit durch Hindernisse wie Pfähle u. dgl. behindert ist.

Das Entleeren des Kübels benötigt je nachdem, ob der Kübel nur rasch entleert werden oder aber die Füllung in genauen Schichten von rund 20 cm Stärke verteilt werden soll, eine Zeit von 5 bis 70 sec. Im ersteren Fall fährt der Schürfkübelanhänger mit verminderter, im zweiten Fall mit der kleinsten Geschwindigkeit über die Entleerungsstelle.

9.1431 Leistung

Diese kann, ähnlich wie bei der Schürfraupe erörtert, annähernd errechnet werden. Die erforderlichen Daten können wie folgt angenommen werden:

Schürfgeschwindigkeit etwa	2 km/h	$\doteq$	0,6 m/sec
Fahrgeschwindigkeit	4—5 „	=	1,2—1,5 m/sec
Wendezeit		=	15 —20 sec
Entladegeschwindigkeit		=	0,6—1,5 m/sec

Damit ergeben sich ungefähr die in Tab. 37 angeführten maximalen Leistungen in leichtem Boden.

Tabelle 37

Kübelgröße in m^3	Entfernungen in m				
	50	100	200	300	400
			m^3/h		
5 (75 PS)	80	50	32	24	19
10 (150 PS)	155	100	64	47	38
15 (225 PS)	230	150	96	70	58
20 (300 PS)	310	200	100	95	77

Für die anderen Bodenklassen gelten die gleichen Abminderungen wie bei der Schürfraupe (S. 102).

9.144 Motorschürfwagen

Um mit Motorschürfwagen auch größere Strecken als 300 m wirtschaftlich zu bewältigen, kam es zur Entwicklung der selbstfahrenden Motorschürfwagen, die eine wesentlich größere Geschwindigkeit als Raupenschlepper zu entwickeln vermögen, und zwar beträgt die Fahrgeschwindigkeit rund 15 bis 20 km/h (4 bis 5,5 m/sec) gegenüber 5 bis 7 km/h (1,5 bis 2 m/sec) bei den Anhängeschürfwagen. Da die Motorschürfwagen nur auf Reifen laufen und aus wirtschaftlichen Gründen die Kübelinhalte möglichst hoch gehalten werden, sind sie meist nicht imstande, aus eigener Kraft den Kübel vollständig zu füllen; es werden daher fast immer beim Schürfen zusätzliche Schubraupen eingesetzt. Die Geschwindigkeit beim Schürfen ist daher wesentlich kleiner, sie muß der Geschwindigkeit der Schubraupe entsprechen und ist rund 2 bis 3 km/h (0,5 bis 0,75 m/sec). Die Schürfzeit soll $1^1/_2$ min nicht übersteigen, ansonsten ist eine stärkere Schubraupe einzusetzen.

Als Reifengerät ist der Motorschürfwagen besonders wetterempfindlich. Es zeigt sich, daß es zweckmäßiger ist, bei Eintritt von schlechtem Wetter rechtzeitig einzustellen als durch Weiterarbeit die Fahrwege vollständig zu ruinieren. Nach Aufhören des Schlechtwetters genügt im ersten Fall fast immer ein Abschälen der obersten Bodenschichte mit dem Grader, während im anderen Falle der Boden auf beträchtliche Tiefe zerwühlt und durchnäßt und daher auf längere Zeit unbefahrbar ist.

In dem Bestreben, die Geschwindigkeit zu steigern, ist das Verhältnis von installierten PS zum Kübelinhalt von 15 auf rund 20 PS/m^3 angestiegen.

9.1441 Leistung

Es gelten hier die gleichen Erwägungen wie bei den Schürfkübelanhängewagen, nur daß bei den Motorschürfwagen die Fahrgeschwindigkeit bis 30 km/h ansteigen kann; dafür muß jedoch zur Wendezeit auch noch eine gewisse Wartezeit für die Schubraupenhilfe von 1 bis $1^1/_2$ min eingesetzt werden, die ja beim Motorschürfwagen in viel größerem Ausmaß als bei

Tabelle 38

Kübelgröße in m^3	Entfernungen in m			
	500	1000	1500	2000
		m^3/h		
5 (100 PS)	40	23	17	13
10 (200 PS)	78	47	34	27

den Schürfkübelanhängern in Anspruch genommen werden muß. Die mögliche Leistung hängt in größtem Maße von der möglichen Höchstgeschwindigkeit ab und diese wiederum davon, ob es sich um alte oder neuere Typen der Motorschürfwagen handelt. Für Überschlagsrechnungen empfiehlt es sich, mit rund 15 bis 20 km/h Fahrgeschwindigkeit zu rechnen, was etwa 4 bis 5 m/sec entspricht. Die maximalen Mittelleistungen können wie in Tab. 38 angegeben eingesetzt werden.

9.2 Erdarbeiten im Trockenen von Hand

Es ist grundsätzlich zu unterscheiden, ob ein Abtrag vom Planum, also ohne Behinderung oder innerhalb einer Baugrube erfolgt.

9.21 Abtrag vom Planum

Die Leistung eines geübten Arbeiters in m³ gewachsenem Boden je Stunde ist neben der Bodenart besonders von der Höhe des zu beladenden Fördermittels abhängig. Es gelten in Tab. 39 die kleineren Leistungswerte für größere Ladehöhen, z. B. LKW, und umgekehrt.

Tabelle 39

Bodenart	Lösen und Laden	Laden von Haufen	Laden von glatter Unterlage
	m³ gewachsener Boden je h		
a Schlamm	0,75–1,0	—	—
b leicht	0,80–1,0	1,2 –1,5	1,2–1,5
c mittel	0,5 –0,7	0,8 –1,2	1,1–1,3
d_1 fest	0,4 –0,45	0,6 –0,8	0,9–1,1
d_2 sehr fest	0,28–0,32	0,45–0,6	0,7–0,9

Die angegebenen Leistungen sind Mittelwerte von geübten Erdarbeitern. Für ungeübte sind die Sätze entsprechend zu vermindern, und zwar um so mehr, je fester der Boden ist, da unter Umständen bei sehr festem Boden ein ungeübter Arbeiter vollkommen versagen kann.

9.211 Zeitaufwand

Tabelle 40

Bodenart	Lösen und Laden	Laden von Haufen	Laden von glatter Unterlage
	h je m³ gewachsener Boden		
a Schlamm	1,0–1,5	—	—
b leicht	1,0–1,2	0,7–0,8	0,7–0,8
c mittel	1,5–1,8	0,8–1,2	0,7–0,9
d_1 fest	2,2–2,6	1,2–1,6	0,9–1,1
d_2 sehr fest	3,0–3,6	1,6–2,2	1,1–1,4

Sinngemäß gelten hier die kleineren Werte für kleinere Ladehöhen, also z. B. Schubkarren und umgekehrt.

9.212 Materialaufwand

Dieser ist praktisch auf den Verschleiß von Werkzeug und Laufbohlen beschränkt. Ersterer wird üblicherweise mit einem Zuschlag auf den Lohn abgegolten, der zweite ist völlig unbedeutend und wird daher vernachlässigt.

9.22 Aushub von Baugruben

Gegenüber dem Abtrag vom Planum tritt hier erschwerend in Erscheinung, daß der Aushub in beengtem Raum und meist auch zwischen Absteifungen durchgeführt werden muß, wobei das Hochwerfen in viel höherem Maße erforderlich wird. Auch darf nicht vergessen werden, daß fast immer irgendwelche Erschwerniszulagen zu zahlen sind, wodurch eine weitere Verteuerung eintritt. Normalerweise kann ein Mann gelösten, trockenen Boden bis zu 2 m, nassen Boden bis 1,50 m hochwerfen. Es ist zu beachten, daß in diese Wurfhöhe auch die Ladehöhe des Transportmittels einzubeziehen ist. Falls nur bis auf Planumhöhe gehoben wird, muß ein nochmaliges Laden gerechnet werden. Das Hochfördern durch mehrmaliges Überwerfen auf Holzbühnen ist jedoch eine sehr kostspielige Methode und wird zweckmäßiger durch das Heben mit Gefäßen ersetzt.

9.221 Leistung und Stundenaufwand

Tabelle 41. *Leistung eines Arbeiters* (m^3/h)

Bodenart	Lösen und Laden bis 2 m Höhe m^3/h	Umwerfen bis 2 m Höhe m^3/h
a Schlamm	0,3	—
b leichter Boden	0,7	1,25
c mittlerer Boden	0,50	1,1
d_1 fester Boden	0,35	0,9
d_2 sehr fester Boden	0,25	0,7

Tabelle 42. *Stundenaufwand* (h/m^3)

Bodenart	Lösen und Laden bis 2 m Höhe	Umwerfen bis 2 m Höhe
	h je m^3 gewachsener Boden	
a Schlamm	3,2	—
b leichter Boden	1,5	0,8
c mittlerer Boden	2,0	0,9
d_1 schwerer Boden	2,8	1,1
d_2 sehr schwerer Boden	3,8	1,4

Der Verbrauch an Holz für Wurfbühnen und Lauftreppen ist zwar größer als beim Aushub vom Planum, jedoch vernachlässigbar gegenüber der erforderlichen Pölzung, die gesondert zu berechnen ist (siehe Abschnitt 18).

9.3 Erdarbeiten im Nassen

9.31 Abtrag

9.311 Landbagger

Falls die Aushubarbeiten in Ufernähe durchzuführen sind, können normale Landbagger eingesetzt werden, die mit Tieflöffel oder Greifer, meist jedoch mit einer Schleppschaufel ausgerüstet sind. Der Aushub und die Förderung erfolgen dann wie beim Abtrag im Trockenen. Die möglichen Stundenleistungen müssen nur entsprechend den tatsächlich auftretenden Erschwernissen auf rund 60 bis 80% der im Trockenen erreichbaren Leistungen herabgesetzt werden.

Ist die Baggerung von Land aus nicht mehr möglich und sollen die erwähnten Geräte Verwendung finden, dann müssen diese auf Pontons montiert werden. Die Tragfähigkeit der Pontons soll nicht zu knapp bemessen werden und mindestens das zweifache des Baggergewichtes samt Ballast betragen. Für die Baggerleistung gilt das gleiche wie erwähnt, wobei durch die Förderung ein weiterer Leistungsabfall erfolgen kann.

Der Bedarf an Arbeitskräften ist bei den auf Schwimmkörpern montierten Baggern um die Schiffsmannschaft, die die Schiffsbewegungen durchführt, zu vergrößern. Meist sind hierfür 2 bis 3 Mann zusätzlich zur normalen Baggerpartie zu rechnen.

9.312 Eimerkettennaßbagger

Zum Unterschied von dem vorher genannten Landbagger stellt der Eimerkettennaßbagger ein Gerät dar, das nur im Wasser zu arbeiten vermag. Seine Arbeitsweise ist ähnlich der des Eimerkettentiefbaggers, nur ist die Drehrichtung der Eimerkette umgekehrt, d. h. die mit dem Material gefüllten Eimer befinden sich auf der Oberseite der Kette zum Unterschied von den an Land arbeitenden Eimerbaggern. Diese Anordnung ist deshalb erforderlich, weil sich der Naßbagger unter Umständen die notwendige Fahrrinne selbst herstellen, d. h. sich freibaggern muß.

Die Eimerkettennaßbagger sind fast für alle Bodenklassen verwendbar. Für schlammigen Boden wird er in wirtschaftlicher Hinsicht von den Saugbaggern übertroffen, da der Hauptnachteil des Eimerkettennaßbaggers, die große tote Last der Eimerkette, bei leichtem Boden besonders hervortritt.

Die Arbeitsweise des Eimerkettennaßbaggers ist aus Abb. 13 zu entnehmen.

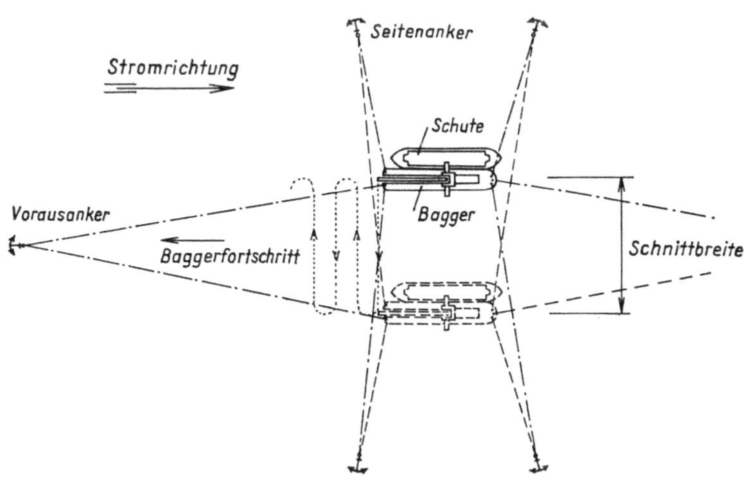

Abb. 13. Arbeitsweise des Eimerkettennaßbaggers (nach PAULMANN und BLAUM)

Das gelöste Material wird meist auf Schuten geladen, kann aber auch über Förderbänder direkt an Land gebracht werden, wo es entweder weitertransportiert oder aber z. B. mit Raupen verteilt werden kann.

Die Kenngröße der Eimernaßbagger ist der Eimerinhalt; dieser schwankt normalerweise zwischen 20 und 500 l, doch kommen im Seebau auch größere Eimer bis 1,0 m³ Inhalt vor. Der Antrieb kann mit Dieselmotoren oder Dampfmaschinen erfolgen. Bei Dieselantrieb ist mit rund 0,6 PS installierter Leistung je Liter Eimerinhalt zu rechnen, während bei Dampfbetrieb mindestens 0,2 m² Kesselheizfläche je Liter Eimerinhalt benötigt werden.

Die erreichbare Baggertiefe schwankt je nach Baggergröße zwischen 2,0 und 12,0 m.

Das Gewicht in Tonnen beträgt näherungsweise:

Dieselantrieb 0,75 × Eimerinhalt in l
Dampfantrieb 1,00 × „ in l

Die Leistungen hängen außer von der Bodenart und der Eimergröße von der Anzahl der Schüttungen und dem erreichbaren Füllungsgrad ab. Im Mittel kann mit rund 15 Schüttungen je Minute gerechnet werden. Dies ergibt unter Berücksichtigung der verschiedenen Füllungsgrade und Auflockerung bei den einzelnen Bodenarten die in Tab. 43 angegebene mittlere Baggerleistung bei ununterbrochenem Betrieb.

Tabelle 43

Bodenart	Eimerinhalt in l								Leistung ≐ f × Eimerinhalt
	20	50	100	150	200	300	400	500	
a Schlamm	18	45	90	135	180	270	360	450	0,90
b leicht	15	35	75	110	150	225	300	350	0,75
c mittel	12	30	60	90	120	180	240	300	0,60
d_1 fest	—	20	45	65	90	135	180	220	0,45
d_2 sehr fest	—	—	30	45	60	90	120	150	0,30

9.3121 Zeitaufwand

Die für den Betrieb eines Eimerkettennaßbaggers erforderliche Bedienung hängt von der Größe des Baggers ab. Normalerweise sind außer der Baggermannschaft, also Baggerführer, Abfüller und Schmierer sowie 1 bis 2 Heizer bei Dampfbetrieb, noch die Schiffsbedienung erforderlich. Diese besteht meist aus 1 Bootführer und 2 Schiffsleuten an den Seilwinden und 2 Mann für die Verankerung an Land. Dazu muß noch die Versorgung mit Betriebsstoff gerechnet werden.

9.3122 Materialaufwand

An Betriebsstoffen kann gerechnet werden:

Dieselantrieb: Diesel 0,12—0,15 kg/PSh
Dampfantrieb: Kohle 1,0 —1,5 kg/PSh ≐ 3,0—4,5 kg/m² Kesselheizfläche.

Die Kosten der Schmierstoffe betragen rund 20% der der Betriebsstoffe. In annähernd gleicher Höhe wie die Betriebsstoffkosten bewegen sich die der Verschleißteile (Seile usw.).

9.3123 Gerätekosten

Die Vorhaltekosten sind bedeutend und müssen auch während der Zeit des An- und Abtransportes gerechnet werden.

Der Transport erfolgt meist auf dem Wasserwege im Schlepp eines Fahrzeuges. In diesem Falle laufen auch keine besonderen Montagekosten auf. Muß jedoch der Transport auf dem Landweg erfolgen, was nur für kleinere Bagger in Frage kommt, so ergeben sich nicht unerhebliche Montage- und Demontagekosten, die je nach der möglichen transportierbaren Größe der Einzelteile in weiten Grenzen schwanken können.

9.313 Saugbagger

Eine besondere Form des Abtrages unter Wasser stellt die Anwendung des Saugbaggers dar. Es wird hierbei ein eigenes Saugrohr an das Material herangeführt und sodann mittels einer eigenen Pumpe ein derartiger Saugstrom erzeugt, daß das Material mitgerissen wird und durch eigene Leitungen entweder auf Förderschiffe oder direkt an Land auf eine Kippe gedrückt werden kann. Der Saugbagger ist also in der Lage, unter Umständen nicht nur den Abtrag, sondern auch gleichzeitig den Transport durchzuführen. Die Anwendung des Saugbaggers ist natürlich auf leichtere Böden beschränkt. Bei etwas steiferen Böden genügt die Saugwirkung des strömenden Wassers allein nicht mehr, um das Material zu lösen. Es wird dann eine eigene Schneidevorrichtung (Cutter) eingesetzt. Bei Anwendung einer Schneidvorrichtung ist es möglich, einen plangemäßen Abtrag durchzuführen, was bei reiner Saugwirkung nicht der Fall ist. Es ist jedoch nicht nur zu beachten, wie sich das Material lösen, sondern auch wie es sich in gelöstem Zustand transportieren läßt. Tab. 44 gibt eine Übersicht über die mittels Saugbagger zu lösenden Bodenarten und ihre Eignung in Bezug auf die erwähnten Eigenschaften.

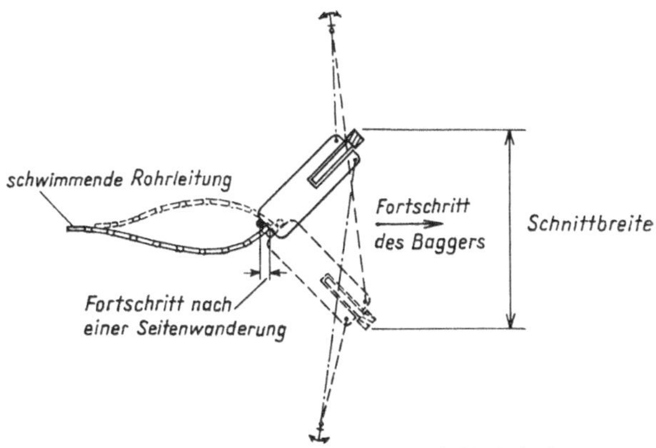

Abb. 14. Arbeitsweise des Saugbaggers bei Rohrförderung (nach PAULMANN und BLAUM)

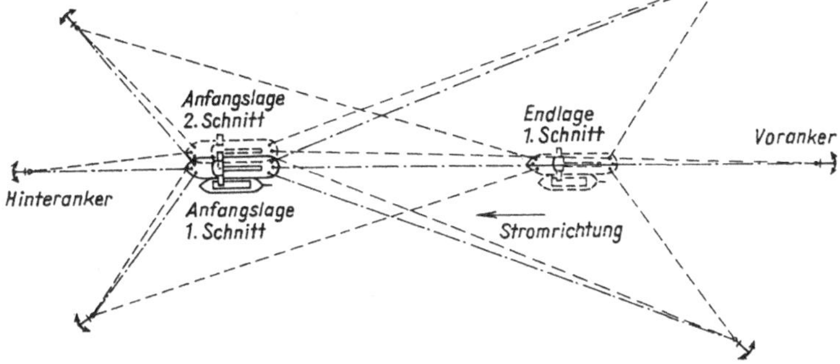

Abb. 15. Arbeitsweise des Saugbaggers bei Schutenförderung (nach PAULMANN und BLAUM)

Die Arbeitsweise des Saugbaggers bei Förderung mit Rohrleitungen zeigt Abb. 14, für Schutenbeladung ist sie ähnlich der des Eimerkettennaßbaggers (Abb. 15).

Tabelle 44

Bodenart	Ansaugfähigkeit	Transportfähigkeit
Grober Kies	gut	schlecht
Feinsand	gut	gut
Ton	schlecht	aufgeschwemmt gut in Brocken schlecht

9.3131 Leistung

Als Kenngröße des Saugbaggers gilt die Leistung der Saugpumpen, die wieder die Größe des Durchmessers der Druckleitung bedingen. Die Wassermenge, die benötigt wird, um 1 m^3 Material zu lösen und zu transportieren, ist verschieden je nach Bodenart. Es können folgende Werte je Kubikmeter gelösten Materials angenommen werden:

Sand 0,2/0,8 mm	4 m^3 Wasser
Sand 2,5 mm	10 m^3 Wasser
grober Kies und Ton	25 m^3 Wasser

Die Geschwindigkeit in den Leitungen muß so gewählt werden, daß einerseits der Weitertransport des Materials gewährleistet, andererseits jedoch der Reibungswiderstand nicht zu groß wird, der quadratisch mit der Geschwindigkeit wächst. Im Mittel kann mit einer Geschwindigkeit von

2,5—4,0 m/sec in der Druckleitung

bzw. 2,0—3,5 m/sec in der Saugleitung

gerechnet werden.

Je schwerer das Material zu fördern ist, um so größer muß die Geschwindigkeit sein, um ein Absetzen des Materials zu verhindern. Daraus ergeben sich für $v = 3{,}0$ m/sec die in Tab. 45 angeführten theoretischen Fördermengen:

Tabelle 45

Durchmesser der Druckleitung mm	Gemisch Wasser und Material m^3/h	Feinsand m^3/h	Sand m^3/h	Grober Kies und Ton m^3/h
200	340	70	30	12
300	760	150	70	30
400	1360	270	120	50
500	2100	420	190	80
600	3100	620	280	120
700	4200	840	380	160

Bei Ermittlung der tatsächlichen Leistung sind natürlich sämtliche Aufenthalte, die sich aus dem Betrieb durch das Anlaufen und Umstellen ergeben, zu berücksichtigen.

Der Kraftbedarf hängt von der Förderhöhe, der Menge des geförderten Material-Wasser-Gemisches, der Länge und dem Durchmesser der Spülrohrleitung ab. Es ist verständlich, daß hierbei beträchtliche PS-Leistungen erforderlich werden, deren Einschätzung bzw. Berechnung der Erfahrung von Spezialunternehmen vorbehalten bleiben wird.

9.314 Schwimmgreifer

Für Kiesgewinnungen aus dem Wasser, aber auch für Aushubarbeiten in mittleren Böden und größeren Tiefen werden sehr vorteilhaft schwimmende Greiferbagger verwendet. Bekannt sind die Erzeugnisse der Firmen Maschinenfabrik A. Ridinger, Mannheim, Maschinenfabrik Mohr & Federhaff A. G., Mannheim, die schwimmende Krananlagen mit Schalengreifern von 1,0 bis 3,0 m³ Inhalt herstellen, die sich für Baggerungen aus dem Nassen hervorragend eignen. Die Leistungen liegen je nach Tiefe und Bodenart zwischen 30 und 120 m³/h. Meist werden diese Anlagen mit zusätzlichen Geräten zur Aufbereitung, Vorsortierung und Entwässerung ausgestattet, so daß für den Abtransport bereits sortiertes, nicht zu nasses Material zur Verfügung steht. Der Abtransport kann so wie bei 1. und 2. mit Bändern oder Schuten bewerkstelligt werden und richtet sich nach den örtlichen Gegebenheiten.

9.32 Förderung

Falls die Bagger nicht mehr an Land stehen können, muß der Abtransport des Materials über das Wasser erfolgen. Ist das Ufer sehr nahe, dann kann dies mit Förderbändern erfolgen, die auf Pontons montiert sind. Dies hat den Nachteil, daß ein Schiffsverkehr innerhalb dieses Bereiches unterbunden ist.

Meist sind jedoch die Förderwege von Haus aus größer, so daß der Transport mit Förderbändern unmöglich wird und Wasserfahrzeuge, also Schuten in verschiedensten Formen zur Anwendung kommen. Welche Schuten einzusetzen sind, hängt davon ab, ob das gebaggerte Material an Land gebracht werden muß oder aber im Wasser versenkt werden kann.

Im ersten Falle muß das Wasserfahrzeug also noch einmal ausgebaggert (eleviert) werden, es kommen demnach offene und sogenannte Elevierschuten in Frage. Die offenen Schuten werden, um Beschädigungen beim Elevieren zu vermeiden, meist mit besonderen Schutzwänden ausgerüstet, die Elevierschuten sind von vornherein für den Elevierbetrieb gebaut.

Falls das Baggermaterial im Wasser versenkt werden darf, kommen Klappschuten zur Anwendung. Es sind dies Schwimmfahrzeuge mit Bodenklappen. Da zum Öffnen und Schließen der Klappen ein eigener Mechanismus erforderlich ist, sind die Gerätekosten aus der Vorhaltung größer als bei den anderen Schuten.

Als Schleppschiffe finden meist Motorboote, mitunter auch Dampfschiffe mit Freifahrtgeschwindigkeiten von 15 bis 20 km/h (4—5,5 m/sec) Verwendung. Die erforderliche Maschinenstärke hängt ab vom Tauchquerschnitt der angehängten Schuten, der bedingt ist durch die Form der Schuten und deren Belastung, von der benetzten Schiffsoberfläche und von der Fahrgeschwindigkeit, bzw. in Flüssen von der Relativgeschwindigkeit.

Näherungsweise kann gesetzt werden:

$$\text{Erforderliche Zugkraft in kg} = (4{,}0 \times F + 0{,}2 \times O) \times v^2$$

hierbei ist F = Tauchquerschnitt in m² $\doteq$ Breite × Tauchtiefe
O = benetzte Schiffsoberfläche in m² $\doteq$ Länge × benetzter Umfang
v = Relativgeschwindigkeit in m/sec.

Die mögliche Zugkraft je PS installierter Leistung schwankt zwischen 10 und 15 kg, woraus die Größe des erforderlichen Schleppschiffes gegeben ist.

9.321 Leistung

Die Förderleistung der Wasserfahrzeuge und deren Anzahl errechnet sich ähnlich der am Land fahrenden Fördergeräte. Es ist nur zu berücksichtigen, falls das Baggergut an Land umgeschlagen werden muß, daß an Stelle der Kippzeit die Zeit für das Elevieren tritt, die natürlich von der Leistung des Elevierbaggers abhängt. Wenn das Elevieren nur durch einen Bagger erfolgen kann, muß dieser die gleiche Leistung wie der Naßbagger besitzen.

9.322 Zeitaufwand

Aus der Zahl der erforderlichen Schuten und Schleppschiffe ergibt sich der Bedarf an Personal. Für jedes Schleppschiff sind zu rechnen 1 Bootführer, 1 Schiffsmann und 1 Maschinist bzw. bei Dampfschiffen noch 1 bis 2 Heizer.

Die Schuten bleiben meist unbemannt, aus Navigationsgründen müssen sie aber mitunter besetzt werden.

10. Felsarbeiten (Felsbau)

10.1 Felsarbeiten über Tag

10.10 Allgemeines

Bei den Erdarbeiten wurde der Abtrag von Fels nicht erörtert, da er grundsätzlich nach anderen Methoden erfolgt.

Das *Laden* und *Verführen* kann wie bei den anderen Bodengattungen durchgeführt werden; es sind die dort erwähnten Überlegungen maßgebend. Für das *Lösen* jedoch reicht die Reißkraft der üblichen Grabwerkzeuge nicht mehr aus. Die Lösearbeit muß mit Hilfe von Sprengmitteln durchgeführt werden. Diese Arbeit teilt sich in folgende drei Teilleistungen:

Bohren von Sprenglöchern,
Laden mit Sprengstoff,
Abschießen der Sprengladung.

Von diesen Teilarbeiten erfordert die erste den weitaus größten Zeitaufwand, während die zweite vor allem die Materialseite belastet.

Ein weiterer großer Unterschied gegenüber dem Abtrag bei Erdarbeiten besteht darin, daß der Ausbruch nicht maßgerecht durchgeführt werden kann.

Um ein bestimmtes Profil mit Sicherheit zu erreichen, ist von vornherein mit einem gewissen *Mehrausbruch* zu rechnen, der oft noch durch unvermeidlich anfallendes Material vergrößert wird. Dieses *Überprofil*, das vor allem bei kleinen, beengten Querschnitten ins Gewicht fällt, ist bei der Kalkulation zu berücksichtigen. Üblicherweise bleibt der Mehrausbruch für die Lösearbeit außer acht, da das Nacharbeiten bzw. Profilieren ohnehin gesondert berücksichtigt werden muß; für das Beladen und Fördern jedoch ist er unbedingt einzurechnen.

Der Mehrausbruch ist von vielen Faktoren abhängig, und zwar von:

Gesteinsart, Klüftigkeit
Lage der Schichten und Klüfte,
Lage der Sprenglöcher, Abschlagtiefe,
Art des Sprengstoffes,
Querschnittsgröße und -form.

Er kann mit rund 0,10 bis 0,20 m^3/m^2 Ansichtsfläche angenommen werden. Wie schon erwähnt, ist das Überprofil für das Lösen weniger wichtig als für das Beladen und Fördern. Unter Umständen kann sogar eine Sprengarbeit unter Beachtung eines möglichst kleinen Überprofils teurer kommen als ein flotter Betrieb, bei dem darauf keine Rücksicht genommen wird. Falls der Mehrausbruch mit Beton auszufüllen ist, wie es z. B. bei Fundamenten oder Verkleidungen der Fall ist, muß dies besonders berücksichtigt werden. Erst im Zusammenhang mit einer anschließenden Betonverkleidung erlangt das Überprofil seine besondere Bedeutung, worauf ausdrücklich hingewiesen sei.

Fels besitzt gegenüber den anderen Bodenarten auch eine wesentlich größere Auflockerung; sie beträgt je nach Gesteinart, Klüftigkeit usw. rund 40 bis 75%.

Das *Bohren* erfolgt fast nur mehr mit Preßluft-Bohrhämmern, selten mit elektrisch betriebenen Hämmern. Nur in Ausnahmefällen, wenn keine Druckluft vorhanden ist, z. B. in unwegsamem Gelände, kann auch händisches Bohren in Frage kommen.

Um die Sprengarbeiten kostenmäßig zu erfassen, ist es vorerst notwendig, folgende zwei Kennwerte zu erörtern:

1. Anzahl der Bohrlochmeter je Kubikmeter Fels, die zum Lösen des Gesteins erforderlich sind.
2. Anzahl der Bohrlochmeter, die mit einem bestimmten Bohrgerät oder unter Umständen auch händisch in der Zeiteinheit hergestellt werden können, kurz Bohrleistung genannt.

Diese Werte hängen von verschiedenen Faktoren ab und sollen anschließend besprochen werden.

10.11 Erforderliche Bohrlochlängen

Die erforderlichen Bohrlochlängen sind außer von der Verspannung, die durch die örtlichen Verhältnisse gegeben ist, besonders von der Sprengbarkeit des Gesteins abhängig. Diese ist neben der Gesteinshärte vor allem durch die Lagerung und die Kompaktheit des Felsens bedingt. Es kann unterschieden werden:

Leichter Sprengfels: Weiches und zerklüftetes Gestein,
mittlerer Sprengfels: Kleinbankiges, geschichtetes Gestein,
schwerer Sprengfels: Hartes und dichtes Gestein in groben Bänken.

Neben der Verspannung und der Sprengbarkeit des Gesteins sind noch von Einfluß:

Lage, Durchmesser und Tiefe der Bohrlöcher,
Art des Einbruches (Anordnung der Bohrlöcher),
Art und Menge des Sprengstoffes,

doch können alle diese Gegebenheiten im Rahmen einer Vorkalkulation nicht im einzelnen berücksichtigt werden. Für besondere Fälle ist es zweckmäßig, sich ein bestimmtes Bohrschema zurechtzulegen, das freie Flächen, notwendige Vorgabe und Schußfolge berücksichtigt.

Die folgenden Erörterungen gelten für den Einsatz normaler Bohrhämmer (20 bis 25 kg) und 30 bis 40 mm Schneidenbreite. Bei Großbohrlöchern (Durchmesser 80 bis 120 mm) ist es möglich, größere Sprengstoffmengen je Bohrlochmeter unterzubringen. Es sinkt damit der Aufwand an Bohrmeter je Kubikmeter Fels beträchtlich. Es ist zweckmäßig, sich in diesem Falle mit den Spezialfirmen der Bohrindustrie in Verbindung zu setzen.

Wenn irgend möglich, werden die Bohrlöcher parallel zur Ansichtsfläche und annähernd lotrecht angesetzt, um einerseits eine möglichst große Sprengwirkung zu erzielen und andererseits die Bohrarbeit zu erleichtern.

Für überschlägige Ermittlungen können bei normalen Verhältnissen die erforderlichen Bohrlochlängen je Kubikmeter aus Tab. 46 angenommen werden.

In diesen Angaben sind Bohrlochlängen, die für ein eventuell weiteres Zerkleinern der Sprengtrümmer erforderlich werden, nicht enthalten. Nicht berücksichtigt wird auch der Mehraufwand an Bohrlöchern, der für den Feinaushub, d. h. für die möglichst genaue Einhaltung des Profiles benötigt wird.

Weiters soll darauf hingewiesen werden, daß Löcher, die senkrecht zur Felsfläche gebohrt werden — ein Fall, der immer bei engen Profilen, Schächten usw.

Tabelle 46

Art der Sprengung:	Sprengfels leicht m/m³	Sprengfels mittel m/m³	Sprengfels schwer m/m³
Steinbruchwände, Felsanschnitte[1]	0,25	0,40	0,5
Weite Baugruben > 10 m	0,50	1,00	1,50
Enge Baugruben 3—6 m	1,50	2,00	3,00
Rohr- (Kanal-) Gräben 1—2 m	1,80	2,50	3,50—4,00
Lose Felstrümmer	0,30	0,50	0,60

[1] Bei genauer Einhaltung von Profilen + 100 → 150%

vorkommt — fast nie zur Gänze herausgeschossen werden, sondern zum Teil stehenbleiben. Die stehengebliebenen Teile der Bohrlöcher, auch „Pfeifen" genannt, können rund 10% der gesamten Bohrtiefe ausmachen; um diesen Betrag sind daher auch die angegebenen Werte zu erhöhen.

10.12 Bohrleistung

Die mögliche Bohrleistung hängt einerseits von den geologischen Verhältnissen, also von der Bohrbarkeit des Gesteins selbst, und andererseits vom Bohrwerkzeug ab.

Von der Gesteinsseite her ist es vor allem die Gesteinshärte, die die Bohrleistung beeinflußt und die auch eine Einteilung der Gesteine nach verschiedenen Härtegraden erforderlich macht. Es können folgende vier Gesteinsklassen unterschieden werden:

1. Weicher Fels: Schiefer, weiche Sandsteine und Kalke,
2. Mittelharter Fels: Sand- und Kalksteine, Konglomerate
3. Harter Fels: Granit, Gneis, harter Kalkstein
4. Sehr harter Fels: Quarzreicher Granit und Gneis, Basalt, Amphibolit u. a.

Gegenüber der Härte des Gesteins treten beim Bohren die anderen geologischen Eigenschaften, also Klüftigkeit, Lagerung usw. im wesentlichen zurück. Es muß jedoch beachtet werden, daß wasserführendes oder klebriges Material, also z. B. Mergel oder weicher, schmieriger Schiefer für die Beurteilung der Bohrbarkeit in die nächsthöhere Gesteinsklasse einzureihen ist.

Beim Bohrwerkzeug sind folgende Faktoren von Einfluß auf die Bohrleistung:

Art des Hammers,	Luftdruck,
Bohrstahl,	Wasserdruck,
Schneidendurchmesser,	Anpreßdruck,
Schneidenform,	Lage des Bohrloches.

Es ist natürlich nicht möglich, im Rahmen einer Kalkulation alle diese Einflüsse zu berücksichtigen. Bohrleistungswerte für verschiedene Gesteinsarten können also nur verglichen werden, wenn sie auf das gleiche Bohrwerkzeug und die gleichen Arbeitsbedingungen bezogen sind. Als Grundlage für die folgenden Angaben wird ein Preßlufthammer von rund 20 kg Gewicht gewählt, wie er fast allgemein im Bauwesen verwendet wird. Der Betriebsdruck der Preßluft ist im allgemeinen 6 atü, die Schneiden sind meist eingelötete Hartmetallplättchen mit einem Schneidendurchmesser von 30 bis 35 mm. Die Wasserspülung, die bei quarzhaltigem Gestein unbedingt erforderlich ist, hat normalerweise rund 4 atü.

In der Gesteinbohrtechnik wird als Bohrleistung jene Leistung pro Zeiteinheit betrachtet, die auf dem Versuchswege, also unter günstigen Bedingungen, bei ununterbrochenem Bohren erreicht wird. Nun ist dieser Wert in der Kalkulation nur von theoretischem Interesse, wichtig ist jene Leistung, die in normalem Bohrbetrieb unter Berücksichtigung von kleinen, durch das Ansetzen von neuen Bohrlöchern und dem Bohrerwechsel bedingte Pausen erreicht werden kann. Größere Pausen, wie sie sich durch das Laden, Sprengen und Beiseiteschaffen von Sprengtrümmern ergeben, sind jedoch nicht berücksichtigt. Unter diesen vorerwähnten Voraussetzungen kann mit den in Tab. 47 angeführten Bohrleistungen gerechnet werden.

Tabelle 47

Gesteinsart	Bohrleistung l (bei d = 30—35 mm)
Weicher Fels	10—14 m/h
Mittelharter Fels	7— 9 m/h
Harter Fels	4— 6 m/h
Sehr harter Fels	2— 3 m/h

Anmerkung: Hammergewicht 20 kg.

Unter Berücksichtigung der erforderlichen Bohrlochlängen kann daher *ein* Bohrhammer die in Tab. 48 angegebenen Gesteinsmengen je Stunde maximal abbohren:

Tabelle 48

	Fels			
	weich m^3/h	mittel m^3/h	hart m^3/h	sehr hart m^3/h
Steinbruch	30	17	8	4
Große Baugruben	15	7	2,5	1,5
Enge Baugruben	7	3,5	1,5	0,7

Bei Ermittlung der Schichtleistung muß natürlich berücksichtigt werden, daß der Bohrhammer infolge Behinderung durch das Sprengen, Legen von Leitungen, aber auch durch das Baggern, nicht dauernd eingesetzt ist. Dies ist besonders bei Sohlenaushüben zu beachten, da hier erst die Sohle freigebaggert werden muß, bevor die nächsten Bohrlöcher angesetzt werden können.

Der Einfluß des Schneiden- bzw. des Bohrlochdurchmessers (d_x) auf die Bohrleistung kann mit Rücksicht darauf, daß die zu leistende Bohrarbeit ungefähr dem Bohrlochvolumen proportional ist, für andere Durchmesser (dx) annähernd ausgedrückt werden durch die Beziehung

$$l_x = l_{35} \times \frac{(d_{35})^2}{dx^2}$$

Die Gleichung berücksichtigt natürlich nicht die Änderung des Verhältnisses Umfang zu Fläche des Bohrloches; da nun auch der Umfang des Bohrloches ein Maß für die zu leistende Bohrarbeit ist, ergibt obige Beziehung für kleinere Durchmesser zu hohe Werte und umgekehrt.

Bezüglich der Druckkraft zeigt sich, daß die Bohrleistung direkt proportional dem Quadrat des Überdruckes am Bohrwerkzeug ist, also $l = f\,(\text{atü})^2$, d. h., daß ein nur geringfügiges Absinken des Druckes eine wirtschaftlich nicht vertretbare Leistungsminderung zur Folge hat. Andererseits bewirkt eine Drucksteigerung meist nur eine weitere Zermalmung des Gesteins, die nicht erforderlich ist. Eine Drucksteigerung über den normalen Druck (6 atü) ist daher in der Regel unwirtschaftlich. Damit ergibt sich zwangsläufig, daß die Preßluftleitungen richtig zu dimensionieren und sachgemäß zu verlegen und zu warten sind, so daß die Druckverluste zu einem Minimum werden.

Alle anderen erwähnten Faktoren sind auf die Bohrleistung von geringem Einfluß und werden aus diesem Grunde nicht weiter erörtert.

Im händischen Betrieb betragen die erreichbaren Bohrleistungen, wobei 2 Mann erforderlich sind, ungefähr:

Weicher Fels	0,3 —0,5 m/h
mittelhartes Fels	0,2 —0,3 m/h
harter Fels	0,12—0,2 m/h
sehr harter Fels	0,08—0,12 m/h

Die größeren Werte gelten für senkrechte, nach unten gerichtete, kurze Löcher bis rund 1 m Tiefe. Ist die Arbeit durch enge Baugruben behindert, dann sind obige Werte noch weiter zu ermäßigen.

10.13 Zeitaufwand

Aus den vorher angegebenen Werten für die erforderlichen Bohrlochlängen/m³ einerseits und der Leistung eines Hammers andererseits läßt sich der Zeitaufwand je m³ Fels errechnen. Je Bohrhammer ist 1 Mineur zu rechnen, der zeitweilig, mitunter auch dauernd, durch einen Helfer unterstützt wird. Neben diesen Mineurhelfern sind noch Arbeitskräfte einzusetzen, die übriggebliebene Felstrümmer beseitigen und auch kleinere Sicherungsarbeiten durchführen. Im Mittel sind zu jedem Hammer 2 Mann zu rechnen. Es ist jedoch zu berücksichtigen, daß die Bohrarbeit nicht während der ganzen Schichtdauer erfolgen kann, da außer den Unterbrechungen, die beim Ansetzen von neuen Löchern sowie beim notwendigen Bohrerwechsel entstehen und die im Ansatz für die Bohrleistungen bereits eingerechnet wurden, noch zusätzliche Zeitverluste vor allem durch das Laden und Sprengen selbst eintreten. Man rechnet damit, daß während einer Schichtdauer nur rund 60 bis 80% der Zeit für das Bohren aufgewendet werden.

Neben den eigentlichen Bohrpartien sind jedoch noch weitere Arbeitskräfte erforderlich, und zwar:

Schußmeister,
Kompressorwärter,
Schmiede bzw. Bohrerschleifer,
Leitungsschlosser.

Diese Arbeitskräfte sind nur für das Bohren und Sprengen, also das reine Lösen erforderlich. Überschlagsmäßig kann bei einer Besetzung von rund 5 Bohrhämmern (2 bis 2,5 m³/min Luftverbrauch) mit dem in Tab. 49 angegebenen mittleren Stundenaufwand für das *Lösen* von Gestein, also Bohren und Sprengen, gerechnet werden.

Tabelle 49

	Sprengfels			
	leicht h/m³	mittel h/m³	schwer h/m³	sehr schwer h/m³
Steinbruch	0,15	0,35	0,7	1,5
Große Baugruben	0,35	0,8	1,8	3,0
Enge Baugruben	0,8	1,6	3,0	5,5

Die weiteren Arbeiten, also Laden und Fördern, sind nach den unter „Erdarbeiten" entwickelten Grundsätzen zu ermitteln.

Das Profilieren und Reinigen ist noch gesondert zu kalkulieren und wird am besten auf den Quadratmeter Ansichtsfläche bezogen. Die Aufwendungen hierfür streuen beträchtlich je nach den Anforderungen, die gestellt werden, sie reichen von einfachen Sicherungsarbeiten bis zum Feinabtrag, bei dem das Lösen der letzten Schichten nur mehr mittels Schrämen erfolgen darf und die Aufstandsfläche vollkommen gesäubert zu übergeben ist.

Falls geschrämt werden muß, ist die zu schrämende Felsmenge abzuschätzen; im Mittel werden rund 0,10 bis 0,20 m^3/m^2 einzusetzen sein. Diese Mehrleistung ist auf die Gesamtkubatur umzulegen.

Überschlägig kann hierbei der Stundenaufwand je nach Gestein wie folgt angenommen werden:

	Fels			
	weich h/m³	mittel h/m³	hart h/m³	sehr hart h/m³
Stundenaufwand für das Schrämmen	8	15	20	25—30

Händisches Bohren kommt, wie schon erwähnt, nur in Sonderfällen und bei kleinen Kubaturen in Frage. Es soll daher nur der Stundenaufwand je Bohrlochmeter angegeben werden, der wieder abhängt von der Art und Länge des Bohrloches und davon, ob die Arbeit behindert ist oder nicht.

	Fels			
	weich h/m³	mittel h/m³	hart h/m³	sehr hart h/m³
Stundenaufwand/lfm Bohrloch bei händischem Bohren	5	8	12	20

10.14 Materialaufwand

10.141 Sprengstoff

Bei Sprengarbeiten ist natürlich der Hauptanteil des Materialverbrauches durch den Sprengstoff gegeben. Der Verbrauch ist abhängig von verschiedenen Faktoren, und zwar:

Art und Lagerung des Gesteins,
Örtliche Verhältnisse: Verspannung,
Sprengstoffqualität,
Art des Einbruches usw.

Tabelle 50. *Ungefähre Sprengstoffmenge je m³ Sprengfels*

Art der Sprengung	Sprengfels		
	leicht kg/m³	mittel kg/m³	schwer kg/m³
Steinbruchwände, Felsanschnitte[1]	0,25	0,35	0,5
Weite Baugruben > 10—12 m	0,40	0,60	0,80
Enge Baugruben 3—6 m	0,80	1,00	1,50
Rohr- (Kanal-) Gräben 1—2 m	1,50	2,00	3,00
Lose Felstrümmer	0,20	0,30—0,50	0,40—0,60

[1] Ist das Profil genau einzuhalten oder kleinstückiges Material erwünscht: + 80 → 100%

Für die Kalkulation sind die erstgenannten drei Faktoren von besonderer Bedeutung. Bei Verwendung von üblichen Sicherheitssprengstoffen kann annähernd mit dem in Tab. 50 angegebenen Verbrauch je Kubikmeter Fels gerechnet werden.

10.142 Zündmittel

Den Kosten für die Sprengstoffe sind noch jene für die Zündmittel hinzuzurechnen. Die Zündung erfolgt entweder mittels Zündschnur oder elektrisch. Die elektrische Zündung kommt immer mehr zur Anwendung; es soll jedoch bei dieser Gelegenheit auf die Gefährdung durch Blitzschlag und die daraus resultierenden Sicherheitsmaßnahmen hingewiesen werden.

Die Kosten für die Zündmittel werden entweder in Prozenten der Sprengstoffkosten eingesetzt oder an Hand des gewählten Bohrschemas genau ermittelt.

Je Bohrloch ist bei normalen Verhältnissen mit mindestens einer Zündkapsel und einer gegenüber der Bohrlochtiefe um rund $^1/_2$ bis 1 m längeren Zündschnur zu rechnen. Bei elektrischer Zündung dementsprechend mit einer elektrischen Zündkapsel und den zugehörigen Zünddrähten. Dabei ist zu berücksichtigen, daß auch immer ein Teil der Zündleitung, die zur Zündmaschine führt, bei jeder Sprengung verloren geht.

Für überschlägige Berechnung kann angenommen werden, daß die Kosten der Zündmittel rund 20 bis 40% der Sprengstoffkosten betragen.

10.143 Energiebedarf

Ein weiterer Kostenaufwand entsteht durch den Antrieb für die Kompressoranlage. Größere stationäre Anlagen werden meist elektrisch betrieben, fahrbare mit Dieselmotoren.

Die angegebenen Bohrleistungen basieren auf einen Hammer von rund 2,0 m^3/min Druckluft von 6 atü. Für je 1 m^3/min Ansaugleistung sind etwa 5,5 kW bzw. 7,5 PS zu rechnen, woraus sich der Verbrauch an elektrischer Energie leicht errechnen läßt.

Überschlägig kann der in Tab. 51 angegebene Energiebedarf angesetzt werden.

Tabelle 51

	Sprengfels			
	leicht kWh/m^3	mittel kWh/m^3	schwer kWh/m^3	sehr schwer kWh/m^3
Steinbruch	0,3	0,7	1,5	3
Große Baugrube	0,8	1,6	4,5	7,5
Enge Baugrube	1,6	3,2	7,5	16,0
Stollen	10,0	15,0	20,0	25,0

10.144 Bohrerschneiden

Wie schon erwähnt, werden fast nur mehr Monobloc-Bohrer mit eingelöteten Hartmetallplättchen verwendet. Diese haben den Vorteil, daß sie einfach nachgeschliffen werden können. Nach ungefähr fünfmaligem Nachschleifen sind die Hartmetallplättchen unbrauchbar und müssen neue Plättchen eingelötet werden, falls nicht die Dauerfestigkeit der Bohrstange ebenfalls erschöpft ist.

Tab. 52 zeigt, nach wieviel Bohrmetern ein Nachschleifen erforderlich wird bzw. wann die Hartmetallplättchen unbrauchbar werden.

Tabelle 52

	Gestein mittelhart	hart	sehr hart
Nachschleifen nach	60	15	5 Bohrmeter
Unbrauchbar nach	300	100	25 „

Bei normalen Bohrstahlschneiden ohne Hartmetallplättchen müssen erstere nach dem Stumpfwerden wieder neu hergestellt und gehärtet werden, dabei geht natürlich immer ein Teil der Bohrstange verloren, und zwar etwa 0,10 kg je Schneidenherstellung. Die mögliche Bohrleistung einer normalen Schneide ist nur ein Bruchteil einer Schneide mit Hartmetallplättchen (Tab. 53).

Tabelle 53

	Gestein mittelhart	hart	sehr hart
Bohrleistung einer normalen Schneide	3,0	0,5	0,10—0,20 m

Die Schneidenherstellung kann händisch oder mit einer Bohrerschärf- und -stauchmaschine erfolgen. Im ersten Falle können 2 Mann etwa 15 Schneiden je Stunde herstellen, mit einer Schärfmaschine jedoch 50 bis 60 Schneiden je Stunde.

Für die Schärfmaschine, dem Schmiedefeuer samt Ventilator sind etwa 2 bis 4 m^3/min Luft zu rechnen.

Das Einlöten der Hartmetallplättchen erfordert Spezialkenntnisse und wird nur auf großen Baustellen selbst durchgeführt.

10.145 Wasserbedarf

Das vom Kompressor benötigte Kühlwasser beträgt rund 3 l/min je m^3 minutlich abgesaugter Luftmenge. Der Spülwasserbedarf der Bohrhämmer ist zwar von der Bohrgeschwindigkeit und der Gesteinsart abhängig, kann jedoch mit rund 2 bis 3 l/min angenommen werden. Der Wasserdruck am Bohrhammer soll mindestens 2,5 atü betragen, wird jedoch besser mit 3 bis 5 atü gewählt. Je nachdem, ob das benötigte Wasser zufließt oder aber über beträchtliche Höhe gepumpt werden muß, ergibt sich hierfür ein mitunter nicht unbedeutender Energieverbrauch bzw. Kostenaufwand.

10.146 Diverses

Außer den angeführten Materialien werden noch eine Menge anderer Verschleißmaterialien benötigt. Vor allem kann hier bei einem unsachgemäßen Betrieb der Verbrauch an Preßluftschläuchen ins Gewicht fallen.

Die Ersatzteile für den Bohrhammer sollten zwar in dem Reparaturentgelt enthalten sein, meist wird jedoch mit diesem Betrag kaum das Auslangen gefunden werden und es ist zweckmäßig, je Bohrhammerstunde rund 1‰ des Bohrhammerwertes für Ersatzteile einzusetzen. Die Schmierung eines Bohrhammers erfordert rund 0,25 kg Schmieröl je 8-Stunden-Schicht.

10.15 Gerätebedarf

Mit den nach dem Bauprogramm erforderlichen Mengen pro Tag und der möglichen Leistung eines Bohrhammers läßt sich die Anzahl der einzusetzenden Hämmer festlegen, wobei natürlich auf eine entsprechende Reserve Bedacht zu nehmen ist.

Bohrhämmer: Für die normalerweise verwendeten Bohrhämmer von rund 20 kg Gewicht ist mit einem minutlichen Luftverbrauch von rund 2 m³ atmosphärischer Luft zu rechnen. Der Druck darf aus wirtschaftlichen Gründen nicht wesentlich unter 6 atü liegen.

Kompressoren: Die Größe des Kompressoren ergibt sich aus dem Luftverbrauch der jeweils gleichzeitig im Einsatz stehenden Bohrhämmer und sonstigen Druckluftgeräte. Der unvermeidliche Verlust durch undichte Leitungen soll hierbei durch einen Aufschlag von etwa 10% berücksichtigt werden. Bei Verwendung mehrerer Hämmer tritt nun eine Verminderung des Luftverbrauches dadurch ein, daß nicht alle Werkzeuge gleichzeitig mit voller Belastung arbeiten. Annähernd kann bei Verwendung mehrerer Hämmer der sich aus Vollast ergebende Luftverbrauch auf folgende Werte reduziert werden:

Anzahl der Bohrhämmer	3	6	10	20	30
reduzierter Luftverbrauch	92	85	80	70	65%.

Da erfahrungsgemäß aber die Druckluft bei der späteren Baudurchführung meist auch noch für andere Zwecke verwendet wird, die im Zeitpunkt der Kalkulation noch nicht abgeschätzt werden können, empfiehlt es sich, die Abminderung nur beschränkt einzusetzen.

Der Energiebedarf je 1 m³ minutlich angesaugter Luftmenge kann bei den meist verwendeten Drücken von 5,5 bis 6 atü mit 5,0 kW für Elektro- bzw. 7 PS für Dieselantrieb eingesetzt werden.

Die angegebenen Werte für Luft- und Energiebedarf gelten für Seehöhen von rund 200 bis 300 m. Mit zunehmender Meereshöhe nimmt jedoch der Luftdruck und auch die Luftdichte ab. Ein bestimmter Kompressor, dessen Ansaugvolumen unveränderlich ist, liefert daher um so weniger Luftmenge, je höher er über dem Meeresspiegel gelegen ist. Da nun aber die Bohrwerkzeuge eine bestimmte Luftmenge benötigen, muß daher in größeren Höhen ein Kompressor mit einer der geringeren Luftdichte entsprechenden, höheren Ansaugleistung gewählt werden. Dadurch aber, daß das Luftgewicht und der Ansaugluftdruck mit zunehmender Höhenlage geringer wird, sinkt auch der erforderliche Kraftbedarf je 1 m³ minutlich angesaugter Luft. Diese Verminderung des Kraftbedarfes wird jedoch durch den Mehrverbrauch infolge erhöhten Luftbedarfes mehr als aufgewogen.

Der Einfluß der Meereshöhe auf Ansaugleistung und Kraftbedarf ist in Tab. 54 angegeben.

Tabelle 54

Absolute Meereshöhe	Mittlerer Luftdruck in kg/cm²	Erforderliche Liefermenge %	Kraftbedarf je m³ Luft/min		in %
			kW	PS	
0	1,033	97	5,1	7,2	103
250	1,000	100	5,0	7,0	100
500	0,97	103	4,95	6,9	99
1000	0,91	110	4,8	6,7	96
1500	0,86	117	4,65	6,5	93
2000	0,81	124	4,5	6,3	90
2500	0,76	132	4,4	6,1	87

Tabelle 55

Absolute Meereshöhe	Elektromotoren %	Verbrennungsmotoren %
0	100	103
500	100	97
1000	100	91
1500	96	86
2000	92	81
2500	88	76

Tabelle 56. *Rohrleitungsdurchmesser in mm für Druckluft von 7 atü und 0,2 at Druckabfall*[1]

Länge der Rohrleitung in mm	Minutlich angesaugte Luft in m³																	
	1	2	4	6	8	10	15	20	25	30	40	50	60	70	80	90	100	125
10	14	18	24	27	30	32	38	42	46	49	55	60	64	67	70	73	76	83
20	16	21	28	32	34	37	44	48	53	56	63	69	73	77	80	80	84	95
50	19	25	33	37	41	45	53	58	66	68	76	83	88	92	96	100	105	114
80	21	27	36	41	45	49	58	64	70	74	83	91	97	102	106	110	115	126
100	22	29	38	43	48	52	60	67	73	78	87	95	102	105	111	115	122	131
150	24	31	41	75	52	57	65	73	79	85	95	103	111	114	120	125	132	142
200	25	33	44	49	55	60	69	77	84	90	100	109	117	120	127	132	140	150
250	27	35	46	52	58	63	73	81	89	95	105	115	124	127	135	140	148	159
300	28	36	48	54	60	65	75	84	91	97	109	118	127	131	138	143	152	163
400	29	38	50	57	63	68	79	88	96	103	114	125	134	138	146	151	160	172
500	30	39	53	59	66	72	83	92	100	100	120	131	140	145	153	158	168	180
600	31	41	54	62	69	75	86	96	104	112	124	136	146	150	159	165	175	187
700	32	42	56	63	71	77	89	99	108	115	128	140	150	155	164	170	180	193
800	33	43	58	65	73	79	91	102	110	118	132	144	154	159	168	174	184	198
900	34	44	59	66	74	81	93	104	113	121	135	147	158	163	172	178	189	204
1000	35	45	60	68	75	82	95	105	115	124	137	151	160	166	175	183	194	206
1500	38	49	65	74	82	89	103	114	125	134	149	164	174	180	190	198	210	224
2000	40	52	69	78	86	94	109	120	132	142	157	173	183	190	200	210	222	236
2500	42	54	73	82	91	99	115	127	140	150	166	183	194	200	212	222	235	250
3000	44	55	75	85	94	102	118	131	143	154	170	188	200	207	218	228	242	256
3500	45	58	77	87	97	106	122	135	148	159	175	194	206	214	225	235	249	265
4000	46	59	79	89	99	108	125	138	151	162	180	198	210	218	230	240	255	270
4500	47	61	81	92	102	111	129	142	156	168	185	205	216	224	237	246	262	278
5000	48	62	83	93	103	113	131	145	158	171	189	207	220	228	240	251	267	285
5500	49	63	84	96	105	115	134	148	162	174	194	212	225	234	246	257	273	290
6000	50	64	86	97	107	117	136	150	165	177	196	215	228	237	250	262	277	295
6500	51	65	87	99	108	119	138	152	167	180	199	219	232	241	254	266	281	300
7000	51	66	89	100	110	121	140	155	170	183	201	222	236	244	258	269	286	304
7500	52	67	90	102	112	122	142	157	172	185	205	225	239	248	262	274	290	308
8000	53	68	91	103	113	124	144	159	174	186	207	227	242	251	265	276	294	312
8500	53	69	92	104	115	126	146	161	176	190	210	231	246	254	268	280	297	316
9000	54	70	93	105	116	127	147	163	178	192	212	233	248	257	271	284	300	320
9500	55	71	94	106	118	129	149	165	181	194	215	236	251	260	275	288	304	323
10000	56	72	95	107	120	130	150	166	183	197	218	241	255	263	280	291	310	330

[1] Zulässiger Druckabfall: 0,10 0,50 1,00 2,00 atü
Multiplikationsfaktor: 1,15 0,85 0,73 0,63

Nun ist aber die Meereshöhe nicht nur für die Ansaugleistung und den Kraftbedarf des Kompressors von Bedeutung, sondern auch von Einfluß auf den Wirkungsgrad der Antriebsmaschinen.

Bei Elektromotoren besteht er darin, daß die Wärmeabfuhr um so schlechter wird, je geringer die Luftdichte ist. Im gleichen Maße erfährt die Belastbarkeit eine Verminderung, die aber in verhältnismäßig kleinem Rahmen bleibt.

Wesentlich größer ist der Leistungsabfall bei Verbrennungsmotoren, da die Leistung von dem Gewicht des angesaugten Luft-Brennstoffgemisches abhängig ist und daher wie bei den Kompressoren mit abnehmender Luftdichte geringer wird.

Die Abhängigkeit der Belastbarkeit der Motoren von der Meereshöhe zeigt Tab. 55.

Windkessel: Um die Schwankungen zwischen Liefermenge des Kompressors und dem Luftverbrauch auszugleichen, werden Druckluftbehälter bzw. Windkessel eingeschaltet, deren Mindestgröße J annähernd sein soll

$$J \text{ in m}^3 = \sqrt{5 \times \text{angesaugte Luftmenge in m}^3/\text{min}}.$$

Rohrleitungen: Die Rohrleitungen, die der Zufuhr von Druckluft zu den Verbrauchsstellen dienen, sind so zu dimensionieren, daß der Druckabfall möglichst klein (etwa 0,2 atü) bleibt und keinesfalls über 1 atü ansteigt, da sonst der Wirkungsgrad der Bohrwerkzeuge unverhältnismäßig rasch absinkt. Zur Abschätzung der erforderlichen Rohrdurchmesser für die Druckluftleitung diene Tab. 56.

10.2 Felsarbeiten unter Tag

10.20 Allgemeines

Die Ausbrucharbeiten unter Tag unterscheiden sich wesentlich von den Arbeiten über Tag. Während bei letzteren fast immer von vornherein eine größere Arbeitsbreite mit mehreren Angriffsstellen zur Verfügung steht, müssen diese unter Tag erst durch den Vortrieb geschaffen werden. Der Fortschritt der gesamten Untertagearbeiten ist daher vor allem durch das Tempo des Vortriebes bedingt. Da aber für den Vortrieb nur eine einzige Angriffsstelle zur Verfügung steht, ist eine Forcierung des Vortriebes nur bis zu einem gewissen Grade möglich. Die Einzelarbeiten wie Lösen und Laden, die über Tag meist nebeneinander erfolgen, können hier nur zeitlich hintereinander durchgeführt werden.

Ein weiterer Unterschied gegenüber den Ausbrucharbeiten über Tag besteht darin, daß der gesamte Zu- und Abtransport von Mannschaft und Material nur über *eine* Förderbasis, und zwar über den bereits ausgebrochenen Hohlraum erfolgen kann, wodurch vor allem bei langen und kleinen Stollen beträchtliche Schwierigkeiten entstehen.

Weiters sei darauf aufmerksam gemacht, daß für die Untertagearbeiten eine besondere Lohnzulage einzurechnen ist. Diese, als Stollenzulage bezeichnet, ist in den einzelnen Ländern verschieden hoch, in Österreich z. B. beträgt sie 15% des Arbeitslohnes, also ein nicht vernachlässigbarer Anteil der Lohnkosten.

Wie schon eingangs erwähnt, ist der Fortschritt des Vortriebes von besonderer Bedeutung für den Bauablauf und damit auch für den wirtschaftlichen Erfolg von Untertagearbeiten. Man ist also gezwungen, den Vortrieb so weit es geht zu beschleunigen. Um die erforderlichen Leistungen mit Sicherheit zu erzielen, muß daher von vornherein mit einem bestimmten Mehrentgelt in Form einer Leistungszulage (Prämie) oder eines Akkordes gerechnet werden, wie überhaupt die stetig wiederkehrende, gleichmäßige Arbeit, wie dies bei langen Stollen der Fall ist, für Akkordarbeit besonders geeignet ist.

Für den Ausbruch ist ferner wichtig, ob er im Vortrieb, also von einer Stelle aus oder aber im Zuge einer Ausweitung erfolgt, bei der gleichzeitig mehrere Arbeitsstellen in Angriff genommen werden können.

Stollen bis zur Querschnittsfläche von 12 m^2 werden auch bei schwierigeren Gebirgsverhältnissen meist in einem Arbeitsgang vorgetrieben, während dies bei Tunnel mit ihren wesentlich größeren Querschnitten nur in standfestem Gebirge möglich ist. Normalerweise wird ab einer Querschnittsfläche von etwa 12 m^2 das Profil mit einem, bei sehr großen Flächen auch mit mehreren Vortriebsstollen aufgeschlossen, von welchen aus die Ausweitung bzw. der weitere Abbau erfolgen kann.

Aus Zweckmäßigkeitsgründen soll daher hier unter „Stollen" jener Ausbruch unter Tag verstanden werden, der auf einmal, also durch einen Vortrieb aufgeschlossen wird, während beim Tunnel eine Unterteilung in Bezug auf seine Querschnittsfläche erfolgt. Wie schon erwähnt, ist diese Unterscheidung nicht ganz richtig, da in immer steigendem Maße — vor allem im standfesten Gebirge — auch große und größte Profile in vollem Profil vorgetrieben werden.

Technisch gesehen hängt die Art des Ausbruches weitgehend von der Gesteinsart und dessen Standfestigkeit ab. Um eine gewisse Unterteilung vornehmen zu können, werden folgende Gruppen unterschieden[1]:

1. Standfestes Gebirge (A)
2. Nicht standfestes Gebirge
   a) gebräches Gebirge
      nachbrüchig (B)
      leicht gebräch (C)
      gebräch (D)
   b) Druckhaftes Gebirge
      sehr gebräch (E)
      druckhaft (F)
   c) Sehr druckhaftes Gebirge (G)
   d) Schwimmendes Gebirge (H)

Während die erste Gruppe keinen Einbau oder höchstens zur Sicherung einen nachträglich einzubauenden Kopfschutz erfordert, sind bei der zweiten Gruppe Einbauten verschiedenster Art und Stärke notwendig; sie haben natürlich Arbeitserschwernisse und damit eine beträchtliche Verteuerung zur Folge, und zwar um so mehr, je weniger standfest, also je leichter das Gebirge lösbar ist. Es ergibt sich demnach die eigenartige Tatsache, daß ein Ausbruch unter Tag in nicht standfestem Gebirge um so teurer wird, je leichter an sich das Gebirge zu lösen ist. Dies gilt natürlich nicht für standfestes Gebirge, in dem nach wie vor die Ausbruchskosten mit der Gesteinsfestigkeit zunehmen. Das günstigste Gebirge ist also jenes, das leicht zu bohren und zu schießen ist und gerade noch keinen Einbau benötigt.

Da der Einbau von ausschlaggebendem Einfluß auf die Kostenermittlung ist, soll vorerst der Ausbruch im standfesten Fels gesondert erörtert werden.

---

[1] Nach LAUFFER, H.: Die neuere Entwicklung der Stollenbautechnik. Österreichische Ingenieur-Zeitschrift, Jg. 3, H. 1 (1960).

10.21 Ausbruch im standfesten Fels

10.210 Allgemeines

Das Lösen des Gesteins, das über Tag den Hauptteil der Ausbruchsarbeiten darstellt und für den Arbeitsfortschritt maßgebend ist, wird unter Tag zu einer — allerdings wichtigen — Teilleistung, die sich in den Ablauf der Gesamtarbeiten einfügen muß.

Es ergibt sich demnach im wesentlichen folgende Gliederung der Ausbruchsarbeiten unter Tag:

1. *Lösearbeit:* Instellunggehen der Bohrgeräte, Bohren, Laden der Sprenglöcher, Schießen, Lüften.
2. *Herstellen der Förderbahn:* Legen von Geleisen, Schüttelrutschen usw.
3. *Ladearbeit:* Schuttern, Wagenwechsel.
4. *Materialförderung und Kippen.*
5. *Nebenarbeiten:* Kanal herstellen, Verlegen der Rohrleitungen für Preßluft und Lüftung, Gleiserhaltung, Stromleitungen und Trafostationen.

Im Vortrieb können die ersten drei Arbeiten zeitlich nur hintereinander ausgeführt werden, während die Förderung und die Nebenarbeiten parallel dazu erfolgen. Für die einzelnen Arbeitsstellen der Ausweitung gilt das gleiche, nur tritt für die gesamte Ausweitung infolge der Gleichzeitigkeit mehrerer Angriffsorte ein Übergreifen der einzelnen Arbeiten ein.

Für die Ausbruchsarbeiten ist es natürlich wichtig, daß in jeder Einzelarbeit eine Höchstleistung erzielt wird; noch wichtiger jedoch ist das harmonische Abstimmen der Einzelleistungen aufeinander, da nur dadurch ein Maximum an Wirtschaftlichkeit erzielt werden kann.

Für das Lösen von Fels unter Tag sind grundsätzlich die gleichen Erwägungen maßgebend, wie sie im Kapitel „Felsarbeiten" näher behandelt wurden; es sollen nur kurz einige Ergänzungen hierzu vorgenommen werden.

Überprofil

Wie bei jeder Felsarbeit, ist auch im Stollen- und Tunnelbau ein *Mehrausbruch* unvermeidlich. Die Anschätzung dieses Überprofiles ist nicht leicht. Alle für den Ausbruch angeführten Einflüsse spielen hierbei eine große Rolle. Querschnittsgröße und Form, Abschlagtiefe, Sprengstoffmenge, Bohrlochschema, Einbruchsart und schließlich Gesteinsart beeinflussen die Größe des Mehrausbruches, der, bezogen auf den Sollausbruch, zwischen 5 und 20% liegen kann. Wie der Prozentsatz zeigt, ist die durch den Mehrausbruch zu erbringende Schutter- und Förderleistung beachtlich.

Von noch größerer Bedeutung jedoch ist das Überprofil für eventuell nachfolgende Betonarbeiten, bei welchen der Prozentsatz an Mehrbeton bis zu 100% und darüber betragen kann.

Die wirtschaftlichste Bauweise ist also demnach jene, bei der die Ausbruchs- und nachfolgenden Betonarbeiten ein Minimum an Kosten verursachen. Bei Stollen, die nicht ausgekleidet werden, hat das Überprofil geringere Bedeutung, aber auch in diesem Falle wird man sich bemühen, das Profil möglichst günstig und mit geringem Überprofil herauszuschießen.

Am zweckmäßigsten ist es, das Überprofil in der Form zu berücksichtigen, daß man längs des Umfanges des Stollenprofiles, je nach Beschaffenheit des Gebirges, ein bestimmtes Übermaß dazurechnet. Diese zusätzlich auszubrechende Gebirgsschwarte wird im Mittel 15 bis 20 cm betragen, wobei standfestes, aber grobbankiges Gebirge eher einen größeren Mehrausbruch erfordert als gebräches Gebirge. Dafür muß jedoch bei letzterem noch zusätzlich der für die Sicherung erforderliche Raum dazugerechnet werden. Dieser hat, vor allem bei kleineren Profilen, meist eine beträchtliche Mehrkubatur zur Folge, und wird unter Umständen nicht gesondert vergütet, worauf besonders bei der Kalkulation zu achten ist.

10.211 Erforderliche Bohrlochlängen

Infolge der Abhängigkeit der Verspannung von der Querschnittsgröße und Form ist diese von besonderer Bedeutung für die Anzahl und Länge der Bohrlöcher. Um eine günstige und wirtschaftliche Lösung des Gesteins durchzuführen, ist es zweckmäßig, sich ein Bohrschema für den jeweiligen Querschnitt zurechtzulegen, das sowohl auf die Einsatzmöglichkeit der Hämmer als auch auf eine günstige Lage der Einbruchs- und Randschüsse sowie auf die geologischen Gegebenheiten (Lage der Klüfte) Rücksicht zu nehmen hat.

Die Tiefe der Bohrlöcher wird bei kleineren Stollenquerschnitten mit Rücksicht auf einen wirtschaftlichen Sprengstoffverbrauch meist ungefähr gleich der Hälfte der kleinsten Stollenabmessung angenommen. Diese Faustregel kann durch Preis und Art des Sprengstoffes Abweichungen nach oben oder unten erfahren. Bei größeren Profilen mit ihrer geringeren Verspannung ist die Frage des Sprengstoffverbrauches von geringerer Bedeutung, um so mehr aber die des Arbeitsrhythmus, also des Verhältnisses zwischen Bohr- und Schutterzeit.

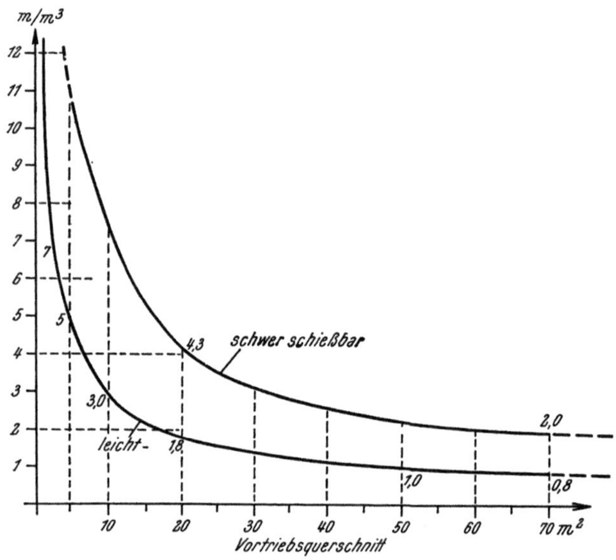

Abb. 16. Bohrlochlängen je Kubikmeter Stollenausbruch

Die Anzahl der Bohrlöcher ist einmal dadurch gegeben, daß die für das Sprengen des Gesteins erforderliche Sprengstoffmenge untergebracht werden muß, wobei die Löcher höchstens auf zwei Drittel der Tiefe gefüllt werden und andererseits das Profil möglichst maßgerecht, ohne in den Querschnitt reichende Zacken, aber auch mit möglichst wenig Überprofil ausgebrochen werden soll.

Sehr näherungsweise können die je Kubikmeter Ausbruch erforderlichen Bohrlochlängen nach Tab. 57 bzw. Abb. 16 angenommen werden:

Tabelle 57

Vortrieb	Querschnitt	leicht schießbar	schwer schießbar
Vortrieb in vollem Querschnitt:	5—10 m²	6,0—4,0 m/m³	12,0—6,0 m/m³
	10—20 m²	5,0—2,0 m/m³	8,0—4,0 m/m³
	> 20 m²	2,0—1,0 m/m³	5,0—2,0 m/m³
Ausweitung:	Kalotte:	0,9—0,6 m/m³	2,0—1,0 m/m³
	Strosse:	0,6—0,4 m/m³	2,0—0,8 m/m³

Bohrleistung

Grundsätzlich sind die in den einzelnen Felsarten erreichbaren Bohrleistungen unter Tag die gleichen wie über Tag. Es ist jedoch zu berücksichtigen, daß in engen Stollen infolge Platzmangel und der dadurch bedingten Behinderung eine gewisse Verringerung der Bohrleistungen eintreten wird, die mit rund 10 bis 20% der unter „Felsarbeiten" angegeben liegt. Unter Berücksichtigung der erwähnten Erschwernisse kann bei Verwendung normaler Hämmer von 20 kg Gewicht mit folgenden Bohrleistungen gerechnet werden:

Weicher Fels	10 —12	lfm/h
Mittelharter Fels	6 — 8	„
Harter Fels	3,5— 5	„
Sehr harter Fels	2 — 2,5	„

Des weiteren ist zu beachten, daß die mögliche Bohrzeit innerhalb einer Arbeitsschicht dadurch, daß die Einzelarbeiten zeitlich hintereinander erfolgen, wesentlich geringer ist als über Tag.

10.212 Sprengstoffverbrauch

Auch dieser ist so wie die erforderliche Bohrlochlänge weitgehend von der Querschnittfläche abhängig und kann der Tab. 58 bzw. Abb. 17 entsprechend angenommen werden:

Tabelle 58. *Sprengstoffverbrauch (je m³ Ausbruch)*

Vortrieb:	Querschnitt	leicht schießbar	schwer schießbar
Vortrieb in vollem Querschnitt:	5—10 m^2	4,0—2,0 kg/m^3	5,0—3,0 kg/m^3
	10—20 m^2	3,0—1,5 kg/m^3	4,0—2,0 kg/m^3
	> 20 m^2	2,0—1,0 kg/m^3	3,0—1,5 kg/m^3
Ausweitung:	Kalotte:	0,8—0,5 kg/m^3	1,5—0,9 kg/m^3
	Strosse:	0,6—0,4 kg/m^3	1,0—0,6 kg/m^3

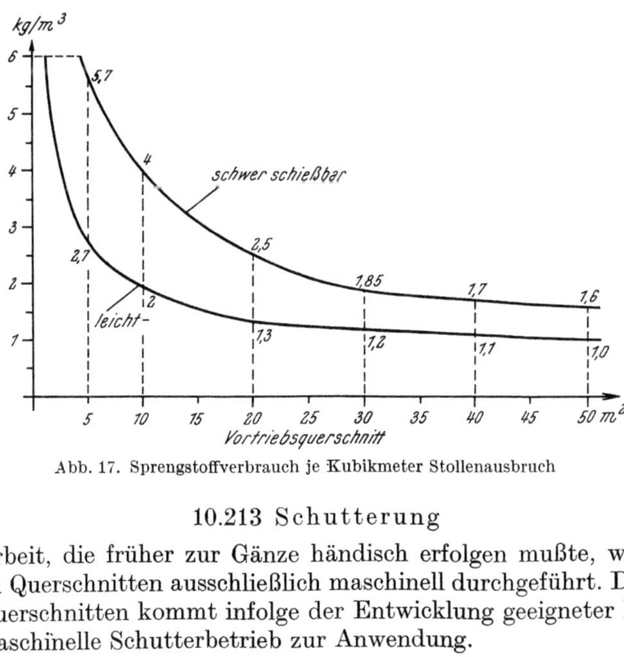

Abb. 17. Sprengstoffverbrauch je Kubikmeter Stollenausbruch

10.213 Schutterung

Diese Arbeit, die früher zur Gänze händisch erfolgen mußte, wird nunmehr bei größeren Querschnitten ausschließlich maschinell durchgeführt. Doch auch bei kleineren Querschnitten kommt infolge der Entwicklung geeigneter Lader immer mehr der maschinelle Schutterbetrieb zur Anwendung.

Es wurden hierfür mehrere Systeme für den Stollenbau entwickelt. Am besten eignen sich die sogenannten *Wurfschaufellader*, die sich auch allgemein durchgesetzt haben. Nur bei großen Querschnitten, also Tunnel im vollen Profil, kommen auch Löffelbagger zum Einsatz, während anderseits nur bei sehr kleinen und kurzen Stollen, also Sondierstollen, händisch geschuttert wird.

Die Wurfschaufellader werden meist mit Druckluft angetrieben und sind gleisfahrbar. Für größere Stollen kommen auch elektrisch angetriebene und raupenfahrbare Ausführungen zur Anwendung.

Im Stollen- und Tunnelbau gebräuchliche Wurfschaufellader erzeugen u. a. die Firmen: Salzgitter Maschinen A. G., Bad Salzgitter, Deutschland, Atlas Copco A. B., Stockholm, und Eimco Corporation, Salt Lake City, USA.

Die Schutterleistungen können unter der Annahme, daß der Wagenwechsel raschest vor sich gehen kann, und die hierfür aufzuwendende Zeitdauer je Wagen unter $^1/_2$ min bleibt, wie in Tab. 59 angegeben angesetzt werden:

Tabelle 59

	Leistung/h	Luftbedarf
Hand je Mann	0,4—0,8 m^3/h fest	—
Wurfschaufellader		
0,1 m^3 Schaufelinhalt	3 m^3/h fest	3 m^3/min
0,2 m^3 „	6 m^3/h „	6 m^3/min
0,3 m^3 „	10 m^3/h „	9 m^3/min
0,4 m^3 „	15 m^3/h „	12 m^3/min
0,5 m^3 „	20 m^3/h „	15 m^3/min

Es ist selbstverständlich, daß bei größerem Zeitaufwand für den Wagenwechsel die angegebenen Leistungswerte eine Reduktion erfahren müssen, während sie anderseits, z. B. bei Ladung in einen Abzugsilo oder auf eine Bodenlage, beträchtlich höher liegen können.

Die händisch erzielbaren Leistungen liegen je nach Sperrigkeit des Gesteins zwischen 0,4 und 0,8 m^3 fest je Stunde. Da in kleineren Stollen, und nur in solchen kommt händische Schutterung in Frage, höchstens 4 Mann gleichzeitig arbeiten können, ist die mögliche Schutterleistung mit etwa 3 m^3/h begrenzt. Um diese Leistung auch tatsächlich zu erreichen, müssen entsprechend hohe Akkorde eingerechnet werden.

10.214 Wagenwechsel

Ist der Stollen so breit, daß die Förderung zweigleisig erfolgen kann, dann wird knapp hinter dem Lader eine doppelseitige Kreuzweiche als Gleisverbindung aufgelegt, die immer wieder nachgezogen werden kann und über die der Wagenwechsel ohne besondere Schwierigkeit erfolgt. Die vollen Wagen werden dann meist auf dem Gleis gesammelt, auf dem sich auch der Lader befindet, so daß sie ohne Richtungsänderung über die Weiche rollen können.

Bei eingleisigen Stollen kann der Wagenwechsel auf verschiedene Art und Weise erfolgen, immer ist jedoch in Abständen von 400 bis 800 m eine Ausweiche bzw. ein Bahnhof auf Zugslänge notwendig.

Für den eigentlichen Wagenwechsel kommen meist Ausschiebebühnen oder Auflegedrehscheiben in Betracht, die es erlauben, den jeweils letzten leeren Wagen eines Zuges horizontal in eine Nische zu verschieben. Bei der Rückkehr von der Beladung kann die ganze Zugsgarnitur an der Nische vorbeifahren. Es wird dann der leere Wagen an die Spitze des Zuges gesetzt und zum Lader geschoben. Dieses Spiel, in Abb. 18 schematisch dargestellt, wiederholt sich so oft, bis alle Wagen bis auf einen, der am Lader bleibt, geladen sind, worauf die Lokomotive bis zur nächsten Ausweiche zurückfährt und die dort wartende Leergarnitur heranholt.

Da dieses Auswechseln der Garnitur wegen des verhältnismäßig großen Abstandes der Ausweichen natürlich besonders viel Zeit beansprucht, sucht man den Abschlag womöglich mit einer Zugsgarnitur wegzuschuttern, so daß nur die klei-

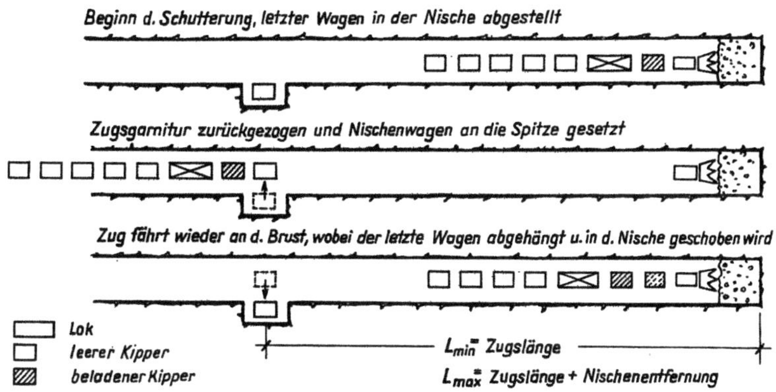

Abb. 18. Wagenwechsel im Stollenvortrieb

neren Aufenthalte für den Wagenwechsel selbst verbleiben. Um den Zeitbedarf hierfür richtig einschätzen zu können, ist es zweckmäßig, den Vorgang des Auswechselns in seine Einzelphasen zu zerlegen. Da das Ausschieben des leeren Wagens in die Nische erfolgen kann, während der Zug nach vorne zum Lader fährt, verbleibt für den Wagenwechsel nur die Zeitdauer, die für das Einschieben des Leerwagens an die Zugspitze und die Hin- und Rückfahrt zwischen Nische und Lader benötigt wird. Aus Gründen eines schnellen Wagenwechsels darf der Abstand der Nischen nicht über ein gewisses Maß (etwa 80 m) hinausgehen, anderseits ist zu beachten, daß der Nischenausbruch mit eingerechnet wird. Fällt er innerhalb des Querschnittes eines nachfolgenden Vollausbruches, so sind die Mehrkosten nicht besonders hoch; anders ist es jedoch, wenn der Vortrieb im richtigen Profil erfolgt und Nischen unter Umständen wieder ausbetoniert werden müssen.

Neben diesen Ausschiebebühnen kommen auch Hebevorrichtungen (Cherrypickers) zur Verwendung, bei denen das Auswechseln nicht horizontal, sondern vertikal erfolgt. Sonst ist die Art des Auswechselns jedoch die gleiche.

Um den Wagenwechsel möglichst rasch durchführen zu können, müssen die verwendeten Lokomotiven eine verhältnismäßig hohe Geschwindigkeit und eine dementsprechende Beschleunigung entwickeln können. Da außerdem im letzten Stadium eine volle Garnitur zu verschieben ist, muß die Verschublokomotive auch kräftig sein; es kommen daher kaum mehr Lokomotiven unter 40 bis 50 PS zur Verwendung.

10.215 Materialförderung

Diese erfolgt zum Großteil mittels Diesellokomotiven, es kommen aber auch, was in Hinblick auf die Lüftung wesentlich günstiger ist, Elektro- und Druckluftlokomotiven, letztere allerdings nur vereinzelt, zur Verwendung.

Wie schon beim Wagenwechsel erörtert, kommen nur starke Lokomotiven zur Anwendung, die auch entsprechende Geschwindigkeiten entwickeln können;

im Mittel kann mit rund 15 km/h gerechnet werden. Wie schon erwähnt, sucht man möglichst einen ganzen Abschlag mit einer Zugsgarnitur auszuschuttern, so daß die Förderung selbst den Vortrieb nicht beeinflußt. Die Förderung wie das anschließende Kippen, kann demnach gleichzeitig mit den Bohrarbeiten für den nächsten Angriff vor sich gehen. Muß jedoch eine zweite Zugsgarnitur eingesetzt werden, dann ist die Zeit, die für das Heranbringen dieser Garnitur vom Bahnhof bis zur Schutterstelle benötigt wird, im Zeitbedarf für den Vortrieb gesondert zu berücksichtigen.

10.216 Lüftung

Da im Stollen- und Tunnelbau während des Baues die natürliche Lüftung fehlt, muß diese durch eine künstliche ersetzt werden. Die Einflüsse, die eine Luftverschlechterung herbeiführen, lassen sich auf folgende Ursachen zurückführen:

a) *Luftbedarf des Menschen:* Dieser kann je Mann mit rund 1 bis 1,5 m^3/min angesetzt werden.

b) *Luftbedarf für die Beleuchtung:* Falls elektrisches Licht zur Verwendung kommt, ist der erforderliche Luftverbrauch null; bei Karbidbeleuchtung sind rund 1 m^3/min je Lampe erforderlich.

c) *Luftbedarf der Förderlokomotiven:* Die im Stollenbau hauptsächlich verwendeten Diesellokomotiven erzeugen Stickgase, die eine genügende Verdünnung erfahren müssen, um für den Menschen unschädlich zu sein. Die toxische Grenze liegt bei rund 0,25%. Unter Berücksichtigung, daß 1 kg Diesel etwa 15 m^3 Abgase erzeugt, von denen rund 2% CO sind, ergibt sich, daß 120 m^3 Luft je PSh bzw. je 1 PS rund 2 m^3/min Luft erforderlich sind.

d) *Luftbedarf durch Sprengmittel:* Während die vorgenannten Luftmengen laufend benötigt werden, fällt dieser Bedarf stoßweise an. Jeder Sprengstoff erzeugt neben anderen auch nicht atembare Giftgase, Gase, die entsprechend verdünnt werden müssen. Der Luftbedarf ist nun davon abhängig, innerhalb welcher Zeitspanne diese Verdünnung erfolgen soll. Für die normalerweise im Stollen- und Tunnelbau zur Verwendung gelangenden Sicherheitssprengstoffe kann mit rund 25 m^3 Luft/kg Sprengstoff gerechnet werden. Daraus ergibt sich der Luftbedarf in

$$\text{m}^3\ \text{Luft/min} = \frac{\text{Sprengstoffmenge in kg} \times 25\ \text{m}^3}{\text{Lüftungszeit min}}.$$

Die Lüftungszeit wird meist 10 bis 20 min betragen.

Zusätzlich zu den erwähnten luftverbrauchenden Faktoren können auch noch andere auftreten, die jedoch hier nur Erwähnung finden sollen, da sie normalerweise kaum in Frage kommen und ein spezielles Studium erfordern würden; es sind dies

e) Luftbedarf bei hohen Gesteinstemperaturen, z. B. bei Untertagebauten mit großer Überlagerung.

f) Luftbedarf bei Durchörterung von geologisch bedingten Stickgaszonen.

Von den angeführten Einflüssen überwiegt in den meisten Fällen der Luftbedarf für die Förderlokomotiven, da in immer steigenderem Maße Lokomotiven mit besonders großer Förderleistung und hoher PS-Zahl verwendet werden.

Meist ergibt sich, daß mit der für den Lokomotivbetrieb erforderlichen Luftmenge innerhalb der rund 10 bis 20 min betragenden Lüftungszeit eine genügende Verdünnung der Sprenggase möglich ist. Nur bei engen Stollen in schwer schießbarem Gestein, also bei hohem spezifischem Sprengstoffverbrauch sowie bei tiefen

Abschlägen wird dies nicht der Fall sein und die Lüftung eben so zu dimensionieren sein, daß sich eine angemessene Lüftungszeit ergibt.

Die Lüftung kann grundsätzlich in zwei Arten durchgeführt werden, und zwar als Saug- oder Drucklüftung. Beide haben ihre Vor- und Nachteile und erfordern vor Baubeginn eine genaue maschinentechnische Planung; für die Kalkulation ist dies jedoch von geringerem Einfluß.

Ist der minutliche Luftbedarf festgelegt, dann ist der erforderliche Kraftbedarf zu errechnen. Dieser hängt natürlich vom Überdruck ab, der notwendig ist, um die gewünschte Luftmenge durch die Rohrleitung durchzupressen. Der erforderliche Überdruck kann näherungsweise gesetzt werden.

$$p = \gamma \times \frac{v^2}{2g} \times \frac{\lambda \times L}{d}$$

hierbei bedeuten γ = Gewicht der Luft = 1,29 kg/m³
p = Druck in kg/m² = mm Wassersäule
v = Geschwindigkeit der Luft in m/sec
L = Länge der Rohrleitung in m
d = Durchmesser der Rohrleitung in m
g = 9,81 m/sec²
λ = Rohrleitungsbeiwert im Mittel 0,015 bis 0,020

Aus dem so ermittelten Überdruck ergibt sich der Kraftbedarf mit:

$$\text{erf. PS} = \frac{Q \times p}{75 \times \eta} = \frac{Q \times p}{56}$$

dabei ist Q = Luftmenge in m³/sec, bezogen auf normalen Luftdruck,
p = Überdruck in kg/m²
η = Leistungsfaktor = 0,75.

Die Formel über den Überdruck zeigt, daß die Luftgeschwindigkeit unter einem bestimmten Wert bleiben muß, damit der Druckabfall noch wirtschaftlich tragbar

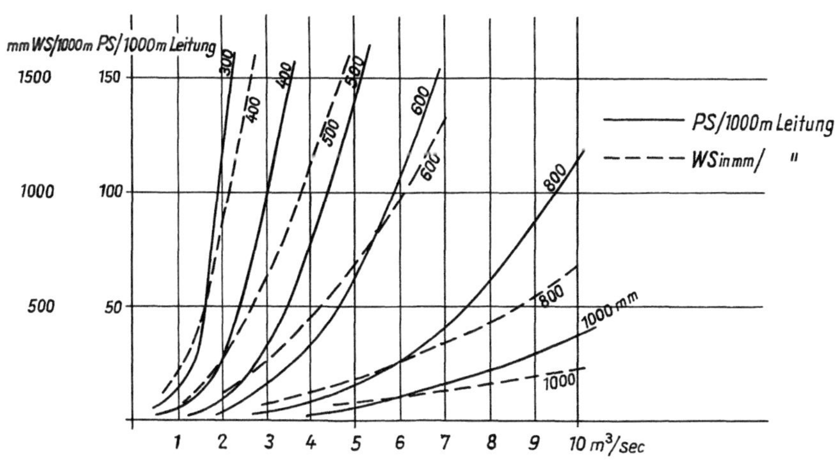

Abb. 19. Kraftbedarf von Luttenleitungen

bleibt. Diese zulässige Geschwindigkeit darf daher nicht über 20 bis 25 m/sec hinausgehen.

In Abb. 19 sind nun erforderlicher Überdruck und PS für verschiedene Luftmengen in Abhängigkeit vom Rohrdurchmesser und der Leitungslänge angegeben.

10.217 Stollen

Für die Kalkulation ist die Größe des Stollens von besonderer Bedeutung; sie kann entweder von vornherein gegeben sein oder muß wie bei Stollen, die der Aufschließung eines Tunnels dienen, erst gewählt werden.

Im ersten Falle ist nun die Abschlagtiefe so zu wählen, daß bei einem Minimum an Kosten ein Maximum an Vortriebsleistung erreicht wird. Es gibt natürlich Fälle, bei denen z. B. aus Termingründen die Vortriebsleistung ausschlaggebend ist ohne Rücksicht auf die Kosten, während in anderen Fällen nur die Kostenfrage entscheidend ist. Um dem jeweils gewünschten Ziel am nächsten zu kommen, bedarf es daher meist einiger Vergleichsrechnungen, falls nicht aus ähnlichen Bauvorhaben schon Erfahrungswerte vorliegen.

Für Stollen, bei denen auch noch die Größe zu wählen ist, also bei Tunneln, ergibt sich eine weitere Variationsmöglichkeit. Es ist dann nicht mehr der Stollen für sich allein zu betrachten, sondern der Gesamtablauf der Arbeiten und deren Wirtschaftlichkeit bzw. Fortschritt zu berücksichtigen. Diese Frage soll jedoch noch im Kapitel ,,Tunnel" näher erörtert werden.

10.2171 Zeitbedarf

Zu Beginn jeder Stollenkalkulation ist vorerst der Gesamtzeitbedarf für die gewählte Abschlagtiefe zu ermitteln. Hierzu ist naturgemäß die Kenntnis der Art des Angriffes erforderlich. Händisches Bohren kommt praktisch überhaupt nicht mehr zur Anwendung. Normalerweise werden Bohrhämmer von rund 20 bis 30 kg Gewicht eingesetzt, die auf pneumatischen Bohrstützen, Bohrknechte genannt, aufliegen. Zu Erleichterung und Beschleunigung der Arbeit kommen auch Rüstwagen zum Einsatz, auf welchen die Hämmer samt Zubehör bereitliegen. Meist ist auch ein zentraler Luftanschluß vorgesehen, wodurch die vorbereitenden Rüstzeiten zu einem Minimum werden.

Bei langen Stollen und vor allem bei gleichmäßigem, hartem Gestein kann es zweckmäßig sein, einen eigenen Bohrwagen zu verwenden, auf dem die Bohrhämmer mit Vorschublafetten montiert sind. Diese Bohrwagen gibt es in verschiedenen Ausführungsformen als starres Gerüst oder aber auch mit beweglichen Bohrarmen. Bei ersteren ist der gleichzeitige Einsatz mehrerer, auch schwerer, Bohrhämmer ohne weiteres möglich, dafür ist ein mehr oder weniger starres Bohrschema mit möglichst zur Stollenachse parallelen Löchern erforderlich. Die Bohrwagen mit beweglichen Auslegearmen sind in Bezug auf die Bohrrichtung wesentlich wendiger, sie werden jedoch in Hinblick auf ihre geringere Steifigkeit meist nur für 2 bis 3 Hämmer gebaut.

Für die jeweils gegebene Angriffsart sind nun die Einzelteilzeiten zu errechnen.

Der Zeitbedarf für das *Inbetriebsetzen* der Bohrgeräte ist verschieden, je nachdem, ob Rüst- bzw. Bohrwagen verwendet werden oder nicht und wie weit die Ausweiche, von der aus der Zutransport erfolgt, von der Brust entfernt ist. Diese Zeit ist von Fall zu Fall gesondert zu ermitteln; normalerweise wird sie sich in den Grenzen von 10 bis 15 min bewegen.

Die *Bohrzeit* läßt sich leicht bestimmen. Der Stollenquerschnitt und die gewünschte Abschlagstiefe ergeben die Menge des abzubohrenden Gebirges und damit auf Grund der je Kubikmeter erforderlichen Bohrlochlängen die Gesamtlänge der Bohrmeter. Mit den in dem betreffenden Gestein erreichbaren Bohrleistungen und der Zahl der zur Verfügung stehenden Bohrhämmer ist somit die Bohrzeit gegeben.

Die Zeit für das *Laden der Bohrlöcher* mit Sprengstoff kann mit rund 0,5 min/m Bohrloch angesetzt werden, es ist jedoch zu berücksichtigen, daß das Laden auch durch die Mineure erfolgt, die Adjustierung mit Zündmitteln nur vom Sprengmeister vorgenommen werden darf. Jedenfalls wird man sich bemühen, den Zeitaufwand für das Laden, das Legen der Zündleitung und das Indeckunggehen möglichst kurz zu halten. Überschlägig werden hierfür 15 bis 20 min einzusetzen sein.

Sofort nach Beendigung der Bohrarbeit und bei größeren Stollen gleichzeitig mit dem Besetzen der Bohrlöcher wird das *Gleis* bis knapp an die Brust gelegt, um nach dem Abschlag sofort wieder die Förderbasis zur Verfügung zu haben. Diese Gleisstücke entsprechen in der Länge jeweils angenähert einem Abschlag und werden nur provisorisch verlegt, um erst, wenn diese Einzelstücke die Länge eines normalen Gleisstoßes von 6 bis 9 m erreicht haben, durch einen solchen ersetzt werden. Wenn das Legen der Gleisstücke gleichzeitig mit dem Laden der Bohrlöcher erfolgen kann, ist meist kein zusätzlicher Zeitaufwand erforderlich. Anders ist es jedoch, wenn ein Gleisstoß eingelegt werden muß oder wenn infolge der Kleinheit des Stollens kein gleichzeitiges Arbeiten möglich ist.

Die *Zeit für das Schießen* und anschließende *Lüften* wird ebenfalls möglichst gering gehalten. Die Lüftungszeit ist jedoch abhängig von der Stärke des Ventilators; sie soll 20 min keinesfalls übersteigen. Die Arbeiten vor Ort nach dem Schießen werden durch Abspritzen der Stollenbrust mit Wasser wesentlich erleichtert, da sowohl Rauchgase als auch feinste Staubteilchen niedergeschlagen werden.

Die Dauer der *Schutterung* ergibt sich aus der Abschlagmenge und der Schutterleistung des Laders. Falls der Wagenwechsel länger als $^1/_2$ min je Wagen dauert, muß eine entsprechende Verminderung der angegebenen Leistung vorgenommen werden. Ist der Stollen klein, so ist es unmöglich, während des Schutterns mit dem Bohren zu beginnen. Ist er jedoch so groß, daß die Mineure auf dem Haufwerk stehen können, dann besteht natürlich die Möglichkeit, von diesem aus die Firstlöcher zu bohren. Falls jedoch ein Bohrgerüst zur Anwendung kommt, muß zuerst fertiggeschuttert und der Lader zurückgezogen werden, damit das Bohrgerüst an die Brust zum Einsatz gebracht werden kann. Ein gleichzeitiges Schuttern und Bohren ist dann natürlich nicht möglich.

Die *Förderung* des Materials zur Kippe muß von Schutterende bis zum nächsten Schutterbeginn, also praktisch während der Bohrzeit möglich sein, was auch normalerweise ohne weiteres der Fall ist. Es muß jedoch die vorgezeigte Ermittlung des Zeitbedarfes einer kritischen Betrachtung unterzogen werden, damit einerseits kein Engpaß und anderseits kein Leerlauf entsteht. Dies ist vor allem deshalb wichtig, weil ja die gleiche Arbeitspartie sowohl die Bohr- als auch die Schutterungsarbeiten durchführen muß. Da nun der Leutebedarf bei beiden Arbeiten nicht immer gleich ist, muß die jeweils überschüssige Mannschaft bei Nebenarbeiten eingesetzt werden. Da diese nur in beschränktem Maße anfallen, ist es unter Umständen nötig, durch Änderung der Bohrlochtiefe, der Anzahl der eingesetzten Bohrhämmer oder Austausch der Lademaschine usw. einen günstigeren Arbeitsablauf zu erwägen.

Ist nun die Gesamtzeitdauer für eine bestimmte Abschlagtiefe ermittelt, so ist damit auch die Zahl der täglichen Abschläge und die tägliche Vortriebsleistung gegeben.

Um den Stundenaufwand je laufenden Meter Stollen zu erhalten, wird außer der Vortriebsleistung auch die Art und Zahl der Belegschaft benötigt. Es müssen hierzu sämtliche Leute, die für den Vortrieb arbeiten, sowohl im Stollen als auch außerhalb desselben in Betracht gezogen werden. Vor Ort ist, wie schon erwähnt, die Stollenpartie eingesetzt, die sowohl die Bohrarbeiten als auch die Schutterung durchführt.

Für die Bohrarbeit ist zu jedem Hammer ein Mineur zu rechnen, dazu kommen noch mehrere Helfer, ein Bohrerträger, der Feuermann und dessen Helfer. Beim Schuttern werden zusätzlich noch benötigt 1 Maschinist für den Stollenlader, je

1 Fahrer und Mitfahrer (Kuppler) für die Verschublokomotive und die Transportlokomotive, während der Schlauchhalter am Lader und die 2 bis 4 Mann beim Wagenwechsel von den Helfern beim Bohren gestellt werden. Weiters sind noch hinzuzurechnen 1 Stollenschlosser, eine Partie, die die Gleiserhaltung und Reinigung des Wassergrabens durchführt. Wenn der Sohlkanal besonders tief ausgeführt werden muß, dann ist es den Mineuren des Vortriebes meist nicht mehr möglich, diesen Graben gleich mitzunehmen, es müssen dann noch zusätzlich 1 oder 2 Mann eingesetzt werden.

Zu dieser im Stollen tätigen Partie kommt noch die außerhalb des Stollens beschäftigte Mannschaft, und zwar: ein Kompressorwärter, ein Bohrerschmied und eventuelle Helfer und je nach Stollengröße 1 bis 4 Mann auf der Kippe.

Ist es für die normalen Felsarbeiten nicht leicht, den Stundenaufwand je Kubikmeter zahlenmäßig einzugrenzen, so ist dies im Stollen natürlich noch wesentlich schwieriger; wenn hier (in Tab. 60) Zahlenangaben gemacht werden, so können sie nur Richt-, aber niemals verbindliche Werte darstellen.

Tabelle 60

Querschnitt	Gestein leicht schießbar h/m³	 mittel schießbar h/m³	 schwer schießbar h/m³
F: $\leqq 4{,}0\ m^2$	6	8	12,5
4– 6 m²	5,5	7	10,5
6–10 m²	5	6,5	8,5
10–15 m²	4	5,5	7,0

10.2172 Materialaufwand

Die maßgebende Post des Materialverbrauches ist der Sprengstoff; die erforderlichen Mengen je Kubikmeter Ausbruch können der Tab. 58 entnommen werden. Die zugehörigen Zündmittel werden genau ermittelt oder als Prozentsatz der Sprengstoffkosten eingesetzt.

Der zweite wichtige Kostenfaktor ist der Bedarf an Energie, und zwar bedingt durch die erforderliche Druckluft und durch die Lüftung.

Der Bedarf an Druckluft ist durch die Anzahl der eingesetzten Bohrhämmer und das Ladegerät gegeben. Bei kleinen Stollen wird normalerweise nicht gleichzeitig gebohrt und geschuttert, so daß entweder nur die Bohrhämmer oder nur das Ladegerät maßgebend sind. Bei größeren Profilen muß jedoch diese Gleichzeitigkeit wohl in Betracht gezogen werden, wie auch unter Umständen zusätzliche Hämmer, die den Sohlkanal oder eventuell erforderliche Verbreiterungen oder Profilierungen abbohren, berücksichtigt werden müssen. Überhaupt kann gesagt werden, daß es zweckmäßig ist, lieber etwas mehr als zu wenig Druckluft zur Verfügung zu haben.

Für die Lüftung wurde der jeweilige Energiebedarf in dem entsprechenden Abschnitt angegeben.

Sowohl Drucklufterzeugung als auch die Lüftung werden nomalerweise mittels elektrischer Energie durchgeführt. Dieselantrieb kommt nur in entlegenen Gegenden vor, wo elektrische Energie nicht zur Verfügung steht oder nur schwer zugeleitet werden kann.

Der Energiebedarf wird meist unterschätzt; annähernd kann dieser für die Drucklufterzeugung wie folgt angesetzt werden:

	schießbar: leicht	mittel	schwer
Energiebedarf je 1 m³ Ausbruch	10	15	20–25 kWh/m²

Auch die Lüftung hat bei langen Stollen einen beträchtlichen Energiebedarf, der in ungünstigen Fällen bis an den für die Druckluft herankommen kann.

Bei fallenden Stollen kann außerdem noch durch die Wasserhaltung ein Energiebedarf anfallen, der die beiden genannten unter Umständen weit übertreffen kann. Die Wasserhaltung soll jedoch in einem eigenen Kapitel behandelt werden.

An Verschleißmaterial sind zu rechnen der Verbrauch an Bohrstangen und Bohrkronen bzw. Hartmetallplättchen, worüber in den „Felsarbeiten" nähere Angaben gemacht wurden, sowie Verschleiß an Preßluftschläuchen, an Schmieröl für die Hämmer usw.

Weiters ist noch der Treibstoffbedarf für die Verschub- und Förderlokomotiven zu berücksichtigen samt dem zugehörigen Verbrauch an Schmiermitteln.

Dem Verschleiß besonders ausgesetzt ist auch die Stollenkleidung, die der Mannschaft beigestellt wird und deren Kosten keineswegs zu vernachlässigen sind. Die Lebensdauer der Stollenkleidung hängt naturgemäß von den örtlichen Gegebenheiten des Stollens ab, überschlägig kann sie mit 3 bis 4 Monaten je Mann angesetzt werden.

10.2173 Wassererschwernisse

Die mögliche Vortriebsleistung und damit der Zeitbedarf sowie die gesamten Kosten werden maßgeblich durch auftretendes Wasser beeinflußt. Diese Kosten lassen sich in zwei Gruppen teilen, und zwar: in jene für die Wasserhaltung und in die eigentlichen Mehrkosten durch Wassererschwernisse. Die Kosten für die Wasserhaltung sind nach den in dem entsprechenden Kapitel erläuterten Grundsätzen zu errechnen.

Die eigentlichen Wassererschwernisse sind abhängig von der Wassermenge, von der Eintrittsstelle (Firste oder Ulme) und vor allem davon, ob der Stollen steigend oder fallend ist. Im letzteren Fall kann es bei großem Wasserzudrang trotz Wasserhaltung zum Erliegen des Vortriebes kommen. Der Grad der Erschwernisse ist naturgemäß schwer zu erfassen, die folgenden Werte sollen nur als grobe Richtwerte dienen:

Wasserzudrang in l/sec	Erschwernis in %
1—10	10
10—25	40
25—50	80
50—100	150

Zu diesen Kosten, die allein aus der Erschwernis resultieren, kommen noch zusätzliche Kosten für den Mehrverbrauch an Stollenkleidung sowie die Aufwendungen für Erschwerniszulagen.

10.218 Tunnel

In standfestem Fels kann der Tunnelausbruch entweder wie beim Stollen aus dem Vollen erfolgen, oder mit unterteiltem Querschnitt. Es lassen sich daher folgende Methoden ableiten:

Ausbruch ohne Unterteilung
des Querschnittes: Vollausbruch (Englische Methode)

Ausbruch mit Unterteilung
des Querschnittes: Strossenbau
Firstvortrieb (Belgische Methode)
Sohlenvortrieb (Österreichische Methode)

Die englische Methode des *Vollausbruches* kommt immer mehr auch für große und größte Querschnitte zur Anwendung. Prinzipiell überhaupt nicht, nur müssen eben entsprechend große Bohrgerüste und ausreichende Schuttereinrichtungen vorhanden sein.

Vorteile: Rascher Fortschritt der Ausbruchsarbeiten gegenüber den anderen Verfahren. Einsatz von wirtschaftlichen Ladegeräten und Fördermitteln (Bagger und LKW).

Nachteil: Firste kann nur mehr schwer nachgebrochen werden, bei großen Profilen nur durch Zurückziehen des Bohrgerüstes.

Beim *Strossenbau* wird der Querschnitt in zwei Hälften geteilt, deren Vortrieb annähernd im gleichen Takt erfolgt. Je nachdem, ob der obere oder der untere Teil vorauseilt, spricht man vom First-Strossenbau oder von der Sohle-Firststrossenmethode.

Der eigentliche First-Strossenbau ist dadurch gekennzeichnet, daß die Firste um rund 2 bis 4 m voreilt, so daß das Abbohren von den Arbeitern auf der Strosse stehend durchgeführt werden kann.

Vorteil: Entfall eines Bohrwagens.

Nachteil: Die auf der Strosse liegenbleibenden Felsmassen müssen händisch beseitigt werden. Der Gesamtfortschritt hängt vom Firstvortrieb ab.

Beim Sohle-Firststrossenbau eilt die Sohle um mindestens 10 m vor, wobei die folgende Firststrosse von einem Bohrgerüst abgebohrt wird und entweder im gleichen Takt mit der Sohle oder völlig unabhängig von ihr vorgetrieben wird.

Vorteil: Firststrosse kann mit verhältnismäßig großer Abschlagslänge vorgetrieben werden.

Nachteil: Stückigkeit der Firststrosse sehr groß.

Der *Firstvortrieb* ist, wie schon der Name besagt, dadurch gekennzeichnet, daß die Firste vorgetrieben wird, und zwar auf die ganze Länge des Tunnels, so daß der Charakter des Gebirges vor Beginn des Vollausbruches bekannt ist. Die Sohlstrosse wird dann von Bohrgerüsten aus mit waagrechten oder von der Sohlstrosse aus mit senkrechten Löchern abgebohrt.

Vorteile: Die Firste kann gesichert werden, eventuell erforderliche Ausbauarbeiten bleiben erhalten. Guter Aufschluß des Gebirges. Die Bohrgerüste können um die Firsthöhe kleiner gehalten werden. Wird die Strosse mit senkrechten Löchern abgebohrt, dann kann das Bohren unabhängig vom Aufladen erfolgen.

Nachteile: Sämtliche Förderwege und Leitungen müssen zweimal verlegt werden. Beim Abbohren der Strosse mit senkrechten Löchern erfolgt der Lochansatz in der Sohle der alten Fördertrasse, die Bohrtiefe ist abhängig von der Firsthöhe, die Tunnelsohle wird unregelmäßig.

Bei der *österreichischen Methode* wird zuerst die Sohle vorgetrieben. Die Firststrosse kann dann entweder von der abgeschossenen Firststrosse aus mit waagrechten oder von der Sohle aus mit schräg nach oben verlaufenden Bohrlöchern abgelöst werden.

Im ersten Fall muß natürlich der Sohlenausbruch in einem bestimmten Verhältnis stehen, damit der Tunnel in einer für das Bohren und Nachbrechen günstigen Höhe angefüllt wird.

Vorteile: Gute Vorkenntnis der Gebirgsbeschaffenheit. Firste kann gut nachgebrochen werden. Ersparnis an Bohrgerüsten. Stetiges Schuttern der Firststrosse ohne Rücksicht auf das Bohren. Förderbasis bleibt erhalten.

Nachteile: Nachbrechen von zwei Firsten. Heruntersprengen der Firststrosse nur bei Firstgewölbe mit kleinem Pfeil möglich. Stückigkeit der Firststrosse sehr groß. Etwaige Ausbauarbeiten in der Sohlenfirste werden beim Firststrossenabbau mit abgebrochen. Ausbauarbeiten an der Firste schwierig vorzunehmen. Beschädigungen der Fahrbahn.

10.22 Ausbruch in nicht standfestem Fels (mit Einbau)

Die Einbaumethoden im Untertageausbruch haben im Laufe der Zeit einen beachtlichen Wandel mitgemacht. Während früher zum Schutze gegen gebräches oder drückendes Gebirge allgemein nur Holzeinbauten verwendet wurden, werden diese immer mehr durch neue Verfahren weitgehend verdrängt.

Grundsätzlich können vier Einbauarten unterschieden werden:

1. Holzeinbau mit Holzverzug
2. Stahleinbau mit Holz-, Stahl- oder Betonbretterverzug
3. Spritzbeton
4. Nagelung
5. Schildbauweise

Während Holz- und Stahleinbauten in jeder Gebirgsart zur Anwendung kommen, ist ein Einbau von bewehrtem oder unbewehrtem Spritzbeton mit und ohne Nagelung durch Stahl oder Eisenbetonanker für gebräches und sehr gebräches (leicht druckhaftes) Gebirge geeignet. Die Schildbauweise kommt praktisch nur für rolliges Material, das mit den anderen Methoden nicht oder nur sehr schwer bewältigt werden kann, zur Anwendung. Eine gute Übersicht über den mutmaßlichen Anwendungsbereich der Sicherungsmaßnahmen für Felsstollen gibt Tab. 61 nach H. Lauffer.

10.221 Stollen

Konnte man bei Stollen im standfesten Fels den Vortrieb, die Vortriebsdauer und damit den Stundenaufwand je Kubikmeter Fels einigermaßen errechnen, ist dies im nicht standfesten Fels, der einen Einbau erfordert, nicht mehr so ohne weiteres der Fall. Es ist — außer beim Kopfschutz — leider nicht möglich, den Ausbruch wie beim standfesten Fels entsprechend den einzelnen Kennwerten, also erforderlichen Bohrlochlängen usw. für sich zu kalkulieren und diesen Ausbruchkosten einfach die durch den Einbau entstehenden hinzuzufügen. Da beide Arbeiten derart ineinandergreifen, daß der Aushub durch den Einbau und der Einbau umgekehrt wieder durch den Ausbruch beeinflußt und behindert wird, tritt für beide Arbeiten eine Erschwernis und damit eine Verminderung der Vortriebsleistung ein, deren Ausmaß abzuschätzen eine sehr schwierige Aufgabe darstellt.

Weiters ist noch zu bedenken, daß bei schlechteren Gebirgsklassen, vor allem bei kleineren Stollendimensionen, der Einsatz eines Laders unter Umständen unmöglich wird und dann händisch geladen werden muß, wodurch ein beträchtlicher Stundenmehraufwand entsteht. Da der jeweilige Bedarf an Arbeitskräften bei den einzelnen Stollengrößen und den vorhandenen Gebirgsverhältnissen ziemlich genau abgeschätzt werden kann, hängt der zu kalkulierende Stundenaufwand praktisch nur von der richtigen Annahme der Vortriebsleistung ab. In ganz grober Näherung werden in Tab. 61 die Vortriebsleistung und der Stundenaufwand als Prozentsatz der entsprechenden Werte für leicht schießbares, standfestes Gebirge angegeben.

Es sei nochmals darauf hingewiesen, daß die angegebenen Werte grobe Richtwerte sind, die annähernd für den Holz- und Stahleinbau gelten, bei den Sonderverfahren nach 3. bis 5. jedoch eine beträchtliche Abweichung erfahren können.

Tabelle 61. *(Ungefähre) Anwendungsbereiche von Sicherungsverfahren*

Gebirgsklasse	Stehzeit für ungesicherte Spannweite (*e*)	Holzeinbau	Spritzbeton
A *Standfest*	20 Jahre $e \geqq 4{,}0$ m	nicht erforderlich	nicht erforderlich
B *Nachbrüchig*	6 Monate $e = 4{,}0$ m	Kopfschutz Abstand der Gespärre $d \doteq 2{,}0$ m	$S = 2-3$ cm im Bereiche der Kalotte
C *Leicht gebräch*	1 Woche $e = 3{,}0$ m	Kopfschutz mit Firstverzug $d = 1{,}5-2{,}0$ m	$S = 3-5$ cm im Bereiche der Kalotte
D *Gebräch*	5 Stunden $e = 1{,}5$ m	Leichte Zimmerung $d = 1{,}0-1{,}5$ m	$S = 5-7$ cm in der Kalotte, Baustahl Gewebeeinlage
E *Sehr gebräch*	20 min $e = 0{,}8$ m	Schwere Zimmerung $d = 0{,}8-1{,}20$ m	$S = 7-15$ cm mit Baustahlgewebe (eventuell kombiniert mit Nagelung)
F *Druckhaft*	2 min $e = 0{,}4$ m	Getriebezimmerung $d = 0{,}60-0{,}80$ m ohne Brustverzug	$S = 15-20$ cm mit Baustahlgewebe Stahlbogen Brustsicherung durch Spritzbeton
G *Sehr druckhaft*	10 sec $e = 0{,}15$ m	Getriebezimmerung $d = 0{,}6$ m mit Brustverzug	$S = 20-50$ cm mit Baustahlgewebe und Stahldielen auf Stahlbogen ($e = 0{,}80-1{,}0$ m)
H *Schwimmend*	$t = 0$ $e = 0$	Eventuell sehr schwere Getriebezimmerung $d = 0{,}5-0{,}6$ m mit Brustverzug sonst . . .	nicht ausführen Spezialverfahren, z. B.

[1] Lauffer, H.: Die neuere Entwicklung der Stollenbautechnik. Österreichische Ingenieur-

Für diese Fälle ist jedoch besonders der Materialaufwand von ausschlaggebender Bedeutung, weshalb die einzelnen Einbauformen in dieser Hinsicht näher besprochen werden sollen.

10.222 Holzeinbau

Beim Stollenausbau mit Holz kommt praktisch nur die Türstockzimmerung zur Anwendung, die je nach den Gebirgsverhältnissen nur in der Firste, oder aber auch in den Ulmen mit Brettern verzogen wird. Tab. 62 (siehe S. 142) gibt einen Überblick über die zur Anwendung kommende Stärke der Zimmerung.

Die freie Länge der Steher ist hierbei maximal 3,0 m, die der Kappen und Sohlschwellen maximal 2,5 m.

für (Fels-) Stollen in Anlehnung an H. LAUFFER[1]

Felsnagelung	Stahleinbau	Ungefähre Vortriebsleistung je Tag	Stundenaufwand
		(im nahezu trockenen Stollen)	
nicht erforderlich	nicht erforderlich	12–14 m 100%	100%
Ankerabstand $a = 1{,}5-2{,}0$ m im Bereiche der Kalotte eventuell durch Drahtnetz	nicht erforderlich	10–14 m 80–100%	100–105%
$a = 1{,}0-1{,}50$ m mit Drahtnetz oder nackter Spritzbeton $S = 2-3$ cm	nicht erforderlich	8–10 m 70–80%	110–120%
$a = 0{,}7-1{,}0$ m mit Drahtnetz und Spritzbeton $S = 3-4$ cm	fallweise, Rückgewinn ≐ 100%	6–8 m 50–60%	120–140%
$a = 0{,}50-1{,}20$ m bei ankerfähigem Gebirge $+ S = 3-5$ cm, sofort aufgetragen + Baustahlgewebe	Stahlbogen mit Stahlpfählen oder Betonbretter	3–6 m 40–50%	160–180%
nicht ausführbar	Stahlbogen mit Stahlpfählen, kombiniert mit Spritzbeton	1,0–2,0 m 15–30%	200–250%
nicht ausführbar	Stahlbögen mit Stahlpfählen; Stahlbogen ausgesteift, sofortiger Spritzbetonauftrag $S = 20-30$ cm	0,3–1,0 m 5–15%	250–350%
nicht ausführbar	eventuell wie G	0,3–0,8 m 3–10%	300–500%
Schildbauweise, Gefrier- oder Injektionsverfahren			

Zeitschrift, Jg. 3, H. 1 (1960).

Das Gewicht des zum Rundholz gehörenden Eisenzeuges kann entweder aus der Menge der zur Verwendung gelangenden Klammern errechnet (rund 0,75 kg/Stück) oder aber mit etwa 10 bis 20 kg Klammern je Kubikmeter eingebauten Rundholzes eingeschätzt werden. Hierbei gilt der erste Wert für starke, der größere für schwächere Hölzer.

Außer dem Rundholz der Gespärre ist noch das Schnittholz der Verpfählung erforderlich. Dieses ist je nach Gebirgsdruck 4 bis 6 cm stark anzunehmen; der Bedarf ergibt sich demnach aus dem Produkt:

$$\text{Verkleidete Fläche} \times \text{Bohlenstärke} \times \alpha.$$

Der Faktor α berücksichtigt den Übergriff der Pfähle und den jeweiligen An-

Tabelle 62

		Kopfschutz	gebräch	leicht druckhaft	stark oder rollig druckhaft	schwimmendes Gebirge
Abstand der Gespärre	m	2,0	1,5	1,0	0,8	0,6
Durchmesser der Steher und Kappen	cm	15	20	25	30	35
Durchmesser der Sprengbolzen	cm	12	12	15	18	20
Durchmesser der Sohlschwelle	cm	—	—	20	25	30
m^3 Rundholz/m^3 umbauter Raum	%	1,5	3	6	12	20—25

teil an Pfandbrettern und Keilen und kann je nach Abstand der Gespärre mit 1,2 bis 1,3 angenommen werden.

Inwieweit der Holz- und Stahlverbrauch als verloren zu betrachten ist, hängt von der Einsatzdauer und einer eventuellen Wiederverwendung ab. Bei länger dauernden Bauten und sehr drückendem Gebirge ist das Holz und meist auch der Stahl auf jeden Fall voll abzuschreiben, und auch bei anderen, günstigeren Verhältnissen wird kaum mehr als der Brennholzwert gutgeschrieben werden können.

10.223 Stahleinbau

Vom Bergbau kommend, gelangte der Stahleinbau auch im Stollenbau immer mehr zur Anwendung. In seinen ersten Anfängen war er eine Nachbildung der trapezförmigen Türstockzimmerung. Die Steher und Riegel waren einfache Walzprofile, und zwar meist I-Träger oder Schienen, die entsprechend zusammengenietet waren. Es war naheliegend, die Möglichkeit des Stahleinbaues, ausgerundete Stollenquerschnitte ohne besondere Schwierigkeiten abzusteifen, auch wirklich auszunutzen. Zu diesem Zweck wurden eigene Profile (siehe S. 288) entwickelt, die es gestatten, den Ausbruch entsprechend der natürlichen Gewölbeform auszuführen. Allein durch die Bogenform ist eine wesentlich größere Tragfähigkeit des Ausbaues gegenüber dem Trapezprofil gegeben.

Der Stahlausbau wird meist in Form eines unten offenen Bogens verwendet, bei ganz schwerem Druck jedoch auch als geschlossener Ring. Die Verbindung der einzelnen Elemente kann starr, nachgiebig oder gelenkig sein. Für den Stollenausbau kommen wohl nur die ersten zwei Möglichkeiten in Betracht. Beim starren Ausbau werden meist I-förmige Profile verwendet. Als Verbindung dient die Klammerlaschenverbindung, bei der die Laschen durch Schrauben gegen die Innenseite der Flansche gepreßt werden, so daß eine genügende Reibungskraft entsteht, die imstande ist, das Biegemoment aufzunehmen.

Der nachgiebige Ausbau verwendet Rinnen bzw. Glockenprofile, die durch Überlappen und Festklemmen mit eigenen Bügeln verbunden werden. Die Rinnenprofile haben den Vorteil, daß Änderungen des Umfanges einfach durch Ineinanderschieben der Profile aufgenommen werden können.

Die Gewichte dieser Profile betragen rund 17 bis 35 kg/m. Der Rahmenabstand hängt von dem zu erwartenden Gebirgsdruck ab und wird mit Rücksicht auf die Verpfählung annähernd gleich dem der Holzzimmerung gewählt. Bei derBestimmung des einzubauenden Stahlgewichtes ist das Gewicht der Klemmen und der Verbolzungen zwischen den Rahmen sowie bei Glockenprofilen der Übergriff von rund 40 bis 80 cm je Stoß zu berücksichtigen. Dem Gewicht des der theoretischen Länge des Stollenumfanges entsprechenden Bogens sind aus den genannten Gründen 10 bis 20% hinzuzufügen.

Die Wiederverwendungsmöglichkeit solcher Stahlbögen ist natürlich um ein Vielfaches größer als die jeden Holzeinbaues. Allerdings können diese Stahlprofile durch Steinschlag verbeult werden, und es ist immer wieder ein bestimmter Aufwand für das Instandsetzen der Stahlbögen und der Verbindungen zu berücksichtigen. Der Arbeitsaufwand für das Aufstellen der Stahlbögen kann mit rund 30 h/t angesetzt werden.

Die Verpfählung kann entweder aus Holz oder aus Stahl oder bewehrtem Spritzbeton sein. Im ersten Falle unterscheidet sie sich von der beim Holzausbau praktisch überhaupt nicht. Bei der Verpfählung in Stahl kommen Kanaldielen und Bergmannpfähle verschiedenster Art zur Anwendung. Eine Sonderbauweise ist das SCHÄFERsche Verfahren mit Vortriebsmessern, das damit einen Übergang zur Schildbauweise darstellt.

10.224 Spritzbeton

Kennzeichnend für den Spritzbeton wie auch für die Nagelung ist der Umstand, daß der Ausbruchsquerschnitt nur geringfügig verengt wird, was besonders bei kleinen Profilen günstig ist. Der Hauptvorteil liegt jedoch darin, daß die Schalung für die spätere Betonauskleidung im freien Arbeitsraum ohne Mühe eingebaut werden kann. Die Kostenverringerung wirkt sich demnach weniger beim Ausbruch als beim Betonieren aus.

Die Sicherung des ausgebrochenen Stollenprofils mit Spritzbeton gleich nach dem Abschlag wird als neue Ausbaumethode immer häufiger angewandt und bietet viele Vorteile, die weniger auf der wirtschaftlichen als auf der technischen Seite liegen, und zwar: Rascher Vortrieb, vor allem im Vollausbruch, Verhinderung der Gebirgsauflockerung, sparsamer Querschnitt, geringeres Überprofil, freier Arbeitsraum für Betonierung, dadurch Verwendung von fahrbaren Schalungen. Maschineller Geräteeinsatz ist leichter möglich. Größere Haltbarkeit der Sicherung, Entfall schwieriger, lohnintensiver Pölzungsarbeit. Die Stärke des Spritzbetons, der mit Drahtnetzen bewehrt ist und der später gleich einen Teil der Betonauskleidung darstellt, wird je nach Gebirgsbeschaffenheit gewählt und schwankt im allgemeinen zwischen 5 und 20 cm.

Die Methode der Spritzbetonsicherung ist vor allem angezeigt bei Gebirgsarten, die zwar einige Zeit nach dem Ausbruch standfest sind, durch die Einwirkung von Luft und Feuchtigkeit jedoch ihre Standfestigkeit verlieren und zu drücken beginnen. Während früher diesen Erscheinungen nur durch starke Auszimmerung begegnet werden konnte, wird durch den Spritzbeton das Gebirge sofort geschützt und die unangenehme Auswirkung des Auflockerungsdruckes von vornherein ausgeschaltet.

Im gebrächen Fels kommt vor allem die verspannende Wirkung des Spritzbetongewölbes zur Auswirkung. Hierzu bedarf es allerdings einer Mindeststärke von rund 10 cm.

Damit der Spritzbeton möglichst noch als Traggewölbe wirken kann, sind neben der Bewehrung Zusatzmittel erforderlich, die die Festigkeitszunahme beschleunigen und außerdem das Trockengemisch entsprechend plastisch machen. Die Menge dieser Zusatzmittel beträgt rund 5% des Zementgehaltes und fällt preislich sehr ins Gewicht.

Falls das Gebirge eine solche Beschaffenheit zeigt, daß es sofort unterstützt werden muß, dann kommen zusätzlich Stahlbogen zur Verwendung, die meist vorübergehend eingebaut werden. Unter Umständen werden diese Bogen zur Gänze eingespritzt und verbleiben dann als Teil der endgültigen Auskleidung im Gebirge. Auf diese Weise kann auch druckhaftes Gebirge durchörtert werden.

Für die Spritzbetonherstellung stehen heute bereits Geräte zur Verfügung, die in der Lage sind, auch mäßig feuchten Zuschlagstoff und Körnungen bis zu 25 mm zu verarbeiten und ein Rösten des Kieses unnötig wird.

Tab. 63 gibt eine Übersicht über Stundenleistungen und ungefähren Luftbedarf der Geräte.

Tabelle 63

Leistung m^3 Trockengemenge je h	Luftbedarf m^3/min	Schlauchdurchmesser mm	Größtkorn mm
0,6	3	25	8
1,5	6	32	10
4	15	50	20—25

Überschlägig kann angenommen werden, daß je m^3/h Trockengemenge die vierfache Luftmenge je Minute benötigt wird, bzw. daß die zum Weitertransport erforderliche Luftmenge 240mal so groß ist wie das Trockengut.

Tabelle 64

Stärke des Spritzbetons cm	Leistung m^2/h	Stundenaufwand h/m^2
3	15	0,8
5	10	1,2
10	6	2,0
15	4—5	2,5

Der Zementgehalt des Mörtels beträgt normalerweise 250 bis 400 kg/m^3. Für die Kostenermittlung ist außer den Zusatzmitteln noch ein nicht unbeträchtlicher Verlust durch den Abprall zu berücksichtigen, der naturgemäß in der Firste am größten ist und je nach Stärke bis zu 40% betragen kann.

Tab. 64 gibt einen Überblick über die erreichbaren Leistungen und den Stundenaufwand.

Den angegebenen Werten liegt die Annahme zugrunde, daß keine besonderen Gerüste im Stollen erforderlich sind.

Ist dies jedoch der Fall, so sind die Kosten hierfür gesondert zu ermitteln und den übrigen Kosten zuzuschlagen.

Weiters wurde angenommen, daß es sich um größere, durchlaufende Flächen handelt. Sind nur an einzelnen Stellen kleinere Flächen zu spritzen, dann können die angegebenen Leistungen beträchtlich unter- bzw. die Stundenansätze dementsprechend überschritten werden.

10.225 Felsnagelung

Die Wirkung der Felsnagelung besteht darin, daß der lockere, gebräche Fels durch den Anker eine Quervorspannung erhält, wodurch sich ein in tiefere Zonen verlegtes Traggewölbe bildet. Um die zwischen den Ankerköpfen liegenden Teile vor dem Ausbrechen zu schützen, kann dies entweder durch Einbau eines Drahtgitters oder durch das Aufbringen von Spritzbeton verhindert werden.

Für die Felsnagelung stehen die verschiedensten Systeme zur Verfügung (siehe S. 291 ff.). Der Anker kann dabei entweder verloren sein oder er kann wieder zurückgewonnen (geraubt) werden. Im normalen Stollenbetrieb wird meist die erste Form als Schlitz- oder Spreitzkeilanker angewendet. Die Anker haben Durchmesser von 17 bis 25 mm und sind in Längen von 0,8 bis 3 m im Handel erhältlich. Die Ankerabstände liegen je nach Gebirgsart zwischen 0,5 und 2,0 m. Das hierfür erforderliche Bohrloch muß einen Durchmesser von 40 mm aufweisen. Die Nagelung selbst erfolgt gleich nach dem Abschlag und erfordert das Bohren eines Loches und das Versetzen und Spannen des Ankers. Hierfür sind für Anker normaler Länge, also 1 bis 1,5 m, rund 1 bis 1,5 h/Anker zu rechnen.

Eine Sonderform stellen die Eisenbeton- bzw. Perfo-Anker dar. Sie bestehen aus zwei gelochten Halbschalen, die mit Mörtel verfüllt in das Bohrloch eingeführt werden. In diese Halbschalen wird dann der eigentliche Anker eingetrieben, wobei der verdrängte Mörtel durch die Löcher der Halbschalen ins Bohrlochinnere dringt, und damit eine gute Verbindung mit dem Gebirge herstellt Da die Anker vom Mörtel umhüllt sind, sind sie damit dauernd rostgeschützt.

Nagelung und Spritzbeton werden sehr häufig zusammen angewendet. Beide Verfahren haben, wie bereits erwähnt, den großen Vorteil einer guten Anpassungsfähigkeit an das jeweilige Gestein ohne den lichten Raum einzuengen.

10.226 Schildbauweise

Der Hauptvorteil der Schildbauweise liegt darin, daß der Vortrieb und der Ausbau innerhalb eines geschlossenen Stahlmantels erfolgt, der den Gebirgsdruck aufzunehmen vermag. Die Mannschaft ist demnach geschützt und die Arbeit durch keine Aussteifungen behindert. Der Stollenausbau folgt sofort dem Vortrieb und wird meist aus Betonformsteinen mit schnell erhärtendem Mörtel hergestellt. Die Gefahr von Setzungen ist damit auf ein Minimum reduziert. Diese Bauweise, für die nur erfahrene Spezialfirmen herangezogen werden sollen, kommt daher vor allem bei Straßenunterführungen unter Flüssen oder Gebäuden zur Anwendung. In schwimmendem Gebirge stellt sie die einzige Möglichkeit dar, den Vortrieb wirtschaftlich durchzuführen. Ist auch Wasserandrang zu erwarten, dann muß der Vortrieb unter Druckluft erfolgen; dies ist jedoch ein Spezialfall, der praktisch eine horizontale Caissonierung darstellt.

Die Form des Schildes ist verschieden, meist ist er kreisförmig, also geschlossen, er kann aber auch nur als Firstschutz ausgeführt sein. Die Größe der Schilde schwankt von Minimalgrößen bis zu 11,0 m Durchmesser.

Die Kosten eines Schildes und der dazugehörigen Pressen sind bedeutend. Damit die Anwendung der Schildbauweise auch dort wirtschaftlich wird, wo noch andere Verfahren in Frage kämen, muß der Stollen eine bestimmte Mindestlänge aufweisen oder aber öfter mit gleichem Querschnitt vorkommen. Der Stahlaufwand kann mit 600 bis 1000 kg/m² Mantelfläche angesetzt werden. Die Länge der Schilde ist normalerweise 4 bis 6 m. Die Vortriebspressen mit Drücken von 50 bis 120 t werden am Umfang in Abständen von 0,8 bis 1,2 m angeordnet, d. h. die erforderlichen Druckkräfte sind mit 50 bis 150 t/m Umfang anzunehmen.

Der Vortrieb je Pressung hängt von der Hubhöhe der Pressen ab, normalerweise bewegt sich dieser zwischen 0,5 und 1,0 m.

Die erreichbaren Vortriebsleistungen hängen von dem zu durchörternden Material sowie von der Schnelligkeit der Mauerung ab und betragen im Mittel 0,75 bis 1,5 m/Schicht.

Die erforderliche Mannschaft ist abhängig von der in der Zeiteinheit zu lösenden Materialmenge, es ist jedoch zu berücksichtigen, daß nur eine bestimmte Anzahl von Leuten an der Stollenbrust arbeiten kann. Um diese Anzahl zu vergrößern, werden bei entsprechender Stollengröße Zwischenbühnen in möglichst kleinen Abständen eingebaut.

10.227 Tunnel

Der Tunnelausbruch in nicht standfestem Gebirge gehört zu den schwierigsten Ingenieurarbeiten. Seine Durchführung erfordert ein ganz besonderes Maß an Erfahrung und Können.

Zum Unterschied vom Tunnel in standfestem Gebirge muß hier der Ausbruch unter besonderer Berücksichtigung der nachfolgenden Mauerung bzw. Betonierung erfolgen. Es muß daher sowohl der Querschnitt als auch der Längenschnitt des Tunnels in zeitlich aufeinanderfolgende Abschnitte geteilt werden, woraus sich die verschiedenen „Bauweisen" (in Bezug auf den Querschnitt) und „Betriebsweisen" (in Bezug auf den Längenschnitt) ergeben.

Die Bauweisen unterscheiden sich in der Art der Aufschließung des Gebirges durch Vortriebsstollen und der folgenden Ausweitung. Folgende Bauweisen sind auch heute noch von Bedeutung, wenn sie auch durch Spritzbeton- und Felsnagelung in Verbindung mit leichter und schwerer Bewehrung immer mehr verdrängt werden:

1. Kern- (deutsche) Bauweise
2. Unterfangungs- (belgische) Bauweise
3. Aufbruchs- (österreichische) Bauweise
4. Versatz- (italienische) Bauweise
5. Ring-Bauweise
6. Vortriebs- (englische) Bauweise
7. Schildbauweise.

Jede der angeführten Bauweisen hat für bestimmte Fälle ihre besonderen Vorteile, deren Erörterung jedoch den Tunnel-Fachbüchern überlassen werden muß. Hier sollen nur jene Punkte besprochen werden, die für die Kalkulation von Bedeutung sind.

Die Sicherung gegen Nachbrechen des Gebirges erfolgte früher ausnahmslos durch Holz; Stahl kam hierfür nur vereinzelt zur Anwendung. Heute werden jedoch die Sicherungsarbeiten fast nur mehr mit Spritzbeton und Nagelung durchgeführt. Spritzbeton und Nagelung können entweder einzeln oder aber auch gemeinsam angewendet werden. In schwerem Gebirge finden auch zusätzlich Stahlbögen Verwendung.

Der Stundenaufwand schwankt natürlich in weiten Grenzen, nicht nur in Abhängigkeit vom Gebirge, sondern auch von der gewählten Bau- und Betriebsweise. Annähernd können folgende Werte für die Ausweitung zugrunde gelegt werden:

Gebirgsart:	leicht standfest	schießbar Kopfschutz	gebräch	druckhaft leicht—schwer	schwimmend
h/m³	1,5—2,5	2,5—3	3,0—5,0	5—8	12—15 u. mehr

Die angegebenen Werte beinhalten auch Förderung und Kippe.

10.228 Holzeinbau

Beim Tunnelausbau mit Holz kommen zwei grundsätzlich voneinander verschiedene Zimmerungsarten in Betracht, und zwar die Querträger und die Längsträgerzimmerung.

Die Querträger-, auch Sparrenzimmerung genannt, entspricht der Türstockzimmerung beim Stollen und ist dadurch gekennzeichnet, daß die Unterstützungshölzer für die Pfähle quer zur Tunnelachse liegen. Er erlaubt eine schnelle Nachmauerung bzw. -betonierung, hat jedoch den Nachteil, daß der Längsverband in der Tunnelrichtung, falls er nur durch die Sprengbolzen gegeben ist, die von Gespärre zu Gespärre reichen, nur sehr mangelhaft ist. Weiters ist bei dieser Querträgerzimmerung die Auswechslung und Entfernung der Hölzer für die folgende Betonierung, wenn nicht nur auf Gespärrenlänge gemauert bzw. betoniert wird, sehr erschwert. Die Querträgerzimmerung wird daher in Holz nur selten, beim Untergerüst fast überhaupt nicht, ausgeführt, erscheint jedoch in verbesserter Form wieder beim Stahlausbau.

Bei der Längsträgerzimmerung, auch Jochzimmerung genannt, liegen die Traghölzer der Pfähle parallel zur Stollenachse. Der Ausbruch erfolgt demnach von einem Richtstollen aus quer zur Stollenachse. Es ist dadurch möglich, gleichzeitig mehrere Ausbruchsstellen in Angriff zu nehmen. Die Länge der einzelnen Abschnitte bzw. Ringe richtet sich nach den jeweiligen Gebirgsverhältnissen und beträgt mit Rücksicht auf die zu transportierenden Hölzer rund 6 bis 8 m, wobei die unterstützenden Gespärre 1,5 bis 3,0 m Abstand haben. Die Längsträgerzimmerung hat den Vorteil eines guten Längsverbandes und bietet die Möglichkeit, bei Aufkommen eines stärkeren Druckes sowohl Längsträger oder auch Unterstützungshölzer einzubauen.

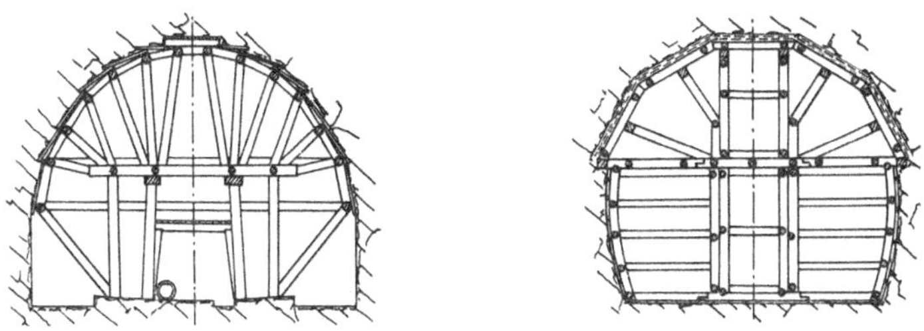

Abb. 20. Quer- und Längsträgerzimmerung im Tunnelbau

Auf Abb. 20 ist das Prinzip beider Zimmerungsarten dargestellt. Je nach den Gebirgsverhältnissen können verschiedene Holzstärken und Abstände der Gespärre angenommen werden, wie Tab. 65 zeigt.

Tabelle 65

	Kopf-schutz	gebräch	leicht druckhaft	stark druckhaft rollig	schwimmendes Gebirge
Querträger-(Sparren-)Zimmerung:					
Abstand der Gespärre	2,0	1,5	1,2	1,0	0,8 m
Kappen- bzw. Sparrendurchmesser	20	25	30	35	40 cm
Obere Bocksäule 3,0—4,0 m lang	25	30	35	40	45
Untere Bocksäule	30	35	40	45	50
Streben bis 3,0 m	20	20	25	30	35
Mittelschwelle	30	35	40	50	55
Kappenunterzüge bis 8 m Länge	25	25	30	35	40
Schwellenunterzüge bis 8 m Länge	25	25	30	35	40
Sparrenwandruten bis 8 m Länge	25	25	25	30	30
Ulmwandruten bis 8 m Länge	—	—	20	25	30
Sprengbolzen					
m³ Rundholz je m³ umbauter Raum	15	15	20	20	25

Tabelle 65 (Fortsetzung)

	Kopf-schutz	gebräch	leicht druckhaft	stark druckhaft rollig	schwimmendes Gebirge
Längs-(Joch-)Zimmerung:					
Abstand der Unterstellungen	4,0	3,0	2,5	2,0	1,5 m
Kronbalkendurchmesser	30	35	40	45	50 cm
Wandruten (Langerinen)	—	20	25	30	35
Bolzen	20	20	25	30	30
Brustschwellen	25	30	35	40	45
Zentralstreben	20	20	25	30	35
Unterzüge	25	25	25	30	35
Ständer	25	30	30	35	40
m³ Rundholz je m³ umbauter Raum	1,5%	3%	5%	8%	12%

Zu diesem Rüstholz ist nun die Verpfählung hinzuzurechnen, die vom Umfang und der verwendeten Holzstärke abhängig ist und bei voller Verpfählung mit 0,05 bis 0,10 m³ Schnittholz je m² angesetzt werden muß.

Der Materialaufwand ergibt sich aus dem Bauprogramm, aus dem zu ersehen ist, wieviel Ringe bzw. Abschnitte jeweils in Arbeit stehen. Darüber hinaus muß beachtet werden, daß das Holz durch mehrmalige Verwendung verbraucht wird; im Mittel kann mit folgender Verwendung gerechnet werden:

Kappen und Wandruten	6 malige	Verwendung
Streben	2 ,,	,,
Schwellen	4 ,,	,,

10.229 Stahleinbau

In den letzten Jahren hat sich auch im Tunnelbau die vorwiegende Verwendung von schweren Glockenprofilen, Stahlrüstbogen aller Art und Rundstahlarmierungen mit und ohne Spritzbeton oder Nagelung erfolgreich durchgesetzt. Der Vollständigkeit halber sei von den bisher noch üblichen (Stahl)-Sonderbauweisen die KUNZsche Tunnelrüstung erwähnt, die im Prinzip eine Querträgerzimmerung darstellt. Die eigentliche Tragkonstruktion ist der Lehrbogen für die spätere Mauerung, er besteht aus zwei [-Eisen in 10 cm Abstand und kann je nach auftretendem Gebirgsdruck durch Rundhölzer ausgesteift werden. Auf diesem Lehrbogen sitzen Reiter, die den Ausbruchsbogen tragen, der seinerseits die Verpfählung stützt. Während der Holzausbau einen eigenen Lehrbogen für die Mauerung bzw. für den Beton benötigt, werden beide Aufgaben durch die KUNZsche Rüstung erfüllt. Ein Nachsetzen der Rüstung muß natürlich unter allen Umständen vermieden werden, da dann das richtige Lichtraumprofil nicht mehr gewährleistet ist.

Die KUNZsche Rüstung kann natürlich viel öfter verwendet werden als eine Holzrüstung, was bei einer Vergleichsrechnung zu berücksichtigen ist.

11. Nebenarbeiten zu Erd- und Felsarbeiten

Die in diesem Kapitel erörterten Arbeiten sind dadurch gekennzeichnet, daß sie selten selbständig, sondern meist im Zusammenhang mit größeren Erdbauten als Vor- oder Nacharbeiten durchgeführt werden.

Während die Vorarbeiten der Aufschließung des Geländes dienen, werden die Nacharbeiten zur Sicherung bereits ausgeführter Erdarbeiten erforderlich.

11.1 Vorarbeiten

Diese Arbeiten sind durch das Gelände bedingt und gliedern sich, je nachdem, ob Waldbestände, abgeholzter Wald, Strauchwerk, Mutterboden ohne Grasnarbe oder Mutterboden mit Grasnarbe vorhanden ist, in entsprechende Untergruppen.

11.11 Holzfällen und Entästen

Hierfür sind bei Handarbeit die in Tab. 66 angegebenen Stundenaufwände je laufenden Meter Stammholz erforderlich:

Im Mittel kann daher je Festmeter Stammholz mit 1,2 bis 5 h/m³ gerechnet werden, wobei die niederen Werte für starke Durchmesser und Weichholz, die hohen Stundenansätze für schwache Durchmesser und Hartholz gelten. Bei Einsatz maschineller Hilfsmittel sinken die Werte weit unter die Hälfte.

Tabelle 66

Durchmesser	Weichholz	Hartholz
15 cm	0,1 h/lfm	0,15 h/lfm
20 cm	0,15 h/lfm	0,20 h/lfm
40 cm	0,25 h/lfm	0,35 h/lfm
60 cm	0,40 h/lfm	0,50 h/lfm

11.12 Rodungsarbeiten

Ist der Baumbestand bereits aufgearbeitet, dann sind noch die Wurzelstöcke zu entfernen. Bei kleineren Flächen und vor allem in gebirgigem Gelände wird händische Arbeit in Frage kommen. Für das Entfernen und seitliche Lagern von Wurzelstöcken können folgende Stundenwerte angesetzt werden:

Tabelle 67. *Händisches Roden*

Durchmesser	Weichholz (Flachwurzler)	Hartholz (Tiefwurzler
20 cm	1,0 h/Stück	1,5 h/Stück
30 cm	1,5 h/Stück	2,0 h/Stück
40 cm	2,0 h/Stück	2,5 h/Stück
50 cm	3,0 h/Stück	3,5 h/Stück
60 cm	4,0 h/Stück	4,5 h/Stück

Bei Überschlagsrechnungen ist daher, bezogen auf die Fläche, mit folgenden Werten zu rechnen:

Eichenwald	0,4 h/m²
Nadelwald	0,25 h/m²
Niederwald	0,15 h/m²

Vor allem bei Tiefwurzlern kann es zweckmäßig sein, die Wurzelstücke mit Sprengstoff zu lockern, wofür folgende Werte gelten:

Tabelle 68. *Sprengen von Wurzelstöcken*

Durchmesser	Stundenaufwand	Sprengstoffverbrauch
30 cm	0,8 h/Stück	0,5 kg/Stück
40 cm	1,2 h/Stück	0,6 kg/Stück
60 cm	1,5 h/Stück	1,0 kg/Stück

Auf größeren Flächen, und vor allem in ebenem Terrain, erfolgt die Rodung mit Raupen, wobei folgende Leistungen angenommen werden können:

Tabelle 69. *Maschinelles Roden*

Durchmesser	Mögliche Stundenleistung		
	100 PS	200 PS	300 PS
20 cm	15 Stück/h	25 Stück/h	40 Stück/h
30 cm	10 Stück/h	15 Stück/h	25 Stück/h
40 cm	5 Stück/h	10 Stück/h	15 Stück/h
50 cm	—	5 Stück/h	10 Stück/h

bzw. bezogen auf die Grundfläche ergibt sich daher näherungsweise

Dichter Bestand	50	100	150 m²/h
Lockerer „	80	150	250 m²/h
Niederwald	120	200	350 m²/h

11.13 Abtrag von Mutterboden

Tabelle 70. *Händischer Abtrag*

Abhub und 2—3 m werfen	0,6 h/m³
Abhub und 10—15 m verfahren	0,9 h/m³
Zusätzliches Setzen in Haufen	0,25 h/m³

Tabelle 71. *Maschineller Abtrag: Stundenleistung bei seitlichem Verschieben auf maximal 40 m*

Raupen-Größe	100 PS	200 PS	300 PS
Leistung	40—60	80—120	120—200 m³/h

11.14 Rasenabhub

Die mögliche Leistung ist abhängig von der Stärke der Rasendecke, die normalerweise mit rund 10 cm angenommen werden kann. Unter dieser Annahme kann mit folgenden Stundensätzen gerechnet werden:

Abhub	0,1 h/m²
Verfahren bis 50 m	0,1 h/m²
Stapeln	0,1 h/m²

11.2 Nacharbeiten

Diese Arbeiten dienen, wie schon erwähnt, dazu, Erdbauten gegen Angriffe von Wasser, Wind usw. zu schützen bzw. dem bestehenden Gelände anzupassen.

11.21 Planierungen

Ist der Erdbau im Groben durchgeführt, dann ist meist noch das genaue Planum bzw. Profil herzustellen. Diese Arbeit, die früher mühselig von Hand aus geleistet werden mußte, wird nunmehr bei allen Planumsarbeiten, und zum Großteil auch bei Böschungsprofilen, mit Gradern ausgeführt. Die erforderlichen Stundenaufwände bzw. möglichen Stundenleistungen sind sowohl von der Bodenart als auch von der geforderten Genauigkeit abhängig und schwankt damit in weiten Grenzen. Vor allem bei Handarbeit ist dann auch noch das Rohplanum, wie es von der Erdbaugeräten geschaffen wurde, von Einfluß.

Für Planierungen, die Unebenheiten bis maximal 20 cm auszugleichen haben, muß bei Handarbeit mit 0,15 bis 0,3 h/m^2 gerechnet werden. Die Leistung eines Graders (etwa 100 PS) beträgt 150 bis 300 m^2/h, je nach der geforderten Genauigkeit.

In beiden Fällen, ob händische oder maschinelle Durchführung, ist ein angemessener Satz für die Kosten der laufenden Vermessung zu berücksichtigen.

11.22 Humusandecken

Böschungen sind entweder mit Humus anzudecken und dann zu besämen, oder aber mit Rasenziegeln zu belegen. Für händische Ausführung, die zumeist noch in Frage kommt, ist es wesentlich, ob der Mutterboden von oben oder von unten aus eingebracht wird. Bei Einschnitten wird meist ersteres der Fall sein, da vom Abtrag her der Humus an der Oberseite der Einschnittsböschung gelagert wurde. Bei Dämmen lagert der Mutterboden am Dammfuß, so daß in diesem Fall das Andecken von unten nach oben erfolgt. Bei Verwendung von Fremdhumus wird dieser meist auf der neu erstellten Trasse zugefahren und dann im umgekehrten Sinne eingebaut. Der Stundenaufwand ergibt sich nach Folgendem:

Humus andecken händisch

von oben nach unten je 1 m^3: 0,7 h + 0,03 L (L = schräge Länge der Böschung in m)
von unten nach oben je 1 m^3: 0,7 h + 0,01 L

Ist ein Abgleiten des aufgebrachten Mutterbodens in Einschnittsböschungen zu befürchten, dann müssen noch Rillen hergestellt werden, wofür rund 0,1 h/m^2 zu rechnen sind. Das Humusandecken kann auch maschinell erfolgen, wozu meist Bagger, seltener Raupen, eingesetzt werden. Diese Arbeiten sind nach den für die Erdarbeiten geltenden Sätzen zu ermitteln.

Nach dem Humusauftrag sind die Flächen zu besämen, wofür rund 0,01 kg Grassamen je m^2 benötigt werden.

Der Stundenaufwand ist wie folgt anzusetzen:

Ansäen	0,01 h/m^2
Nachsäen und jäten	0,02 h/m^2

Das Versetzen von Flachrasen erfolgt händisch und in der gleichen Art wie der Auftrag von Mutterboden. Zusätzlich sind für das Legen und Vernageln rund 0,25 h/m^2 zu rechnen.

An Material werden hierfür etwa 15 Holznägel von 30 cm Länge benötigt.

11.23 Steinschüttung

Dammböschungen sind mitunter zusätzlich mit Steinschüttungen von 25 bis 50 cm zu sichern. Die Steine haben hierbei eine Größe von 15 bis 20 cm und werden üblicherweise mit LKW, mitunter auch per Bahn, auf die Baustelle bzw. zu einem Depot geschafft. Der erforderliche Stundenaufwand kann wie folgt angesetzt werden:

Entladen (aus Bahnwaggon)	1 h/m³
Transport zur Einbaustelle	1 h/m³
Kippen und Einbringen	2—2,5 h/m³
	4—4,5 h/m³

11.24 Steinpackung

Mitunter, wenn eine Schüttung nicht genügt, ist eine Steinpackung auszuführen, wobei Steine von 20 bis 30 cm Stärke verwendet werden. Es kann mit folgenden Werten gerechnet werden:

Eventuell Aussuchen geeigneter Steine	1,5 h/m³
Steinpackung	4—5,0 h/m³
	im Mittel 6 h/m³

11.25 Steinwurf

Im Bereich von Gewässern genügt eine Steinschüttung mit Steinen von 20 bis 30 cm nicht mehr. Es kommen dann größere Steine (100 bis 200 kg schwer), sogenannte Wasserbausteine, zur Anwendung, die zusätzlich mit Hebebäumen in eine Lage gebracht werden, die eine gewisse Verzahnung gewährleistet. Gegenüber einer Steinschüttung ist der Stundenansatz daher um etwa 1 h/m³ zu erhöhen (unter Wasser entsprechend höher), so daß folgende Werte gelten:

Steinschüttung über Wasser	5,0 h/m³
Steinschüttung unter Wasser	7,0 h/m³

11.26 Pflasterung (ohne Unterbeton)

Ist die Gefährdung durch Wasserangriff besonders groß, so muß die Böschung gepflastert werden. Die Stärke der Pflasterung schwankt meist zwischen 0,2 und 0,35 m. Der Stundenaufwand beträgt:

rund 10—12 h/m³
d. h. 3,0—4,0 h/m² bei rund 30 cm Stärke

11.27 Böschungssicherung

Stehen Steine nicht zur Verfügung, dann kann die Uferböschung auch mit einer Lage Reiser abgedeckt werden, die mit Wippen auf den Boden genagelt werden. Die Wippen, mit 3 Drahtbindungen je lfm, sind im Mittel 15 cm stark. Für das Herstellen einer Wippe muß mit 0,2 h/lfm gerechnet werden. Die Böschungssicherung kostet daher je 1 m²:

Aufbringen der Reiser	0,8 h/m²
Wippen herstellen und befestigen	0,3 h/m²
eventuell Kiesüberdeckung	0,4 h/m²
	1,5 h/m²

11.28 Faschinen und Sinkwalzen

Böschungsfüße und beweglicher Flußgrund aber auch Fangdämme sind besonders zu schützen. Hierfür eignen sich Faschinen (meist mit einer Stärke von 30 cm ausgeführt) oder Sinkwalzen, die mit Kies gefüllt werden. Für das Herstellen und Versenken können folgende Stundenwerte nährungsweise angesetzt werden:

Tabelle 72

	Durchmesser cm	Herstellen h/m[1]	Versenken h/m[1]
Faschinen	30	0,7	0,7
Sinkwalzen	50	1,0	1,0
Sinkwalzen	75	1,3	1,2
Sinkwalzen	100	1,8	1,5

11.29 Weidenpflanzung

Böschungen im Trockenen können am besten und schönsten durch Pflanzenbewuchs gesichert werden, wozu sich besonders Weidensetzlinge von 2 bis 3 cm Stärke und 30 bis 60 cm Länge eignen. Der für das Setzen von Weidensetzlingen erforderliche Stundenaufwand kann mit rund 0,02 h/Stück angenommen werden.

11.30 Flechtzaun

Zur Stützung von Mutterboden auf steileren Böschungen werden mitunter Flechtzäune notwendig, deren Herstellung je nach Höhe des Flechtzaunes

0,6—1,2 h/lfm

erfordert.

12. Rammarbeiten

12.0 Allgemeines

Die Gründung vieler Ingenieurbauwerke ist ohne Rammarbeiten kaum denkbar; sei es nur der vorübergehende Abschluß einer Baugrube durch Spundwände, die Fundierung von Hilfsbrücken und Gerüsten im Wasser oder schlechten Böden oder die bleibende Übertragung der Bauwerkslasten auf tragfähige Bodenschichten mit Pfählen aller Art. Immer sind es Rammgeräte in verschiedener Ausführungsform, die zum Einschlagen von Spundwänden oder Pfählen verwendet werden.

Die Kalkulation der Rammarbeiten ist nicht immer eindeutig möglich, da die richtige Anschätzung des mutmaßlichen Rammwiderstandes ohne Proberammung besonders bei wechselnden Untergrundverhältnissen erfahrungsgemäß schwierig ist. Die Rammleistung hängt aber auch von der Art und Größe der verwendeten Geräte, den Pfahl- und Spundwandquerschnitten und deren Gewichten ab, und nicht zuletzt von der Erfahrung des Rammeisters.

Unter die Ramme gestellt werden Pfähle (lfm, Stück) und Spundwände (m^2, lfm). Die Pfähle sind meist:

Holzpfähle: Durchmesser 20 bis 40 cm in Längen von 2,0 bis 20,0 m bei einem Gewicht von 25 bis 85 kg/m^1;

Stahlpfähle: Einfache I-(H)-Profile, Stahlrohre, Durchmesser 25 bis 50 cm, zusammengesetzte Profile aller Art in Gewichten von 80 bis 300 kg/m und Längen bis zu 30 m.

Betonpfähle: Stahlbetonfertigpfähle, kreisrund, quadratisch oder polygonal, hohl oder voll, $d = 25$ bis 50 cm, in Längen von 4,0 bis 20,0 m; Gewichte 150 bis 600 kg/lfm. Ortbetonpfähle: Bewehrt und unbewehrt, $d = 30$ bis 50 cm, $L = 3{,}0$ bis 15,0 (20,0) m.

Spundwände (m^2, lfm) werden üblicherweise verwendet als

Holzspundwände mit Bohlenstärken von 5 bis 12 cm, bei einer Breite von 20 bis 35 cm und in Längen von 2,0 bis maximal 10,0 m; Wandgewichte von 40 bis 85 kg/m^2.

Stahlspundwände: Fabrikate Larssen, Hoesch, Krupp u. a., Flachbohlen der Dortmunder Union. Wandgewichte 90 bis 240 kg/m^2, Längen 2,0 bis 30,0 m.

Betonspundwände: Stahlbetonfertigbohlen $d = 20$ bis 40 cm, $L = 4{,}0$ bis 10,0 m. Ortbetonbohlen bewehrt und unbewehrt $d = 20$ bis 40 cm, $L = 3{,}0$ bis 10,0 m; Wandgewichte 500 bis 1000 kg/m^2.

Pfahlart, Pfahlabmessungen, Spundwanddimensionen und Rammtiefen richten sich nach dem Verwendungszweck, nach dem zu durchschlagenden Rammboden und nach der jeweiligen Belastung bzw. Beanspruchung. Sie sind stets nach einer gesonderten statischen Untersuchung zu bemessen. In Zweifelsfällen sind durch einen Rammversuch oder eine Probelastung die getroffenen Annahmen und errechneten Ergebnisse nachzuprüfen.

Für eine erste rohe Anschätzung der Tragfähigkeit (t) von ausreichend tief in den tragfähigen Untergrund gerammten *Pfählen* genügen die Angaben der Tab. 73.

Tabelle 73

$d \geqq$	30 cm	35 cm	40 cm	50 cm
Holzpfähle $L = 5{,}0$ m	20—30 t	30—40 t	40—45 t	—
Stahlbetonfertigpfähle	35 t	45 t	55 t	65 t
Ortbetonpfähle	40 t	50 t	60 t	80—90 t
Bohrpfähle	20 t	25 t	30 t	40 t

Unabhängig von der Fassung des jeweiligen Leistungsverzeichnisses ist die Kostenermittlung für Rammarbeiten in folgende Einzelleistungen aufzugliedern:

1. Einmalige Kosten des An- und Abtransportes, des Auf- und Abbaues und allfälliger Umstellungen der Rammgeräte.

2. Einmalige Kosten des Rammplanums, der Erdarbeiten für die Rammebene, Herstellen der Rammgerüste, Legen der Rammgeleise und Abbau dieser Einrichtung.

3. Kosten der Rammarbeit (bezogen auf lfm Pfahl oder m^2 Spundwand):

a) Antransportieren und Vorbereiten der Pfähle bzw. Spundwände.

b) Rammen auf die vorgesehene Tiefe (m^1 oder m^2) einschließlich Kosten der Pfähle bzw. Spundwände.

c) Ziehen der Pfähle bzw. Spundwände.

d) Umstellung des Gerätes zur nächsten Arbeitsstelle sowohl für das Rammen als auch für das Ziehen.

e) Abtransport und Wiederinstandsetzen der Pfähle bzw. Spundwände bei vorübergehender Verwendung.

f) Vorhalten der Rammgeräte und der übrigen Rammeinrichtung.

Die Kosten dieser Arbeit sind — je nach Angebotsbedingung — auf die gesamte, unter die Ramme gestellte Länge (Wandfläche) oder nur auf die tatsächlich gerammte Fläche oder Länge zu beziehen.

12.1 Einrichtung und Gerätebedarf

Rammgerät und Ausrüstung hängen von Art, Abmessung und Anordnung der zu rammenden Pfähle und Spundwände ab. Je nach Verwendungszweck und Bodengattung kommen verschiedene Arten von Rammen zum Einsatz. Die richtige Wahl des Rammgerätes ist für den Erfolg der Arbeit von entscheidender Bedeutung. In der Regel besteht die Ramme aus einem genügend hohen Rammgerüst und ist mit entsprechendem Windwerk ausgestattet, um Pfähle und Spundbohlen hochzuziehen und zu führen. Die Rammarbeit besorgt ein am gleichen Gerüst geführter Bär, als Freifall-, Dampf- oder Dieselbär, oder als dampf- oder druckluftbetriebener Rammhammer.

Die Entscheidung über die Wahl des Gerätes hängt in erster Linie vom Gewicht und von der Länge der zu rammenden Teile ab. Leichte, kurze Holzpfähle, leichte Larssenprofile geringer Länge und Kanaldielen wird man noch mit Handrammen oder Preßlufthandhämmern eintreiben. Über 200 kg Einzelgewicht, größere Längen und stärkere Profile können nur mit maschinell ausgestatteten Geräten gerammt werden. Eine große Anzahl von nebeneinanderliegenden Pfählen und durchlaufende Spundwände wird man zweckmäßig mit fahr- oder verschiebbaren Reihenrammen schlagen. Bei stark wechselnder Stellung der Pfähle und verschiedenen Neigungen wird man die Universalramme vorziehen, die durch Verstellen des Mäklers und des Gerüstes eine weitgehende Anpassung an jede Pfahlstellung erlaubt. Liegen Pfähle in größeren Abständen und über eine größere

Fläche verteilt oder ist das Gelände zur Erstellung der Rammebene ungünstig, ist es vorteilhaft, Rammgeräte auf Raupen zu verwenden. Rammhämmer können auch ohne Mäkler mit Turm- und fahrbaren Kränen auf- und umgesetzt werden.

Bindige Böden verlieren die Verdichtung durch Rammschläge nur langsam, hier sind Rammen langsamer Schlagfolge und großer Einzelschlagwirkung am Platze (Freifall-, Diesel- oder Dampfbären). Schottrige, kiesige Böden verlagern sich schnell, für sie eignen sich unmittelbar wirkende Dampf- oder Preßlufthämmer mit schneller Schlagfolge. Tab. 74 enthält Daten für verschiedene Rammhämmer mit Angaben über den durchschnittlichen Betriebsstoffverbrauch je Stunde. Tab. 75 ist der amerikanischen Literatur entnommen und versucht die Beziehung zwischen

Tabelle 74. *Rammhämmer, Daten und Abmessungen*

Rammhämmer Bezeichnung	Gewichte in t Insgesamt	Bär	Schlagkolben	Fallhöhe	Gesamthöhe	Schlagzahl	Theoretische Rammarbeit je Schlag	Durchschnittlicher Verbrauch an Dieselöl Kohle oder Preßluft		
	t	t	t	m	m	je min	kgm	je h		
Freifallbär	0,3 bis 4,0	0,3 bis 4,0	—		0,7 bis 1,60	15 bis 25		Rammwinde 5—25 PS		
Dampfbär (Zylinderbär)	0,70	0,45	—		3,0		560	40 kg/h		
	1,50	1,00	—		4,10		1250	50 kg/h		
	3,00	2,00	—	1,25	4,80	35 bis 40	2500	60 kg/h		
	4,50	3,00	—		4,80		3750	70 kg/h		
	5,60	4,00	—		5,00		5000	80 kg/h		
Rammhämmer (Schnellschlagbären)								Kohle kg	Preßluft m³/min	
Menck SB 80	1,20	—	0,270		1,60	205	400	40	5,0	
Menck SB 120	1,80	—	0,390	0,37	1,79	175	600	50	6,5	
Menck SB 180	2,70	—	0,600	0,41	1,97	150	945	60	8,0	
Menck SB 270	3,80	—	0,870	0,45	2,70	130	1410	75	11,0	
Menck SB 400	5,70	—	1,300	0,50	2,475	110	2170	85	16,0	
Demag VR 15	2,15	—	0,200	0,300	2,20	215	370	60	8,5	
Demag VR 20	3,95	—	0,700	0,400	2,70	130	1034	70	11,5	
Demag VR 28	6,50	—	1,400	0,400	3,20	130	2036	100	23,0	
								Dieselöl in kg/h		
Explosionsbären (Dieselbären) (Seidl, Delmag)	0,65	0,30	—		2,60	60		1,0		
	1,25	0,50	—	1,60	3,05	50		2,0		
	2,50	1,25	—	1,75	3,30	50		3,0		
	3,60	2,00	—	1,75	3,60	50		4,0		
Pfahlzieher								Dampf von 6 atü/h kg	Heizfläche m²	Preßluft m³/min
PZ 3	1,00	—	0,365	0,180	2,950	230 bis 170	369	250	8/10	6
PZ 4	1,70	—	0,720	0,230	3,550	190 bis 160	571	370	12/15	9
PZ 5	4,00	—	1,480	0,230	4,500	190 bis 160	1117	750	25/30	17

Tabelle 75. *Amerikanische Tabelle zur Ermittlung der Rammhammergröße, ausgedrückt in kgm Rammenergie je Schlag (Mindestbedarf) (Werte auf- und abgerundet)*

Länge der Pfähle (Bohlen) m	Eindringung halbe/volle Tiefe	Gewichte verschiedener Pfähle (Bohlen) in kg/m[1]						
		Stahl (Doppelbohlen)			Holzpfähle		Betonpfähle	
		60	90	120	45	90	225	600
a) Rammung durch Boden mit normalem Rammwiderstand: Gewöhnlicher Boden, feuchter Ton, lockerer Kies (kgm/Schlag)								
7,5	1/2	280	280	500	500	970	1050	2100
	1	500	500	850	850	970	1050	2100
15,0	1/2	850	850	970	970	1050	1050	2800
	1	970	970	1050	—	2100	1050	2800
25,0	1/2	—	970	1050	—	2100	—	4150
	1	—	—	1700	—	2100	—	4150
b) Rammung durch Boden mit hohem Rammwiderstand: Steifer Ton, festgelagerter Sand und Kies (kgm/Schlag)								
7,5	1/2	500	500	500	1050	1050	1050	2100
	1	500	970	970	1050	1050	1660	2100
15,0	1/2	970	1050	1050	1660	1660	2100	2500
	1	—	1070	1070	—	2100	—	4150
25,0	1/2	—	1070	1070	—	2100	—	5000
	1	—	—	—	—	2800	—	6950

Quelle: Peurifoy, Estimating Construction Costs 1953, S. 76.

Pfahl- (Bohlen-) Gewicht, Rammtiefe und erforderlicher Schlagenergie festzulegen, um die Hammergröße annähernd zu bestimmen. Die Werte liegen höher als die nach der üblichen Faustregel ermittelten. Diese Regel besagt, daß das Fallgewicht der Rammbären mindestens dem Pfahlgewicht (Gewicht einer Doppelbohle) gleich sein soll. Bei sehr leichten Böden kann das Bärgewicht geringer sein als das Pfahlgewicht; schwere, mit Felsbrocken und alten Rosten durchsetzte Bodenschichten erfordern ein höheres Bärgewicht ($B \leqq 2\,P$). Für den Schnellschlagbären gilt annähernd: Schlagkolbengewicht soll mindestens ein Fünftel des erforderlichen Bärgewichtes sein ($S \geqq \frac{1}{5}\,B$). Beispielsweise erfordert ein Profilgewicht von 3,5 t in mittlerem Rammboden ein Schlagkolbengewicht von mindestens 700 kg, d. h. einen Rammhammer der Type SB 270 bzw. VR 20 oder einen Zylinder- (Dampf-) Bären von 3,0 bis 4,0 t Bärgewicht.

Für das *Ziehen* von Pfählen und Spundbohlen werden Handwinden, hydraulische Pressen, Motorwinden, dampf- oder preßluftbetriebene Pfahlzieher benützt, die entweder auf eigenem Gerüst oder am Rammgerüst montiert werden. Die beim Ziehen erreichbare Leistung ist im allgemeinen von der Rammleistung selbst nicht viel verschieden. Erfahrungsgemäß werden die gleichen Leistungen zugrunde gelegt.

Zum *Abschneiden* von Holzpfählen dienen Hand-, Motor- oder Preßluftsägen. Stahlbohlen werden mit autogenem Schneidgerät abgeschnitten, Stahlbetonpfähle mit Preßluftgeräten gekürzt, die Armierung autogen abgeschnitten. Ist das Abschneiden unter Wasser erforderlich, so sind neben den Kosten der erforderlichen Spezialwerkzeuge und deren Betriebsstoffverbrauch auch die Kosten allfälliger Taucherarbeit zu berücksichtigen.

Tabelle 76

<table>
<tr><th rowspan="2">Pfahl-
länge

m</th><th rowspan="2">Mittlerer
Pfahl-
durchmesser
Gewicht</th><th rowspan="2" colspan="2">Ungefähres
Bärgewicht</th><th rowspan="2">Ein-
dringung

%</th><th colspan="3">Zahl der Pfähle</th></tr>
<tr><th>leichter
Rammboden
Stück je 8 h</th><th>mittlerer
Rammboden
Stück je 8 h</th><th>schwerer
Rammboden
Stück je 8 h</th></tr>
<tr><td>4</td><td>18 cm
17 kg/m</td><td rowspan="3">0,50—0,15 t</td><td></td><td>100</td><td>12</td><td>7</td><td>4</td></tr>
<tr><td>6</td><td>20 cm
20 kg/m</td><td></td><td>100</td><td>10</td><td>6</td><td>3</td></tr>
<tr><td>8</td><td>22 cm
25 kg/m</td><td rowspan="3">1,0—0,25 t</td><td>100</td><td>9</td><td>5</td><td>3</td></tr>
<tr><td>10</td><td>25 cm
32 kg/m</td><td></td><td>100</td><td>7</td><td>4</td><td>3</td></tr>
<tr><td>12</td><td>28 cm
40 kg/m</td><td></td><td>100</td><td>5</td><td>3</td><td>2</td></tr>
</table>

Bei Eindringung von 50% steigt die Stückzahl um 25 bis 35%.

Tabelle 77

<table>
<tr><th rowspan="2">Stahl-
spund-
(Doppel-)
bohlen-
länge
m</th><th rowspan="2" colspan="2">Bohlenstärke im Mittel,
Profil, Gewichte</th><th rowspan="2" colspan="2">Ungefähres
Bärgewicht</th><th rowspan="2">Ein-
dringung
Ramm-
tiefe
%</th><th colspan="3">Zahl der Doppelbohlen</th></tr>
<tr><th>leichter
Rammboden
Stück je 8 h</th><th>mittlerer
Rammboden
Stück je 8 h</th><th>schwerer
Rammboden
Stück je 8 h</th></tr>
<tr><td>4</td><td rowspan="3">Prof. II, 122 kg/m^2, 100 kg/m</td><td></td><td rowspan="3">1,2—0,70 t</td><td></td><td>100</td><td>12</td><td>10</td><td>7</td></tr>
<tr><td>6</td><td rowspan="4">Prof. III, 155 kg/m^2, 124 kg/m</td><td rowspan="4">2,5—1,0 t</td><td>100</td><td>10</td><td>8</td><td>5</td></tr>
<tr><td>8</td><td>100</td><td>8</td><td>6</td><td>3</td></tr>
<tr><td>10</td><td rowspan="4">Prof. IV, 185 kg/m^2, 150 kg/m</td><td rowspan="4">4,0—2,0 t</td><td>100</td><td>7</td><td>5</td><td>2</td></tr>
<tr><td>12</td><td>100</td><td>6</td><td>4</td><td>$1^3/_4$</td></tr>
<tr><td>15</td><td rowspan="3">Prof. V, 238 kg/m^2, 220 kg/m</td><td rowspan="3">5,0—3,0 t</td><td>100</td><td>5</td><td>3</td><td>$1^1/_2$</td></tr>
<tr><td>18</td><td>100</td><td>$4^1/_2$</td><td>2</td><td>1</td></tr>
<tr><td>20</td><td></td><td></td><td>100</td><td>4</td><td>$1^1/_2$</td><td>$^3/_4$—1</td></tr>
</table>

12.2 Rammleistungen

Nach Festlegung der Rammengröße (abhängig von der Pfahllänge) und des erforderlichen Bär- (Hammer-) Gewichtes ergibt sich die Zahl der Geräte aus ihrer mittleren Leistung und der nach dem Bauprogramm zur Verfügung stehenden Zeit.

Die Angaben der folgenden Tabellen dienen als rohe Anhaltspunkte zur Ermittlung der ungefähren Rammleistung.

12.21 Holzpfähle

Tab. 76 gibt die ungefähre Anzahl der Pfähle, die je 8-Stunden-Arbeitsschicht unter die Ramme gestellt und auf volle (100%) Tiefe gerammt werden können, an.

12.22 Stahlspundbohlen (Doppelbohlen)

Die ungefähre Anzahl an Stahlspundbohlen, die je Arbeitsschicht (8 h) unter die Ramme gestellt und auf volle (100%) Tiefe gerammt werden können, zeigt Tab. 77.

Bei halber Rammtiefe (50%) steigt die angegebene Anzahl um 20 bis 30%, bei Einzelbohlen kann mit einer um etwa 50% höheren Stückzahl je 8 h gerechnet werden.

12.23 Holzspundbohlen

Die ungefähre Anzahl an Holzspundbohlen, die je Arbeitsschicht (8 h) unter die Ramme gestellt und auf volle (100%) Tiefe gerammt werden können, gibt Tab. 78 an.

Tabelle 78

Bohlenlänge m	Mittlere Bohlenabmessungen Gewicht	Ungefähres Bärgewicht t	Eindringung Rammtiefe %	Anzahl der Bohlen: leichter Rammboden Stück je 8 h	mittlerer Rammboden Stück je 8 h	schwerer Rammboden Stück je 8 h
4	$d = 10$ cm $b = 25$ cm $g = 16$ kg/m[1]	0,250—0,150	100	25	18	9
6	$d = 12$ cm $b = 28$ cm $g = 25$ kg/m[1]	0,250—0,150 0,500—0,250	100	22	14	7
8	$d = 14$ cm $b = 30$ cm $g = 28$ kg/m[1]	0,500—0,250 1,00—0,500	100	16	10	5
10	$d = 16$ cm $b = 35$ cm $g = 36$ kg/m[1]	1,00—0,500	100	10	5	3

Bei halber Rammtiefe (50%) steigen die möglichen Stückzahlen auf das 1,2- bis 1,6fache.

12.24 Eisenbetonpfähle

Tab. 79 zeigt die ungefähre Anzahl an Fertigbetonpfählen, die je Arbeitsschicht (8 h) unter die Ramme gestellt und auf nahezu volle (100%) Tiefe gerammt werden können.

Tabelle 79

Pfahllänge	Mittlere Abmessung $a \times b$	Ungefähres Bärgewicht	Rammtiefe	Anzahl der Pfähle		
				leichter Rammboden Stück je 8 h (lfm/h)	mittlerer Rammboden Stück je 8 h (lfm/h)	schwerer Rammboden Stück je 8 h (lfm/h)
m	Gewicht	t	%			
4	25 × 25 150 kg/m¹	3,50—1,00	100	12 (6,0)	9 (4,5)	6 (3,0)
6	30 × 30 220 kg/m¹		100	11 (8,0)	8 (6,0)	5 (4,0)
8	33 × 33 260 kg/m¹	5,0—2,50	100	9 (9,0)	7 (7,0)	5 (5,0)
10	35 × 35 300 kg/m¹		100	8 (10,0)	6 (7,5)	4 (5,0)
12	35 × 35 300 kg/m¹	8,00—3,50	100	7 (10,0)	5 (7,5)	$3^1/_2$ (5,0)
15	38 × 38 360 kg/m¹		100	5 (9,5)	$3^1/_2$ (6,5)	$2^1/_2$ (4,7)
20	40 × 40 300 bis 400 kg/m¹		100	2 (5,0)	$1^1/_2$ (4,0)	1 (2,5)

12.25 Ortbetonrammpfähle

Tab. 80 gibt die ungefähre Anzahl der Ortbetonpfähle, die je Arbeitsschicht hergestellt werden können (Pfahllänge ≐ Rammtiefe), Pfahldurchmesser ≐ 35,0 bis 45,0 cm, an.

Tabelle 80

Pfahllänge	Mittlerer Rohrdurchmesser und Rohrgewicht	Bärgewicht	Anzahl der Pfähle		
			leichter Rammboden	mittlerer Rammboden	schwerer Rammboden
m		t	Stück je 8 h	Stück je 8 h	Stück je 8 h
5,0	350—420 mm 150—180 kg/m¹		7	5	3
7,5			6	4	$2^1/_2$
10,0			5	$3^1/_2$	2
12,5			4	2	1
15,0			3	$1^1/_2$	—

12.3 Bau- und Betriebsstoffbedarf

12.31 Holzpfähle

Holzpfähle werden entweder je laufenden Meter oder je Stück bei gegebener durchschnittlicher Länge und Durchmesser abgerechnet. Die Holzmenge ist um den Verlust durch Verschnitt und durch den Abfall an der Spitze und am Pfahlende zu vermehren. In schweren Rammböden werden die Köpfe nicht selten mehrmals verschlagen und sind durch Nachsetzen der Kopfringe zu erneuern. Wenn nach dem Leistungsverzeichnis nur die tatsächlich verbliebene (eingebaute) Länge vergütet wird, ist dieser Verlust durch einen entsprechenden Zuschlag zu berücksichtigen.

Für Holzpfähle benützt man meist Rundstämme der Tanne, Kiefer oder Lärche, die im mittleren und schweren Rammboden mit eisernen Pfahlschuhen versehen werden. Das Gewicht dieser Schuhe bewegt sich je nach Pfahldurchmesser zwischen 5 und 15 kg je Stück für Durchmesser von 20 bis 40 cm. Das Gewicht der Pfahlringe, die bis zu 20mal verwendet werden können, liegt bei 10 bis 15 kg/Stück.

Tabelle 81. *Werte für Rundhölzer*

Durchmesser d cm	Umfang U cm	Querschnitt F cm²	Gewicht ($\gamma = 650$) G kg/m	Trägheitsmoment J cm⁴	Widerstandsmoment W cm³	Trägheitshalbmesser i min cm
15	47,1	177	11,5	2490	331	3,75
16	50,3	201	13,1	3220	402	4,00
17	53,4	227	14,8	4100	482	4,25
18	56,5	254	16,5	5150	573	4,50
19	59,7	284	18,4	6400	673	4,75
20	62,8	314	20,4	7850	785	5,00
21	66,0	346	22,5	9550	909	5,25
22	69,1	380	24,7	11500	1050	5,50
23	72,3	415	27,0	13740	1190	5,75
24	75,4	452	29,4	16290	1360	6,00
25	78,5	491	31,9	19180	1530	6,25
26	81,7	531	34,5	22430	1730	6,50
27	84,8	573	37,2	26090	1930	6,75
28	88,0	616	40,0	30170	2160	7,00
29	91,1	661	42,9	34720	2390	7,25
30	94,2	707	45,9	39760	2650	7,50
31	97,4	755	49,1	45330	2930	7,75
32	100,5	804	52,3	51470	3220	8,00
33	103,7	855	55,6	58210	3530	8,25
34	106,8	908	59,0	65600	3860	8,50
35	110,0	962	62,5	73660	4210	8,75
36	113,1	1018	66,2	82450	4580	9,00
37	116,2	1075	69,9	92000	4970	9,25
38	119,4	1134	73,7	102400	5390	9,50
39	122,5	1195	77,7	113600	5820	9,75
40	125,7	1257	81,7	125700	6280	10,00

12.32 Holzspundwände

Hölzerne Spundwände werden nach m² oder m¹ Wand abgerechnet. Bei der Ermittlung des Holzbedarfes ist der Gesamtholzaufwand der vorgesehenen

Wandkonstruktion einschließlich Verschnitt zu ermitteln und auf den Quadratmeter bzw. laufenden Meter zu beziehen. Dies gilt nicht nur für die durchschnittliche Holzmenge, sondern auch für den durchschnittlichen Preis, da Bohlen je nach Art der Spundung meist teurer sind als Führungs- und Eckpfähle sowie Zangenholz. Spundwandschuhe haben je nach Bodengattung und Bohlenstärke ($d = 12$ bis 20 cm) ein Gewicht von 10 bis 25 kg je lfm Wand.

Tabelle 82. *Werte für Holzspundbohlen (übliche Abmessungen)*

Abmessungen		Querschnitt	Gewicht ($\gamma = 650$)	Abmessungen		Querschnitt	Gewicht
a cm	b cm	F m²	G kg/m	a cm	b cm	F m²	G kg/m
5	15	0,0075	4,9	14	20	0,0280	18,2
	20	0,0100	6,5		24	0,0336	21,8
	25	0,0125	8,1		28	0,0392	25,4
					30	0,0420	27,3
8	20	0,0160	10,4				
	25	0,0200	13,0	16	30	0,0480	31,2
	30	0,0240	15,6		32	0,0512	33,3
					34	0,0544	35,4
10	20	0,0200	13,0				
	25	0,0250	16,3	18	18	0,0324	21,1
	30	0,0300	19,5		30	0,0540	25,1
					36	0,0648	42,1
12	20	0,0240	15,6		40	0,0720	46,8
	22	0,0264	17,4				
	24	0,0288	18,7	20	20	0,0400	26,0
	26	0,0312	20,3		30	0,0600	39,0
	30	0,0360	23,4		35	0,0700	45,5

12.33 Stahlspundwände und Stahlpfähle

Der Materialaufwand für Stahlspundwände oder Stahlpfähle richtet sich nach dem verwendeten System (Larssen, Hoesch, Krupp, Klöckner usw.), nach der Profilgröße und Konstruktionslänge. Auch hier sind besonders bei schweren Böden Mehrlängen zu berücksichtigen, die durch Verschlagen der Bohlen und Abschneiden auf plangemäße Oberkante notwendig werden, besonders wenn die ausbedungene Art der Abrechnung eine Einrechnung dieses Verlustes erfordert (je Verwendung 10 bis 20%). Auch ist der Mehrbedarf für Eck- und Abzweigbohlen bei der Bestimmung des Gewichtes und Durchschnittspreises zu berücksichtigen. Das gleiche gilt von der Einrechnung von Zangen und Ankern, wenn diese nicht gesondert vergütet werden. Die Bemessung der Spundwände ist nach den Regeln der Erddrucklehre mit genügender Genauigkeit möglich, wenn über die vorliegenden Bodenarten verläßliche Kennwerte vorliegen. Für die Gewichtsermittlung dienen für die üblichen Systeme und Profilgrößen die Werte der Tab. 83.

Ebenso ist den Tabellen über die Rammleistung die angenäherte Profilgröße in Abhängigkeit von Bohlenlänge und Bodenart zu entnehmen.

Wird an Spundwände anbetoniert, die wieder gezogen werden, so ist bei der Kalkulation auch der Aufwand für die verlorene Schalung nicht zu vergessen.

Tabelle 83. *Werte von Stahlspundwänden und Stahlrammpfählen (Häufig verwendete Abmessungen und Fabrikate*[1]*, ohne Leicht- und Sonderprofile)*

Bauart (Fabrikate)	Profil	Abmessungen b mm	h mm	d mm	Querschnitte je lfm Bohle (Pfahl) cm²	lfm Wand cm²	Gewicht je lfm Bohle (Pfahl) kg	lfm Doppelbohle kg	m² Wand kg	Widerstandsmoment je lfm Wand cm³
A. *Spundwände*										
1. Larssen	Ia neu	400	220	7,5	45,2	113	35,6	71,2	89	600
	I	400	150	8	50,8	127	40	80	100	500
	II	400	200	10,2	62,4	156	48,8	97,6	122	850
	II neu	400	270	9,5	62,4	156	48,8	97,8	122	1100
	III	400	247	14,2	79,1	198	62	124	155	1350
	III neu	400	290	13	79,1	198	62	124	155	1600
	IV neu	400	360	14,8	94,4	236	74	148	185	2200
	V	420	440	20,5	127	303	100	200	238	3000
2. Hoesch	Ia	400	150	7	45,4	113,4	35,6	71,2	89	600
	I	400	150	8	51	127,4	40	80	100	700
	II	400	185	9,5	62,2	155,4	48,8	97,6	122	1100
	III	400	230	12	79	197,5	62	124	185	1600
	IV	400	267	14	94	235,7	74	148	185	2200
	V	425	290	18	129	303,2	101,2	202,4	238	3000
3. Krupp	K II	400	200	8	62	155	48,8	97,6	122	1100
	K III	400	240	9	79,2	198	62	124	155	1600
	K IIIb	400	200	10	79,2	198	62	124	155	1350
	K IV	400	280	10	94,4	236	74	148	185	2200
	K V	360	320	12	109	306	85,7	171,4	238	3000
4. Union-Flachbohlen	FL 23	400	92	9,5	79	198	62	124	155	120
Hoesch	F 12	333	—	12	72	179	46,7	93,4	140	120
B. *Stahlrammpfähle*					*f*[2]	*F*[3]				
1. Larssen	LP 1	434	260	7,5	91	870	71,2	—	—	600/860
	LP 2	436	314	9,5	125	1100	98	—	—	1050/1220
	LP 3	436	334	13	158	1180	124	—	—	1520/1470
	LP 4	436	411	14,8	189	1380	148	—	—	2080/1744
					f	*F*				
2. Hoesch	I	408	150	8	102	600	80	—	—	1320/1340
	II	409	185	9,5	124,3	740	97,6	—	—	2025/1650
	III	410	230	12	158	920	124	—	—	3095/2160
	IV	411	267	14	188,5	1080	148	—	—	4270/2780
3. Krupp	KP 22	290	200	10	520	82	65	—	—	489/554
	KP 23	404	365	10	1117	123	98	—	—	1115/1021
	KP 24	476	476	10	1802	164	130	—	—	1875/1878
	KP 25	606	582	10	2625	205	163	—	—	2786/2667
	KP 26	684	680	10	3572	246	195	—	—	3887/3864
	KP 28	870	870	10	5824	328	260	—	—	6619/6619

[1] Vollständige Werte siehe Werksangaben.
[2] Stahlquerschnitt. [3] Gesamtquerschnitt.

12.34 Betonpfähle und Betonspundbohlen

Betonpfähle werden entweder als Stahlbetonfertigpfähle oder als bewehrte oder unbewehrte Ortbetonpfähle hergestellt.

Stahlbetonpfähle sind entweder quadratisch, polygonal oder rund, $d = 25$ bis 40 cm, in Längen von 4 bis 20 m, die Bewehrung liegt zwischen 10 und 20 kg/m[1]. Sie ist unter Rücksicht auf Transport- und Rammbeanspruchung auszubilden. Das Mischungsverhältnis und die verwendete Zementart richten sich nach Bauprogramm und örtlichen Verhältnissen. Die Mindesterhärtungszeiten bestimmen in Verbindung mit dem täglichen Bedarf an Pfählen den Aufwand an Schalung (Zahl der Schalformen) und Transporteinrichtungen. Bevor die Herstellung der Pfähle an der Baustelle angenommen wird, ist zu erheben, ob nicht der Bezug der Stahlbetonpfähle von einem nahegelegenen Beton- oder Schleuderbetonwerk wirtschaftlicher ist. Schleuderbetonpfähle sind infolge ihrer hohen Güteeigenschaften und des geringeren Gewichtes für Rammpfähle sehr gut geeignet.

Ortbetonpfähle, meist durch Patente geschützt, haben je nach Quer- und Längsschnitt einen Materialaufwand nach Tab. 80. Die Kosten dieser Pfähle läßt man sich besser durch Spezialfirmen anbieten, wobei zweckmäßig die bauseitige Beistellung aller Materialien, ausgenommen Pfahlspitzen, vereinbart wird. Ebenso wird sich die ausführende Firma die Versorgung ihrer Geräte mit Wasser und Strom ausbedingen, desgleichen die Bereitstellung der Arbeitsebene für ihre Rammgeräte.

Als bekannte und bewährte Ortbetonpfahlsysteme[1] seien u. a. genannt:

Bohrpfähle normal
Benoto-Bohrpfähle
Colcrete-Pfahl
Franki-Druck- und Zugpfahl
Grün- und Bilfinger, Bohr- und Rüttelbeton-Bohrpfahl
Hochstraßer-Weise-System
Icos-Veder-Pfähle und -Wände
Keller-Rüttelfußpfahl
Simplex-Pfahl
Rüttelbetonpfahl System Zeißl
Expreßpfahl System Stern
Lorenz-Betonpfähle
Mast-Michaelis-Pfähle
Mixed-in place-Pfähle
Wit-Betonpfähle u. v. a. m.

Der *Betriebsstoffverbrauch* der Rammen richtet sich nach der Art der verwendeten Energiequelle. Angaben hierüber in Tab. 74.

12.4 Arbeitsaufwand

Die Lohnseite der Rammarbeiten umfaßt eine Reihe von Einzelleistungen, die jedoch nicht immer getrennt kalkuliert werden. Man versteht darunter: Das Vorbereiten der Pfähle oder Bohlen, das Spitzen und Anschuhen von Holzpfählen und Spundwandbohlen, das Ablängen und Lochen von Larssen, das Zusammenziehen von Einzelbohlen zu Doppelbohlen, das Zutransportieren und Unter-die-Ramme-stellen und das Einfädeln von Stahlprofilen, Arbeiten am Rammplanum, das eigentliche Rammen samt allfälliger Beihilfe für Geradführung, Einrichten der Zangen, Ab- und Umsteifen innerhalb einer Baugrube, Umstellen des Gerätes.

Sowohl das Vorbereiten als auch das Zutransportieren sowie das Abschneiden der Larssen oder Pfähle auf Projektslänge wird stets gesondert kalkuliert; ebenso ist eine erschwerte Vorbereitungsarbeit, ein schwieriger An- und Abtransport zur Baugrube für sich zu berücksichtigen. Ist schwimmend zu rammen, ist die Rammannschaft um die Bootsmänner zu vermehren.

---

[1] Siehe Bachus, E.: Grundbaupraxis. Berlin-Göttingen-Heidelberg: Springer. 1961.

Die angegebenen Rammleistungen beziehen sich auf den einfachen Fall der Rammarbeit unter normalen Verhältnissen, auf vorbereiteter Rammebene und in unmitttelbarer Nähe lagernde Larssen oder Pfähle. Mit den angegebenen ungefähren Rammleistungen je Schicht läßt sich der Arbeitsaufwand je laufenden Meter oder je Quadratmeter ermitteln, wenn die zu den gewählten Rammgeräten notwendige Besetzung bekannt ist.

Das Rammen erfordert einen geübten Rammeister, einen Rammaschinisten mit Helfer, bei Dampframmen einen geprüften Heizer und die für die Manipulation der Pfähle und für alle Nebenarbeiten notwendigen Hilfskräfte. Zusammengenommen ergibt sich je nach Gerätetype und Größe eine Rammannschaft von 4 bis 10 Mann.

Tabelle 84. *Rammenbesetzung*

	G	Besetzung
Handramme	40— 60 kg	4— 6 Mann
Pionierramme	50— 200 kg	6—10 „
Explosionsramme	300—1200 kg	4— 6 „
Freifallramme	300—1500 kg	4— 7 „
Dampframme	300—3000 kg	5—10 „
Rammhämmer		4— 6 „
Pfahlzieher		4— 6 „

Tabelle 85. *Durchschnittlicher Arbeitsaufwand bei Rammarbeiten*

Beschreibung	E	Arbeitsstunden je Einheit (E)		
		leichter Rammboden	mittlerer Rammboden	schwerer Rammboden
1. *Rammarbeiten*[1]				
a) Holzpfähle $< 6{,}0$ m	m^1	0,8—1,0	1,6—2,0	3,0—4,0
„ $> 6{,}0$ m	m^1	0,9—1,2	1,5—2,5	3,5—4,5
b) Holzspundwände $d = 12$ cm/6—8 m	m^2	1,5—2,0	2,5—3,5	4,0—6,0
c) Stahlspundbohlen Profil II/L $\doteq$ 8,0 m	m^2	1,2—1,8	1,8—2,4	3,0—4,0
„ III/L $\doteq$ 12,0 m	m^2	1,5—2,0	2,0—2,5	3,5—4,5
d) Stahlbetonpfähle $d = 35$, $L = 12{,}0$	m^1	1,0—1,5	1,5—2,5	3,5—5,0
e) Stahlpfähle, Stahl-Profile $L = 10{,}0$ m	m^1	0,9—1,2	1,6—2,4	2,5—3,5
2. *Nebenarbeiten*		Arbeitsaufwand je Einheit; h/E		
a) Spitzen und Anschuhen von Holzpfählen[2]	Stück	1,0—2,0		
b) Spitzen und Anschuhen von Holzspundbohlen[3]	lfm	2,5—3,5		
c) Lochen von Stahlbohlen	Stück	1,0—1,20		

[1] Ohne Arbeiten für das Rammplanum, ohne Nebenarbeiten, Spitzen, Abschneiden usw. Rammtiefe $\doteq$ 80—100%.

[2] Schuhgewicht: 10—15 kg/Stück.

[3] Schuhgewicht: 10—25 kg/m^1

Tabelle 85. (Fortsetzung)

Beschreibung	E	Arbeitsstunden je Einheit (E)		
		leichter Rammboden	mittlerer Rammboden	schwerer Rammboden
		Arbeitsaufwand je Einheit; h/E		
d) Abschneiden von Holzspählen				
über Wasser	Stück		0.5—0,8	
unter „	Stück		1,0—1,5	
e) Abschneiden von Holzspundbohlen				
über Wasser	lfm		1,0—1,5	
unter „	lfm		2,0—3,0	
f) Abschneiden von Stahlspundbohlen				
über Wasser[4] (Profil II, III)	lfm		1,3—1,6	
unter „ [5] (Profil II, III)	lfm		2,2—3,5	
g) Ziehen von Holzpfählen[6]	m^1		1,0—1,5	
h) Ziehen von Stahlbohlen	m^1		1,0—2,5	
i) Autogenes Schweißen von Bohlen Profil III, IV[7]	lfm		2,5—3,0	
k) Auf- und Abbau der Rammgeräte[8]				
Mittlere Rammen	t		35—40	
große Rammen	t		45—50	

[4] 0,20—0,30 kg Gas, 0,40—0,60 m^3 Sauerstoff.
[5] 6,0—7,0 kg Gas/m^1, 8 m^3 Sauerstoff.
[6] Wenn Pfähle noch ziehbar.
[7] 3—4 kg Gas, 2—3 m^3 Sauerstoff, 3 Elektroden.
[8] Ohne Zu- und Abtransport.

13. Fangdämme

13.0 Allgemeines

Fangdämme gehören zu den wichtigsten Hilfsbauten des Tiefbaues. In ihrem Schutz wird erst die Ausführung von Bauten möglich, die in ruhendem oder strömendem Wasser zu errichten sind. Je nach den örtlichen Verhältnissen und den Bedingungen, denen sie genügen müssen, zeigen die Fangdämme eine große Mannigfaltigkeit. Die Art und Form eines Fangdammes ist von folgenden Gegebenheiten abhängig:

Beschaffenheit des Untergrundes: Rammfähiger Boden oder Fels,
Höhe des Wasserüberdruckes,
Art des zur Verfügung stehenden Materials.

Im Hinblick darauf haben sich folgende Grundtypen von Fangdämmen entwickelt (Abb. 21).

Durchlässiger bzw. rammfähiger Boden:

a) Einfacher Erddamm,
b) Einfache Spundwand mit und ohne Dammhinterfüllung bzw. Erddamm mit Spundwanddichtung,
c) Kastenfangdamm mit Spundwanddichtung.

Felsuntergrund:
d) Dammschüttung mit Spundwanddichtung,
e) Zellenfangdamm,
f) Betonfangdamm,
g) Steinkistenfangdamm.

Die Anwendung der jeweiligen Fangdammtype ist außer von den oben angeführten Bedingungen auch noch davon abhängig, welcher Arbeitsraum zur Verfügung steht, bzw. welche Basisbreite für den Fangdamm benötigt wird. Ein Maximum an Breite erfordern die Erddämme, während das Minimum durch die Kasten- und Betonfangdämme gegeben ist.

13.1 Erddämme

Diese kommen nur für geringfügige Wasserhöhen von maximal 1 bis $1^1/_2$ m bei untergeordneten Bauten, und auch dann nur in ruhendem bzw. in Gewässer mit ganz geringer Strömung zur Anwendung. Das Dammmaterial darf natürlich nicht allzu durchlässig sein, da sonst ein Trockenlegen der Baugrube unmöglich wird. Die Herstellung des Dammes erfolgt meist durch Kopfschüttung, wobei womöglich die Wasserseite eine Steinvorlage erhalten soll, damit nicht sofort der Damm durch Wellenschlag angegriffen wird.

Im einzelnen sind demnach für die Dammerstellung folgende Arbeiten zu leisten: Gewinnung, Förderung und Einbringen von geeignetem Dammschüttungsmaterial; und für den Dammabtrag: Wiederaufnehmen, Förderung und Kippen.

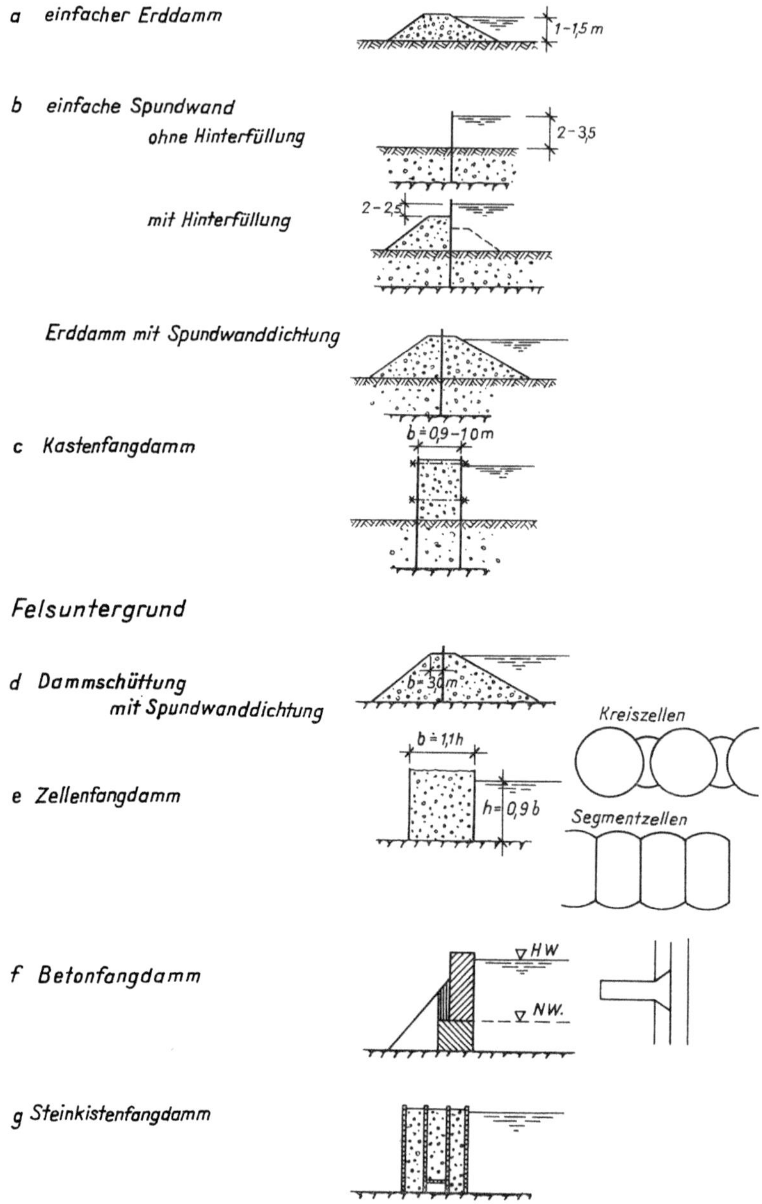

Abb. 21. Fangdammtypen

13.2 Einfache Spundwände

Je nach Wasserhöhe wird die einfache Spundwand freistehend, mit ein- oder auch zweiseitiger Hinterfüllung angewendet. Die Spundwand besteht meist aus Stahl, in untergeordneten Fällen auch aus Holz.

Freistehende Spundwände kommen nur für kleine Höhen in Betracht und müssen jedenfalls mindestens soviel im Boden eingespannt werden als sie herausragen. Ihre Höhe kann gesteigert werden, wenn sie eine landseitige Schüttung erhalten. Die Begrenzung ist dadurch gegeben, daß bei niedrigem Außen-Wasserstand die landseitige Hinterfüllung nicht zu große Beanspruchungen in der Spundwand hervorrufen darf. Will man mit der Spundwand noch höher gehen, dann ist eine beidseitige Dammschüttung erforderlich, die allen Wasserspiegelschwankungen standhalten muß. In allen Fällen, ob mit oder ohne Hinterfüllung, wird man die Spundwand bis zum undurchlässigen Boden rammen. Ist dieser jedoch erreichbar, dann muß die Spundwand so tief gerammt werden, daß die Gefahr eines Grundbruches vermieden wird und die Wasserhaltung in erträglichen Grenzen bleibt.

Die Dammschüttung kann nun nachträglich, also nach dem Rammen der Spundwand, oder aber auch vorher erfolgen. Im ersten Falle erfolgt die Rammung entweder von Pontons aus oder aber von Rammgerüsten. Im zweiten Fall können diese Erschwernisse vermieden werden, dafür aber muß das Durchrammen durch den allerdings nicht fest gelagerten Damm in Kauf genommen werden.

Die Kosten eines solchen Fangdammes setzen sich daher zusammen aus den Kosten für die Spundwand, also Rammen, Ziehen, Spundwandverlust bzw. Abschreibung und ein eventuelles Rammgerüst sowie den Kosten für die Dammschüttung. Erstere sind nach den Grundsätzen der „Rammarbeiten“, letztere nach jenen der „Erdarbeiten“ zu ermitteln, wobei die Besonderheit der Arbeit durch entsprechende Zuschläge zu den Aufwendungen berücksichtigt werden muß.

13.3 Kastenfangdamm

Diese Art der Fangdämme wird vor allem bei größeren Wasserhöhen und rammfähigem Untergrund angewandt. Mit dem Kastenfangdamm können die verhältnismäßig kleinsten Basisbreiten erzielt werden, was vor allem in Flüssen, bei welchen jede unnötige Einengung des Profils vermieden werden soll, ein beträchtlicher Vorteil ist. Seine Dimensionierung muß natürlich den statischen Erfordernissen entsprechen, vor allem hinsichtlich der Verankerung. Ebenso muß Planung und Baudurchführung sehr sorgfältig erfolgen.

Die Rammung erfolgt schwimmend oder aber von Rammgerüsten aus. Im letzteren Fall werden zweckmäßigerweise Auslegerrammen verwendet. Die auszuführenden Arbeiten entsprechen jenen bei der einfachen Spundwand; die Kalkulation kann nach den gleichen Gesichtspunkten erfolgen.

Bei der Kiesschüttung innerhalb des Fangdammes ist zu berücksichtigen, daß wesentliche Erschwernisse durch die Verankerung und durch den beschränkten Raum eintreten, vor allem dadurch, daß ein Umkehren der Schüttfahrzeuge meist nicht möglich ist.

Zusätzlich zu den Ramm- und Erdarbeiten ist noch die Verankerung zu berücksichtigen, die unter Umständen, vor allem dann, wenn die Verankerung mit Taucherhilfe unter Wasser eingebracht werden muß, beträchtliche Kosten verursacht. Die Verankerung besteht normalerweise aus Spannankern und Holmen, wobei die letzteren die punktförmig eingebrachte Zugkraft durch ihre Biegesteifigkeit auf die Spundwände übertragen müssen.

Die Tonnage, die je Stunde oder Schicht eingebaut werden kann, hängt weitgehend von der Art der Ankerausbildung, von den zur Verfügung stehenden Hebegeräten und vor allem davon ab, ob die Verankerung über oder unter Wasser eingebracht werden muß.

In Tab. 86 sind Mittelwerte für mögliche Leistungen und die hierzu erforderlichen Stundenaufwendungen angegeben.

Tabelle 86

	Leistung in t/h		Stundenaufwand in h/t	
	über Wasser	unter Wasser	über Wasser	unter Wasser
Einbau	0,2–1,0	0,1–0,3	30	60
Abbau	0,3–1,2	0,2–0,4	20	40

Für den Kastenfangdamm selbst sind Leistungs- und Stundenwerte praktisch nicht angebbar, da sie zu sehr vom Geräteeinsatz abhängig sind. Die Kosten können nur in der Form gerechnet werden, daß für jedes Gerät, also Ramme mit ihrer schwimmenden Ausrüstung, Bagger usw., die mögliche Leistung angeschätzt wird, woraus sich der Stoff- und Stundenaufwand sowie die anteiligen Vorhaltekosten der Geräte ergeben.

13.4 Kreiszellenfangdämme

Während früher auf freiem Felsuntergrund nur eine Schüttung mit nachträglicher Spundwanddichtung oder aber ein Steinkastenfangdamm in Frage kam, werden nunmehr auch Fangdämme aus Kreis- oder Segmentzellen angewendet. Diese Zellen werden mit Kies verfüllt, wodurch der Fangdamm eigentlich erst seine Standfestigkeit erhält. Die Kiesfüllung bedingt in der Kreiszelle eine Ringspannung und damit in den Bohlen und den Schlössern quer zur Bohlenlängsachse eine Zugbeanspruchung.

Normale Spundbohlen sind zur Aufnahme dieses Zuges ungeeignet, da sich dem Zug entsprechend das Wellenprofil strecken würde. Die für diesen Belastungsfall entwickelten Flachprofile sind dafür wieder nicht biegungssteif, es ist demnach unmöglich, Flachbohlen frei in den Boden zu rammen, da sie ausknicken würden. Praktisch kann nur der geschlossene Ring leicht nachgerammt werden, um ein ordentliches Aufsitzen zu erreichen. Kreiszellen kommen vor allem bei größeren Wassertiefen in Frage, in Flüssen darf die Wassergeschwindigkeit über ein bestimmtes Maß (etwa 4 m/sec) nicht hinausgehen, da sonst das Versetzen unmöglich wird. Es ist aber auch schon bei kleineren Fließgeschwindigkeiten zweckmäßig, eine Beruhigung des Wassers herbeizuführen, entweder durch provisoriche Steindämme oder Schutzschilder.

Die derzeit verwendeten Flachbohlenprofile haben ein Gewicht von 135 bis 159 kg/m² bei einer Schloßzugfestigkeit von 200 bis 300 t/m¹. Zum Aufstellen der Kreiszellen ist ein eigenes Gerüst, der sogenannte „Tisch", erforderlich, der als Führung für die Bohlen dient. Er besitzt verschiebliche Füße, die es ermöglichen, Unebenheiten in der Flußsohle auszugleichen. Dieser Tisch muß überdies entsprechend schwer sein, um dem Strömungsdruck gegenüber standfest zu sein. Das Versetzen des Tisches erfordert daher ein eigenes, schweres Hebegerät, das entweder auf der Nachbarzelle stehen oder aber schwimmend montiert sein kann. In beiden Fällen muß die Ausladung mindestens zwei Drittel des Zellendurchmessers betragen. Der Tisch kann aber auch mit eigenen Tragpontons eingeschwommen werden, dies ist aber deswegen nicht zweckmäßig, da zum Entfernen des Tisches doch wieder ein Hebegerät erforderlich wird.

Die im Zuge des Versetzens einer Zelle auftretenden Arbeiten lassen sich wie folgt gliedern:

Vorarbeiten: Adaptierung von Schwimmgerät usw.,

Beseitigung einer eventuell vorhandenen Kiesüberlagerung über der Felssohle.

Versetzen des Tisches,
Flachbohlen einfädeln und leicht nachrammen,
Abdichten der Aufstandsfläche durch Taucher,
Verfüllen der Zellen bis Tischunterkante,
Entfernen des Tisches,
Weiterverfüllen der Zelle bis zur vollen Höhe,
Sicherungsarbeiten (Sinkwalzen, Zementinjektionen), Dränagen.

Die Kiesüberlagerung wird in der Hauptsache mittels Bagger beseitigt, der Feinabtrag wird jedoch mit Kiespumpen und von Tauchern durchgeführt, worüber Näheres unter „Taucherarbeiten" erwähnt ist. Zum Versetzen des Tisches ist, wie schon erwähnt, ein schweres Hebegerät erforderlich, da das Tischgewicht je nach dem Durchmesser der Zellen bis 40 t betragen kann. An Arbeitszeit für das Versetzen eines Tisches ist bei einer Besetzung von 8 bis 10 Mann ungefähr eine volle Schicht zu rechnen.

Das anschließende Einfädeln der Flachbohlen erfolgt entweder durch eine schwimmende Ramme oder durch einen Bagger, der auf der Nachbarzelle steht oder ebenfalls auf Pontons montiert ist. Wird mit einem am Bagger hängendem Schnellschlagbär gearbeitet, so ist zu beachten, daß hierfür Dampf oder Preßluft zur Verfügung stehen muß.

Die Leistung für das Einfädeln und Nachrammen der Flachbohlen kann mit 40 bis 60 m² je Schicht angesetzt werden, daraus ergibt sich bei einer Besetzung von 8 bis 10 Mann ein Stundenaufwand von rund 2 bis 2,5 h/m².

Bevor mit dem Füllen der Zelle begonnen wird, sind Taucher einzusetzen, die das ordentliche Aufsitzen der Flachbohlen auf der Felssohle kontrollieren und eventuell erforderliche Dichtungsarbeiten durchzuführen haben.

Das Verfüllen der Zelle geschieht mit Bagger, da ein direktes Kippen von Fahrzeugen einseitige Drücke auf die Zelle ergeben würde. Entweder steht der Bagger auf der Nachbarzelle und entnimmt das Schüttmaterial aus der fertigen Nebenzelle, die dementsprechend immer wieder nachgefüllt werden muß, oder der Bagger steht auf Pontons und bekommt das Füllmaterial mit Schuten zugefahren. Für die Festsetzung der Leistung ist zu berücksichtigen, daß der Bagger mit Greifern arbeitet, die Leistung dementsprechend nicht sehr groß ist und sich je nach Baggergröße zwischen 100 und 250 m³/Schicht bewegen wird.

An Nebenarbeiten sind dann noch zu berücksichtigen Zutransport der Bohlen, Einbau von Injektionsrohren, Durchführung von Zementinjektionen, Herstellen und Einbau von Senkwalzen, Zillendienst, Auf- und Abbau der Geräte sowie Herstellen eines Flutungsbauwerkes.

Das Versetzen von Kreiszellen beinhaltet demnach eine Fülle von Einzelarbeiten, die den Einsatz verschiedenster Großgeräte erfordern und deren Kalkulation ein besonderes Maß an Erfahrung beansprucht. Es ist daher unmöglich, hierfür fertige Kalkulationswerte anzugeben. Als Richtlinie kann dienen, daß der Stundenaufwand ganz grob rund 60 h/t Flachbohlen beträgt, hiervon entfallen

15% auf Vorarbeiten, Bohlentransport,
25% auf Tischversetzen, Bohlen einfädeln,
25% auf Bohlen rammen, Dichtung mittels Taucher,
25% auf Verfüllen der Zelle,
10% auf Diverses.

Es sei besonders darauf hingewiesen, daß erst durch Einsatz der Großgeräte die Durchführung der Arbeiten ermöglicht wird, und daher neben dem Stundenaufwand besonders die Gerätekosten von großer Bedeutung sind. Schließlich sei auf die hohen Kosten der ersten Anschaffung der Flachbohlen und deren Abschreibung aufmerksam gemacht. Beim Abbau der Zellen ergeben sich folgende Teilarbeiten:

Ausbaggern der Kiesfüllung,
Ziehen der Flachbohlen,
Entfernen der Schüttung.

Beim Ausbaggern der Kiesfüllung wird der Kies an den Außenumfang der Zelle geschüttet, und zwar so lange, bis die Schüttung außen und innen annähernd in gleicher Höhe ist. Dies ist erforderlich, einmal um die Ringspannung in der Zelle und damit die Schloßreibung zu vermindern und weiters, um beim Ziehen der ersten Bohle ein Auseinanderbrechen der Zelle zu verhindern.

Die Kosten für die Baggerung entsprechen annähernd jenen für die Füllung der Zelle. Ebenso ist der Aufwand für das Ziehen dem für das Einfädeln gleichzusetzen. Die Gesamtkosten für den Abtrag betragen daher rund 50 bis 60% der Aufbaukosten.

Die Kiesfüllung der Kreiszellenfangdämme ist, so wie bei den Kastenfangdämmen zum Schutze gegen das Überströmen, mit Wurfsteinen oder mit einer Betonschichte abzudecken.

13.5 Betonfangdämme

Betonfangdämme kommen nur für undurchlässigen und nicht rammfähigen Untergrund, also Fels ohne Überlagerung, in Betracht. Naturgemäß verursachen jene Teile, die unter Wasser hergestellt werden müssen, besondere Aufwendungen und Kosten. Um diese Teile möglichst klein halten zu können, wird weitgehend das Niederwasser ausgenützt. Betonfangdämme sind also von den Wasserständen viel abhängiger als andere Fangdammtypen und demnach nur für Flüsse zweckmäßig, die ausgeprägte NW-Perioden aufweisen.

Konstruktiv besteht ein Betonfangdamm aus dem unter Wasser herzustellenden Grundkörper, einer darüberliegenden, im Trockenen auszuführenden Betonwand, und bei größeren Fangdammhöhen aus den Stützpfeilern.

Der Grundkörper erhält einen Rechteckquerschnitt, dessen Basis vom Wasserüberdruck abhängt, zumindest aber so groß gewählt wird, daß ein Bagger auf der Krone fahren kann. Es ist zu berücksichtigen, daß die Baugrube leergepumt werden muß, um die Stützpfeiler im Trockenen herstellen zu können. Es ist klar, daß das nur bei entsprechend niederen Wasserständen ausgeführt werden kann.

Die aufgehenden Teile können entweder als Schwergewichtsmauern wirken, die dann entsprechend dem Wasserdruck abgestuft werden, oder aber als senkrechte Träger bzw. Gewölbe, die sich auf Strebepfeiler abstützen.

Die Stützpfeiler werden meist dreieckförmig ausgebildet. Ihre Abmessungen und Abstände sind natürlich vom Wasserdruck und der zulässigen Bodenpressung abhängig und rechnerisch zu ermitteln. Normalerweise wird die Breite mit rund 2 m, der Abstand mit 6 bis 8 m, und der Anlauf mit rund 60° gewählt. Die Stützpfeiler verringern zwar wesentlich den Materialaufwand, engen aber anderseits den Arbeitsraum innerhalb der Baugrube beträchtlich ein. Ist diese Einengung mit Rücksicht auf Aushübe usw. nicht möglich, dann wird die Baugrube breiter, was mitunter in Flüssen, die ein bestimmtes Durchflußprofil erfordern, doch zwingt, auf einen vollen Querschnitt überzugehen.

Die Kosten eines Betonfangdammes sind vor allem wegen des verlorenen Materials ziemlich hoch. Es wurde daher schon öfter versucht, Fangdämme aus Betonblöcken herzustellen, die entweder bei weiteren Umschließungen oder aber als Kolkquader wiederverwendet werden können.

Die einzelnen Arbeiten für die Herstellung eines Betonfangdammes gliedern sich wie folgt:

Beseitigen einer eventuell vorhandenen Kiesüberlagerung über der Felssohle,
Herstellen der Schalung für den Unterwasserteil,
Säubern der Felssohle und Herstellen eines dichten Anschlusses der Schalung an den Untergrund mittels Taucher,
Auspumpen der Baugrube,
Herstellen der Stützpfeiler,
Herstellen der über Wasser liegenden Teile.

Von diesen Arbeiten sind nur jene schwierig zu erfassen, die für den unter Wasser liegenden Grundkörper erforderlich sind.

Für die Schalung unter Wasser kommen zwei Ausführungsformen in Betracht. Bei der ersten werden etwa 1,0 m tiefe Löcher in Abständen von 1,0 bis 2,0 m in den Felsgrund gebohrt, in die dann Schienen oder Walzprofile einbetoniert werden. Längs dieser Schienen werden dann Zangen abgesenkt, die als Führung für die Schalbohlen (4 bis 6 cm) dienen. Nach der zweiten Methode wird ein Stahlgerüst mit verschiebbaren Stützfüßen auf den Felsgrund aufgesetzt. Dieses Gerüst ist mit Kanthölzern versehen, auf die die Schalung von Tauchern unter Wasser angenagelt wird.

Das Versetzen des Stahlgerüstes, wie auch das nachfolgende Betonieren des Fangdammes, erfolgt mit Hilfe schwimmender Pontons oder aber durch Bagger, die auf dem bereits fertiggestellten Fangdamm fahren können. Daher soll die Fangdammbreite mindest so groß gewählt werden, daß sich ein Bagger darauf bewegen kann.

Der Stundenaufwand für die Unterwasserschalung beträgt 4 bis 5 h/m^2, wovon rund 30% auf Taucherarbeit entfallen. Dieser Anteil kann noch größer werden, wenn die Schalung undicht ist und erst unter Wasser mühselig gedichtet werden muß.

Bei der ersten Methode sind zusätzlich noch das Bohren der Löcher und das Versetzen der Schienen einzurechnen. Das Bohren erfolgt von eigenen Bohrschiffen aus und kann je nach Gestein mit 8 bis 15 h/m angesetzt werden.

Beide Methoden verlangen einen sorgfältigen Anschluß an die Felsoberfläche und deren Säuberung. Die hierfür erforderlichen Taucherarbeiten sind naturgemäß am schwierigsten zu erfassen und werden fast immer beträchtlich unterschätzt. Im übrigen sei auf das Kapitel „Taucherarbeiten" hingewiesen.

Der Unterwasserbeton kann nach den verschiedenen, bekannten Verfahren eingebracht werden. Es ist zu beachten, daß für den Unterwasserbeton mit rund 300 kg PZ/m^3 F.B. gerechnet werden muß. Erschwerend können auch die Zutransporte sein; um diese zu umgehen, kommt häufig die Betonpumpe zum Einsatz, deren Pumpenrohre nur ein verhältnismäßig einfaches Gerüst benötigen.

Der Abtrag der Betonfangdämme ist wegen der erforderlichen Sprengarbeiten sehr unangenehm und bedarf in der Nähe von Bauwerken besonderer Sicherungsarbeiten, die unter Umständen beträchtliche Kosten verursachen können.

Die Teilarbeiten für den Abtrag sind folgende:

Bohren und Sprengen,
Entfernen der Sprengtrümmer.

Um die Kosten zu verringern, werden die Arbeiten möglichst über Wasser ausgeführt. Die Baggerung wird allerdings zum Großteil unter Wasser erfolgen müssen. Die anfallenden Kosten sind nach den unter Erd- bzw. Felsarbeiten und Abbrucharbeiten erörterten Grundsätzen zu ermitteln.

13.6 Steinkastenfangdamm

Diese Art der Fangdämme kommt nur mehr sehr selten vor. Sie werden nur dort anzuwenden sein, wo beträchtliche Fließgeschwindigkeiten zu bewältigen sind und außerdem Holz sehr billig ist, andere Baustoffe jedoch nur schwer zu beschaffen sind. Da der Steinkastenfangdamm verhältnismäßig unempfindlich gegen ein Überströmen ist, wird er unter Umständen auch da in Frage kommen, wo mit öfterem Überfluten der Baugrube gerechnet werden muß.

Die Steinkasten bestehen aus kreuzweise übereinanderliegenden Rund- oder Kanthölzern, die oben und unten offene Zellen von rund 2 m Seitenlänge bilden. Einzelne dieser Zellen werden mit einem Boden versehen, um den für das Versenken erforderlichen Ballast aufnehmen zu können. Nach dem Versetzen der Steinkisten an der gewünschten Stelle werden sämtliche übrigen Zellen mit einer Steinschüttung aufgefüllt, wodurch erst der Fangdamm seine Stabilität und erforderliche Gleitsicherheit erlangt. Die Länge der Steinkasten schwankt zwischen 6 und 12 m, ihre Breite ist vom äußeren Wasserdruck abhängig, er wird gleich der ein- bis eineinhalbfachen Höhe angenommen.

Die Dichtung erfolgt durch eine wasserseitige Spundwand und wird mitunter durch eine Lehmfüllung in den wasserseitigen Zellen verstärkt. Die Gleitsicherheit, das Hauptproblem der Steinkastenfangdämme, wird dadurch allerdings verringert und hat eine zusätzliche Verbreiterung des Fangdammes zur Folge.

Damit die Steinkasten gegeneinander nicht verkanten, müssen sie ordentlich auf dem Untergrund auflagern. Dies wird dadurch erreicht, daß die Unterseite der Steinkasten weitgehendst dem Verlauf des Flußgrundes angepaßt wird.

Der Holzbedarf für die Steinkasten ist ziemlich groß und kann mit rund 10 bis 12% des verbauten Raumes angesetzt werden. Die für die Verbindung der Hölzer erforderlichen Stahlmengen sollten möglichst genau ermittelt werden, da sie preislich ziemlich ins Gewicht fallen. Näherungsweise werden hierfür 25 bis 40 kg/m³ Holz erforderlich sein.

Für die Fangdammherstellung sind im einzelnen folgende Teilarbeiten zu leisten:

Abräumen einer eventuellen Kiesüberlagerung,
Abpeilen des Flußgrundes,
Herstellen der Steinkasten,
Einschwimmen an Ort und Stelle,
Versenken durch Steinfüllung
Herstellen der Dichtung.

Das Entfernen der Kiesüberlagerung erfolgt mit Bagger, unter Umständen kommt hierfür auch die Kiespumpe zum Einsatz. Die Ermittlung dieser Kosten bringt keine Schwierigkeiten und wurde in den entsprechenden Kapiteln erläutert.

Das Abpeilen des Flußgrundes wird mittels eines eigenen Peilschiffes durchgeführt. Bei guter Vorbereitung und bei dichtem Netz der Aufnahmepunkte, die also nur ein geringfügiges Verschieben erfordern (etwa 1 m), können bis zu 20 Peilungen je Stunde durchgeführt werden. Die hierfür erforderliche Mannschaft besteht aus der Schiffsbesatzung einschließlich der Windenbedienung, dem Meßtrupp und den Leuten an eigentlichen Peilgerät. Es sind demnach etwa 8 bis 12 Mann und 2 bis 3 Techniker für die Peilung anzusetzen.

Das Herstellen der Steinkasten erfolgt entweder an Land, in welchem Fall eine Ablaufbahn erforderlich wird, oder in einer eigenen, trockengelegten Baugrube, die mit dem Fluß in Verbindung steht. Der Zeitaufwand für das Herstellen beträgt 15 bis 25 h/m³ Holz. Nicht zu vergessen sind die erforderlichen Planierungsarbeiten, sowie eventuelle Stützgerüste und Ablaufbahnen.

Schwierig zu erfassen sind die Kosten für das Einschwimmen der Steinkasten. Der Transport an Ort und Stelle erfordert meist ein Schleppschiff, während das eigentliche Einrichten mit am Ufer verankerten Winden erfolgt.

Die dazu notwendigen Gegenwinden befinden sich entweder auf den Steinkasten selbst oder aber auf den mit ihnen verbundenen Schleppkähnen. Die Mindestzahl der Winden ist daher $2 \times 3 = 6$ Stück, die hierfür nötige Mannschaft 2 bis 4 Mann je Winde. Hierzu kommen noch Schiffsbedienung, Meßtrupp und sonstige Hilfsmannschaft.

Ist der Bedarf an Arbeitskräften mit einiger Sicherheit noch abzuschätzen, so ist dies bei der Leistung nur sehr schwer möglich. Es ist empfehlenswert, letztere nicht zu hoch, den erforderlichen Zeitaufwand aber möglichst reichlich einzusetzen, da immer wieder nichtvoraussehbare Zwischenfälle einen Mehraufwand verursachen.

Die Steinfüllung wird in üblicher Form mit Hilfe von auf Pontons montierten Greifbaggern durchgeführt, wobei die Zufuhr des Materials mittels Steinschuten erfolgt.

Das Herstellen der Dichtungswand erfordert entweder eine Ramme oder einen Bagger mit entsprechend langem Ausleger zum Einfädeln der Bohlen.

14. Taucherarbeiten

14.0 Allgemeines

Für Arbeiten unter Wasser, also vor allem bei Fangdammherstellungen muß die Hilfe von Tauchern in Anspruch genommen werden. Meist wird hierfür ein Spezialunternehmen herangezogen, das die erforderlichen Fachkräfte und Ausrüstung zur Verfügung hat.

Die Taucherarbeit selbst kann mit Schlauch- oder schlauchlosen Geräten durchgeführt werden. Im Baubetrieb kommen meist erstere zur Verwendung, die erforderliche Arbeitsgruppe zeigt folgende Zusammensetzung:

2 Taucher, wovon immer nur 1 Taucher unter Wasser arbeitet,
1 Signalmann,
1 Pumpenvormann,
Pumpenbedienung je nach Tauchtiefe.

Die Zahl der Pumpenleute hängt von der erforderlichen Luftmenge und deren Druck, also von der Wassertiefe und von der Art der Taucherarbeit ab. In Tab. 87 ist der Luftbedarf in Litern je Minute, bezogen auf den normalen Luftdruck und die erforderliche Bedienungsmannschaft angeführt. Die üblichen Taucherpumpen sind Doppelhebelpumpen mit einer Leistung von 3 l je Doppelhub, so daß sich für eine bestimmte erforderliche Luftmenge die Zahl der Hübe je Minute ergibt.

Tabelle 87

Art der Arbeit	Tauchtiefe in m 0	10	20	30
Ruhe und Beobachtung	25 l/min	50 l/min	75 l/min 1 Pumpe à 4 Mann	100 l/min 1 Pumpe à 4—6 Mann
	1 Pumpe à 2 Mann			
Leichte Arbeit	50 l/min	100 l/min	150 l/min 1 Pumpe à 4 Mann	200 l/min 2 Pumpen à 4—6 Mann
	1 Pumpe à 2 Mann			
Schwere Arbeit	100 l/min	200 l/min	300 l/min 2 Pumpen à 4 Mann	400 l/min 3 Pumpen à 4—6 Mann
	1 Pumpe à 2 Mann			

Die Arbeitsdauer eines Tauchers hängt außer von der Wassertiefe auch von der Strömung, der Wassertemperatur und der Schwere der Arbeit ab.

Von der Arbeitszeit ist die Zeit für das Anlegen des Taucheranzuges, das Tauchen auf Grund und vor allem die für das Auftauchen erforderliche Zeit abzuziehen. Die Mindestauftauchzeiten sind gesetzlich vorgeschrieben und in Tab. 88 angeführt.

Die Arbeitsleistung selbst ist natürlich gegenüber einer gleichartigen Arbeit über Tag wesentlich geringer, sie beträgt nur und 30 bis 70%. Für die Ermittlung der Lohnkosten ist natürlich immer die ganze Tauchergruppe mitzurechnen: meist

Tabelle 88. *Auftauchtabelle*

Tauchtiefe in m	Aufenthalt auf dem Grund in h	Aufenthalt in min während des Aufstieges in m Tiefe					Gesamt-aufstiegszeit in min
		15	12	9	6	3	
11—13	über 3					5	$6^1/_2$
$13-14^1/_2$	bis 3					5	$6^1/_2$
	über 3					10	$11^1/_2$
$14^1/_2-16^1/_2$	bis $1^1/_2$					5	7
	$1^1/_2-3$					10	12
	über 3					20	22
$16^1/_2-22$	bis 1				5	12	19
	1—3				10	25	37
	über 3				20	30	52
22—29	bis $^1/_2$				5	15	22
	$^1/_2-1^1/_2$			5	15	25	47
	$1^1/_2-2^1/_2$			10	30	35	71
	über $2^1/_2$			30	35	35	102

sind dann auch noch Hilfskräfte für das Heranbringen von Gerät und Material über Wasser zu berücksichtigen.

Außerdem sind für den Taucher selbst die mannigfaltigen Zulagen, die in den Kollektivverträgen festgelegt sind, zu beachten.

Eine Taucherhilfe wird vor allem bei folgenden Unterwasserarbeiten benötigt:

Reinigen von Felssohlen,
Abschneiden von Spundwänden,
Dichten von Spundwänden,
Schalungsarbeiten unter Wasser,
Einbringen von Verankerungen.

14.1 Reinigen von Felssohlen

Für das Reinigen der Felsoberflächen wird vor allem die Kiespumpe verwendet. Ihre Wirkungsweise besteht darin, daß ein Luft-Wasser-Gemisch den Kies löst und dann im Pumpenrohr hochdrückt. Die Leistung dieser Kiespumpen ist natürlich gering, da ja die mitgerissenen Kies- oder Sandteile nur einen Bruchteil des Wasser-Luft-Gemisches ausmachen. Der Verbrauch an Druckluft dagegen ist ziemlich bedeutend.

Annähernd kann angenommen werden, daß für eine bestimmte geförderte Wassermenge der erforderliche Luftbedarf rund doppelt so groß ist. Die mitgerissene Materialmenge ist von der Korngröße abhängig und beträgt rund 1% der Wassermenge. Die Leistung einer Kiespumpe mit einem Durchmesser von 150 mm ist daher rund 1 m³ Kies je h, der Luftbedarf 4 bis 5 m³/min.

Die Kiespumpe wird meist an Gerüsten aufgehängt und von 2 Mann geführt. Bei geringen Wassertiefen ist dies von einem Podium über Wasser möglich, bei Tiefen über rund 5 m muß die Hilfe eines Tauchers (Tauchergruppe) herangezogen werden.

Zum Umsetzen ist ein Hebegerät erforderlich, meist ist dies ein Bagger, der wegen der eigentlichen Aushubarbeiten ohnehin auf der Baustelle benötigt wird.

14.2 Abschneiden von Spundwänden

Das Unterwasser-Abschneiden von Spundwänden kann autogen oder elektrisch erfolgen. Die erreichbare Leistung je Stunde hängt von mehreren Umständen ab:

1. Spundwand freistehend oder hinterfüllt,
2. Arbeitsbehinderungen durch Einbauten, genaues Abschneiden usw.,
3. Stärke der Spundwand und der Schlösser sowie Anteil der Eckbohlen.

In Tab. 89 sind Leistungen und Materialaufwand für freistehende Spundwände ohne besondere Arbeitsbehinderungen zugegeben.

Tabelle 89

Spundwände		Profil: II	III	IV	V
Leistung m/h		1,3	1,2	1,0	0,8
Materialbedarf					
a) Sauerstoff	m^3/lfm	7	8	9	11
Dissousgas	kg/lfm	5,5	6	7	9
b) Sauerstoff	m^3/lfm	9	10	12	15
Wasserstoff	m^3/lfm	2,5	3	3,5	4,5
c) Elektroden	Stück/lfm	7,5	8,5	10	13
Sauerstoff	m^3/lfm	1	1 1	1,2	1,5

Für hinterfüllte Spundwände sind die Leistungen nur mit 50 bis 70% der oben angegebenen Werte anzunehmen. Der Materialbedarf dagegen ist um rund 50% höher. Darüber hinaus ist noch zu beachten, daß bei hinterfüllten Spundwänden häufig noch zusätzliche Sicherungsarbeiten, also Absteifungen, Verankerungen usw. erforderlich werden, die mitunter durch Taucher ausgeführt werden müssen.

Zu diesen Kosten für das Abschneiden kommen noch die Kosten, die für das Ziehen und Abtransportieren entstehen. Meist wird hierfür ein Bagger eingesetzt, der die gezogenen Stücke auf das Transportfahrzeug verladet.

Wurden die Spundwände seinerzeit beim Schlagen deformiert oder waren sie längere Zeit unter Wasser, dann können sie nicht mehr aus dem Schloß gezogen werden. Es sind dann außerdem noch Vertikalschnitte erforderlich. Die Zahl und der Abstand dieser Schnitte, und damit das Gewicht der zu ziehenden Einzelteile, hängt vor allem von der Stärke des Ziehgerätes ab.

14.3 Dichten von Spundwänden

Das Dichten von Spundwänden kann die verschiedensten Arbeiten umfassen.

Das Verstemmen der Schlösser ist verhältnismäßig einfach, die Leistung kann mit 3 bis 4 m/h angenommen werden. Schwieriger sind Risse und Löcher in der Spundwand zu beheben, da unter Umständen ein Blech aufgeschweißt werden muß. Diese Arbeit erfordert ein beachtliches Können und ist natürlich nur bei ausgespiegeltem Wasserstand möglich. Die möglichen Leistungen beim Schweißen bleiben natürlich wesentlich hinter den Schneidleistungen zurück.

Sind die Spundwände aus dem Schloß gesprungen, dann ist die Abdichtung ein Problem, das mitunter überhaupt nur mehr mit einer neuerlichen Umspundung gelöst werden kann.

14.4 Schalungsarbeiten unter Wasser

Schalungsarbeiten unter Wasser werden vor allem bei der Herstellung von Betonfangdämmen notwendig und im Kapitel „Fangdämme" näher erörtert.

14.5 Einbringen von Verankerungen

Der Einbau von Verankerungen ist schwierig zu erfassen und erfordert eine genaue Planung der Einzelarbeiten. Es ist verständlich, daß der Taucher nur Arbeiten durchführen kann, die eine geringe Kraftanstrengung erfordern. Es werden also Hilfseinrichtungen nötig, die sämtliche Stahlteile in annähernd richtige Lage bringen können. Die Aufgabe des Tauchers besteht dann vor allem im Steuern dieser Versetzvorgänge und dem endgültigen Fixieren der Verankerungen.

Die außer der Taucherpartie erforderliche Mannschaft schwankt daher von 2 bis 8 Mann, wozu noch der Einsatz diverser Hebegeräte kommen kann.

Die mögliche Leistung, bezogen auf das eingebaute Stahlgewicht ist weitgehend vom Verhältnis der Konstruktionsteile, die nur an Ort und Stelle zu bringen sind, und den eigentlichen Verbindungsteilen, die eben den Taucher erfordern, abhängig. Demnach schwanken die eingebauten Mengen zwischen 0,1 und 0,4 t/h, im Mittel wird mit rund 0,2 t/h gerechnet werden können. Der Stundenaufwand ist demnach mit rund 60 h/t anzunehmen, wozu noch die Löhne für den Zutransport an die Verwendungsstelle gerechnet werden müssen.

15. Caissonarbeiten

15.0 Allgemeines

Druckluftgründungen gehören mit zu den schwierigsten und gefahrvollsten Arbeiten im Ingenieur-Tiefbau. Wegen der dabei auftretenden möglichen gesundheitlichen Schädigung der Arbeiter werden die Druckluftgründungen heute nur mehr auf Ausführungen beschränkt, bei welchen andere Verfahren nicht zum Ziele führen.

Bei Fundierungstiefen von 30 bis maximal 35 m unter Wasser findet das Druckluftverfahren seine Grenze, da es dem menschlichen Organismus unmöglich ist, bei noch höheren Drucken zu leben, geschweige denn zu arbeiten.

Die für eine Druckluftgründung erforderlichen Arbeiten lassen sich wie folgt gliedern:

Aufbau der maschinellen Drucklufteinrichtung,
Herstellen eines Absenkplanums,
Aufbau der Arbeitskammer des Senkkastens,
Absenken des Caissons bei gleichzeitigem Hochführen der äußeren Senkkastenwandungen,
Ausbetonieren der Arbeitskammer.

15.1 Aufbau der maschinellen Einrichtung

Die Größe der Drucklufteinrichtung ist vor allem durch die Abmessungen des Caissons und dessen Absenktiefe bedingt.

Nach den Vorschriften ist aus gesundheitlichen Gründen folgender Luftbedarf je Mann zu garantieren:

Überdruck	Mindeste Luftmenge je Mann
$< 0{,}5$ kg/cm^2	20 m^3/h
$> 0{,}5$ kg/cm^2	30 m^3/h

Die angegebenen Werte berücksichtigen jedoch nicht die Druckluftverluste, die unter der Schneide und durch die Undichtigkeit der Arbeitskammer auftreten. Die Größe dieser Verluste kann nach Brennecke nach folgender Formel angeschätzt werden:

$$Q = (\alpha F + \beta U)\left((1 + \frac{H}{10{,}33}\right),$$

wobei F = Summe der inneren Wand- und Deckenflächen in m^2
U = Umfang der Senkkasten = Länge der Schneide in m
H = größte Absenktiefe unter dem Wasserspiegel in m mit einem Zuschlag für Druckverluste von etwa 2 bis 3 m
α = abhängig von Durchlässigkeit der Arbeitskammer
Eisenbetonsenkkasten mit Torkretinnenputz = 0,35
„ ohne „ = 0,5—0,6
β = abhängig von Durchlässigkeit des Bodens = 1—3

Der größere der beiden Werte ist der Dimensionierung der Kompressoranlage zugrunde zu legen. Dabei ist auf entsprechende Reserve zu achten, und zwar muß bei nur einer Pumpe eine gleich große Reservepumpe vorhanden sein. Bei mehr als zwei Pumpen müssen zwei Drittel der beliebig ausgewählten Pumpen den erforderlichen Druck zu erzeugen imstande sein.

Die Schleusen können bis 1,3 kg/cm² Überdruck kombiniert ausgeführt sein, darüber hinaus müssen jedoch für die Beförderung von Personen und Material getrennte Schleusen eingesetzt werden. Ausnahmen können von der zuständigen Aufsichtsstelle gewährt werden.

Für die Kompressoren und Antriebsmaschinen ist ein genügend großes Kompressorhaus mit entsprechenden Fundamenten vorzusehen. Zur Montage der Schleuse sowie zum Umsetzen beim Verlängern der Schachtrohre wird ein Schleusenkran erforderlich, der so aufgestellt werden muß, daß er sämtliche Schleusen zu bestreichen vermag.

Der Stundenaufwand für die Montage der Geräte beträgt rund 80 bis 100 h/t, für die Demontage rund 60% hiervon.

15.2 Absenkplanum

Das Absenkplanum für den Aufbau der Senkkasten kann entweder das vorhandene Gelände, eine aufgeschüttete Insel oder ein Rammgerüst sein. Die Kosten für das Absenkplanum sind durch die örtlichen Gegebenheiten bedingt und können einen bedeutenden Anteil der Gesamtkosten ausmachen, vor allem dann, wenn Stahlspundwände zur Verwendung kommen.

Bei großer Wassertiefe kann es zweckmäßiger sein, den Caisson nicht über der Absenkstelle, sondern in einem eigenen Dock herzustellen und dann zur Gründungsstelle einzuschwimmen. In diesem Falle werden entsprechende Schwimmgeräte erforderlich und anstelle eines Absenkgerüstes tritt ein wesentlich schwächeres Führungsgerüst. Für das Einschwimmen des Caissons gilt das gleiche wie für die Steinkistenfangdämme, nur sind die Vorbereitungen hierfür, entsprechend den größeren Gewichten, noch sorgfältiger durchzuführen. Im übrigen sei auf das in diesem Abschnitt Gesagte verwiesen.

15.3 Aufbau der Senkkasten-Arbeitskammer

Die Senkkasten-Arbeitskammer muß in ihren Abmessungen sämtlichen statischen Anforderungen während des Absenkens entsprechen. Ihr Aufbau läßt sich wieder in folgende Teilarbeiten gliedern:

Auslegen der Schneide,
Schalen der Arbeitskammer,
Verlegen der Bewehrung,
Betonieren,
eventuell Verputz der Arbeitskammer.

Die Schneidenausbildung ist sehr verschieden, das erforderliche Gewicht beträgt 80 bis 160 kg je lfm Schneide. Der Stundenaufwand für das Auslegen kann mit 60 bis 80 h/t angesetzt werden. Ist der Caisson sehr schwer und wird er auf einer geschütteten Insel errichtet, dann wird zur Druckverteilung eventuell ein Magerbetonbankett hergestellt.

Die Schalung der Arbeitskammer hängt von der Stärke der Arbeitskammerdecke ab, der Holzbedarf kann mit rund 0,30 m³ Schnittholz je m² Grundriß angesetzt werden. Zu beachten ist, daß das ausgeschalte Holz nur mehr durch die Öffnungen für die Caissonrohre abtransportiert werden kann, wofür ein Zuschlag von rund 5 h/m³ auf den Stundenaufwand für normale Holzarbeiten zu machen ist. Insgesamt kann mit einem Stundenaufwand von rund 40 h je m³ Holz gerechnet werden.

Die Bewehrung hängt von der Caissongröße und den zur Verfügung stehenden Konstruktionshöhen ab. Annähernd ist mit 80 bis 120 kg Bewehrung je m² Grundriß bzw. mit 60 bis 70 kg je m³ Beton zu rechnen.

15.4 Absenken

Das Absenken, also der eigentliche Caissonaushub ist die für die Kosten der Druckluftgründung maßgebende Teilarbeit. Die Belegschaft und die je Zeiteinheit erforderliche Druckluft, also die Stoffkosten, können ziemlich genau festgelegt werden. Schwieriger jedoch ist die Anschätzung der möglichen Absenkung, d.h. der Leistung.

Die Absenkdauer eines Caissons ist vor allem abhängig von der Absenktiefe, die ihrerseits die zulässige Arbeitszeit bestimmt. Nach den für Druckluftarbeiten geltenden Vorschriften ist mit folgenden maximalen Aufenthaltszeiten zu rechnen:

Tabelle 90

Überdruck	Aufenthaltszeit je Schicht
< 2 kg/cm²	8 h einschließlich Ein- und Ausschleusungszeit
2—2,5 kg/cm²	6 h ohne " " "
2,5—3 kg/cm²	4—5 h ohne " " "
3—3,5 kg/cm²	4 h ohne " " "
> 3,5 kg/cm²	2 h ohne " " "

Bei einer Schichtdauer von mehr als 4 h sind noch Pausen von zusammen $^1/_2$ h zu gewähren, die eigentliche Arbeitszeit ist demnach um eine halbe Stunde kleiner als die angegebenen Werte. Zu bezahlen ist jedoch die volle Schicht.

Die Einschleusungszeiten können mit rund 1 min je 0,1 atü angenommen werden.

Die für den Gesundheitszustand der Belegschaft besonders wichtige Ausschleuszeit ist gesetzlich geregelt und darf folgende Werte nicht unterschreiten:

Tabelle 91

Überdruck in kg/cm²	Ausschleuszeit Minuten
0,1—1,3	10 × Überdruck in kg/cm²
1,4	22 × " " kg/cm²
1,5	30 × " " kg/cm²
2,0	42 × " " kg/cm²
2,5	60 × " " kg/cm²
3,0	90 × " " kg/cm²

Tab. 91 zeigt deutlich die Gefährlichkeit der Caissonarbeiten über 1,3 kg/cm² Überdruck.

15.41 Besetzung und Leistung

Mit der Absenktiefe steigen die Lohnkosten nicht nur infolge der verringerten Arbeitszeit, sondern auch wegen der zu zahlenden Caissonzulagen, deren Höhe tariflich geregelt ist.

Die Besetzung kann wie folgt angenommen werden:

1 Caissonmeister,
1 Schleusenwärter und 2 Mann je Materialschleuse,
1 Schleusenwärter je Personenschleuse,
Caissonarbeiter zum Lösen des Bodens, meist 1 Mann je 6 bis 8 m^2 Grundriß,
1 bis 2 Caissonarbeiter Umschlag für Hochförderung,
1 Kompressorwärter,
1 bis 2 Schlosser bzw. Elektriker,
Hilfsarbeiter für Abtransport.

Es ist dabei zu beachten, daß an Sonn- und Ruhetagen die Druckluftversorgung weiterhin in Betrieb bleibt und dazu noch alle Feiertagszulagen einzurechnen sind.

Die Leistung je Caissonarbeiter in der Arbeitskammer hängt naturgemäß vom Boden ab und kann im mittleren Boden mit rund 0,3 bis 0,4 m^3/h angenommen werden. Damit ist bei gegebener Leistungsfähigkeit der Schleuse auch die Zahl der Caissonarbeiter festgelegt.

Die Materialförderung zum Schachtrohr erfolgt meist in Kübeln, die auf an der Caissondecke montierten Hängeschienen laufen. Häufig werden aber auch Förderbänder oder Schrapper hierfür eingesetzt, jedenfalls nur kleine Geräte, die durch die Schachtöffnungen wieder abtransportiert werden können.

Die Leistungsfähigkeit der Schleuse ist bedingt durch ihre Größe und hängt außer von der Tiefe auch von der maschinellen Ausrüstung ab. Sie bewegt sich für die üblichen Schleusen zwischen 3 und 6 m^3/h.

Der Stundenaufwand für den Caissonaushub hängt, wie schon erwähnt, von den zu durchfahrenden Bodengattungen und von eventuell angetroffenen Hindernissen ab. Unter Berücksichtigung der tatsächlichen Arbeitszeit wird der Stundenaufwand bei mittlerem Boden folgende Werte annehmen:

Tabelle 92

Tiefe unter dem Wasserspiegel	Stundenaufwand h/m^3
0–10	4– 6
10–15	6– 7
15–20	7– 8
20–25	8– 9
25–30	9–10

Die größeren Werte gelten für kleinere Caissons, bei welchen den für den Betrieb unbedingt erforderlichen Arbeitern (Schleusen- und Kompressorwärter usw.) eine verhältnismäßig kleine Zahl an produktiven Caissonarbeitern gegenübersteht.

Für rund 75% der angegebenen Stundenwerte sind noch die nicht unbeträchtlichen Caissonzulagen einzurechnen.

Gleichzeitig mit dem Absenken erfolgt das Hochführen der Caissonwände, die entweder zur Gänze in Beton oder aber mit Verblendmauerwerk ausgeführt werden. Die Kosten hierfür entsprechen normalen Betonarbeiten. Zu berücksichtigen ist, daß die Arbeit nur absatzweise erfolgen kann, woraus sich Kostenerhöhungen ergeben.

Die angegebenen Werte für den Caissonaushub werden sofort beträchtlich erhöht, wenn Hindernisse, also Baumstämme, Findlinge oder Mauerreste zu beseitigen sind. Diese sind besonders dann unangenehm, wenn sie unter der Schneide liegen und eventuell innerhalb des Caissons gesprengt werden müssen. Es ist zu beachten, daß ein Hindernis an nur einer Stelle den gesamten Absenkvorgang verzögert und unter Umständen auch lahmlegen kann.

15.5 Ausbetonieren der Arbeitskammer

Die letzte Teilarbeit ist das Ausbetonieren der Arbeitskammer. Hierzu ist die Schleuse, wenn sie nicht ohnehin mit einer Betonschleuse ausgerüstet ist, entsprechend umzubauen. Der Stundenaufwand für den Kammerbeton kann annähernd dem für den Caissonaushub erforderlichen gesetzt werden. Er ist um den Stundenaufwand für die Betonherstellung zu vermehren, der mit 1 bis 2 h/m^3 angesetzt werden kann. Auch hier sind die Caissonzulagen zu berücksichtigen, und zwar mit der der Endstellung des Caissons entsprechenden größten Tiefenstufe.

16. Wasserhaltung und Wasserversorgung

16.1 Wasserhaltung

16.10 Allgemeines

Die ,,Wasserhaltung“ umfaßt alle Arbeiten, Betriebskosten und Einrichtungen, die zur Trockenhaltung von Arbeitstellen und Baugruben notwendig sind. Während es früher üblich war, die Kosten der Wasserhaltung nach den tatsächlichen Betriebsstunden der Pumpen — sozusagen in Regie — zu vergüten, ist man heute, vor allem bei großen Wasserhaltungen, immer mehr bestrebt, den Unternehmer zu technisch und wirtschaftlich günstigeren Lösungen zu zwingen. Bei kleineren Baustellen wird heute noch vielfach verlangt, daß die Kosten der Wasserhaltung vom Unternehmer anzuschätzen und in die Teilleistungen, die Wasserhaltung erfordern, einzurechnen sind. Daß diese Schätzungen in weiten Grenzen schwanken können, ist klar, da die Ermittlung der vermutlich zufließenden Wassermenge und ihre Verteilung über die Baugrube mit einiger Sicherheit nur bei Untergrundverhältnissen möglich ist, die dem Unternehmer von ähnlichen Ausführungen bekannt sind.

Der Wasserzudrang hängt im wesentlichen von folgenden Faktoren ab:

1. Durchlässigkeit des Bodens,
2. Art, Länge und Höhe der Baugrubenumschließung,
3. Fläche der Baugrube,
4. Gang des Grundwasserspiegels und der Wasserführung des Flusses,
5. Art der Einbindung bei einseitig abgeschlossener Baugrube,
6. Zuflüsse von Land; Grund-, Oberflächen- und Quellwasser,
7. Dauer der Wasserhaltung.

Bei Arbeiten von kurzer Dauer wird der Unternehmer das Risiko einer Fehleinschätzung auf sich nehmen, wenn es nicht zweckmäßiger ist, es durch Angabe eines obersten Wertes für den Wasserzudrang zu begrenzen. Bei großen, langdauernden Arbeiten wird in der Regel das Risiko der Wasserhaltung vom Bauherrn getragen, der Unternehmer jedoch dazu verhalten, durch eine technisch einwandfreie Einrichtung und einen wirtschaftlichen Betrieb die Wasserhaltungskosten auf ein Minimum zu halten. Dieses Minimum wird absolut wohl nur dann erreicht, wenn auch die oben erwähnten Faktoren des Wasserzudranges beachtet werden. Ein sorgfältiger Anschluß der Baugrubenumschließung, eine genügend lange Einbindung, eine rechtzeitige Ableitung von Hangwässern, dichtende Injektionen können trotz einiger Mehrkosten die Aufwendungen für die gesamte Wasserhaltung beträchtlich herabsetzen.

Die Wasserhaltung wird in der Mehrzahl aller Fälle als *offene Wasserhaltung* durchgeführt; das frei entlang der Aufstandsfläche der Umschließung oder direkt aus der Baugrubensohle einströmende Wasser wird über Gräben, Sickerschlitze, Drainagen den genügend tief liegenden Pumpensümpfen zugeführt und von dort je nach Menge und Förderhöhe von Hand oder maschinell mit Pumpen in ein oder mehreren Stufen, falls erforderlich mit mehreren Aggregaten, abgefördert.

Die *Grundwasserabsenkung* mit außerhalb um die Baugrube angeordneten Röhrenbrunnen kommt selten zur Anwendung und ist wirtschaftlich nur in ge-

Tabelle 93. *Ungefähre Anwendungsbereiche der Wasserhaltungsverfahren nach* E. BACHUS

Durchlässigkeitsziffer k	Bodenart	d (mm)	Wasserhaltungsverfahren Anwendungsbereiche:
$50-100 \times 10^{-2}$ cm/sec	Schotter grob	> 10	Offene Wasserhaltung
$40-50 \times 10^{-2}$ cm/sec	Kies, Sand grob	1–10	Offene Wasserhaltung
$20-30 \times 10^{-2}$ cm/sec	Sand 0,5–1 mm	0,5–1	Offene Wasserhaltung; Grundwasserabsenkung mit Filterbrunnen
$5-10 \times 10^{-2}$ cm/sec	Sand fein	0,1–1	Grundwasserabsenkung mit Filterbrunnen
2×10^{-2} cm/sec	Dünensand		Grundwasserabsenkung mit Filterbrunnen; Grundwasserabsenkung mit Vacuumbrunnen
$0,5-1 \times 10^{-3}$ cm/sec	Löß ungestört		Grundwasserabsenkung mit Vacuumbrunnen
$0,1-1 \times 10^{-4}$ cm/sec	Lehm		Grundwasserabsenkung mit Vacuumbrunnen; Elektroentwässern (Elektroosmose)
$0,7 \times 10^{-7}$ cm/sec	Löß gestört		Elektroentwässern (Elektroosmose)
$0,02-20 \times 10^{-7}$ cm/sec	Ton	< 0,002	Elektroentwässern (Elektroosmose)

eigneten Böden möglich. Sie ist der offenen Wasserhaltung vorzuziehen, wenn der Grundwasserspiegel auf lange Zeit unter die Baugrube gesenkt werden soll oder der mutmaßliche Wasserzudrang so stark ist, daß durch den offenen Pumpbetrieb feine Bestandteile dem Boden entzogen und damit schädliche Setzungen unvermeidlich werden. Auch bei sehr schwierigen Gründungen und Ausführung von heiklen Isolierungen von dauernd im Grundwasser stehenden Objektsteilen kann fallweise eine Grundwasserabsenkung der offenen Wasserhaltung vorzuziehen sein. Größere Grundwasserabsenkungen sind mit Spezialfirmen zu planen und anzubieten, da die Herstellung der Röhrenbrunnen und die Installation der Einrichtung bereits in das Sondergebiet des Brunnenbaues gehören.

Das gleiche gilt von der Grundwasserabsenkung nach der „Wellpoint"-Methode, die in feinen Sandböden bestimmter Durchlässigkeit sehr wirtschaftlich ist.

Die im Tiefbau im Zuge der Wasserhaltung auftretenden Arbeiten und Leistungen gliedern sich meist in folgende Positionen, die einzeln oder mit der Baueinrichtung zu kalkulieren sind:

a) Antransport der Pumpen und ihrer Ausrüstungen zur Baustelle sowie ihr Abtransport von der Baustelle.

b) Herstellen von Pumpenschächten, ihre Instandhaltung sowie ihre Verfüllung nach Abschluß des Pumpbetriebes.

c) Herstellen von Zuleitungsgräben, Drainagen in Tonrohren Durchmesser 8 bis 10 cm mit Grobkiesumhüllung, Drainagen aus Betonrohren oder aus Steinschlichtungen.

d) Versetzen von Auspreßrohren 1 bis $1^1/_2$ Zoll zum nachträglichen Auspressen der Drainagen und Pumpensümpfe; Auspressen von Drainagen mit Zementmörtel.

e) Auf- und Abbau einer Pumpanlage samt Gerüstung und maschineller Einrichtung, abgestuft nach Saugrohrdurchmesser.

f) Betrieb einer Pumpanlage einschließlich aller hierzu erforderlichen Nebenarbeiten, wie Freihalten des Pumpensumpfes von Geschwemmsel und Feinsand usw., abgestuft nach Saugrohrdurchmesser. Abrechnung nach tatsächlichen Betriebsstunden bei wechselnder Beaufschlagung oder nach der Menge des geförderten Wassers.

g) Betrieb von einfach oder doppelt wirkenden Handpumpen.

Je nach Gesamtförderhöhe und Pumpenleistung ergibt sich eine Unterteilung in mehrere Absenkstufen, von denen die oberste stets hochwasserfrei zu situieren ist. Diese oberste Stufe ist so auszurüsten, daß sie je nach Größe der Baugrube das Absenken nach einer Flutung in kurzer Zeit bewältigen kann, während die unterste nur zur Bewältigung des normalen Zudranges zu bemessen ist.

Die Größe der Baugrube, die Art des Bauwerkes und die Verteilung des Zudranges erfordern unter Umständen eine entsprechende Unterteilung und Anlage von mehreren Pumpensümpfen. Dadurch erleichtert man die Fassung und Zuleitung des zuströmenden Wassers. Die Drainagen werden nicht so lang und tief und müssen nicht quer durch das Bauwerk geführt werden, was unter bestimmten Umständen unerwünscht ist. Die Pumpensümpfe werden an die tiefste Stelle mit dem voraussichtlich stärksten Wasserzudrang gelegt. Die Anlage von Nebenpumpensümpfen ist je nach Bauwerksform schon in der Kalkulation zu berücksichtigen. Da je nach Ausschreibung nur die Betriebsstunden jener Pumpen vergütet werden, die das Wasser direkt über den Baugrubenrand in den Vorfluter fördern, ist die mutmaßliche Einsatzdauer von Zubringerpumpen anzuschätzen. Die Vorfluter können mit Einrichtungen für die Messung der Wassermenge versehen werden (Meßgerinne). Wird kein eigenes Meßwehr errichtet, kann die Wassermenge am horizontal verlegten Auslauf der Druckleitung nach der Auswurfparabel errechnet werden.

Während die sogenannten Hochwasserstationen mit den größten Pumpen auszustatten sind (300 bis 400 mm), werden an den normalen Wasserhaltungsstationen Kreiselpumpen der üblichen Abmessungen von 150 bis 250 mm Rohrweite installiert. Dabei ist stets eine ausreichende Reserve zu berücksichtigen, um Ausfälle durch Reparaturen, Verstopfungen usw. sofort abfangen zu können.

16.11 Einrichtung und Gerätebedarf

Die Einrichtung der Wasserhaltung wird von folgenden Faktoren maßgebend bestimmt:

a) Abzuführende Wassermenge (m^3/h),
b) Gesamtförderhöhe in den einzelnen Baustadien (m),
c) Größe der Baugrube (m^2) und Art des Bauwerkes.

Die anfallende Wassermenge, die wohl nur roh geschätzt werden kann, bestimmt in Verbindung mit der Förderhöhe die Zahl, Art und Leistung der zu wählenden Pumpen. Bis 350 l/min und bei kurzfristigen Einsätzen wird man mit einfach- oder doppeltwirkenden Diaphragmapumpen arbeiten. Diese Pumpen sind für kleine Baugruben sehr geeignet, händisch oder maschinell zu bedienen und von einfacher, unempfindlicher, robuster Bauart. Der Saugrohrdurchmesser schwankt von 75 bis 100 mm. Die Leistung kann bis 1000 l/min gehen. Bei längeren Wasserhaltungen werden diese Pumpen maschinell betrieben, der Kraftbedarf liegt bei 3 bis 5 PS. Bei großen Wasserhaltungen dienen sie als Zubringerpumpen von Nebenbaugruben zu den Hauptpumpensümpfen.

Steigt die zufließende Wassermenge dauernd über 350 l/min und liegt die Förderhöhe bereits über der Saughöhe von 6,0 m, so werden nur mehr maschinell betriebene Zentrifugalpumpen verwendet. Diese Pumpentype ist im Baubetrieb vorwiegend in Verwendung, sowohl als fahrbare, direkt gekuppelte oder mit Riemen angetriebene Bauart. Sie ist einfach in Betrieb und Wartung, die modernen Formen sind meist selbstansaugend gebaut und können bei stationären Wasserhaltungen mit automatischer Einrichtung der Zu- und Abschaltung gebaut werden. Bestimmte Bauarten (Lyrapumpen, Flygtpumpen) erleichtern das Abteufen der Baugrube und das Arbeiten in engen (Pumpen-) Schächten. In sehr engen Räumen, bei Absenkungen in Bohrrohren oder Brunnen eignet sich die Unterwasser- oder Tauchpumpe, die auch dort am Platze ist, wo eine hochwasserfreie Aufstellung der Pumpenstation nicht möglich ist oder mit plötzlichen starken Wasserzutritten zu rechnen ist. Bei fallweisem beweglichem Einsatz und geringem Wasserzufluß (bis maximal 15 l/sec) in engen Räumen, im Stollen- und Schachtbau bewährt sich die preßluftangetriebene Sumpfpumpe ausgezeichnet. Der Luftverbrauch liegt je nach Bauart und Leistung zwischen 2,0 und 4,0 m³/min.

Es ist schließlich zu beachten, daß bei Kreiselpumpen zu einer gegebenen Förderhöhe und gleichbleibendem Wasserstrom eine Drehzahl gehört, bei der Wirkungsgrad und Kraftaufnahme am günstigsten sind. Langfristig laufende Pumpen einer Wasserhaltungsstation müssen daher, um wirtschaftlich zu laufen, in ihrer Drehzahl und Leistung den örtlichen Verhältnissen so weit als möglich angepaßt werden. Wechselnder Zustrom erfordert wechselnde Beaufschlagung (Drosselung

Tabelle 94. *Fördermengen und Kraftbedarf für Kreiselpumpen (Werte nach BGL 1955)*

Saugrohrdurchmesser mm	Rohrquerschnitt cm²	Fördermenge Q bei $V = 2$ m/sec m³/h	l/min	l/sec	Kraftbedarf je m manometrische Förderhöhe PS/m	Anmerkungen
40	12,6	9	150	2,5	0,055	Kraftbedarf $N^{PS} = \frac{1}{\eta} \cdot \frac{1000 \cdot Q \cdot H}{75 \cdot 60 \cdot 60}$
50	19,6	14	234	3,9	0,085	
65	33,2	24	400	6,6	0,145	$\eta \doteq 0{,}6$ Q = m³/h
80	50,3	36	600	10,0	0,220	H = manometrische Förderhöhe
100	78,5	56	933	15,5	0,340	= Saughöhe + Druckhöhe + Reibungshöhe
125	122,7	88	1465	24,4	0,530	= nutzbare Förderhöhe
150	176,7	130	2167	36,1	0,760	Achtung für Kalkulation:
175	240,5	175	2910	49,0	1,050	Leistung des Antriebsmotors = 1,3facher Kraftbedarf
200	314	225	3750	62,5	1,350	Beispiel:
250	491	350	5833	97,2	2,100	Anfallende Wassermenge: 40 l/sec
300	707	500	8333	138,8	3,000	$H = 25$ m
350	952	700	11650	194,1	4,200	Saugrohrdurchmesser = 175 mm Motorleistung
400	1257	900	15000	250	5,400	$\geqq 1{,}3 \times 1{,}05 \times 25 = 34$ PS

Tabelle 95. *Technische Daten für Flygt- (Tauch-) Pumpen (Werksangaben)*

Type	Rohr (Schlauch) Durchmesser	Gewicht	Motordrehzahl	Motorstärke	Abmessungen Durchmesser/Länge	Ungefähre Pumpenleistung l/min bei m Förderhöhe						
	mm	kg	U/min	PS	mm	0	10	15	20	25	30	
Bibo 1	50	15	2700	1	190/400	450	225	0	—	—	—	
Bibo 3	76	40	2900	4	305/550	1200 900	800 750	600 600	200 450	0 200	 0	Laufrad Nr. 1 * Laufrad Nr. 3 **
Bibo 4	100	77	2900	3,5	400/730	2000 1100	1400 1000	1000 800	500 750	0 550	— 300	Laufrad Nr. 1 * Laufrad Nr. 3 **
Bibo 5	150 (125)	150	2850	27,0	445/930	6200 2200	5000 2100	4200 2000	3400 1900	2450 1850	1500 1800	Laufrad Nr. 1 * Laufrad Nr. 3 ** bei $H = 50$ m $= 900,0$ l/min
B–38 L	38	38	2800	1,5	295/510	300	180	100	—	—	—	
B–80 L	76	82	2800	5,0	420/650	1100 700	800 600	650 550	500 500	300 400	0 250	Laufrad Nr. 1 * Laufrad Nr. 3 **
B–80 M	76	66	2800	5,0	230/800	1100	820	680	500	100	0	Spezialpumpe für enge Schächte
B–150 L	150	565	1450	56,0	525/1470	5000	4700	4500	4200	4000	3600	
B–200 L	200	565	1450	56,0	525/1470	9700	9200	8600	7000	5700	—	

Vorteile der (Flygt-) Tauchpumpen: Einfache Handhabung, geringe Montage- und Demontagekosten: 6 bis 8 h/Aufstellung und Abbau. Unempfindlich im Betrieb. Wartung 0,2 bis 0,3 h je Betriebsstunde. Bei Dauerbetrieb Vergleiche mit normalen Kreiselpumpen durchführen. Bei stark verschmutztem Wasser ist erhöhter Laufradverschleiß zu berücksichtigen.

* Laufrad Nr. 1 für große Fördermengen. ** Laufrad Nr. 3 für große Förderhöhen.

am Schieber) und bringt schlechteren Wirkungsgrad. Riemenangetriebene Pumpen können wechselnden Verhältnissen besser angepaßt werden als direkt gekuppelte, die jedoch wegen ihrer günstigeren, gedrängten Bauart vorgezogen werden.

Zur ersten Orientierung über Wahl der richtigen Pumpengröße von Kreiselpumpen diene Tab. 94, die den Zusammenhang von Leistung, Förderhöhe, Saugrohrweite und Kraftbedarf (für $\eta = 0{,}6$ und $v = 2$ m/sec) zeigt. Tab. 95 gibt technische Daten über Flygtpumpen, die sich von Werten verwandter Bauarten nicht allzusehr unterscheiden. Für eine exaktere Beurteilung der Pumpenwahl empfiehlt es sich, mit den Kennlinien der für den Einsatz vorgesehenen Pumpentypen zu arbeiten. Der Kalkulation sollten etwas ungünstigere Verhältnisse zugrunde gelegt werden.

16.12 Montagekosten

Für den Auf- und Abbau sowie die Umstellung einer vollständigen Pumpanlage samt Antrieb ist *ohne* die Arbeiten für den Unterbau und für die Erstellung des Pumpensumpfes mit den in Tab. 96 angegebenen Arbeitsstunden zu rechnen:

Tabelle 96

Pumpengröße mm	Aufbau h	Abbau h	Umstellung h
100	60	40	60
150	100	60	80
200	120	70	100
250	150	90	120
300	200	120	150
350	250	150	180

Auf- und Abbau von Pumpengerüsten in Rundholz: 25 h/m³

Die Herstellung der Pumpenschächte wird bei kleineren Baugruben und Baustellen meist händisch vor sich gehen. Hierbei ist für den Vortrieb eines Schachtes von $1{,}50 \times 1{,}50$ m mit 10 bis 15 h/m (5 bis 6 h/m³) für die Ausschachtung und Auszimmerung zu rechnen. Der Holzbedarf beträgt rund 0,20 bis 0,50 m³/m, der vollständig abzuschreiben ist. Bei größeren Anlagen kann der Pumpenschacht sehr rasch und wirtschaftlich mit einem Greifbagger bis zur endgültigen Tiefe unter Wasser ausgehoben werden. Für die Auszimmerung werden je nach Größe der Pumpstation fertig abgebundene, rechteckige oder runde Körbe aus Stahlprofilen (Durchmesser 0,60 bis 1,20) mit durchlässiger Außenverschalung versetzt und hinterfüllt. Über den so hergestellten Pumpensumpf, der im Zuge der Ausschachtungsarbeiten teilweise freigelegt wird, baut sich das Pumpengerüst auf.

Die Herstellung von Entwässerungsgräben, Rohr- und Steindrainagen ist nicht immer gesondert ausgeschrieben. Die Aushuberschwernisse hierfür sind bei den Ausschachtungsarbeiten zu berücksichtigen und mit diesen abzurechnen. Die Kosten für Drainrohre, Zementrohre, Kiesumhüllung, Steine und Holzgerinne sind bei der Herstellung der Pumpenschächte einzurechnen, falls nicht eigene Positionen hierfür vorgesehen sind.

16.13 Geräte- und Betriebskosten

Zur normalen Ausrüstung einer Pumpe gehören: Saugschlauch oder Saugrohr (Teleskoprohr), Saugrohrkrümmer, Saugkorb, Druckrohre, Krümmer und Schieber, Dichtungen, Schalteinrichtungen und Flaschenzüge für das Heben und Senken des Saugrohres oder Saugkorbes bzw. Tieferlegen der ganzen Pumpe. Die Pumpe, meist mit dem Antrieb auf einem Rahmen zusammengebaut, steht auf einem Holzgerüst und ist meist überdacht.

Die Kosten für An- und Rücktransport werden mit den Gewichten der Geräteliste ermittelt, wobei zum Gewicht der Pumpen und Antriebsmotoren noch das der Rohrleitungen usw. zuzuschlagen ist. Da die Zahl der zu installierenden Pumpen selten vorher genau bestimmt werden kann, sind die Gerätekosten, also Transport, Montage und Vorhaltekosten sowie die Betriebskosten meist in eigenen Positionen anzubieten, die eine klare Abrechnung der Wasserhaltungskosten ermöglichen. Die Kosten für Miete und Reparaturen sind für Pumpe, Antriebsmotor und Ausrüstung aus der Geräteliste zu ermitteln. Dabei ist zu berücksichtigen, ob die Pumpen im Dauer- oder stundenweisen Einsatz stehen oder nur als Reserveaggregate aufgestellt sind. Für den Dauereinsatz ist mit einer monatlichen Betriebsstundenzahl von 720 zu rechnen, damit sind die Miet- und Reparaturkosten abzuleiten.

Die stündlichen Betriebskosten ergeben sich aus Art und Stärke des Antriebsmotors und den Kosten für Strom oder Dieselöl. Für Schmierstoffe und Dichtungen ist mit einem Zuschlag von 10% der Betriebsstoffkosten zu rechnen. Der sich ergebende Wert gilt für die im Vollbetrieb stehende Pumpe. Ist die Pumpe gedrosselt, sinkt auch der Verbrauch an Betriebsstoffen. So ist bei einer zu 25% der freien Schieberöffnung ($^1/_4$ beaufschlagt) gedrosselten Pumpe der Verbrauch nur 60 bis 70%, bei 50% ($^1/_2$ beaufschlagt) 80 bis 90% des Verbrauches bei Vollbetrieb. Sieht die Ausschreibung eine Verrechnung nach der Förderleistung vor, so ist der für den Vollbetrieb ermittelte Wert auf die Einheit der Stundenleistung zu beziehen. Auch hier ist bei gedrosselter Leistung der Betriebsstoffverbrauch nicht linear zu reduzieren, sondern nach der Kennlinie der Pumpe festzulegen.

16.14 Betriebskosten der Wartung

Die Bedienung einer oder mehrerer in einer einzigen Station aufgestellter Pumpen ist durch einen einzigen Maschinisten möglich. Solange jedoch der Pumpenschacht vertieft wird oder der Zustrom von stark verunreinigten Wässern anhält, wird zum Reinhalten des Pumpensumpfes zusätzlich noch ein Helfer nötig sein, der in der Berechnung der Betriebskosten nicht vergessen werden darf. Für die Berechnung des Mittellohnes ist die Art der Arbeitseinteilung zu berücksichtigen. Für den Dauerbetrieb ist der 3×8-Stunden-Betrieb der günstigste, der je Woche nur 3×11 Überstunden, 8 Sonntagsstunden und für 56 Stunden die Zulage für Nachtarbeit erfordert.

Nachdem die Wasserhaltung nur für die tatsächliche Betriebsdauer, also für die laufenden Pumpen vergütet wird und meist nur für jene Pumpen, die das Wasser direkt über den Baugrubenrand in den Vorfluter fördern, sind für den Fall, daß Reserve- und Zubringerpumpen notwendig sind und ihre Kosten nicht gesondert verrechnet werden, ihre Betriebskosten anzuschätzen und einzurechnen. Bei ausgedehnten Baugruben können diese Kosten einen nicht unbeträchtlichen zusätzlichen Anteil ausmachen.

Für die Bedienung von handbetriebenen Pumpen ist für Saughöhen von 3 bis 4 m 1 Mann, bei größeren Saughöhen und stärkeren Pumpen 2 Mann notwendig. Die Installationskosten können vernachlässigt werden, ebenso die Transportkosten für die Handpumpen, deren Gewicht von 40 bis 150 kg schwankt. Diese Kosten sind im Erfahrungssatz für Nebenstoffe und Nebenfrachten erfaßt.

16.2 Wasserversorgung

Jede Baustelle benötigt für ihren Betrieb Trink- und Nutzwasser: das Trinkwasser für die Versorgung des Küchen- und Lagerbetriebes, das Nutzwasser für alle Zwecke der Bauarbeiten, also für Wasch- und Kühlzwecke, für die Mauerung und Betonierung, für das Feuchthalten des fertigen Betons, den Waschbetrieb der Aufbereitung usw. Ist ein Anschluß an bestehende Leitungen von Ortschaften nicht möglich, ist sowohl für Trink- als auch für Nutzwasser eine eigene Versorgung zu planen und einzurichten, wobei rechtzeitige Eignungsuntersuchungen nicht übersehen werden dürfen. Für die Bedarfsermittlung seien einige rohe Verbrauchsziffern angegeben:

1. Für Kochen, Trinken und Waschen	40—60 l/Mann, Tag	
2. Für Kochen, Trinken und Waschen einschließlich Brausebad	50—100 l/Mann, Tag	
2a. Feuerlöschreserve		
3. Betonieren allein	100—300 l/m³	
4. Betonieren und Feuchthalten	200—500 l/m³	Betonkühlung
5. Mauern (Ziegel)	100 l/m³	
6. ,, (Bruchsteine usw.)	150 l/m²	
7. Sortieranlagen ohne Vertikalschlämmer	0,5—1,5 m³/m³	je nach Reinheit
8. Vertikal- und Verbundschlämmer	2,0—4,0 m³/m³	vertikal und horizon- [tal
9. Dampfkessel		
Quersiedekessel	30 l/m² Heizfläche	
Heizrohrkessel	40 l/m² ,,	
Lokomotivkessel	50 l/m² ,,	
10. Dampflokomobile		
ohne Kondensatoren	8— 10 l/PSh	
mit ,,	200—300 l/PSh	
11. Verbrennungsmotoren (Benzin- und Diesel-)	10—15 l/PSh	
12. Kompressoren	300 l/h je m³/min	
13. Dampflokomotiven	6—10 l/PSh	
14. Bohrhämmer mit Wasserspülung	2— 4 l/min/Hammer/2,5 atü	

Mit diesen Ziffern kann der durchschnittliche Wasserbedarf der Baustelle ermittelt werden. Es ist hierbei jedoch auf die Gleichzeitigkeit der einzelnen Bedarfsstellen zu achten, um nicht eine unnötig hohe Spitze zu erhalten. Bei Bauten am Wasser wird die Wasserversorgung im allgemeinen keine Schwierigkeiten bereiten, hingegen ist bei abgelegenen Baustellen eine gewissenhafte Vorerhebung unbedingt notwendig.

Es ist dann auch die Ermittlung des Bedarfes mit aller Vorsicht vorzunehmen, um die Schwierigkeiten und Kosten einigermaßen richtig zu erfassen. So wird man auch beim Entwurf der Baueinrichtung auf die Wassergewinnungsstellen, Quellfassungen oder Grundwasserentnahme so Rücksicht nehmen, daß die Leitungsnetzlänge so klein als möglich wird.

Die Arbeiten für die Wasserversorgung einer Baustelle werden meist nicht für sich ausgeschrieben, sondern sind im Rahmen der Einrichtungspauschalien zu kalkulieren. Sie teilen sich in die festen Kosten des Auf- und Abbaues und in die Kosten des Betriebes der Anlage, bezogen auf die Einheit der gewonnenen Wassermenge. Als Teilarbeiten können anfallen:

a) Feste Kosten

1. Herstellen des Anschlusses an ein bestehendes Rohrnetz samt Schieberschacht, Absperrorgane und Wassermeßeinrichtungen oder
2. Herstellen von Quellfassungen, Sammelschlitzen, Sammelstollen, Drainleitungen, Steinschlichtungen, Quellstuben samt Ausrüstung.
3. Sammelbehälter von mehreren Quellfassungen, falls erforderlich mit Pumpenstube, Pumpe samt Antrieb und automatischer Schwimmerschaltung oder
4. Anlage von Schachtbrunnen im Grundwasser $d = 1{,}0$ bis 1,20 m oder von Rohrbrunnen, Installation der Pumpen und Pumpenhütte.
5. Herstellen einer Entnahmestelle an offenen Gewässern, Schutz vor Hochwässern, Verunreinigung und Verlandung.
6. Versorgung der Entnahmestelle mit Strom, eventuell Aufstellung einer Trafostation.
7. Errichten der Pumpenstube, Installation der Einrichtung, vollständige Reserveanlage erforderlich; Einrichtungen für automatische Schwimmerschaltung.
8. Herstellen der Leitungsrohrgräben in frostfreier Tiefe (bei Frostgefahr Einrichtungen für das Auftauen vorsehen).
9. Verlegen der Rohrleitungen, bei Frostgefahr entsprechende Isolierung berücksichtigen.
10. Herstellen eines Hoch- und Sammelbehälters. Behälterinhalt nach Zufluß und Verbrauch bemessen. Genügend Reserve für Störungen, Brand und Spitze vorsehen! Behälter für Wasser je nach Gelände und Größe in Beton, Stahl oder Holz.
11. Druckverstärkungseinrichtung bei zu niederen Behältern. Druckwasser ist bei Sortieranlagen, für das Waschen des Betons unbedingt erforderlich, ebenso zum Absprühen von Arbeitsfugen.
12. Vorhaltung der maschinellen Einrichtungen der Positionen 6 bis 11.

b) Betriebskosten;

1. Ständige oder fallweise Wartung je nach Einrichtung mit automatischer Abschaltung bzw. Kontrolle.
2. Betriebsstoffe der Anlage: Strom, Schmierstoffe, Dichtungen, Dieselöl.

Aus Vergleichen bei mehreren Arbeiten erwies es sich als wirtschaftlich, für die aufgezählten Arbeiten der festen Kosten Spezialfirmen der Wasserversorgung heranzuziehen. Abgesehen davon, daß die fachlich richtige Beratung und Ausführung eine gut funktionierende Anlage sichert, fallen diese Arbeiten doch stets in die erste Zeit der Einrichtungsarbeiten der Baustelle, in der eine Entlastung der eigenen Spezialkräfte nur erwünscht ist.

17. Abbrucharbeiten

17.0 Allgemeines

Nahezu bei jeder größeren Tiefbauarbeit sind auch Abbrucharbeiten zu kalkulieren, sei es, daß alte Bauteile im Wege stehen, alte Fundamentreste erwartet werden oder Reste von zerstörten Bauwerksteilen zu entfernen sind, bevor mit der Errichtung des neuen Objektes begonnen werden kann. Oft sind es auch die nicht unbedeutenden Objekte der eigenen Baueinrichtung, z. B. Betonfangdämme, die am Bauende zu entfernen sind und der „ursprüngliche Zustand" wiederherzustellen ist. Die Annahme, daß der Abtrag dieser Objekte mit 40 bis 60% der Aufbaukosten genau genug ermittelt ist, kann wohl nur als sehr rohe Schätzung angesehen werden. Der Abtrag größerer Objekte in Beton, Mauerwerk oder Holz ist daher stets nach den geplanten Ausmaßen zu kalkulieren, um so mehr, als für den Abtrag zu dieser Zeit nicht immer die Großgeräte zur Verfügung stehen, die beim Aufbau noch wirksam mitgeholfen haben (z. B. große Krananlagen usw.). Sind Bauwerksteile, Fundamente oder Überbauten abzubrechen, so sind gebräuchlicherweise in den Ausschreibungen stets eigene Positionen mit genauer Beschreibung vorzusehen. Im besonderen ist die allfällige Verwertung des brauchbaren Rückgewinnes zu berücksichtigen. Bei größeren Arbeiten empfiehlt es sich, eine Abbruchfirma zur Offertlegung einzuladen und sich gleichzeitig den Ankauf des brauchbaren Rückgewinnes anbieten zu lassen, falls der Bauherr diesen nicht selbst verwerten will. Auch hier zeigt sich, daß die Spezialfirmen des Abbruches preisgünstiger sein können als der Tiefbauunternehmer selbst. Außerdem entlastet ihn unter Umständen eine Vergabe des Abbruches am Bauende gerade dann, wenn er seine eigenen Arbeitskräfte schon an die nächste Baustelle umsetzen will.

17.1 Einrichtung und Gerätebedarf

Die Durchführung der Abbrucharbeiten erfordert keine umfangreiche Einrichtung. Betonobjekte, die überwiegend unbrauchbare Trümmer ergeben, sind wirtschaftlich durch einen kombinierten Betrieb mit Sprengen und Schrämmen zu zerkleinern. Hierzu ist eine ausreichende Druckluftstation erforderlich bzw. ein Teil der meist vorhandenen Baustation bis zum Abschluß der Arbeiten zu belassen. Sind Steinobjekte mit gut brauchbaren Quadern abzubrechen, wird neben der Druckluftanlage auch ein Kran (Turmkran) gute Dienste leisten. Gewisse Tragwerksteile erfordern eine vorübergehende Einrüstung, die bei der Kostenermittlung nicht vergessen werden darf. Holzkonstruktionen erfordern für ihre Demontage keine Großgeräte, außer man legt Wert auf einen möglichst unbeschädigten Rückgewinn abgebundener Konstruktionen. Stahlkonstruktionen werden mit Hilfsderricks oder Montagenadeln zerlegt und die Teile vorsichtig abgelassen. Ist eine Wiederverwendung in Frage gestellt und waren die Teile vernietet oder verschweißt, wird man die Demontage sehr schnell mit dem Schneidbrenner bewerkstelligen und sich hierfür entsprechend einrichten. Anstelle der üblichen Preßluftwerkzeuge für händischen Betrieb (Abbau-, Abbruchhämmer und Spalthämmer) kann auch beim Abtrag großer Betonmassen ein Felsmeißel, ein mit

Meißeleinrichtung ausgestatteter schwerer Rammhammer verwendet werden, der größere Leistungen sichert und besonders dort am Platze ist, wo wegen Bauwerksnähe nicht gesprengt werden darf.

Soll weder mit Sprengen noch mit Preßluft gearbeitet werden (neben Maschinenfundamenten usw.), ist ein hydraulisches Zerlegen von unbewehrten Betonteilen möglich. Einrichtungen hierzu liefert die Firma Tubben-Linnemann, Berlin. In vorgebohrte Löcher (Durchmesser 55 bis 85 mm) von 30 bis 60 cm Tiefe wird ein mit Öldruck von 400 atü arbeitender Sprengkolben eingesetzt, der eine milde Zerlegung des Mauerwerks ermöglicht.

Was mit dem brauchbaren und unbrauchbaren Rückgewinn zu geschehen hat, richtet sich nach den Verhältnissen der jeweiligen Baustelle und nach den Bedingungen der Ausschreibung. Unbrauchbarer Schutt ist entweder in bestehende Kippen abzutransportieren oder auszuplanieren oder zur Hinterfüllung von Unebenheiten des Geländes zu verwenden. Der Einsatz von Ladegerät und Transportfahrzeugen richtet sich nach Menge und Leistung. Die Kalkulation hierfür erfolgt nach dem Kapitel „Erdarbeiten". Brauchbarer Rückgewinn wird von der Abbruchstelle sofort verladen und abgeführt oder sofort wieder verwertet. Verbleibt der Rückgewinn Eigentum des Unternehmers, so ist sein Gegenwert in der Kalkulation gutzuschreiben, wenn nicht ohnehin bei Holz und Stahl der Restwert berücksichtigt wurde.

Der Anteil des brauchbaren Rückgewinnes ist nicht leicht anzuschätzen, da er sehr vom Alter des Bauteiles, der Art des Abbruches und Höhe der Abtransportkosten abhängig ist. Annähernd kann angenommen werden:

Altes Bruchsteinmauerwerk	(Urgestein)	25—30%	brauchbarer Rückgewinn
„ „	(Sandstein)	10—20%	„ „
„ „	(Kalkstein)	20—25%	„ „
„ Quadermauerwerk	(Urgestein)	20—30%	„ „
„ „	(Kalkgestein)	15—25%	„ „
Ziegelmauerwerk		15—20%	„ „
Beton unbewehrt		—	
„ bewehrt		—	eventueller Rückgewinn von Bewehrungsstahl
Holzkonstruktionen je nach Alter		20—30%	brauchbarer Rückgewinn
Stahlkonstruktionen je nach Konstruktionsart		20—50%	(unter Umständen nur Schrott)

17.2 Materialaufwand und Gerätekosten

Die Gerätekosten (Miete und Reparaturen) werden für die Zeit des Abbruches mit den für die Demontage eingesetzten Geräten ermittelt. Grundsätzlich gelten auch hier die Überlegungen des Kapitels „Gerätekosten".

Für das Zerkleinern und Zerlegen von Mauerwerksteilen kommt bei kleineren Mengen händisches Zerschlagen und Bearbeiten mit Spitzmeißel und Brechstangen in Frage, bei großen Mengen maschinelles Arbeiten mit Preßluftwerkzeugen. Ob nun überwiegend gebohrt und gesprengt oder nur geschrämmt und gespalten werden soll, oder eine Kombination beider Arten gewählt wird, hängt von den örtlichen Verhältnissen ab.

Unbewehrter, grobblockiger Beton ist wirtschaftlich durch Sprengen auf baggergerechte Stücke zu zerkleinern. Kleinförmige Bauwerksteile sind besser durch Schrämmen oder Zerkeilen mit Spalthämmern zu zerlegen. Stahlbeton großen Querschnitts ist nur mit einem relativ hohen Aufwand an Bohr- und Sprengarbeit total zu zerlegen, weshalb das Zerkleinern mit Preßluft-Spalthämmern vorgezogen wird. Dabei entstehen zusätzliche Arbeiten für das Abtrennen der Bewehrungseisen. Dünne Teile sind besser nur mit dem Schrämmhammer zu zerkleinern.

Bruchsteinmauerwerk ist mit leichten Sprengungen gut zu zerlegen, aber auch mit dem Schrämmhammer oder Keilen ohne Schwierigkeiten in gut wiederverwendbare Teile zu lösen.

Ziegelmauerwerk wird nur mit Aufbruchhämmern und mit der Spitzhacke zerlegt und ausgelöst.

Quadermauerwerk aus festen, wiederverwendungsfähigen Steinen kann mit Lockerungssprengungen vom Mörtelverband freigemacht und mit Preßluftwerkzeugen oder Keilen weiter zerlegt werden.

Eine rohe Übersicht über den Materialaufwand gibt Tab. 97.

Tabelle 97. *Materialverbrauch*

Für die Kalkulation des Abbruches von Mauerwerk usw. dienen folgende Näherungswerte für den Materialverbrauch:

Beschreibung		Materialverbrauch je m³ (Preßluft und Werkzeugstahl)
1. Guter Beton, große Einheiten		0,15—0,20 kg Werkzeugstahl/m³; 20—30 kWh/m³ für Druckluft
2. Guter Beton, kleine Einheiten		0,10—0,15 kg Werkzeugstahl/m³; 15—30 kWh/m³
3. Schlechter Beton (verwittert)		0,05—0,10 kg Werkzeugstahl/m³; 10—15 kWh/m³
4. Bruchsteinmarerwerk		0,10 kg WStahl; 10—15 kWh/m³
5. Quadermauerwerk		0,20 kg WStahl; 15—25 kWh/m³
6. Stahlbeton große Querschnitte		
a) Zerlegen durch Sprengen		2,0—3,0 m¹ Bohrloch, (2—4 kWh/m³) 1,5—2,0 kg Sprengstoff, 0,2—0,25 kg Bohrstahl
b) Zerlegen durch Schrämmen		0,2—0,3 kg Werkzeugstahl ... 30—50 kWh/m³ für Druckluft
7. Stahlbeton kleine Querschnitte		
a) Zerlegen durch Sprengen		unwirtschaftlich
b) Zerlegen durch Schrämen		0,1—0,2 kg Werkzeugstahl ... 30—40 kWh/m³ für Druckluft
8. Beton von Fangdämmen über Wasser	m³	1,5—2,5 kg Sprengstoff, sonst wie 6.
9. Beton von Fangdämmen unter Wasser	m³	3,5—5,0 kg Sprengstoff, sonst wie 6.
10. Bewehrungseisen abtrennen	t	2—3 Flaschen Sauerstoff, 5—6 kg Karbid
11. Stahlkonstruktionen zerlegen (zerschneiden)	t	1—2 Flaschen Sauerstoff, 6—8 kg Karbid

17.3 Arbeitsaufwand

Die in Tab. 98 angegebenen Ansätze für Abbrucharbeiten gelten nur als Richtwerte. Die Werte setzen das Vorhandensein der erforderlichen Einrichtung voraus. So ist angenommen, daß die Druckluftstation samt Leitungen zur Verfügung steht, ebenso für den Abbruch von Quadermauerwerk oder von Stahlkonstruktionen die passenden Hebezeuge für das Beiseitesetzen der ausgelösten Teile. Arbeiten für das Verladen und Abtransportieren sind in den Ansätzen nicht enthalten.

Tabelle 98

Beschreibung der Arbeiten	E	h/E
Abbruch von Mauerwerk (einschließlich Beiseitesetzen)		
1. *Beton* großer Querschnitte[1]		
a) ohne Sprengen, mit Preßluftgerät und Brechwerkzeugen	m^3	10—12
b) nur mit Sprengen[2]	m^3	1— 6
2. *Stahlbeton* großer Querschnitte[3]		
a) ohne Sprengen, mit Preßluftgerät	m^3	20—25
b) mit Sprengen, Auslösen von Bewehrung mit Preßluftgerät[4]	m^3	10—15
c) Abtrennen von Eisen	t	20
3. Bruchsteine	m^3	6—10
4. Quadern	m^3	10—15
5. Ziegel	m^3	6
6. Stahlkonstruktionen	t	25—35[5]
7. Holzkonstruktionen	m^3	10
8. Abtrag von Beton und Mauerwerk mit Felsmeißel	m^3	8—10
9. Abtrag von Beton mit hydraulischen Geräten	m^3	12—15

[1] Beton kleiner Querschnitte < 50 cm: $+ 30\% \rightarrow 40\%$.
[2] 1,5—2,0 kg Sprengmittel/m^3.
[3] Stahlbeton kleiner Querschnitte ($d = 15$—20 cm): $+ 20$—30%.
[4] 1,0—1,5 kg Sprengstoff/m^3.
[5] je nach Stückgröße.

18. Holzbauarbeiten (Zimmerer- und Gerüstarbeiten)

18.0 Allgemeines

Üblicherweise werden alle mit der Holzbearbeitung zusammenhängenden Bauarbeiten unter „Zimmererarbeiten" zusammengefaßt. Nachdem jedoch nicht immer Zimmerer das Holz verarbeiten, das Holz als Stoff im Kostenanteil eine sehr große Rolle spielt, wurde die Bezeichnung „Holzbauarbeiten" nach dem Baustoff beibehalten. Das Holz als Bau- und Bauhilfsstoff spielt im Tiefbau eine sehr große Rolle, wenn auch seine Verwendung in den meisten Fällen, wie bei der Schalung, Gerüstung und Aussteifung nur eine vorübergehende ist. Gerade aber der kurzdauernde, behelfsmäßige Einsatz an Hilfskonstruktionen verleitet bei der Kostenrechnung zu einer leichtfertigen Beurteilung und damit zu über- oder unterschätzten Kosten. Holzkonstruktionen als selbständige Bauwerke werden in der Regel an Holzbaufirmen vergeben, aber auch Rüstungen, Schalungen im ersten Abbund und Lehrgerüste werden oft von Spezialfirmen preiswerter ausgeführt. Nicht immer stehen nämlich den Baufirmen gute Zimmererpartien zur Verfügung, so daß sich eine Anfrage an die nächsten Zimmererfirmen lohnt. Dies gilt besonders zu Beginn größerer Arbeiten, wo sich die Baustelle noch nicht so schlagkräftig entwickeln konnte, um die knapp befristeten Arbeiten der Einrichtung selbst zu bewältigen. Holzkonstruktionen für Betonfabriken, für Aufbereitungen, Bandstraßen, Werkstätten und Baracken können dann zur Entlastung der Baustelle weitgehend vergeben werden. Voraussetzung hierfür ist allerdings, daß die ausführungsreifen Entwürfe für diese Objekte zeitgerecht vorliegen, ebenso die Bereitstellung der Baustoffe, es sei denn, der ausführende Zimmermeister verfügt über ein ausreichendes Holzlager.

18.1 Einrichtung und Gerätebedarf

So wie sich die Vorbereitungsarbeiten für die Schalung am Abbundplatz abwickeln, so werden auch alle Arbeiten für den Abbund, für das Zurichten der Bauhölzer beim Hauptbauholzlager ausgeführt. Der für die Schalung ausgelegte Schnürboden reicht meist auch dafür, doch kommt man bei vielen Arbeiten ohne eigenen Schnürboden aus. Die Einrichtungen sind ähnlich wie sie bei der Schalung besprochen wurden. Man wird sich bei umfangreichen Konstruktionen naturgemäß noch stärker der maschinellen Ausrüstung bedienen. Abgelegene Baustellen, die Rundholz leichter beziehen können als Schnittware, werden ohne ein kleines Wald- oder Vollgatter nicht auskommen. Der Holzlagerplatz kann vorteilhafterweise im leicht geneigten Gelände stehen, an das von oben zugefahren wird. Dies erleichtert die Manipulation mit dem Rundholz. Am Abbundplatz, der sich neben dem Rund- und Schnittholzlager ausbreitet, stehen neben Band- und Kreissägen — falls erforderlich — auch Hobelmaschinen, alle zweckmäßig unter Flugdächern, die je nach Umfang und Bedeutung der Arbeiten in allseits geschlossene Hallen übergehen. Meist schließt sich dann auch die Tischlerei der Zimmerei an. Grundsätzlich sind die Arbeitsplätze so zu reihen, daß Transport und Bearbeitung unbehindert einander folgen und die fertiggestellten Teile leicht zur Einbaustelle gefahren werden können.

Wenn die Arbeiten einen gewissen Umfang überschreiten, sind verläßliche Zimmerleute mit elektro- oder benzinbetriebenen Handgeräten auszustatten. Die Maschinenindustrie wirft vielfältige, sehr brauchbare Geräte auf den Markt. Die Zeitersparnis gegenüber einer Handarbeit liegt bei rund 30 bis 40%.

Tabelle 99. *Schnittiefe von 50 bis 150 mm (Weichholz)*

	Von Hand h/E	Mit Handmaschine h/E
Sägen je 100 cm² Querschnitt	0,08—0,10	0,04—0,05
Bohren je lfm	0,15	0,08—0,10
Hobeln je m² (Bretter, Tafeln)	0,40—0,50	0,20—0,30
Sägen, Rundholz 10—20 cm	0,20—0,30	1—2 min
20—40 cm	0,40—0,50	2—3 min

Für die Versetzarbeiten im Bauwerk gilt das bei der Schalung Gesagte. Bei kleineren Objekten werden Richtbäume, Versetzböcke mit Handwinden, bei größeren leichte Turmkräne oder sonstige fahrbare Kräne verwendet. Bei großen Objekten, für Aufbereitungen oder Lehrgerüste, ist die Installation eines Turmkranes unbedingt wirtschaftlich.

13.2 Baustoffaufwand

Liegen genaue Ausführungspläne vor, so lassen sich der Materialaufwand und seine Kosten genau feststellen. Dabei ist das Holz selbst, als wichtigster Teil, nach Menge, Sorte und Güte so zusammenzustellen, daß die verschiedenen Preisgattungen berücksichtigt werden können. Heute ist es üblich, am Holzmarkt folgende Unterscheidungen in der Klassifizierung bzw. in den Preisen zu machen, die bei sorgfältiger Kalkulation berücksichtigt werden müssen:

1. *Bretter und Pfosten*: Fichte/Tanne.

Klasse 0: Länge 3 bis 6 m, Breite 8 cm aufwärts.

Qualifikation: Blank, gesund, buchsfrei und scharfkantig.

Erlaubt sind: Je laufender Meter 1 verwachsener Ast bis 2×5 cm oder 1 Pechgang bis 0,5×5 cm, vereinzelt gerade Risse, nicht durchgehend und nicht länger als Brettbreite.

Klasse I: Länge 3 bis 6 m, Breite 8 cm aufwärts.

Qualifikation: Scharfkantig, buchsfrei, gesund.

Erlaubt sind: Vereinzelt harter Rotstreif bis ein Zehntel der Oberfläche. Ware, die der Klasse 0 entspricht, jedoch farbig ist. Festverwachsene Äste bis auf 2×5 cm und je laufendem Meter ein Durchfallast bis 2×5 cm. Vereinzelte Pechgänge bis 0,5×5 cm, vereinzelte, nicht durchgehende, gerade Risse, nicht länger als Brettbreite, unbeschränkt gerade Endrisse, nicht länger als Brettbreite.

Klasse II: Länge 3 bis 6 m, Breite 8 cm aufwärts.

Qualifikation: Praktisch buchsfrei, gesund.

Erlaubt sind: Harter Rotstreif bis zwei Zehntel der Oberfläche, festverwachsene Äste bis 2×5 cm und je laufendem Meter 1 festverwachsener Ast bis 4×10 cm und 1 Durchfallast bis 2×5 cm. Pechgänge bis 0,5×5 cm. vereinzelt nicht durchgehende, gerade Risse und unbeschränkt gerade Endrisse bis zur Länge der Brettbreite.

Klasse III: Länge 3 bis 6 m, Breite 8 cm aufwärts.
Erlaubt sind: Harter Rotstreif bis 40% der Oberfläche. Verwachsene Äste jeder Größe, Durchfalläste bis 2×5 cm und einzelne bis 4×10 cm. Pechgänge jeder Größe. Risse, auch durchgehende, bis zur Länge der eineinhalbfachen Brettbreite (keine durchgehenden Schrägrisse). Baumwalze bis halbe Brettlänge und schräg gemessen nicht mehr als Brettdicke.

Klasse IV: Länge 2 bis 6 m, Breite 8 cm aufwärts.
Erlaubt sind: Rotstreif, kleine Faulstellen, Äste, Pechgänge, leichter Wurmstich und Käferfraß. Risse bis ein Drittel der Brettlänge. Die Ware muß bruchfrei und nagelfest und bei besäumter Ware auf beiden Seiten und auf der ganzen Länge von der Säge gestreift sein.

2. *Staffel*: Fichte/Tanne.

Klasse I: Von 3 m Länge aufwärts mit höchstens 10% 2,0 bis 2,90 m. 40/40 bis 100/100 mm stark.
Mindestens 4 Stück aus einem Stamm erzeugt, scharfkantig.
Gesunde, festverwachsene Äste, leichte Farbigkeit, Sonnenrisse erlaubt. Schrägrisse ausgeschlossen. Frei von Drehwuchs und wurmstichfrei.

Klasse II: Von 3 m Länge aufwärts mit höchstens 10% 2,0 bis 2,90 m. 40/40 bis 100/100 mm stark.
Nagelfest, Farbe, Äste, Pechgänge, Risse unbeschränkt. Baumwalze bis zur Hälfte der größeren Seitenlänge, schräg gemessen, erlaubt. Ebenso Drehwuchs bis zu 20% der Stückzahl und leichter Wurmstich.

3. *Kantholz*: Fichte/Tanne.

Klasse I: Von 3 m Länge aufwärts, 10/12 cm aufwärts stark oder nach Liste eingeschnitten.
Mehrstielig, scharfkantig, gesund, faul- und bruchfrei, ansonsten muß das Kantholz I. Klasse an allen Seiten nicht schlechter sein als Bretter der Güteklasse II.

Klasse II: Von 3 m Länge aufwärts, 10/12 cm aufwärts stark oder nach Liste eingeschnitten.
Einstielig, vollkantig, gesund, faul- und bruchfrei. Waldkante bis zu ein Achtel der größeren Querschnittabmessung gestattet.

Klasse III: Von 3 m Länge aufwärts, 10/12 cm aufwärts stark oder nach Liste eingeschnitten.
Vierseitig von der Säge gestreift, gesund, faul- und bruchfrei.

Im allgemeinen Holzhandel verwendet man in Vereinfachung obiger Klassifikation folgende Formulierungen: Tischlerware, Mittelware, Bauware.

Tischlerware:	Astrein = Klasse 0
	Normal = Klasse I/II
Mittelware	= Klasse II/III
Bauware	= Klasse III/IV.

Während für Schalungen, einfache Gerüste, Baracken, Hallen die Güteklassen III bis IV bei Brettern, Pfosten und Bohlen, die Güteklasse II bei Kanthölzern verwendet werden darf, sind bei allen Bauwerken, die die Güteklasse I voll ausnützen, die einschlägigen Vorschriften der Normen usw. zu beachten. Dies gilt vor allem für Lehrgerüste, Brücken, Maste, besonders bei hochbeanspruchten Teilen weitgespannter Bauwerke. Für die Kalkulation ist daher — wenn nicht ohnehin der Text des Leistungsverzeichnisses die Güteklasse festlegt — die den Vorschriften entsprechende Wahl der entsprechenden Güteklasse wichtig.

Bereitet die Feststellung der ersten Beschaffungskosten keine Schwierigkeiten, so gehen die Ansätze auch erfahrener Kalkulanten bei der Beurteilung der Abschreibung, der Festlegung des Holzverlustes oder Restwertes bei Hilfskonstruktionen meist weit auseinander. Der Holzverlust ist ähnlich wie bei der Schalung abhängig von Einsatzdauer, Häufigkeit der Verwendung, Konstruktionsart und voraussichtlichem Grad der Beanspruchung durch Betrieb und Witterung, er liegt im Mittel zwischen 3 und 5%.

Die Abschreibung nach Einsatzdauer (meist 1,5 bis 2% pro Monat) nimmt keine Rücksicht auf den wahren Restwert, der bei ungewöhnlichen Konstruktionen den Brennholzwert erreichen kann; aber auch Holzkonstruktionen, die der Witterung oder besonders ungünstiger Belastung und Verschmutzung ausgesetzt sind, können schließlich nur als Brennholz bewertet werden, auch wenn Abmessungen und Querschnitte gängig sind. Jeder Fall ist mithin für sich zu betrachten, eine allgemeine Regel kann nicht gegeben werden!

Als rohe Anhaltspunkte mögen folgende Angaben für die Abschreibungswerte dienen:

1. Baracken und Bauhütten: Abgebundene und zerlegbare Konstruktionen	2,0—2,5% des Neuwertes pro Monat
2. Stationäre Baracken und Bauhütten, an Ort und Stelle abgebunden	2—3% pro Monat
3. Abgebundene Gerüste für mehrmaligen Einsatz, abgebundene Überdachungen, Holzkonstruktionen von Aufbereitungen und Betonfabriken	4% pro Monat, höchstens 80% des Anschaffungswertes
4. Stationäre Transportgerüste, Transportbrücken, Bandgerüste	5% pro Monat, höchsten 90% des Anschaffungswertes
5. Abgebundene Lehrgerüste für große Konstruktionen mit großem Anteil an Schnitt- und Kantholz bei einfacher Verwendung	höchstens 70—80% des Anschaffungswertes
6. Lehrgerüste bei n-facher Verwendung	höchstens 90% des $\frac{\text{Anschaffungswertes}}{n}$
7. Gerüste im Wasser, unter Schüttungen, unter Tag, in feuchten Räumen bei geringer Wiederverwendung, stark verschmutzt	10% pro Monat, höchstens 100%
8. Verlorene Gerüstteile unter Wasser, unter Schüttungen, nicht gezogene Pfähle usw., Pfahlschuhe usw.	100%
9. Stahlrohrgerüste	2,0—2,5% des Neuwertes pro Monat
10. Stahlteile von Holzkonstruktionen, Stahldübel, Schrauben, Laschen usw.	2—3% pro Monat, mindestens 20—30% höchstens 60—70%

Liegen keine Berechnungen, Ausführungszeichnungen oder Materialauszüge vor, dann kann der Baustoffbedarf für Vollgerüste usw. mit sehr roher Annäherung der Tab. 100 entnommen werden (Rundholz : Schnittholz = 60/40—70/30).

Abb. 22 enthält Bedarfsziffern für auszupölzende Räume von Baugruben, Schlitzen und Schächten sowie von einseitigen Absteifungen. Auch diese Ziffern sind nur Schätzziffern, die bei großen Baugruben und hohen abzusteifenden Wänden auf Grund von statischen Detailuntersuchungen ermittelt werden müssen. Die

	Schematische Darstellung:	B = / H =	Baugrubenbreite: ∞	2,0 m	4,0 m	8,0 m	Anmerkung
Waagrechter Verbau	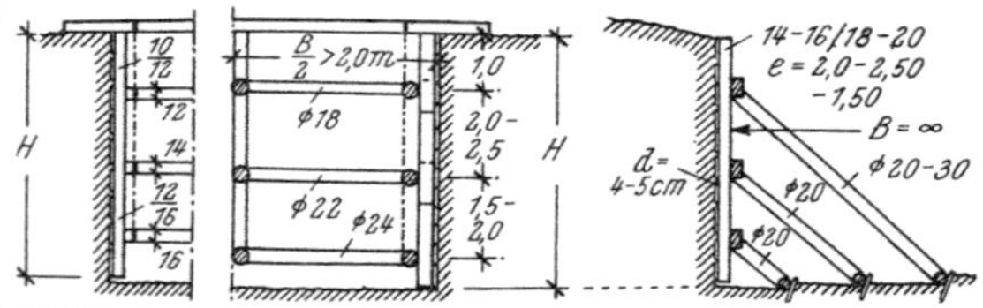	2,0 m	0,08	0,070	0,09	0,12	Kantholz: 60—70% Rundholz: 40—39% Eisenzeug: 15—20 kg/m³ Häufigkeit der Verwendung $n = 5—8$ (für Eisen $n = 10—12$)
		4,0 m	0,15	0,085	0,12	0,15	
		6,0 m	0,20	0,105	0,14	0,17	
		8,0 m	0,25	0,120	0,15	0,18	
Senkrechter Verbau	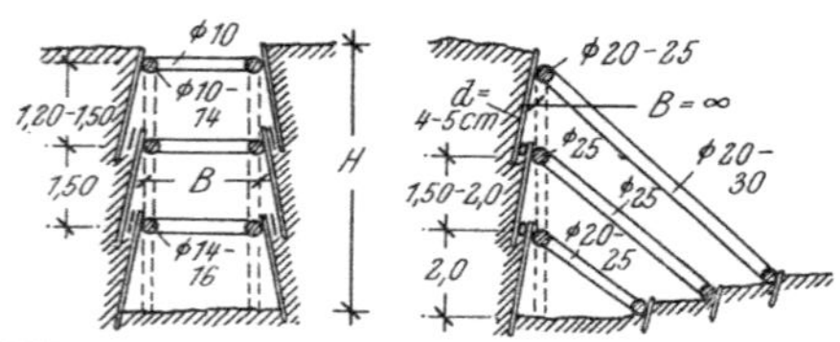	2,0 m	0,06	0,06	0,08	0,10	Kantholz: 60—70% Rundholz: 40—30% Eisenzeug: 20—25 kg/m³
		4,0 m	0,12	0,075	0,10	0,12	
		6,0 m	0,16	0,09	0,11	0,13	
		8,0 m	0,19	0,11	0,13	0,15	
Träger-Verbau	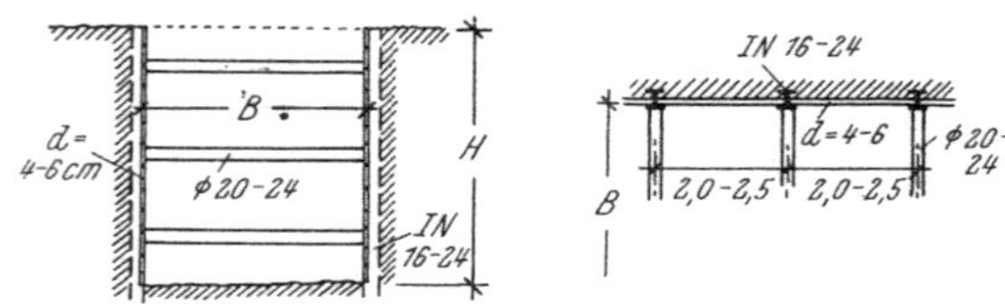	2,0 m	—	12 kg 0,05	12 kg 0,06	12 kg 0,06	Trägergewicht/m² Holzbedarf m³/m² Kantholz: 50—60% Rundholz: 50—40% Eisenzeug: 10 kg/m³ $n = 10—15$
		4,0 m	—	15 kg 0,06	15 kg 0,07	15 kg 0,11	
		6,0 m	—	29 kg 0,07	29 kg 0,08	29 kg 0,125	
		8,0 m	—	35 kg 0,08	35 kg 0,10	35 kg 0,14	
Verbau zwischen Spundwänden	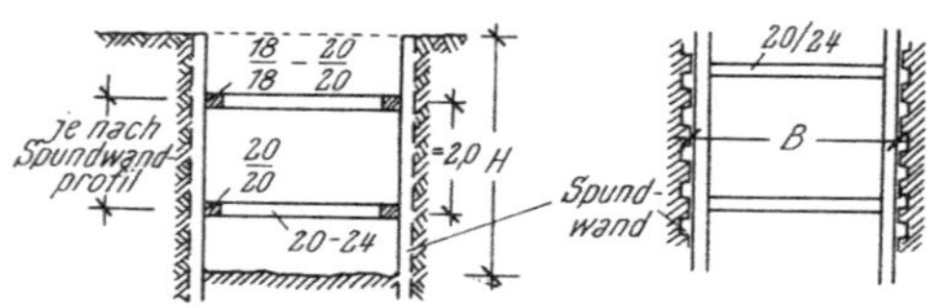	2,0 m	—	0,03	0,04	0,05	Kantholz: Rundholz = 1:1 Eisenzeug: 10 kg/m³ $n = 8—10$
		4,0 m	—	0,04	0,05	0,06	
		6,0 m	—	0,05	0,06	0,075	
		8,0 m	—	0,06	0,08	0,10	

Abb. 22. Ungefährer (durchschnittlicher) Holzbedarf von Baugrubenumschließungen (je Quadratmeter ausgesteifter Wand) in m³/m²

Achtung: Aussteifungen größeren Umfanges sind für die Kalkulation nach den Regeln der Statik zu bemessen bzw. zu entwerfen! Zwischenbauzustände beachten (wegen Umsteifungen)!

Tabelle 100

Beschreibung	Bedarf an Holz und Eisen
1. Einfache Arbeitsgerüste, Stangengerüste für Arbeiten an der Ansichtsfläche von Mauern usw.	2,5—3,0% des umbauten Raumes
2. Abgebundene Gerüste für schwerere Arbeitsbelastungen	3,5—4,5% des umbauten Raumes
3. Unterstützungsgerüste für Schalungen von Rahmen und Hallenträgern bei Raumhöhen von 8 bis 10 m	2,5—3,5% des umbauten Raumes
4. Leichte Transportgerüste zur Befahrung mit Japanern, Kippern ohne Lokomotiven	2,0—3,0% des umbauten Raumes
5. Schwere Transportgerüste für Bauzüge usw.	4,5—5,5% des umbauten Raumes
6. Schwere Transportgerüste für Dumptors und LKWs, Rammgerüste	5,0—5,5% des umbauten Raumes
7. Lehrgerüste für Betonbrücken (Bohlenbelag ist Bestandteil der Schalung)	4,0—6,0% des umbauten Raumes
8. Pfahlgerüste und Pfahlstege einschließlich Belag	1,5—2,5% des umbauten Raumes
9. Stahlrohrgerüste für Belastungen bis 0,5 t/m²	8—12 kg Stahlrohrkonstruktion je m³ umbauter Raum
10. Stahlrohrgerüste für Belastungen von 0,5 bis 1,0 t/m²	10—16 kg Stahlrohrkonstruktion je m³ umbauter Raum
11. Baracken und Bauhütten	
(ohne Ausstattung) doppelwandig	0,20—0,30 m³ je m² Grundfläche
einwandig	0,15—0,20 m³ je m² Grundfläche
12. Bedarf an Kleineisenzeug (Bolzen, Klammern, Nägel), ohne Anker und Schuhe	
a) für komplizierte Holzkonstruktionen	25—35 kg je m³ verarbeitetes Holz
b) für einfache Holzkonstruktionen	15—25 kg je m³ verarbeitetes Holz

Ansätze für die Abschreibung sind naturgemäß auch hier von großer Bedeutung. Bei sich wiederholenden, gleichartigen Arbeiten können die einmal eingeschnittenen Hölzer mehrmals verwendet werden, doch sollte im Durchschnitt eine mehr als fünfmalige Verwendung nicht gerechnet werden, auch wenn die Pfosten (Bohlen) der Pölzung bei waagrechtem Einbau 8- bis 10mal, bei senkrechtem Einbau 5- bis 8mal verwendet werden können. Bei schweren Einbauten, also bei Baugruben, bei denen großer Druck zu erwarten ist, muß damit gerechnet werden, daß die Verpfählung, manchmal auch Teile der Verspreißung nicht rückgewinnbar sind und dann als bleibende „Schalung" mit einbetoniert werden müssen. Bei manchen Baugruben können im Zuge der Betonierung Zwischenstadien der Aussteifung entstehen, vorübergehender Aus- und Umbau von Ausspreißungen und Abstützung der Pölzung auf die Schalung oder den fertigen Betonkörper. Dadurch ist ein Mehraufwand an Pölzungsmaterial und Arbeit gegeben, der nicht übersehen werden darf. Diesem Mehraufwand an Bauholz wird zweckmäßig durch eine Verminderung der Verwendungszahl Rechnung getragen. Im Kanalbau können die waagrechten Sprießen vorteilhaft durch eiserne „Kanalsprenger" ersetzt werden. Diese eisernen Sprießen für Grabenbreiten von 0,60 bis 2,00 m kosten 150,— S bzw. 320,— S je Stück und können beliebig oft verwendet werden.

18.3 Arbeitsaufwand (Lehrgerüste 1/10/5/5)

Die Holzarbeiten im Tiefbau erfordern gut eingespielte Zimmererpartien, die improvisieren können und auch in der Manipulation von schweren Hölzern, wie Longarinen, Pölzhölzer usw. Bescheid wissen. Die Verarbeitung des Rundholzes ist ihr Spezialgebiet, während der zimmermannsgerechte Abbund schwieriger Holzverbindungen selten befriedigend gelingt. Sind solche Arbeiten durchzuführen, ist es, wie bereits erwähnt, stets zu empfehlen, Zimmereien heranzuziehen und diese Arbeiten weiterzuvergeben! Um in der Preisbildung sicher zu sein, sollte man daher zeitgerecht, noch im Angebotsstadium, Offerte einholen und nach diesen an den Verlässlichsten vergeben. Auch große Lehrgerüste, ob sie nun in Holz oder Stahlrohren ausgeführt werden, können unter Umständen besser von einem Subunternehmer unter genauer Festlegung seines Arbeits- und Verantwortungsbereiches ausgeführt werden.

Die Arbeiten für alle Holzkonstruktionen gliedern sich stets in folgende Einzelarbeiten:

Vorbereiten der passenden Hölzer am Holzlagerplatz,
Zutransport zum Abbundplatz und
Abbund, bestehend in Ablängen, Anarbeiten der Verbindung, Zusammenpassen der Teile mit Anpassen des Kleineisens, Bohren von Schraublöchern,
Zutransport vom Abbundplatz zur Einbaustelle,
Aufstellen und Zusammenbau aller Teile,
Abbruch nach dem Einsatz,
Abtransport und sortengerechte Lagerung von Holz und Eisenteilen.

Die Kalkulation des Arbeitsaufwandes kann entweder in einer genauen Einzelermittlung erfolgen, die bis zum Sägeschnitt und Bohrloch den Aufwand erfaßt. Dies ist ohne weiteres möglich, da genügend verläßliche Erfahrungsziffern hierüber vorliegen. Im Holzbau selbst ist dies auch üblich. Im Tiefbau benützt man für die Festlegung des Stundenaufwandes Erfahrungsziffern je laufenden Meter oder je Kubikmeter verbautes Holz. Während die Ziffern je Kubikmeter für eine exakte Ermittlung meist zu global sind, ist die genauere Rechnung nach Längenmaßen nur möglich, wenn entsprechende Holzauszüge vorliegen. Tab. 101 enthält Stundenwerte für den Auf- und Abbau von Holzkonstruktionen, wie sie im Tiefbau vorkommen. Allen Werten liegt eine normale Transportweite vom Lagerplatz zur Einbaustelle zugrunde. Müssen Konstruktionen in schwieriger Lage, ohne besondere Hebemittel, errichtet werden, so sind für diesen Sonderfall selbstverständlich die Mehrarbeiten für Zu- und Abtransport sowie die erschwerte Arbeit selbst zu berücksichtigen. Das gleiche gilt für besonders starke und überlange Hölzer.

Tabelle 101. *Stundenaufwand für Holzarbeiten*

Bezeichnung	Aufbau je lfm Holz	Abbau je lfm Holz	Auf- u. Abbau je m^3 Holz
A. *Holzkonstruktionen*			
1. Einfache Holzkonstruktionen ohne besonderen Verbund, für Holzquerschnitte bis 300 cm² (= 18/18 bis Durchmesser 20)	0,6—1,2	0,15—0,25	30—45
über 300 cm²	0,8—1,4	0,20—0,30	25—30
2. Komplizierte Holzkonstruktionen für Lehrgerüste, Kranbrücken, schwere Transportbrücken, für Holzquerschnitte bis Durchmesser 20, 18/18	0,8—1,5	0,15—0,20	} 35—60
für Querschnitte über Durchmesser 20	1,0—1,6	0,20—0,30	

Tabelle 101 (Fortsetzung)

Bezeichnung	Aufbau je lfm Holz	Abbau je lfm Holz	Auf- u. Abbau je m³ Holz
3. Einfache Holzkonstruktionen für Hallen, Betonfabriken, Aufbereitung mit teilweisem Verbund Holzquerschnitte im Mittel Durchmesser 20	0,7—1,2	0,40—0,70	30—40
	Aufbau je m²	Abbau je m²	Auf- und Abbau
4. Brückenbelag aus 8—10 cm starken Bohlen	0,3 —0,4	0,10—0,15	
5. Dachschalungen $d = 25-30$ mm	0,50—0,60	0,20—0,30	
6. Wandschalungen $d = 25-40$ mm	0,30—0,40	0,15—0,20	
7. Fußbodenbelag $d = 25-30$ mm	0,80—1,00	0,40—0,50	
8. Geländer — Brücken (einfach)	0,9 —1,5	0,20—0,30	
9. Einfriedungen, geschlossen 2 m hoch m¹	2,0 —2,50		
	je m²	je m²	
B. *Gerüste* je m² Ansichtsfläche			
1. Langtennengerüst ($B \leqq 2{,}0$ m) $p = 200$ kg/m²	0,60—0,80	0,40—0,50	
2. Hauptgerüst ($B \leqq 2{,}0$ m) $p = 500$ kg/m²	0,70—0,90	0,50—0,60	
3. Leitergerüst m²	0,15—0,20	0,10—0,15	
4. Bockgerüst m¹	—	—	0,10—0,20 h
5. Große Unterstellgerüste für Hallen	je m³ UR	je m³ UR	je m³ Holz
($H = 10-15$ m)	0,80—1,20	0,80—1,20	30—40 h/m³
6. Große Lehrgerüste von weitgespannten Brücken	2,0—2,5	2,0—2,5	35—60 h/m³
7. Stahlrohrgerüste je t	20—25	10—15	30—40 h/t
8. Eisenträger und einfache Eisenkonstruktionen	—	—	25—30 h/t
	h/E Ein- und Ausbau		
C. *Aussteifungsarbeiten* (Umschließung von Baugruben)			
1. Waagerechte Aussteifung (Ein- u. Ausbau)			
B bis 3,0 m			
H bis 4,0 m m²	1,5—2,0		
H 4,0—8,0 m m²	2,0—3,0		
2. Senkrechte Aussteifung (Getriebezimmerung)			
B bis 3,0 m			
H bis 4,0 m m²	2,0—2,5		
H 4,0—8,0 m m²	2,5—3,5		
3. Abstützung von Spundwänden (ohne verlorene Schalung) (je m³ Einbauholz) je m³	15—20		
4. Trägerverbau, waagerechte Pölzung zwischen Trägern (ohne Rammen)			
B bis 4,0 m je m²	1,5—2,0		
Rammen von Trägern je m¹	2,5—3,0		
5. Einseitige Pölzung:			
a) Waagerechte Pölzung			
$H = 4{,}0$ m je m²	1,5—2,0		
$H = 4{,}0-8{,}0$ m je m²	2,0—4,0		

Tabelle 101 (Fortsetzung)

Bezeichnung		h/E Ein- und Ausbau
b) Senkrechte Pölzung (Getriebezimmerung)		
$H = 4{,}0$ m	je m²	2,5—3,0
$H = 4{,}0—8{,}0$ m	je m²	3,0—3,5
D. *Sonstige Arbeiten*		
1. Holzkonstruktionen mit Karbolineum einmal streichen		
a) rauhe Hölzer	je m²	0,15—0,20
b) gehobelte Hölzer	je m²	0,10—0,15
für zweimal streichen + 50%		
2. Hobeln (händisch)		
a) Bretter und Pfosten	je m²	0,30—0,40
b) Kanthölzer	je m²	0,70—1,00
3. Rundholz fällen, entästen und ablängen		
Durchmesser 10—25	Stück	1,00—1,60
Durchmesser 25—50	Stück	1,60—2,50
4. Rundholz zu vierseitigem Kantholz behauen	m³	12—15
5. Rundholz abladen und lagern von LKW oder Bahnwaggon	m³	1,0 —1,20
Rundholz aufladen	m³	1,20—1,40
Schnittholzbretter abladen	m³	1,0 —1,20
Schnittholz abladen und stapeln	m³	1,20—1,40

19. Aufbereitung von Zuschlagstoffen

19.0 Allgemeines

Der Bedarf an Zuschlagstoffen für die Betonbereitung, für den Straßenbau, für den Dichtungskern von Dammschüttungen u. dgl. wird nur bei kleinen und mittleren Baustellen von dritter Seite gedeckt und auch da nur, wenn eine Vergleichskostenrechnung den Antransport und Bezug aus fremden Quellen über eine größere Distanz rechtfertigt oder wenn an Ort und Stelle kein geeignetes Vorkommen existiert. Oft ist auch ein örtlich vorhandener Gewinnungsbetrieb schon so ausgelastet, daß ein zusätzlicher Bezug von größeren Sand- und Schottermengen nicht verläßlich untergebracht werden kann. So erweist sich schon bei kleinen Mengen die eigene Gewinnung aus einer gepachteten Grube oder Steinbrüchen als notwendig und vorteilhaft. Der Eigenbetrieb hat gegenüber dem Fremdbezug den großen Vorzug der Unabhängigkeit, da er sich den Forderungen der Baustelle besser anpassen kann. Die Baustelle muß allerdings den Nachteil eines zusätzlichen Nebenbetriebes und oft umfangreicher Installationen in Kauf nehmen, die zeitlich — da sie in den Beginn der Bauarbeiten fallen — beträchtliche Schwierigkeiten bereiten können.

In Frage kommt die Gewinnung und Erzeugung von

Sand	für Mauerungen, Injektionen, Torkretierungen
Sand/Kies und Schotter	für Betonierung und sonstige Zwecke
Splitt	für Straßenbau
Kies	für Straßen- und Oberbau
Bruch- und Mauerungssteine	für Straßenbau, Mauerungen, Pflasterarbeiten usw.

In den meisten Fällen werden neben den Zuschlagstoffen für Beton auch Sand allein, neben Splitt auch Kies und Bruchsteine benötigt, so daß sich ihre Gewinnung wirtschaftlich verbinden läßt. Wenn nicht aus dem Aushub der Baustelle selbst geeignetes Material für die Verarbeitung anfällt, ist mit der Wahl der Gewinnungsstelle eine erste schwierige Entscheidung schon während der Kostenermittlung zu treffen. Ein geeignetes Vorkommen in nächster Nähe der Baustelle und in ausreichender Menge zu finden, erfordert bei größerem Bedarf bereits umfangreiche Vorerhebungen, die im allgemeinen bei Großbauten vom Bauherrn durchgeführt werden. Sonst sind vom Unternehmer geeignete Vorkommen auszukundschaften, Probeschlitze und Probebohrungen anzuordnen und zu begutachten (siehe Kapitel 25, „Aufschlußarbeiten"). Falls erforderlich, sind auch Voruntersuchungen und Eignungsprüfungen zu veranlassen. Das gefundene Material soll gütetechnisch einwandfrei, mengenmäßig ausreichend und wirtschaftlich gewinn- und bringbar sein! Eine Forderung, die nicht immer in allen Punkten zu erfüllen ist. So brachte man für den Bau einer Talsperre in der Steiermark die Zuschlagstoffe über 40 km Bahn- und 7 km Seilbahntranport zur Baustelle; für den Beton der Reißecksperren (2300 m ü. A.) schaffte man den sortierten Schotter 65 km per Bahn und 6,0 km über eine Seilbahn heran, um ihn weitere 3,5 km mit Rollbahn und schließlich 600 m mit Bandstraße zur Betonfabrik zu schaffen.

Ist die Gewinnungsstelle gefunden, bleibt noch die Frage nach der Situierung der Aufbereitungsanlage selbst offen. Eine Anlage in der Grube oder im Steinbruch hat den Vorzug, daß Über- und Abfallkörnungen im Bruch verbleiben und nur das unbedingt Notwendige gefördert wird. Die Anpassung an das Naturvorkommen kann schneller vorgenommen werden. Die Platzverhältnisse für Haldenlagerung sind meist günstig; Waschwasser in ausreichender Menge ist leichter in tieferen Lagen als in Höhen zu finden. Eine Aufbereitung an der Baustelle verbilligt die Installation und deren Betrieb, erleichtert den Transport der sortierten und gereinigten Körnungen zur Betonfabrik, vermindert die Kosten der Betreuung, der Wintervorsorge und Stromversorgung, da diese dann für viele Einrichtungen gemeinsam anfallen.

Der Entwurf einer Aufbereitungsanlage für Großbaustellen zählt zu den wichtigsten Teilaufgaben des Baueinrichtungsprojektes. Da es fast zur Regel gehört, daß die zur Verfügung stehenden Bodenaufschlüsse unvollständig und ungenügend sind und meist nicht ausreichen, einen verläßlichen Querschnitt über die Korn- und Güteschwankungen des natürlichen Vorkommens zu geben, hat der Entwurf bei der Wahl von Größe und Art der Maschinen darauf Rücksicht zu nehmen. Auch ist in diesem Falle eine reichliche Ausstattung der Anlage mit Reservegeräten unbedingt notwendig.

Die Kosten der Aufbereitung von Zuschlagstoffen gliedern sich in folgende Teilkosten:

a) Feste (einmalige) Kosten der Einrichtung und Räumung der Schottergrube bzw. des Steinbruches, Auf- und Abbau der Aufbereitungsanlage, Bau von Wegen und Rampen, Anspeisung mit Strom, Wasser und Preßluft.

b) Kosten der Gewinnung des brauchbaren Materials; Grubenzins, Gewinnen und Beiseitesetzen der unbrauchbaren Überlagerung und unverwertbarer Zwischenschichten.

c) Aufbereitung, Kosten des Betriebes und der Bereitstellung (Vorhalten und Instandhalten) der Geräte.

d) Abtransport und eventuell Zwischenlagerung der sortierten Zuschläge zur Betonfabrik bzw. Zumeßanlage; eventuelle Zwischenlagerung der unaufbereiteten Rohmaterialien.

19.1 Einrichtung und Gerätebedarf

Größe und Art der Aufbereitungsanlage richtet sich sowohl nach dem Bedarf und den Forderungen der Baustelle als auch nach den Gegebenheiten des Vorkommens. Die Baustelle schreibt die Leistung, die Korngruppen und sonstige Güteeigenschaften vor.

Die Art, Lagerung, Klüftigkeit und Kornaufbau des Naturgemenges beeinflussen den Abbau am Gewinnungsort, die Transportmittel und die Verarbeitungsweise in der Aufbereitung.

Grundsätzlich sind zwei verschiedene Arten der Aufbereitung zu unterscheiden:

1. Erzeugung von gebrochenem Material aus Felstrümmern, ihre vollständige Zerkleinerung und Sortierung bis auf die gewünschte Korngröße und Verteilung (Abb. 23).

2. Aufbereitung von natürlichen Sand Kiesgemengen (Moränen, Alluvionen, Schuttkegel, Flußgeschiebe usw.) zur Verwendung als Betonzuschlagstoffe usw. mit Sortierung und teilweiser Zerkleinerung in vorgeschriebene Korngruppen (Abb. 24 und 25).

Während im Straßen- und Oberbau überwiegend Aufbereitungen nach 1. verwendet werden und größtenteils Hartgesteine (Basalte, Diabase usw.) zur Ver-

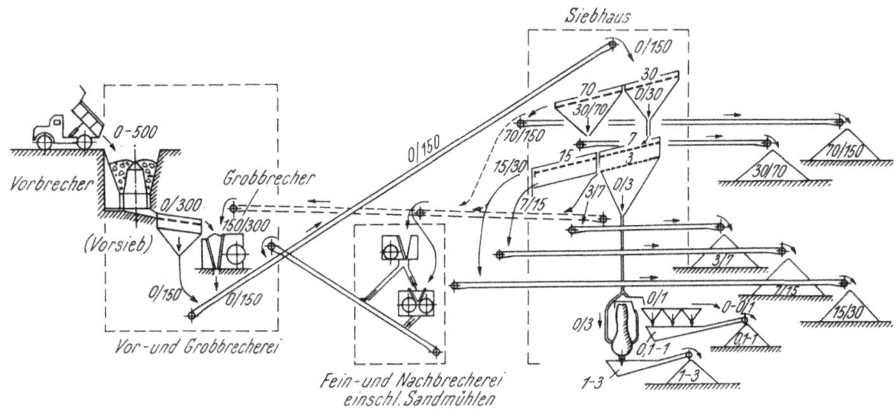

Abb. 23. Schema einer Aufbereitung für gebrochenes Material

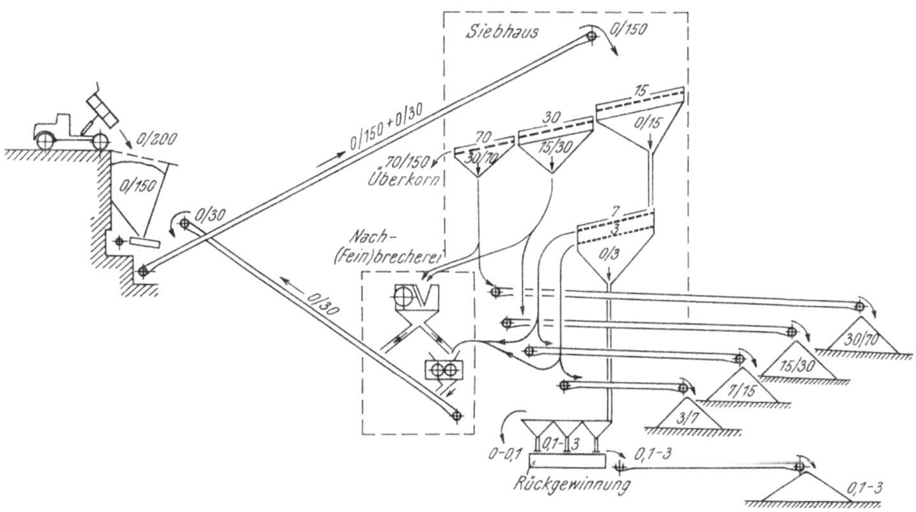

Abb. 24. Schema einer Aufbereitung mit teilweiser Zerkleinerung

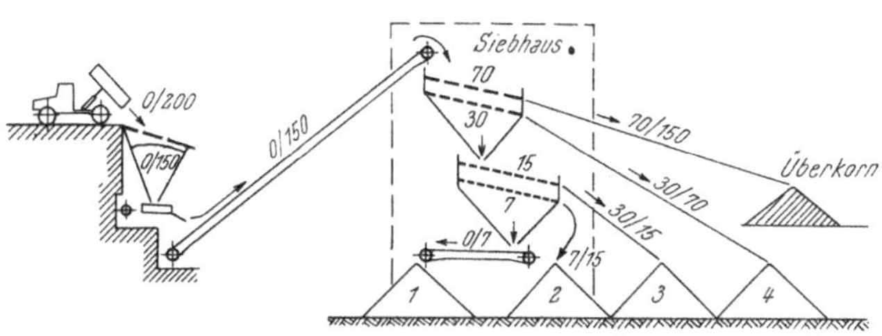

Abb. 25. Schema einer Aufbereitung ohne Brecherei (reine Siebanlage)

arbeitung kommen, trachtet die moderne Betontechnik, wo immer es nur möglich ist, *Rundkorn* aus natürlichen Vorkommen zu verwenden. Ist aus örtlichen Gründen eine Gewinnung von Betonmaterial aus Steinbrüchen unvermeidlich, so versucht man, wenigstens die Sandkomponente 0/3 bzw. 0/8 als Rundkorn durch

Fremdbezug zu beschaffen und scheidet den aus dem gebrochenen Material anfallenden Sand aus oder beschränkt ihn auf einen kleinen Anteil.

Die *Aufbereitungsleistung* (m^3/h, t/h) richtet sich nach dem Bauprogramm der Baustelle und dem sich daraus ergebenden stündlichen oder täglichen Bedarf. Vorerst ist klarzustellen, ob Gewinnung, Aufbereitung und Betonerzeugung annähernd parallel verlaufen können, denn nur dann erreichen die Gesamtkosten ein Minimum. Liegen die Entnahmen ungünstig (z. B. in Stauräumen, hochwassergefährdeten Sandbänken oder in Lawinenstrichen), ist die Ausfallzeit an der Gewinnungsstelle durch Anlage von Reservelagern auszugleichen. Das gleiche gilt bei Verwertung des Baugrubenaushubes, der zur Aufbereitung vorgesehen ist. Der zeitlich früher einsetzende Aushub ist für die spätere Aufbereitung zwischenzulagern. Am besten verschafft man sich einen guten Überblick durch eine Gegenüberstellung der Summenlinien des Bedarfes und der Erzeugung. Zwangsläufig taucht damit auch die Frage nach der Größe des Ausgleichslagers auf. Dieses soll nicht nur alle Schwankungen in der Leistung (Unterschiede zwischen Erzeugung und Abnahme), sondern auch alle Schwankungen in der Kornverteilung des Naturvorkommens selbst ausgleichen. Liegen Gewinnung und Aufbereitung zeitlich getrennt, so ist ein Teil des Rohmaterials zwischenzulagern. Ein Rohdepot überbrückt außerdem Störungen in der Gewinnungseinrichtung und erlaubt eine gute (genaue) Anpassung an den Betonierablauf. Die *Leistung* der Aufbereitung ist — unter Rücksicht auf Störungen in der Aufbereitung und der Menge des anfallenden Überkorns — nach der größten durchschnittlichen Betonierleistung auszulegen.

Ein Reindepot von sortierten Körnungen fängt Störungen in der Aufbereitung selbst auf und gestattet bei genügender Größe fallweise eine meist sehr erwünschte Steigerung der Betonierleistung. Es kann auch umgekehrt bei Anlage eines Reindepots die Leistung der Aufbereitung kleiner als die Betonierleistung sein, und zwar um so mehr, je größer das Depot ausgelegt wird und je früher die Aufbereitung gegenüber der Betonerzeugung in Betrieb genommen werden kann. Bei genügend großem Depot an sortierten Körnungen kann der Betrieb der Aufbereitung vorzeitig eingestellt und die gesamte Aufbereitung abgebaut werden.

Das Reindepot wird auf Halden billiger sein als in Silos, doch hängt es von der Örtlichkeit ab, ob Haldenlagerung wirtschaftlich möglich ist. Silos sind teuer und sollen so klein als möglich, höchstes für den Bedarf von 7 Tagen gebaut werden. Es ist wirtschaftlicher, die Aufbereitung selbst durch genügend Reservehaltung in Form von Parallelbahnen und Reservegeräten engpaßfrei und betriebssicher auszubilden.

Aus der Summenlinie des Bedarfes ergibt sich die notwendige Mindestleistung, die mit einem ausreichenden Zuschlag für Störungen, Reparaturen usw. (15 bis 25%) dem Entwurf und der Gerätewahl zugrunde zu legen ist.

Die Zahl der Korngruppen liegt je nach Betonart zwischen 3 und 7 und ist meist durch die Ausschreibung vorgegeben; das gleiche gilt für den Straßenbauschotter.

Die Kornverteilung des Naturgemenges ist durch eine ausreichend große Zahl von Siebungen (aus Großentnahmen) festzustellen; aus ihr und der notwendigen Leistung ergibt sich der Bedarf an Brechern, Mühlen und Sieben. Bei Felsstücken kann die mutmaßliche Verteilung des Gebrochenen verläßlich nur aus einem Brechversuch festgestellt werden. Sie hängt nicht allein von Stückgröße des Aufgabegutes und der Spaltweite der Brecher ab, sondern auch von der Feinklüftigkeit und Spaltbarkeit des Gesteins sowie von der Arbeitsweise der gewählten Brechertype.

Im wesentlichen bestehen alle Aufbereitungen für Betonzuschläge, Straßenbauschotter usw. aus fünf Teilen:

1. Grob- oder Vorbrecheranlage und Vorsortierung;
2. Nachbrecherei mit Sanderzeugung oder Zwischenbeschickung von Fremdsand;
3. Sortierbahn für alle Körnungen, samt Austrageinrichtungen;
4. Waschanlage, Vor- (Wannen-) Wäsche oder (und) Bebrausung über Sieben, Entwässerungseinrichtungen, Schlämmanlagen;
5. Silos oder Halden für sortierte Körnungen.

Je nach Art des zu verarbeitenden Rohgutes kann 1. und 2. sowie 4. ganz oder teilweise entfallen oder ist durch weitere Aggregate zu ergänzen. Bei kleinen Anlagen kann auch 5. entfallen, wenn z. B. direkt in Wagen (LKW) gearbeitet wird. Nur bei kurzfristigem Bedarf oder kleinen Leistungen sind fahrbare Anlagen oder aus fahrbaren Teilen zusammengebaute Anlagen zweckmäßig. Die Leistungen fahrbarer Anlagen erreichen bis zu 25 bis 30 m^3/h, die größten Leistungen ortsfester Aufbereitungen für Massenbeton von großen Talsperren (Schweiz) liegen bei 500 m^3/h.

Abb. 26 veranschaulicht die Aufbereitungsbereiche in Abhängigkeit von den Korngrößen und diene als erster Überblick über die jeweils erforderlichen Geräte.

Nach der erforderlichen Gewinnungsleistung ergibt sich der am Gewinnungsort notwendige Geräteeinsatz und aus der Entfernung zur Aufbereitung die erforderliche Anzahl und Größe der Transportfahrzeuge, welche direkt die Aufbereitung beschicken. Die Abmessungen des *Vorbrechers* müssen neben ausreichender Leistung daher so gewählt werden, daß sie zu den Schaufelgrößen der Bagger oder Lader passen, da sie sonst die größeren Blöcke nicht verarbeiten können, es sei denn, man schneidet übergroße Blöcke an der Aufgabe durch einen Rost ab. Tab. 102 gibt zu den Schaufelgrößen die ungefähren Maulweiten zugehöriger Backen- oder Kreiselbrecher an.

Tabelle 102

Schaufelgröße		Brechermaulweite (mindestens) in mm	
		Backenbrecher	Kreiselbrecher
$^1/_2$	0,5 m^3	500 × 750 → 750 × 1100	400— 500
$^3/_4$	0,75 m^3	600 × 900 → 750 × 1100	400— 500
1	1,00 m^3	700 × 1000 → 1000 × 1250	500— 700
$1^1/_2$	1,50 m^3	1000 × 1200 → 1100 × 1250	700— 900
2	2,00 m^3	1200 × 1500 → 1000 × 1500	900—1100

Der *Vorbrecher* hat die Aufgabe, das gesamte gewonnene Gut aller Körnungen aufzunehmen und Überkorn bis zu einem gewünschten *Maximalkorn* (z. B. 150 oder 300 mm) zu zerkleinern. Der Durchsatz wird über ein *Vorsieb* geleitet, das alle Anteile über das vorgesehene Grenzkorn abscheidet (z. B. 80 oder 150 mm). Der Überlauf (z. B. 80 oder 150 bzw. 150 oder 300 mm) wird im

Grobbrecher auf das gleiche Grenzkorn (z. B. 80 bzw. 150 mm) gebracht. Das Brechergebnis hat je nach Brechertyp und Gesteinsart mehr oder weniger Überkorn (etwa 15 bis 25%), so daß unmittelbar nach jedem Grobbrecher das Gut wieder über das Vorsieb oder ein eigenes Sieb geleitet werden muß, um Überkorn oder plattiges Korn usw. nachzubrechen oder auszuscheiden. Das Naturkiesgemenge, vermischt mit gebrochenem Gut, wird mittels Förderband oder Elevator auf die Siebbahn (Siebhaus) gebracht und hier in die vorgesehenen Korngruppen getrennt. Die Siebung kann trocken bis zum 7 mm-Maschensieb erfolgen. Unterhalb dieser Grenze ist eine weitere Trennung bei 3 mm nur mehr auf bebraustem Sieb möglich; bei 1 mm versagen Siebe, hier setzt die hydraulische Trennung ein.

Das Ergebnis dieser Siebung deckt sich naturgemäß selten mit der gewünschten Verteilung, so daß das fehlende Korn durch eine eigene *Nachbrecheranlage* aus dem

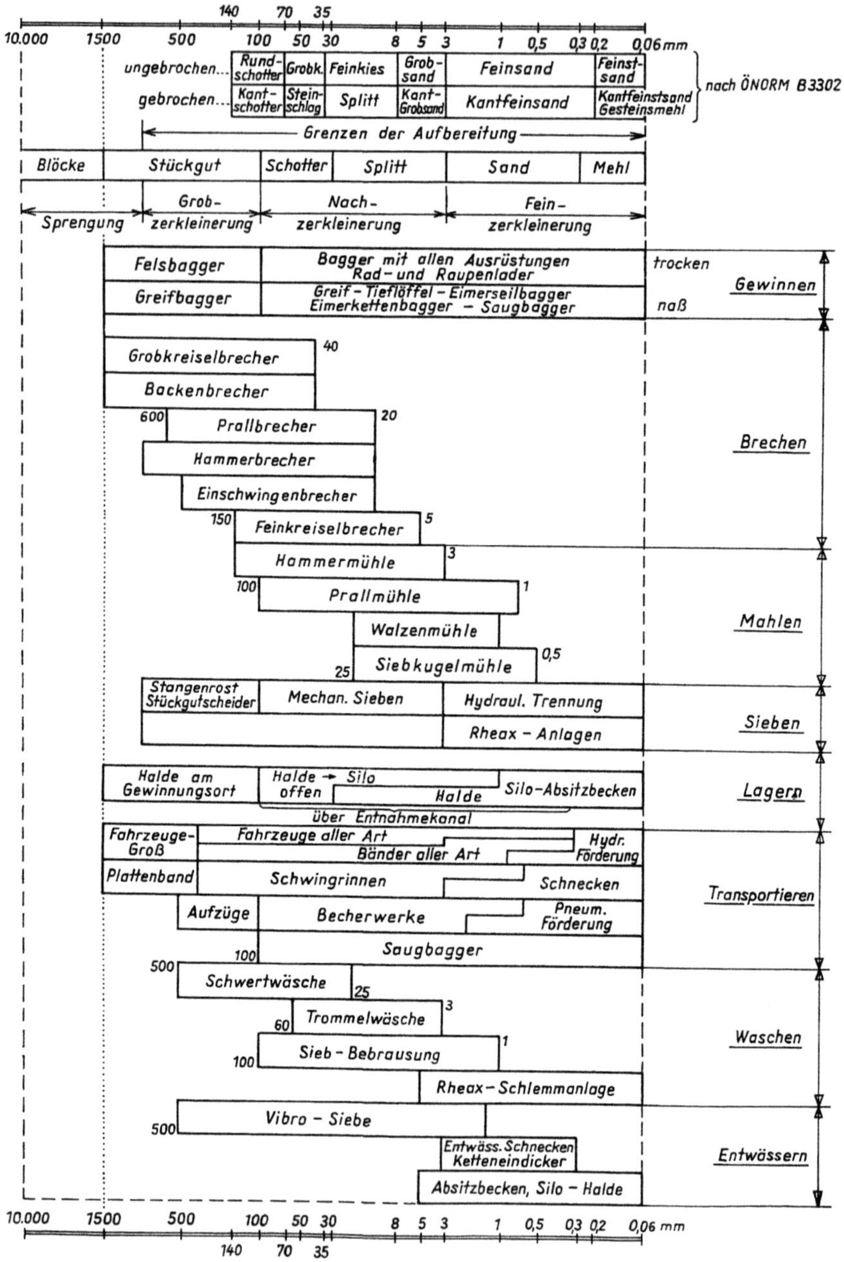

Abb. 26. Aufbereitungsbereiche (nach E. Steiner)

Gesamtgemenge erzeugt werden muß. Der Nachbrecherei kommt eine besondere Bedeutung zu, da es von ihrer geschickten und leistungsfähigen Auslegung abhängt, das Gleichgewicht in den Körnungen herzustellen. Fehlende Körnungen sind durch Zerkleinerung von oben herzustellen, fehlender Sand ist, wenn ein zu großer Anteil an Gebrochenem in der Betonerzeugung unerwünscht ist, entweder durch erhöhten Durchsatz oder durch Fremdbezug auszugleichen! In beiden Fällen entstehen Mehrkosten, die Aufbereitung (Siebbahn) ist für eine höhere Leistung auszulegen, Überkorn ist abzuführen, der Platzbedarf ist größer. Bei Fremdbezug von Feinsand ist die Möglichkeit der Aufgabe auf die Sortierstraße bzw. in die Sandsilos vorzusehen. Bei kornungenauer Anlieferung von Fremdmaterial ist eine Aufgabe auf die Sortierstraße erforderlich. Sandreiche Gemenge sind leichter zu beherrschen, da ein Mehr an Sand immer erwünschter ist — zur Verwendung für Mauerungen, Torkretarbeiten usw. —, außerdem kann fehlendes Grobkorn leichter (aus Steinbrüchen) ergänzt werden. Der Sandaufbereitung muß heute mehr Beachtung geschenkt werden als bisher, da dem Kornaufbau innerhalb der Sandkomponente 0 bis 3 für die Betongüte (Widerstand gegen Frost und Verwitterung) eine besondere Bedeutung zufällt. Wenn ein Teil des Sandes durch Zerkleinerung mit Stab- oder Kugelmühlen zu erzeugen ist, so ist darauf zu achten, daß möglichst kubisches Korn anfällt; dies ist bei modernen Geräten der Fall.

Ist die Trennung des Sandes bei 1 mm vorzusehen, so läßt sie sich exakt nur mit Hilfe einer Vertikalschlämmung im Gegenwasserstrom bewerkstelligen. Das Verfahren ist einfach und betriebssicher, erfordert lediglich genügend Wasser (3 bis 5 m^3 Wasser je m^3 Sand). Mit der Vertikalschlämmung verbunden ist meist eine mehrstufige Horizontalschlämmung, die das Feinstkorn der abgetrennten Gruppe von 0/1 noch von Körnungen unter 0,1, meist glimmrige, tonige Bestandteile, befreit.

Der mit dieser Entstaubung und Entglimmerung zusätzlich erzielte Effekt der guten Entwässerung und klaglosen Manipulation ist ein weiterer Gewinn dieses Verfahrens. Der durch Schlämmung gewonnene Sand neigt nicht zur Brückenbildung und klebt nicht an, so daß es beim Durchfließen von Segmentverschlüssen und in Wiegeeinrichtungen weniger Störungen gibt.

Waschanlagen sind bei Felsaufbereitungen dann entbehrlich, wenn das ganze Vorkommen als rein anzusprechen ist. Tonige Zwischenklüfte, Lettenfüllungen, größere Anteile an Zerreibseln zwingen jedoch zur Waschung, wobei bei geringen Verunreinigungen mit einer Bebrausung über Sieben auszukommen ist. Stärkere Verunreinigungen, wie sie in Naturvorkommen oft anzutreffen sind, erfordern die gesamte Durchwaschung in Wannen. Bei hartnäckiger Verschmutzung wird das Material mit Schwertauflösern zerteilt, das Abschlämmbare mit dem Schmutzwasser abgeführt und das vorgereinigte Material, oft in Verbindung mit einer Sortierung aus den Wannen der Waschmaschinen, ausgeschöpft. Wenn es irgendwie möglich ist, versucht man die Tauch- (Wannen-) waschung zu vermeiden und die Reinigung nur mit starken Brausen über den Sieben zu erreichen, was bei genügend großen Sieben meist gut gelingt.

Weniger befriedigend gelingt die Entwässerung der feinen Körnungen, da sie nicht schnell genug vor sich geht, besonders wenn die Sande in Silos lagern. Es ist dann die Anordnung von Entwässerungen oder einer genügenden Anzahl von Abtropf-Silos anzuordnen. Die Entwässerung in freiliegenden Haufen und großen Absitzbecken geht schneller vor sich, besonders wenn die Feinsande entstaubt sind. Allerdings hat man hierbei die Nachteile einer ungeschützten Lagerung in Kauf zu nehmen, was bei kleinen Haufen im Winter und bei Regen zu Schwierigkeiten führen kann.

Die Platzverhältnisse bestimmen die Art der Lagerung der sortierten Körnungen. Beengter Raum zwingt zur Silolagerung, ebenso ist bei Hangaufbereitungen die Silolagerung zweckmäßig! Hanglagerung ist wegen der bedeutenden Entmischung zu vermeiden und nur für das Rohgut zulässig.

Ebene oder flachgeneigte Plätze gestatten die Haldenlagerung. Das Schüttgut wird von Gerüsten abgekippt oder mit Förderbändern zu Kegeln oder länglichen Haufen geschüttet.

Silos haben den Vorzug, daß sie mit der Aufbereitung in einem gebaut werden können und eine klaglose und leistungsfähige Entnahme gestatten. Allerdings stellen sich bei großen, hohen Silos und geringer Gesteinsfestigkeit alle Nachteile des Kornverschleißes beim Durchgang ein, der zu einer unerwünschten Verschlechterung der Kornverteilung führt. Sind Silos unvermeidlich, sollen sie so klein wie möglich gehalten werden (2 bis 3 Tage Vorrat) und etwas breiter als höher angelegt werden. Silos sind teuer und führen zu hohen Aufbereitungsanlagen, es ist daher die Halde mit Entnahmekanal vorzuziehen, wenn es die Platzverhältnisse gestatten. Eine Kombination von Silo und Halde für die Feinsande wurde von SCHLÄPFER[1] vorgeschlagen und ist ohne weiteres denkbar.

Geräte[2]

1. *Vorbrecher* (d_{max} = 500—1000 mm), die das größte Aufgabekorn zusammen mit allen übrigen Körnungen zu verarbeiten haben, werden als Großbacken- oder Großkreiselbrecher erzeugt, ihre Leistungen lassen je nach Spaltweite einen Durchsatz von 100 bis 500 m³/h zu. Die Maulweite schwankt von 650×1000 bis 1500 ×2000 mm bzw. 1000 bis 3000 mm. Infolge der charakteristischen Art ihrer Zerkleinerungsarbeit erzeugen Backenbrecher mehr grobes, Kreiselbrecher mehr feines Korn. Der Kraftbedarf liegt bei 1 bis 0,5 PS/m³/h. Die auf die Tonne Brechergewicht bezogene spezifische Leistung beträgt im Mittel 2,5 m³/h. Der Zerkleinerunggrad schwankt zwischen $^1/_5$ und $^1/_{12}$.

2. *Grobbrecher* (da = 60—150 mm) sind für jenen Teil der Leistung auszulegen, der von der Vorsortierung abgeschieden wird (z. B. Körnung 80 bis 150 oder 150 bis 300 je nach Endkorn der Vorbrecher); bei kleineren Anlagen vertritt der Grobbrecher den Vorbrecher, die Abscheidung des Größtkornes erfolgt dann auf Stangenrosten. Die Leistung des Grobbrechers bezieht sich je nach Sieblinie auf 15 bis 20% der Gesamtleistung. Auch hierfür kommen Backen- und Kreiselbrecher zur Anwendung, in neuerer Zeit auch Prallbrecher, die einen sehr günstigen Zerkleinerungsgrad (bis zu $^1/_{40}$) bringen. Während die Leistung der Grobbrecher je nach Spaltweite bei Maulweiten von 230×400 bis 450×800 im Mittel 5 bis 50 m³/h beträgt, der Kraftbedarf bei 2 bis 1 PS/m³ je h liegt, ist er bei Prallbrechern noch etwas günstiger.

3. *Nachbrecher* (d_a = 30—60 mm): Zur Erzeugung feinerer Körnungen und zur Vorbereitung der Aufgabe auf Sandwalzwerke dienen kleinere Brechertypen mit Leistung von 5 bis 30 m³/h bei einem Kraftbedarf von 2 bis 1 PS/m³/h. Die spezifische Leistung je Tonne liegt bei Backenbrechern höher (3 bis 4 m³/h/t) als bei Kegel-(Symons-)brechern mit 2,5 m³/h/t, am günstigsten ist sie wieder bei Prallbrechern (3 bis 6 m³/h/t.) Die Wahl der Gerätegröße hängt vom Anteil des zu verarbeitenden Überkorns ab. Der Zerkleinerungsgrad liegt bei $^1/_{35}$ bis $^1/_{40}$.

4. *Walzenmühlen* (d_a = 30—40 mm): Walzenbrecher und Walzenmühlen zerkleinern das aufgegebene Gut auf $^1/_3$ bis $^1/_4$ ihres Durchmessers. Die Leistung der üblichen Größen bei Walzenbreiten von 300 bis 400 mm schwankt je nach Spaltweite zwischen 7 und 15 m³/h und hängt sehr von der gesteinstechnischen

---

[1] SCHLÄPFER, A.: Installationen der Staumauerbaustelle. Wasser und Energiewirtschaft, Nr. 7/8/9 (1956).

[2] Zum Teil nach GARBOTZ, G.: Die Baueinrichtungen für Talsperrenbauten. Bautechnik, Jg. 34, H. 8, S. 315ff. (1957).

Beschaffenheit des Aufgabematerials ab. Der Leistungsbedarf liegt für Kalkgestein bei 1,5 bis 2 PS/m³/h, bei Hartgestein zwischen 2,5 und 3,5 PS/m³/h.

5. *Kugel- und Stangenmühlen* ($d_a = 0-10$ mm): Soll aus dem Mahlgut der Walzenmühlen noch Feinsand gewonnen werden, so werden Kugel- und Stangenmühlen verschiedener Bauarten verwendet. Die Leistung hängt vom Trommeldurchmesser (1,0 bis 2,8 m) und ihrer Drehzahl ab und liegt bei rund 0,5 bis 4,0 m³/h bei einem Kraftbedarf von rund 10 bis 12 PS/m³/h.

Besser als Kugelmühlen bewährten sich Stangenmühlen, die vorwiegend kubisches Korn liefern.

6. *Aufgabe*: Die Beschickung von Brechern und Walzwerken sowie von Sieben und Bändern geschieht mit Aufgabevorrichtungen. Ihr Zweck ist, das Mahlgut gleichmäßig aufzugeben, um die volle Ausnützung der Geräte zu gewährleisten. Zur Verwendung kommen Stangenaufgeber, Stoßaufgeber, Grobschwingsiebe, Kettenaufgeber, Rollen- und Schockroste für die Vorbrecher, elektromagnetische Dosiereinrichtungen.

Der Kraftbedarf ist gering, doch bedeutet die Zwischenschaltung von Aufgabeapparaten eine Vergrößerung der Bauhöhe, die nicht immer erwünscht ist.

7. *Sortierung*: Eine hohe Schärfe der Korntrennung wird immer mehr gefordert, mit anderen Worten der Anteil des Über- und Unterkornes einer bestimmten Korngruppe soll so klein wie möglich sein (maximal 5 bis 10%). Es kommt daher der ausreichenden Auslegung von genügend großen Siebflächen eine besondere Bedeutung zu.

Anstelle von Sortiertrommeln, die nur mehr selten, bei kleinen Anlagen, Verwendung finden, werden heute überwiegend dynamisch arbeitende Siebe verwendet, die in verschiedenen Formen und Arbeitsweisen auf den Markt kommen.

Die Leistung der Schwingsiebe hängt neben ihrer Bauart, Siebfläche und ihrem Lochungsdurchmesser bzw. Maschenweite von folgenden Faktoren ab:

1. Anteil des Überkorns des Aufgabegutes,
2. ob Rundkorn oder gebrochenes Korn aufgegeben wird,
3. ob naß, trocken oder erdfeucht sortiert wird,
4. ob das Sieb als Ein- oder Mehrdeckersieb arbeitet,
5. ob das Korn mehr kubisch oder länglich ist,
6. Anteil der Körnung unter der halben Sieböffnung.

Zu 1. Der Anteil des Überkorns setzt die Siebleistung herab, der normale Anteil liegt bei 20%; bei 100% ist die Siebleistung 0.

Zu 2. Rundkorn sortiert sich leichter als gebrochenes.

Zu 3. Naßsiebung erhöht die Leistung je nach Sieböffnung bis auf das dreifache (bei 5 mm).

Zu 4. Eindecker haben die größte Leistung, Zweidecker etwa 90%, Dreidecker etwa 75% der gleichflächigen Eindeckersiebe.

Zu 5. Siebbespannung ist der Kornform anzupassen.

Zu 6. Normalerweise ist der Anteil unter der halben Öffnungsgröße 40%, steigt er, so steigt auch die Siebleistung bis auf das zweifache bei 70%.

Die Siebleistung in Abhängigkeit von Siebfläche und Lochquerschnitt beträgt unter Annahme normaler Verhältnisse bei trockener Beschickung

bei	10 mm	Lochung	5—10	m³/m²
,,	20 ,,	,,	10—15	,,
,,	40 ,,	,,	15—20	,,
,,	60 ,,	,,	20—25	,,

Der Kraftbedarf liegt zwischen 1,5 und 2,5 PS/m². Die Anordnung der Siebe und die Wahl der Siebkonstruktion beeinflußt den Bau der Aufbereitung, da es nicht gleichgültig ist, ob die Siebe untereinander oder nebeneinander, ob sie als Eindecker oder Mehrdecker, ob als einfach oder mehrfach bespannte Siebe, ob mit steigender oder fallender Masche verwendet werden. Die Bespannung spielt für die Kosten eine gewisse Rolle, da der Verschleiß der hochwertigen Siebnetze, besonders bei Hartgestein, nicht zu vernachlässigen ist.

Die Trockensiebung endet bei 7 mm, die Trennung bei 3 mm kann nur naß erfolgen. Eine weitere Trennung bei 1 mm ist exakt und wirtschaftlich auf Schwingsieben nicht mehr durchzuführen. Diese erfolgt, wie oben bereits erwähnt, mit Schlämmapparaten (vertikal und horizontal) oder Verbundschlämmer, wie sie von der Chemie und Metall-Ges. m.b.H., Wien, entwickelt wurden. Der Wasserbedarf beträgt rund 3 bis 5 m³ je m³ Aufgabe.

8. *Verbindungselemente und Hebeeinrichtungen*: Selten können Aufbereitungsanlagen so eingerichtet werden, daß die einzelnen Geräte im freien Fall beschickt werden. Meistens ist von den einzelnen Hauptteilen der Aufbereitung das Material nochmals zu heben, um es wieder den Sieben, Silos oder Halden zuzuführen. Hier herrscht das Förderband vor, das sich wegen seiner hohen Leistungsfähigkeit und seiner Betriebssicherheit immer mehr einbürgert. Nur wo die Platzverhältnisse den Einbau eines Bandes (auch eines Steilförderbandes) nicht mehr gestatten, werden Aufzüge, Elevatoren und Becherwerke verwendet.

Für die erste Wahl des passenden Bandes dienen die Angaben der Tab. 103. Sie gelten für mechanische Beschickung und Bandgeschwindigkeiten von 0,80 bis 1,00 m/sec, Neigung $\leqq$ 18°, gemischtes Korn.

Tabelle 103

B mm	Leistung		Anmerkung
	t/h	m³/h	
500	60	30— 35	Bei $v = 1{,}50$ m/sec ist die Leistung um
650	100	50— 60	rund 50% höher. Je feiner das Material,
800	160	80— 90	um so geringer ist die Leistung (bis 50%).
1000	250	140—150	Sortiertes Korn verringert die Leistung.

Die Lagerung der Bänder kann frei oder gedeckt auf Holzkonstruktionen, auf reiner Eisenkonstruktion oder auf kombinierten Lösungen vorgenommen werden. Der Holz- bzw. Stahlbedarf hängt von der Stützweite der Unterstellungen ab.

9. *Waschanlagen*: Stark verschmutzte Rohstoffe werden in Tauchmaschinen gereinigt. Wannenwaschmaschinen, auch als Unterwasserwaschmaschinen bezeichnet, werden als Schwertauflöser mit Leistungen von 8 bis 25 m³/h, als Waschmaschinen ohne Sortierung 5 bis 20 m³/h, mit Sortierung und mit Schwertauflöser 5 bis 30 m³ Stundenleistung erzeugt; der Kraftbedarf liegt je nach Fabrikat bei 0,5 bis 1,0 PS/m³/h, der Wasserbedarf schwankt je nach Verschmutzungsgrad zwischen 1 und 3 m³ je m³ aufgegebenes Material.

Bei der Durchgangswaschung wird das Material auf den Sieben kräftig mit 3 bis 5 atü bebraust und von anhaftenden Schmutzteilen befreit. Der Wasserbedarf liegt zwischen $^1/_2$ und 2 m³ je m³ Material.

Während das nasse Grobkorn anhaftendes Wasser leicht abgibt, bereitet die *Entwässerung* des Sandes unter 3 mm beträchtliche Schwierigkeiten. Der mit Sandschnecken, Sandfängen oder Ketteneindickern aus dem Waschwasser gezogene Sand besitzt noch so viel Feuchtigkeit, daß er erst nach genügender Abtropfzeit verwendet werden kann. Es sind daher Absitzbecken oder Abtropfsilos vorzusehen, aus denen wechselweise Sand entnommen werden kann. Der über Schlämmapparate gewonnene Sand entwässert sehr schnell und neigt nicht zur Brockenbildung, was besonders bei Erzeugungen großer Leistung sehr willkommen ist.

10. *Silos*: Die Silokonstruktion richtet sich nach der Bauart der Aufbereitung. Kleinere Silos werden in Stahl oder Holz, größere überwiegend in Stahl oder kombiniert gebaut. Rund- oder Polygonalsilos werden rechteckigen Lösungen vorgezogen. Der Holzbedarf für Rechtecksilos beträgt bis 500 t Siloinhalt rund 0,20 bis 0,25 m³ je m³ Siloinhalt, bei Rundsilos schwankt er von 0,1 bis 0,15 m³ bei einem Stahlaufwand für Umschließung von 20 bis 10 kg je m³ Holz. Stahlsilos erfordern je nach Inhalt und Höhe einen Stahlaufwand von rund 110 bis 150 kg je m³ Inhalt.

Halden: Offene Halden ersparen Silos und können, wenn es der vorhandene Platz gestattet, sehr groß ausgelegt werden. Allerdings bereiten dann der Haldenaufbau und die Manipulation Schwierigkeiten, die bei Entwurf und Kalkulation wohl zu berücksichtigen sind. Halden werden vom Schütt- oder Bandgerüst aufgebaut, seltener mit gleislosen Fahrzeugen. Der Abbau erfolgt mit Ladern und LKW oder mit Bändern über Entnahmekanäle. Im letzteren Falle muß, da der Entnahmebereich des Kanalbandes nur beschränkt ist, die Zuförderung mit Raupen vorgenommen werden.

19.2 Rohstoffbedarf

Ein Raummeter gewachsenen Bodens liefert je nach Lagerung und Zusammensetzung verschiedene Mengen aufbereiteter Körnungen. Das Verhältnis von gewonnenen zu erzeugten Mengen (fest:lose) wird als Ausbeute bezeichnet und ist ohne Vorversuch nicht eindeutig anzugeben. Der gewachsene Boden hat im allgemeinen das höchste, das lose in Silos oder Halden lagernde aufbereitete Material das geringste Raumgewicht.

Das Raumgewicht des gewachsenen Bodens liegt je nach Lagerung und Art zwischen 1,6 und 2,2 t/m³, die Raumgewichte von sortierten Zuschlägen betragen für:

Feinsand	0— 3 mm:	1,4—1,6 t/m³
Grobsand	3— 7 mm:	1,5—1,7 t/m³
Kies	7— 30 mm:	1,6—1,8 t/m³
Grobkies	30— 80 mm:	1,6—1,9 t/m³
	80—120 mm:	1,6—1,9 t/m³

Für die Annahmen der Kostenermittlung dienen folgende Anhaltspunkte:

1 m³ gewachsener Fels ergibt	1,60—1,70 m³	Sand-Kies (unsortiert)
	1,80—1,90 m³	sortierte Körnungen
	1,60—1,65 m³	Sand 0/7
	1,80—1,90 m³	Bruchsteine . . ./. . .
1 m³ gewachsener Boden ergibt	1,20—1,30 m³	unsortiertes Gemenge
	1,30—1,40 m³	sortiertes Gemenge

Ist das Naturvorkommen stark verschmutzt oder von unbrauchbaren Zwischenlagen durchsetzt, so ist der dadurch bedingte höhere Rohstoffbedarf zu berücksichtigen. Meist ist es nur im Steinbruch möglich, während des Gewinnungsbetriebes unbrauchbare Zonen mit Erfolg auszuscheiden, im Abbau von Moränen u. dgl. ist dies schwieriger. Hier muß durch eine ausgiebige Wäsche toniges und glimmriges Material abgespült werden. Der dadurch bedingte erhöhte Bedarf ist zu schätzen und bei sonst brauchbaren Vorkommen durch einen Zuschlag von rund 5 bis 15% zu berücksichtigen. Nach Ritter ist der Bedarf an Rohstoffen näherungsweise aus dem Anteil an fester Masse je Raumeinheit zu errechnen.

Es enthält

Kiessand	63% feste Masse
Kies	58% „ „
Sprengtrümmer gemischt	65% „ „
Bruchsteine	52% „ „
Feldsteine	55% „ „
Sand gemahlen	60% „ „
Schotter sortiert	53% „ „
Schotter unsortiert	60% „ „

Die Ausbeute deckt sich in ihrer Verteilung bei den meisten Böden nicht immer mit der des Bedarfes. Es kommt zum Anfall von Überkorn, das, wenn es nicht nachgebrochen wird, abzufördern oder für andere Zwecke zu verwenden ist. Die Kosten dieser Überkornmanipulation sind zu berücksichtigen, wenn die Erzeugung nicht gesondert vergütet wird.

19.3 Materialbedarf

Der Bedarf an Baustoffen für den Bau der Aufbereitung ist aus einem gesonderten Entwurf zu entnehmen und mit diesen Werten die Kosten zu berechnen. Es hängt von den örtlichen Gegebenheiten sowie von der Bauzeit ab, ob man die Aufbereitungsanlage in Holz, Stahl oder Stahlbeton errichtet. Meist wird eine kombinierte Stahl-Holz-Lösung die billigste sein. In Beton sind alle Fundamente, besonders die von schweren Brechern, Waschmaschinen, von Silounterbauten, Bandkanälen u. dgl. vorzusehen. Ist die Beschaffung von Stahlträgern zeitlich schwierig oder sind die zu ihrer Anschaffung erforderlichen finanziellen Mittel vorerst nicht vorhanden, wird man eine Ausführung in Stahlbeton-Holz durchführen; man muß dabei allerdings den Nachteil hoher verlorener Kosten und einen nicht unbeträchtlichen Mehraufwand an Zeit für Auf- und Abbau in Kauf nehmen.

Aus der Summe der installierten Geräte ergeben sich die Gerätekosten, wobei Reservegeräte nur mit ihren Stilliegemieten einzusetzen sind. Zur Berücksichtigung des Verschleißes von Brecherbacken, Siebbespannungen u. dgl. dienen die folgenden Angaben, die allerdings nur in sehr roher Annäherung Geltung haben, da durch die sich immer noch verbessernden Materialeigenschaften der Verschleißteile ihre Kostenanteile je Kubikmeter aufbereitete Stoffe geringer und fast vernachlässigt werden können:

Brecherbacken	rund	1000—1200	Betriebsstunden
Baggerzähne	„	200— 400	„
Siebbespannungen	„	800—1000	„
Sandschnecken	„	1000—1200	„
Zementschnecken	„	1200—1500	„
Bänder	„	4000—8000	„

Der Verbrauch an Betriebsstoffen (Strom, Dieselöl) ist aus der Summe der eingerichteten (arbeitenden) Maschinenleistung zu ermitteln. Es ist dabei zu berücksichtigen, daß die einzelnen Geräte nicht mit stets gleicher Beschickung und Belastung arbeiten. Gerade im Aufbereitungsbetrieb wechseln durch den verschiedenen Anfall der Körnungen die Belastungen sehr stark. Auch die wechselnden Materialeigenschaften beeinflussen den Betriebsstoffbedarf der Antriebsmaschinen. Hartes Gestein, das bis zur Sandfeinheit gemahlen werden muß, hat einen höheren Aufwand an kWh/m³ als weiches. Der Energieverbrauch ergibt sich aus der Gesamtsumme der installierten kW, multipliziert mit einem Abminderungsfaktor zwischen 0,4 und 0,6. Fabrikneue, für eine bestimmte Aufgabe entworfene Anlagen werden weniger Kilowatt, dafür einen höheren Abminderungsfaktor haben, aus vorhandenen Geräten zusammengebaute Anlagen hingegen mehr Kilowatt und geringere Abminderung. Bezogen auf die erzeugte Menge schwankt der Energieverbrauch zwischen 1,5 und 3,0 kWh/m^3 bei Anlagen mit überwiegender Sortierung; bei Anlagen mit sehr viel Zerkleinerungsarbeit, also Gewinnung aus Steinbrüchen, liegt der Verbrauch je nach Gesteinsart zwischen 4,0 und 8,0 kWh/m^3. Der Schmierstoffverbrauch ist wegen der starken Verschmutzung der Geräte höher anzusetzen. (Bei Elektrogeräten 15 bis 20% der üblichen Stromkosten). Der spezifische Maschinenaufwand beträgt nach Garbotz 2 bis 3 t/m^3/h, eine Ziffer, die auch an neuesten Anlagen bestätigt wurde (Ybbs: 2 t, Jochenstein: 2 t).

Die Elektroinstallation moderner Aufbereitungsanlagen macht sowohl an Montagekosten als auch an Materialaufwand einen nicht geringen Anteil an den Gesamtkosten aus. Es ist zweckmäßig, hierüber verbindliche Angebote von Spezialfirmen einzuholen und diese Werte bei der Kostenermittlung zu berücksichtigen.

19.4 Arbeitsaufwand (Betrieb)

Der Betrieb einer Aufbereitung wird meist einem Maschinenmeister oder Vorarbeiter unterstellt, dem für die Beaufsichtigung (Wartung) der einzelnen Maschinen Fach- und Hilfskräfte beigestellt werden. Je nach Art der Anlage schwankt dieser Stand sehr stark. Anlagen mit weitgehender elektrischer Steuerung können geringer besetzt werden, so daß sich die Arbeit des Personals auf die richtige Beschickung, Durchlauf durch die Verschlüsse, auf Schmierung und Reinigung sowie Betreuung der Wascheinrichtung beschränken kann. Eine ständige Partie wird mit der laufenden Reparatur von Sieben, Bändern und Brecherteilen zu tun haben, ebenso wird es sich nicht vermeiden lassen, daß an der Aufgabe zum Beiseiteschaffen übergroßer Steine und sonstiger Verrichtungen noch Arbeitskräfte notwendig sind. Die gesamte Besetzung hängt von der Anzahl und Anordnung der Maschinen ab und verteilt sich je nach Leistung und Bauart auf:

Einwurf (Aufgabe):	1—3	Mann	
Vorbrecher und Zuteiler:	1	„	je Vorbrecher
Grobbrecher:	1	„	je 2 Grobbrecher
Nachbrecherei:	1	„	je Nachbrechergruppe
Siebe:	1	„	je 4 Siebe
Bänder:	1	„	je 200 m Bandstraße
Waschmaschine / Entwässerung:	1—2	„	je Gruppe
Becherwerk oder Aufzüge:	1	„	
Beschickung vom Becherwerk:	1	„	
Feinsandtrennung:	1	„	(fallweise)
Pumpanlage der Wasserversorgung:	1	„	(fallweise)
Elektrische Einrichtung:	1	„	(fallweise)
Heizung:	1	„	(fallweise)
Entnahme aus Silos:	1—2	„	je nach Silozahl und Konstruktion der Verschlüsse

Die Summe der erforderlichen Bedienungs- und Wartungsstunden je Tag, dividiert durch die durchschnittliche installierte Leistung, ergibt den Stunden(Lohn-)aufwand je Leistungseinheit (m^3/h). Es darf jedoch nicht übersehen werden, daß ein Teil der Bedienungs- und Wartungsmannschaft Vor- und Nacharbeit (1 h) für Vorbereitung und Reinigung zu machen hat. Im allgemeinen schwankt der Aufwand je Kubikmeter aufbereiteter Zuschlagstoffe von *0,5 bis 2,5 Stunden* je nach Größe und Konstruktion der Anlage und je nach Anteil an Zerkleinerungsarbeit, die nicht nur einen größeren Strom-, sondern auch mehr Bedienungsaufwand erfordert.

Tabelle 104. *Angaben über ausgeführte Großbrech- und Sortieranlagen*

	Baustelle	Umbauter Raum	Fundament Beton	Rund- und Schnittholz	Stahlträger	Geräte	Gesamter Auf- und Abbau einschl. Gerät[2]	je m³ umbauter Raum	je t Gerät	Installierte Leistung	Hergestellte Zuschlagstoffe	Rohstoffmenge	Strom-Verbrauch	Arbeitsstundenaufwand je m³ (lose)	Betriebszeit insgesamt	Durchschnitts/Höchstleistung
		m³	m³	m³	t	t	h	h/m³	h/t	kW	m³ (lose)	m³ (fest)	kWh/m³ (lose)	h	Monate	m³ (lose)/h
Brechanlagen	A[1]	16000	2000	350	180	280	180000	11,5	643	580	315000	Fels 200000	8,50	1,40	34	37/—
	B[1]	14000	1000	660	120	460	130000	9,3	282	1070	285000	Fels 165000	7,50	0,50	33	35/—
	C[1]	11000	600	660	80	250	110000	10,0	440	470	465000	Fels 276000	3,60	1,50	39	48/—
	D[1]	5000	300	385	50	100	80000	16,0	800	345	146000	Fels 87000	3,90	1,40	40	10/—
Sortieranlagen	E[1]	3500	630	50	30	135	40000	11,5	296	180	155000	92000	1,00	1,10	11	20/—
	F	11600	860	20	28	198	95000	8,2	480	610	787000	732000	3,50	0,40	28	96/130
	G	4400	800	590		313	96500	22,0	310	320	960000	670000	1,80	0,30	30	44/176
	H	4700	400	100	7	110	57800	12,30	525	150	159800	145000	?	0,75	22	109/138
	I	9800	1200	700	20	205	182000	18,0	890	500	2200000	1900000	1,60	0,14	41	210/280
	K	2900	110	100	30	?	28061	9,7	—	176	250000	?	2,10	0,24	21	50/80
	L	2140	230	200	10	62	53400	25,0	865	384	163000	?	5,0	0,80	15	23/43

[1] Nach K. BACH.

[2] Je Tonne Gerät allein (Montage, Demontage, einschließlich Elektro-Installation, Wasser und Heizung): 200 bis 250 h.

20. Mauerungsarbeiten

20.1 Baustelleneinrichtung und Bedarf an Baugeräten

Die Mauerungsarbeiten des Tiefbaus reichen vom einfachen gemauerten Durchlaß, über Stütz-Futter und Ufermauern zu Verkleidungen von großen Bogenbrücken, von Tunnelportalen, sowie Quaderverkleidungen von Wehrpfeilern und Krafthausfassaden. Es soll hier nur auf die für den allgemeinen Tiefbau charakteristische Verarbeitung von Natursteinen eingegangen werden, weshalb der Steinmanipulation, der Steinbearbeitung und dem Natursteinmauerwerk das Hauptgewicht der Kostenermittlung gelten soll.

Wenn eine eigene Steingewinnung in Frage kommt, so wird sich diese auch für große Baustellen nur auf Bruchsteine, Flußbausteine und Pflastersteine beschränken, während man „maßgerechte" Steine für regelmäßiges Schichtenmauerwerk, für Quadern und Verkleidungsmauerwerk u. dgl. aus gut eingerichteten Steinbrüchen der näheren Umgebung beziehen wird. Für die Steingewinnung gelten die im Kapitel „Erd- und Felsarbeiten" angegebenen Hinweise.

Für die Einrichtungen des Umschlages sind Steingrößen und -sorten sowie die Art der gewählten Transporteinrichtungen maßgebend. Rollen Bruchsteine geringen Gewichts 20 bis 40 kg per Bahn zu, wird ihre Umladung auf LKW von Hand ausgeführt. Größere Steine bis 1000 kg wird man mit Winden oder Kränen entladen. Das Abladen vom LKW am Verarbeitungsplatz erfolgt durch Abkippen. Ist die Baustelle an die Bahn angeschlossen, wird man Entladung und Umschlag, mit einem Wort die gesamte Steinmanipulation, entweder mit Festkränen oder fahrbaren Kleinkränen besorgen. Krangröße und Steingröße sollen aufeinander abgestimmt sein, wenn auch nicht übersehen werden darf, daß man mit den Kränen auch andere schwerstückige Güter (Larssen, Rohre, Geräte usw.) entladen kann. Steinlagerplatz und Verarbeitungsstelle, früher in der Regel mit Rollbahnen verbunden, hängen heute meist gleislos zusammen. Der Lagerplatz soll je nach Sorten genügend groß ausgelegt sein, um besonders bei Quadersteinen eine übersichtliche Lagerung zu ermöglichen. An der Einbaustelle wird man je nach Umfang der Arbeiten leichte Turmkräne, fahrbare Raupenkräne oder leichte Derricks installieren. Auch die Arbeiten für das Fahrplanum der Hebezeuge darf nicht vergessen werden. Für die Mörtelbereitung sieht man entweder an Ort und Stelle einen Mörtelmischer vor oder liefert den Mörtel von einer zentralen Erzeugungsstelle an. Sind die Steine auf der Baustelle noch weiter zu bearbeiten, so ist sie ausreichend mit Einrichtungen für Schärfen und Spitzen der Bearbeitungswerkzeuge auszustatten. Größere Baustellen richten sich in diesem Falle wirtschaftlich mit Preßlufthandwerkzeugen ein.

20.2 Materialaufwand

Für 1 m^3 Mauerwerk ist ein bestimmter Bedarf an Steinen und Mörtel erforderlich, der von der Art des ausgeschriebenen Mauerwerkes, von der Steingröße und von der Art des verlangten Mörtels abhängig ist. Je regelmäßiger und je größer die Werksteine sind, um so geringer ist der Bedarf an Mörtel. Unregelmäßiges Bruchsteinmauerwerk hat den größten, Quadermauerwerk aus ebenflächigen Stei-

Tabelle 105. *Bedarf an Werksteinen, Mörtel, Sand usw.*

Bezeichnung des Mauerwerks usw.	Einheit	Steine m^3	Mörtel m^3
1. Trockenmauerwerk	m^3	1,2—1,5	—
2. Unregelmäßiges Bruchsteinmauerwerk		1,3—1,4	0,3 —0,4
3. Regelmäßiges Bruchsteinmauerwerk		1,2—1,3	0,25—0,30
4. Unregelmäßiges Schichtenmauerwerk		1,1—1,3	0,30—0,35
5. Regelmäßiges Schichtenmauerwerk		1,1—1,2	0,20—0,30
6. Quadermauerwerk		1,0—1,1	(0,10)—0,15
7. Steinwurf zur Kolksicherung		1,2—1,5	—
8. Steinsatz, Berme		1,2—1,5	—
9. Steinpflaster			
$d = 20$ cm	m^2	0,25	
$d = 40$ cm	m^2	0,50	
10. Ziegelmauerwerk	m^3		
Normalformat		380	~ 0,30
Großformat		280	0,30

Bezeichnung des Mauerwerks usw.	Einheit	Anteile in kg/m^3 Mörtel: Bindemittel	Anteile in kg/m^3 Mörtel: Sand	Anteile in m^3/m^3 Mörtel: Bindemittel	Anteile in m^3/m^3 Mörtel: Sand
11. Mörtel (Mauer- und Putzmörtel)[1]					
a) Kalkmörtel 1:3 (RT)	m^3	240	1560	0,40	1,20
(Raumgewicht von Kalkhydrat 0,6 t/m^3)					
(Raumgewicht von Sand 1,3 t/m^3)					
Kalkmörtel 1:4 (RT)	m^3	183	1585	0,31	1,22
b) Kalkzementmörtel 1:2:8 (RT)	m^3	171 K 174 PZ	1500	0,28 K 0,14 PZ	1120
2:1:10 (RT)	m^3	144 K 144 PZ	1560	0,24 K 0,12 PZ	1200
c) Zementkalkmörtel 1:0,2:3 (RT)	m^3	48 K 488 PZ	1520	0,080 K 0,390 PZ	1170
1:0,2:4 (RT)	m^3	36 K 375 PZ	1560	0,060 K 0,300	1200
d) Zementmörtel					
Raumgewicht PZ: 1,2 t/m^3					
1:3 (RT)	m^3	455 PZ	1365 bis 1400[2]	0,380 PZ	1050 bis 1080[2]
1:4 (RT)	m^3	370 PZ	1480 bis 1520[2]	0,310	1140 bis 1170[2]

Bezeichnung des Mauerwerks usw.	Einheit	Sohle	Wände	Decken
12. Torkretputz (Korngröße 3—10 mm):				
m^3-Bedarf an Zementmörtel 1:3—1:2				
Schichtstärke 1 cm		0,0115	0,0140	0,0160
,, 2 cm		0,0225	0,0270	0,0310
,, 5 cm		0,0550	0,0650	0,0750
Rückprall nur für Nebenzwecke verwertbar (Ausfüllen von Arbeitsräumen usw.)		0%	20%	40%
13. Verfugen 1,5—2,0 cm	lfm	—	0,2 kg PZ	—
		—	0,001 m^2 Sand	
14. Patschokkieren	m^2		1—2 kg PZ	—

[1] Herstellen von Mörtel mit (250 l) Mischer erfordert je m^3 (0,5 h + 0,3 kg Dieselöl).
[2] Sand 3% feucht.

nen den geringsten Mörtelbedarf. In diesem Falle sinkt der Mörtelbedarf von 0,4 m^3 auf 0,10 m^3 Mörtel je 1 m^3 Mauerwerk. Je größer die zur Verarbeitung gelangenden Steine sind, um so geringer ist der Bedarf an Mörtel; im Mittel beträgt er für 1 m^3 Bruchsteinmauerwerk 0,30 m^3. Die Bedarfsziffern für die Steine können nur näherungsweise angegeben werden, da es von der Art der Abnahme vom Lieferanten abhängt, wieviel lose geschlichtete Steine für das jeweilige Mauerwerk erforderlich sind. Um diese Unsicherheit möglichst auszuschalten, überzeuge man sich von Fall zu Fall durch einen Ausbeuteversuch, wieviel Steine je 1 m^3 Mauerwerk nötig sind und schließe mit Frächter und Lieferanten nach *Steingewicht* je 1 m^3 ab. Für die Kalkulation reichen die Ziffern der Tab. 105 aus. Es ist Sache des Kalkulanten, je nach Steingüte, Klüftigkeit und Lagerhaftigkeit im Vorkommen die obere oder untere Grenze zu wählen. Fallen die Steine lagerhaft an und ist der Abfall schon im Zuge der Gewinnung gering, wird auch der Bedarf geringer. Kluftarme Vorkommen gestatten zwar die Verwendung großstückiger Steine, erschweren jedoch die Verarbeitung und erhöhen durch größeren Abfall die Bedarfsziffer nach oben oder unten, je nachdem, ob sie nur für Quadermauerwerk oder für Steinsätze herangezogen werden.

Die Anlieferung der Werksteine kann von der Gewinnungsstelle direkt mit LKW oder per Bahn erfolgen. Die Verladekosten sind in der Regel im Lieferpreis enthalten. Hingegen sind alle weiteren Tranport- und Umschlagkosten zur Einbaustelle in der Kalkulation zu berücksichtigen. Auch die durch mehrmaligen Umschlag entstehenden Verluste und Beschädigungen sollen nicht vernachlässigt werden.

Tabelle 106. *Arbeitsaufwand für Maurerarbeiten*

Bezeichnung der Arbeiten		E	h/E
A. *Trockenmauerwerk:*			
1. Trockenmauerwerk aus Bruchsteinen		m^3	8—10[1]
B. *Mörtelmauerwerk:*			
2. Unregelmäßiges Bruchsteinmauerwerk		m^3	6—10
3. Regelmäßiges Bruchsteinmauerwerk		m^3	5— 8
4. Unregelmäßiges Schichtenmauerwerk		m^3	6—10
5. Regelmäßiges Schichtenmauerwerk		m^3	10—15
6. Quadermauerwerk		m^3	20—30[2]
7. Steinwurf zur Kolksicherung		m^3	4—5
8. Steinsatz (Berme)		m^3	6—8
9. Stein- (Mörtel-) Pflaster	$d = 20$ cm	m^2	2—4
	$d = 40$ cm		4—5
10. Trockenpflaster	$d = 20$ cm	m^2	2,5—4,5
	$d = 40$ cm		4,5—6,0
11. Ziegelmauerwerk	Normalformat	m^3	7,0—8,0
	Großformat	m^3	6,5—7,5
12. Verputz (Zement)mörtelputz	2 cm	m^2	0,9—1,2
Wasserdichter Zementmörtel, geglättet	2,5 cm	m^2	1,2—1,6
13. Torkretputz[3]	1 cm	m^2	0,5—0,6
	2 cm	m^2	0,8—1,0
	5 cm	m^2	1,2—1,5
14. Fugen reinigen und mit Zementmörtel verstreichen		lfm	0,1—0,2[4]

[1] Je nach Ausbildung.
[2] Mit leichten Kränen ($T = 0,5-1,0$ t)
[3] $F_{\min} = 10\,m^2$.
[4] Bei 2—5 cm Fugentiefe.

Ist die Gewinnung der Werksteine ein Nebenbetrieb der Baustelle, so sind die Gewinnungskosten mit den Verladespesen für sich zu erheben und mit dem Ergebnis weiterzurechnen. Hierbei ist die sichere Einschätzung der Ausbeute nicht einfach, jedoch für die Kostenermittlung von einiger Bedeutung. Wieviel brauchbare Bruchsteine liefert 1 m³ gewachsener Fels? Art der Klüftigkeit, Kluftabstand (Schichtstärke), Anteil an unbrauchbaren Zwischenschichten und unverwertbarer Überlagerung sind hierbei zu beachten. Im Durchschnitt ergibt 1 m³ brauchbarer Fels 1,5 m³ loses Haufwerk. Bei kleinklüftigem Vorkommen liegt diese Ziffer höher (1,7 m³), bei großbankigem, massivem Fels bei 1,3 bis 1,4 m³. 1 m³ loses Haufwerk ergibt 0,7 bis 0,8 m³ geschlichtetes unregelmäßiges Bruchsteinmauerwerk, d. h. aus 1 m³ brauchbarer Felsmasse kann 0,9 bis 1,40 m³ unregelmäßiges Steinmauerwerk hergestellt werden. Für regelmäßiges Mauerwerk liegen die Werte je nach Vorkommen niedriger.

20.3 Arbeitsaufwand (1/20/10/10)

Die in Tab. 106 angeführten Werte setzen voraus, daß alle Baustoffe in greifbarer Nähe der Einbaustelle lagern. Unter greifbar sei eine Entfernung verstanden, die keine wesentlichen Transporte zum Versetzgerät oder zur Einbaustelle erfordert. Die Werte beinhalten auch alle jene Nebenarbeiten, die üblicherweise von den Maurern mitzumachen sind, wie Herstellen von leichten Arbeitsgerüsten, von Fahrbahnen für leichte Versetzkräne und deren Bedienung, von Transportwegen und -gleisen, Steinrutschen, kurz alle Arbeiten, die mit dem Einbau der Steine zusammenhängen. Jedoch ohne besondere Bearbeitung der Steine. Die Werte gelten für eine normale Zugänglichkeit der Einbaustelle und für normale Witterungsverhältnisse.

21. Stahlbauarbeiten

21.0 Allgemeines

Der Bauunternehmer des Tiefbaues wird im allgemeinen Stahlkonstruktionen, auch wenn es sich um eigene Entwürfe handelt, nicht selbst kalkulieren, sondern eine Stahlbaufirma zur Anbotlegung auffordern. Hingegen hat er oft Stahlkonstruktionen zu verlegen, einzelne Stahlteile zu versetzen und diese Arbeiten selbst anzubieten. Besonders dann, wenn es sich um Konstruktionen handelt, die bereits in seinem Besitze sind, wie stählerne Dachkonstruktionen für Werkstätten, Lagerhallen, zerlegbare (Brücken-) Konstruktionen für Bau- und Bandbrücken oder Stahlgerüste für Aufbereitungen und Betonfabriken, Stahlsilos und Stahlteile von Lehrgerüsten. Fast nie wird der Tiefbauunternehmer größere Stahlkonstruktionen in der eigenen Werkstätte anfertigen, sondern sie sich wirtschaftlicher von Stahlbaufirmen liefern und aufstellen lassen.

Es sollen daher in diesem Kapitel nur solche Erfahrungswerte wiedergegeben werden, die üblicherweise in der Tiefbaukalkulation benötigt werden und die sich auf die Manipulation mit abgebundenen Stahlteilen beziehen.

21.1 Einrichtung und Gerätebedarf

Stahlbauteile als Träger oder Teile von Konstruktionen werden je nach Größe per Bahn, LKW oder Tieflader angeliefert. Das Entladen an der Baustelle wird zweckmäßig mit Portal- oder fahrbarem Kran vorgenommen. Sehr schwere Teile werden mit Winden auf Schwellenstapel abgesetzt. Für diese Arbeit ist mit 4,0 bis 6,0 h/t zu rechnen; der niedere Wert gilt für kleinere, kranfähige Teile.

Zur Manipulation auf der Baustelle für den Zusammenbau der Konstruktion werden je nach Stückgröße schwere Derricks, Versetznadeln oder Turmkräne verwendet. Für die kurzlebigen Konstruktionen der Baueinrichtung werden die Verbindungen nur verschraubt, selten vernietet oder verschweißt. Oft sind für die Montage der Stahlkonstruktionen je nach Geländeverhältnissen Hilfsgerüste und Hilfsbrücken erforderlich, desgleichen für die Förderung zur Montagestelle. Das Ausmaß und die Abmessungen dieser Hilfskonstruktionen sind skizzenmäßig festzustellen und die Kosten mit den Werten aus Kapitel 11 zu kalkulieren. Für die Gerüstarbeit ist unter Umständen eine leichte Ramme vorzuhalten.

Der Beschaffungs- oder Tageswert von Stahlkonstruktionen ist den Offerten der Lieferfirmen zu entnehmen. Er leitet sich aus den jeweiligen Grundpreisen für die betreffende Stahlgüte mit Aufpreisen für Profilformen, Länge, Gewicht und Qualität ab. Die Werkspreislisten unterscheiden den Formstahl, Stabstahl, Grobbleche und Breitflachstahl; in den Grundpreisen ist ein Mittelwert für die Fracht bereits eingerechnet.

Der *Verschnitt* ist je nach Konstruktionsart verschieden:

Brückenbau	7%	des Preises (Grundpreis + Überpreis + Fracht)
Hochbau	4–5%	
Stahlwasserbau	6–8%	

Bedarf zu *Verbindungsmitteln*:

Geschraubte Konstruktionen	benötigen	rund	20—25 kg	Schraubeneisen je t Tragwerk
genietete	„	„	„ 18—20 kg	Nieten je t Tragwerk
geschweißte	„	„	„ 5—10 kg	Elektroden je t Tragwerk

Zu diesen Verbrauchsziffern kommt noch ein Betriebsstoffaufwand für Kompressor, Schmiede, Schweißgerät und Strom. Für die Baustellennietung und -schweißung beträgt der Stromverbrauch 40 bis 50 kWh je t Tragwerk, bzw. 7 bis 8 kWh je kg Elektrode oder 3 kWh je kg Niete.

Der genaue *Stahlverbrauch* selbst ergibt sich nach den statischen Berechnungen bzw. Entwurfsplänen. Für rohe Vergleiche dienen folgende Angaben:

Es benötigen

Schwere Stahlgerüste z. B. für Kabelkranfahrbahnen usw.	50—60 kg je m^3 umbauter Raum
Stahlskelettbauten für Deckenlasten von 1,0 bis 1,5 t/m^2	30—35 kg je m^3 „ „
Dachkonstruktionen samt Stielen und Verbänden	25—35 kg je m^3 „ „

Werden Niet- oder Schweißarbeiten auf der Baustelle ausgeführt, so sind eine Preßluftanlage, Schmiede und Schweißgeräte bereitzustellen, dazu die Nieten selbst sowie die Schweißelektroden.

21.2 Materialbedarf

Stahlträger und Stahlkonstruktionen für Hilfskonstruktionen werden der Baustelle vermietet. In der Kostenrechnung ist der für die Einsatzdauer anfallende Miet- bzw. Abschreibungsbetrag zu berücksichtigen. Bei den Ansätzen der Abschreibung ist mit Vorsicht vorzugehen und die Konstruktionsart zu berücksichtigen. Als Anhaltspunkte dienen folgende Angaben für die monatliche Abschreibung:

1. Träger für Lehrgerüste und Baubrücken	2,0—2,5% pro Monat
2. Dachkonstruktion für Werkhallen, Werkstätten und Magazine, samt Stiele und Windverbände	2,0—3,0% „ „
3. Stahlrohrgerüste	2,1% „ „
4. Kleinteile zu Stahlrohrgerüsten	4 —5 % „ „
5. Stahlschalungen, Tafeln, Tragkonstruktionen	2,5—3,0%
6. Zerlegbare Baubrücken System Sattler, Schneider usw.	2 —2,5%
7. Sonderkonstruktionen, Stahlgerüste für Betonfabriken	2 —4 %
8. Stahlgerüste für Aufbereitungen	2,5—4 %
9. Stahlgerüste für örtlich angepaßte Fahrbahnen aller Art und Sonderanfertigungen für die Baustelle, deren Wiederverwendung fraglich ist	je nach Bauart und örtlicher Lage, unter Umständen bis auf Alteisenwert abschreiben je Monat: $= \frac{\text{Beschaffungswert — Restwert}}{\text{Einsatzdauer in Monaten}}$

Die Position 9. betrifft alle jene Konstruktionen, die nur für eine bestimmte Baustellenlösung angefertigt wurden und deren Wiederverwendung nicht mit Sicherheit angenommen werden kann. Der Restwert kann noch über dem Schrottwert liegen, wenn eine Verwertung in anderer Form möglich ist. Die Umarbeitung von Stahlkonstruktionen ist meistens nicht wirtschaftlich.

21.3 Arbeitsaufwand

Stahlbauarbeiten auch einfacher Art sollten nur mit geübten Arbeitern ausgeführt werden. Allein schon die Manipulation mit schweren Trägern, sei es beim Abladen oder Transportieren, erfordert Erfahrung und Geschick. Die in Tab. 107 angeführten Kalkulationswerte gelten für geübte Arbeiter. Bei ungeübten Kräften sind sie entsprechend zu erhöhen (20 bis 30%), bei überwiegend maschineller Mithilfe für Hebe- und Versetzarbeiten können die Werte noch (10 bis 15%) erniedrigt werden, wenn geschickte Kranführer die Arbeiten ausführen. Die Werte beziehen sich auf die Verarbeitung der bis in die Nähe der Einbaustelle angelieferten Stahlteile.

Tabelle 107

Beschreibung			h/t
1. Stahlprofilträger aller Art aufladen		t	1,5—2,0
2. Stahlprofilträger aller Art abladen		t	1,3—1,8
3. Stahlprofilträger aller Art umladen		t	1,2—1,5
4. Träger aller Art zur Einbaustelle schaffen und versetzen		t	30—50
5. Träger abtragen und lagern		t	20—30
6. Abgebundene Dachkonstruktionen für Dächer, Werkhallen und Bandbrücken	aufstellen	t	30—40[1]
	abtragen	t	15—25[1]
7. Abgebundene Stahlkonstruktionen für Stahlskelette von Betonfabriken und Aufbereitungen, Seilbahnstationen	aufstellen	t	50—70
	abtragen	t	30—40
8. Stahlsilos, abgebundene, kleine,	aufstellen	t	30—40
	abtragen	t	15—25
9. Abgebundene schwere Stahlkonstruktionen von Kabelkran- und Gerüstbrücken	aufstellen	t	40—60
	abtragen	t	25—40
10. Stahlrohrgerüste	aufstellen	t	20—25
	abtragen	t	12—15
11. Abbund (Zusammenbau) von Stahlkonstruktionen in der Werkstätte			
a) Leichte, kleine Konstruktionen		t	(100 h)
b) Mittlere Konstruktionen für Dächer, leichte Binder usw.		t	(70 h)
c) Schwere Konstruktionen von Blechträgern, Kranträgern		t	(50 h)
12. Anstreichen von Stahlteilen mit Rostschutzfarbe[2]		m^2	0,4—0,8

Die höheren Werte gelten für alte (gebrauchte) Konstruktionen.
Farbverbrauch 0,2—0,3 kg/m^2.

22. Betonarbeiten (einschließlich Eisenbiegen und Schalen)

22.0 Allgemeines

Die Kostenermittlung der Betonarbeiten hängt wesentlich von der Art der Ausschreibung und vom Umfang der Arbeiten ab. Je größer die Mengen und je höher die Güteforderungen sind, um so sorgfältiger sind alle Einzelphasen der Erzeugung, Förderung und Verarbeitung des Betons zu überlegen. Aus der Ausschreibung geht hervor, ob Schalung und Bewehrung einzurechnen oder getrennt anzubieten sind, ob Bindemittel oder Zuschlagstoffe beigestellt werden, in welcher Form diese Beistellungen abzurechnen sind und wer die Transportverluste trägt. Der Baustoffbedarf für den Beton kann bekanntlich nur angenähert ermittelt werden, weshalb bei hohen Baustoff- und Transportkosten eine vorsichtige Annahme am Platze ist. Mit der Betonherstellung sind die Schalungs- und Bewehrungsarbeiten untrennbar verbunden, weshalb die Besprechung dieser Arbeiten sinngemäß den Betonarbeiten folgen soll. Bei den Betonkosten werden sie nur soweit berücksichtigt, als sie die Betonherstellung maßgebend beeinflussen. Von den Zuschlagstoffen wird hier angenommen, daß sie aus einer eigenen Aufbereitung oder von einem Lieferanten in der jeweils erforderlichen Körnung und Reinheit loco Baulager oder Bausilo zur Verfügung stehen. Für den Fall der Eigenerzeugung ist die Kostenermittlung nach Kapitel 19 vorzunehmen und das Ergebnis in die Kostenerrechnung für den Beton zu übernehmen. Es ist lediglich zu beachten, ob nicht vom Beistellungsort Umschlagkosten zu berücksichtigen sind.

Die Leistungsverzeichnisse unterscheiden meist zwischen dem schalungs- und bewehrungsarmen Beton der Fundamente, dem aufgehenden Beton von Mauern, Wänden, Pfeilern mit einem Schalungsanteil von 0,5 bis 4,0 m^2/m^3 Beton und schwacher Armierung (10 bis 40 kg/m^3) und schließlich den aufgelösten Teilen der einzelnen Konstruktionen, wie Säulen, Decken, Saugrohre, Spiralen usw.; der Schalungsanteil steigt bis auf 6 bis 10 m^2/m^3, die Bewehrung von 80 bis 140 kg/m^3, wozu noch beträchtliche Anteile an Gerüstungen aller Art kommen.

Die Preisermittlung ist fast immer je Kubikmeter Fertigbeton zu erstellen, nur Decken- und Säulenkonstruktionen sind je Quadratmeter bzw. je laufenden Meter anzubieten. Grundsätzlich wird — den Normen entsprechend — der Soll- oder Mindestgehalt an Bindemittel je Kubikmeter Beton vorgeschrieben, doch nicht selten die Einhaltung einer bestimmten Güte bei gegebener Mindestzementmenge verlangt. Während die Vorschreibung des Bindemittelgehaltes klare Verhältnisse in der Kostenermittlung schafft, ist eine Güteforderung verbindlich wohl nur nach ausreichenden Vorversuchen zu gewährleisten! Wenn solche Versuche nicht schon vorliegen oder Ergebnisse aus ähnlichen Versuchen — mit den zur Verarbeitung in Aussicht genommenen Bindemitteln und Zuschlagstoffen — benützt werden können, ist es meist innerhalb der üblichen Angebotsfrist nicht möglich, erschöpfende Erhebungen durchzuführen. Wie immer Güteforderungen gestellt werden, ob bestimmte Festigkeiten, Wasserdichtigkeit, Wasserundurchlässigkeit, Frostbeständigkeit oder Raumgewichte des erhärteten Betons verlangt werden, der gewissenhafte Unternehmer wird in Zweifelsfällen stets sachliche Bedenken geltend machen und versuchen, unklare Risken abzugrenzen.

Die Herstellung des Betons gliedert sich in folgende Einzelarbeiten:

1. Umschlag und Lagerung der Bindemittel und Zuschlagstoffe,
2. Betonerzeugung, Zumessen aller Anteile und Mischen,
3. Transport von Mischanlage zur Einbaustelle,
4. Verarbeiten des Frischbetons und
5. Nachbehandeln des fertigen Betons.

22.1 Einrichtung und Gerätebedarf

22.11 Umschlag und Lagerung der Bindemittel und Zuschlagstoffe

Zemente aller Art, auch Traß und Thurament, werden heute nur mehr lose in Behälterwagen angeliefert. Lediglich kleinere oder schwer zugängliche Baustellen versorgen sich mit Sackzement. Die Größe des hierfür notwendigen Magazins richtet sich nach den Versorgungsmöglichkeiten und dem Bedarf der Baustelle. Für die Lagerung von 1 t Zement sind 0,50 bis 0,60 m² Grundfläche erforderlich. Im allgemeinen genügt, auch bei größeren Bauten, die Bevorratung eines Wochenbedarfes.

Bei Anlieferung der Bindemittel in losem Zustand richten sich die Einrichtungen für den Umschlag nach Art, Größe und Konstruktion der Behälterwagen. Bindemittel aus gedeckten Bahnwagen (15 bis 20 t) können entweder mit einer Kraftschaufel (Leistung 30 bis 50 t/h) oder mit fahrbaren Zementpumpen (20 bis 25 t/h) entladen werden. Bahnwagen mit Boden- oder Seitenentleerung (20 bis 40 t) entleeren in ein Vorsilo auf ein Förderband oder in eine Zementschnecke oder direkt in eine Bindemittelpumpe. Der Umschlag erfolgt gewöhnlich in Stahl- oder Holzsilos von 25 bis 400 t Inhalt. Die Beschickung erfolgt bei kleineren Behältern und geringen Höhen (bis 15 m) durchwegs direkt mit Preßluft (2,5 atü), bei größeren Behältern und großen Förderhöhen und -weiten wird vielfach die Bindemittelpumpe (Fuller, Polysius) verwendet, wenn auch für Förderhöhen bis 25 m leichte Zementbecherwerke im Betrieb wirtschaftlicher sind. Man zieht jedoch die Druckluftförderung vor, da schon die Entleerung der Bahnwagen (geschlossenen Behälterwagen) in den meisten Fällen die Einrichtung einer Druckluftstation erfordert, die Installation einfach ist und auch die Verstaubungsverluste praktisch Null sind. — Die Einrichtung des Bindemittelumschlages wird also davon abhängen, wie das Lieferwerk den losen Zement beistellt, ob per Bahn oder in Silostraßentransportwagen und ob eine direkte Zufahrt zur Baustelle möglich ist. Ist der Umschlag abseits von der Baustelle vom nächstliegenden Bahnhof durchzuführen, so ist dort eine Umlade- und Puffersiloanlage zu errichten, deren Abmessung alle Störungen und Aufenthalte im An- und Abtransport abzufangen hat. Ein Vergleich einer Reihe von Großbaustellen ergab, daß derartige Siloanlagen für den Bedarf von höchstens 3 bis 4 Tagen ausgelegt wurden, während die Hauptsiloanlagen an der Baustelle für 8 bis 10 Tage vollen Betonierbetrieb ausreichten (Kaprun 4000 t, Jochenstein 4000 t, Ybbs 4500 t, Braunau 1000 t).

Bindemittelsilos bestehen aus Stahl oder Holz, ihre Gewichte schwanken je nach Größe und betragen ohne Unterbau bei Stahlsilos kleineren Inhalts (50 t) etwa 0,8 bis 1,2 t je m³ Inhalt, bei Großsilos (500 t) etwa 0,3 bis 0,5 t/m³; Holzsilos für Füllungen bis 500 t erfordern je m³ Inhalt etwa 0,15 bis 0,25 m³ Schnittholz und 20 bis 10 kg Eisen.

Die Silos stehen entweder direkt am Boden auf Betonfundamenten oder sind hochgelagert je nach Art der Abfülleinrichtungen. Zwischensilos, die in LKW's oder Seilbahnen entladen, sind meist hochgelagert, Hauptsilos werden schon wegen ihres größeren Gewichtes auf einen niederen, isolierten Unterbau gestellt und mit Polysiusrinnen oder Förderschnecken entleert, die ihrerseits Zementpumpen oder Becherwerke beschicken. Bei Umschlag auf Seilbahn ist diese, um Verstaubungsverluste zu vermeiden, mit eigenen verschließbaren Transportbehältern auszustatten. Spezialfirmen — z. B. TM-Paris[1] — vermieten vollständige Anlagen für den Zementumschlag in Kleinbehälter (0,4 t), die einen sehr wirtschaftlichen, nahezu verstaubungsfreien Transport direkt vom Werk über Bahnwagen oder LKW und Seilbahn bis zum Hauptsilo der Baustelle gestatten und Leistungen bis zu 1200 t je Tag ermöglichen (Sperre Mauvoisin).

Die Verwendung einer derartigen Spezialeinrichtung, die je nach Umfang der Bauarbeiten anzukaufen oder anzumieten ist, erfordert bauliche Maßnahmen und Sondereinrichtungen, die im Einvernehmen mit der Lieferfirma zu planen und in der Kostenrechnung der Baueinrichtung zu berücksichtigen sind. Die Entladung von Kleinbehältern der TM von Eisenbahnwagen über kleine Zwischenpodeste in die Gehänge der Seilbahn und Rückladung der Leerbehälter erforderte beispielsweise eine Belegschaft von 6 Mann, die eine Ladung von 16 t (40 Behälter) in rund 0,5 bis 0,6 h umschlagen, was einen Aufwand von 0,20 bis 0,25 h je t Bindemittel entspricht. An der Entladestelle werden bei gleicher Belegschaftsstärke und Leistung — deren Tempo durch die Seilbahnleistung diktiert wird — in einer pneumatisch gesteuerten Kippkabine die Behälter in ein Vorsilo entleert und die Bindemittel von dort dem Hauptsilo zugeführt, es sei denn, man kann die ganze Entleerungseinrichtung über den Hauptsilos anordnen.

Werden außer Zement auch andere Bindemittel verwendet (Traß, Thurament, Sulfatzement usw.), so sind die Silos nach dem Mischungsverhältnis auszulegen. Die Umschlageinrichtungen werden gemeinsam verwendet, doch ist Vorsorge zu treffen, daß Verwechslungen oder Verschmutzungen unter allen Umständen verhindert werden.

Der Betriebskostenaufwand für die einzelnen Bindemittelfördereinrichtungen richtet sich nach deren Größe und Leistung. Das Umblasen von Behälterwagen in Silos bei einer maximalen Höhe von 15 m erfordert bei einem Luftverbrauch von 10,0 m^3/min und 2,5 atü Betriebsdruck 1,5 bis 2 min/t. Die *Zuschlagstoffe* werden unmittelbar neben der Mischanlage gelagert, unsortiert oder getrennt nach den ausbedungenen Körnungen. Die Lagerung geschieht in Silos oder in Halden, die so bemessen sind, daß Störungen in der Aufbereitung oder im Zutransport abgefangen werden können, aber auch vorübergehend ein Übersteigen der vorgesehenen Durchschnittsleistung ermöglicht wird. Die Festlegung der Depotgröße hat auf die Kostenermittlung einen bedeutenden Einfluß, besonders dort, wo ungünstige Geländeverhältnisse kostspielige Anlagen erfordern. Im allgemeinen geht man auch bei sehr großen Baustellen nicht über einen Wochenvorrat hinaus. Größere Lager sind nur dann vorzusehen, wenn beispielsweise die Aufbereitung längere Zeit stillgelegt werden soll (Winter) oder durch Hochwasser ein Einstau der Gewinnungsstelle zu erwarten ist. Auch bei großen Entfernungen und schlechten Transportverhältnissen (Lawinen) wird man das Lager der Zuschlagstoffe ausreichend groß bemessen müssen und über einen Wochenvorrat weit hinausgehen. So betrug das Silodepot an der Mischanlage der Mosersperren (Kaprun) auf 2100 m Meereshöhe 8000 m^3, was kaum einem 4-Tage-Vorrat entsprach, während beim Bau der Mühldorfer Sperren (Reißeck-Werke) infolge der sehr lawinengefährdeten Zufahrt ein Halden- (Hang-) Lager von nahezu 30000 m^3 sortierter Zuschlagstoffe vorgesehen wurde.

---

[1] TM - Transports Mécanisés S. A., Paris (Zürich, Pelikanstraße 19).

Ist die Betonleistung größer als die Leistung der Aufbereitung oder der Transporteinrichtung, dann muß die Deponie so groß sein, daß keine Aufenthalte in der Betonierung eintreten. Aus dem Bauprogramm bzw. aus den Summenlinien von Aufbereitung und Betonerzeugung ergibt sich die Mindestgröße des notwendigen Depots. Werden die Zuschlagstoffe aus dem Aushub oder aus dem Stauraum gewonnen, ist ein ausreichendes Lager unsortierter oder vorsortierter Zuschlagstoffe in Aufbereitungsnähe anzulegen, um die zeitliche Verschiebung von Gewinnung und Verbrauch auszugleichen.

Mit der Festlegung der Depotgröße lassen sich je nach Gelände, Grundwasserstand und Höhenverhältnissen der Platzbedarf für die Halden bzw. die Größe der Silos bemessen, wobei die Art der Beschickung und Entnahme gut zu überlegen ist. So kann die *Schüttung* von Halden oder Füllung der Silos je nach Örtlichkeit und Entfernung von der Aufbereitung im Gleisbetrieb über Schüttgerüste oder Rampen, mit Förderbändern oder Seilbahnen und schließlich gleislos mit (Schwer-) Lastwagen aller Art vorgenommen werden. Kommen die Zuschlagstoffe mit der Bahn, so werden die Bahnwagen, wenn es nicht schon Silowagen sind, mit Greifern, Schrapperanlagen oder mit Spezialkippeinrichtungen entleert. Die *Entnahme* erfolgt in den meisten Fällen über Bandtunnels oder mit Greifbagger, Radschaufellader, bei kleinen Anlagen mit Schrapper oder Sondereinrichtungen. Es ergeben sich jeweils vielfältige Möglichkeiten, die sich nach dem vorhandenen Gerätepark richten. Grundsätzlich sind zwei Möglichkeiten der Beschickung von Mischanlagen zu unterscheiden: Die Mischanlage schließt unmittelbar als stationäre Anlage an die Hauptsilos an oder sie wandert — beispielsweise im Straßenbau oder bei Böschungs- oder Kanalbetonen — mit der Einbaustelle. Auch im Tunnelbau wird nicht selten die Betonerzeugung vor Ort verlegt. In diesem Falle schließen sich den Hauptsilos Zumeßeinrichtungen an, die abgestimmt zu den Mischern an der Einbaustelle dosieren und in LKW's oder Liefermischer verladen. Oft sind beide Beschickungsarten vereint, so daß wechselweise auch eine Trockenvormischung möglich ist, was zu einer nicht unerwünschten Herabsetzung der Mischzeit vor Ort führt.

22.12 Betonerzeugung, Zumessen und Mischen

Die Betonmischer werden entweder direkt über ein Vorsilo oder über Aufzugskubel beschickt. Bei großen Leistungen ist die Direktbeschickung die Regel. Je nach der gewählten Anlage wird das Vorsilo über ein Aufgabeband von der Halde oder von den Hauptsilos versorgt, es sei denn, die Hauptsilos liegen so, daß das Entnahmeband direkt die Mischanlage beliefert. Zwischen Mischern und Silos liegt die Zumeßeinrichtung in Form von Waagen verschiedenster Art. In Verwendung stehen Gefäßwaagen, fahrbare Sammelwaagen, Bandwaagen, Durchlaufzähler oder Gefäßwaagen für die Waserzugabe. Bei kleinen Anlagen erfolgt die Bedienung von Hand, doch bereits ab 10 m^3/h sind Waagen und Siloverschlüsse durch automatische Einrichtungen zentralgesteuert so verbunden, daß der Beschickungsvorgang in kürzester Zeit möglich ist.

Bei Beschickung der Mischer durch Aufzugskübel (bis 1,5 m^3), die bei *Bodenanlagen* für Leistungen bis zu 40 bis 60 m^3/h und mehr zur Anwendung kommen, erfolgt die Füllung der Sammelwaage mit Handschrapperanlagen oder mit Radialschrapperwerken. Bei größeren Leistungen werden auch Reihensilos verwendet, die von Gefäßwaagen abgezapft werden und über ein Aufgabeband den Aufzugskübel oder den Mischer direkt beschicken. Vollständige bewährte Systeme von Bodenanlagen werden u. a. von folgenden Firmen erzeugt: Elba-Werk, Ettlingen/Baden; Arbau-Werk, Heidelberg; Egli & Erbes, Baumaschinen, Basel.

Tab. 108 gibt mittlere Leistungsdaten von Betonmischern an, wobei höhere Spielzahlen nur bei automatischer Beschickung bzw. Zuwägung erreicht werden.

Tabelle 108. *Mischerleistungen*
Leistungen von Betonmischern in Kubikmeter Fertigbeton

Mischer-Größe[1] Trommel-Inhalt = lose Füllung	m^3 Beton je Mischer	Zahl der Mischen je 1 m^3 Beton im Mittel	Leistung in m^3 Beton je 1 h bei			
			15	20	25	30
			Spiele[2] je h			
150 l	0,12—0,13	8	1,8	2,4	3,1	3,6
250 l	0,18—0,20	5	2,7	3,6	4,5	5,5
375 l	0,25—0,30	4	3,7	5,0	6,1	7,5
500 l	0,35—0,38	3	5,2	7,0	8,5	10,0
750 l	0,50—0,55	2	7,5	10,0	12,5	15,0
1000 l	0,70—0,75	1,5	10,5	14,0	17,5	21,0
1500 l	1,10—1,15	1	16,5	22,0	25	33,0
2250 l (3 cyd)	1,55—1,70	0,75	23,0	31,0	39	46,5
3000 l (4 cyd)	2,10—2,20	0,50	30,0	42,0	50,0	63,0

[1] Achtung: Fabriksangaben über Mischergrößen sind unterschiedlich, manchmal beziehen sich diese bereits auf die Fertigbetonmenge je Trommelinhalt!
[2] Mittelwerte bei Freifall (Trommelmischer): 15—20 Spiele (Mischen) je h
„ bei Zwangsmischer: 25—30 „

Mischtürme sind wegen des freifallenden Materialdurchlaufes und des hochliegenden Vorsilos sehr hoch, ihre Füllung erfordert daher lange Aufgabebänder oder hohe Kräne; trotzdem erfreuen sie sich großer Beliebtheit und beherrschen heute das Bild vieler Großbaustellen und Transportbetonanlagen. Ihre Vorteile liegen in der gut zugänglichen, freistehenden Bauart, ihrer großen Leistung und gleichbleibenden Betongüte. Die ersten großen Mischtürme kamen aus Amerika nach Europa, wo sie zuerst an großen Sperrenbaustellen verwendet wurden. Heute werden Betonmischtürme in Mitteleuropa von u. a. folgenden Firmen erzeugt, die bereits über einige Erfahrung verfügen:

Deutschland: Vögele, Maschinenfabrik, Mannheim; Liebherr, H., Schossenried, Württemberg; Ibag, Internationale Baumaschinenfabrik A.-G., Neustadt/Weinstraße; Bewema, Wiesbaden-Biebrich; Eirich, Hardheim.

Schweiz: Egli & Erbes, Basel.

22.13 Transport von Mischanlage zur Einbaustelle

Die richtige Wahl und Situierung der Mischanlage und der Einbringgeräte ist für die Kostenermittlung entscheidend. Sie hängt eng mit der Verteilung der Betonmassen im Bauwerk und mit den örtlichen Gegebenheiten zusammen. Es ist anzustreben, die Transportwege des Frischbetons so kurz als möglich zu halten und Umschlagstellen wegen der Entmischungsgefahr weitgehend zu vermeiden. Ein an der Mischanlage abgefüllter Kübel soll direkt der Einbaustelle zugeführt werden. Diese Forderung ist naturgemäß nicht immer zu erfüllen, da sie im besonderen Maße von der installierten Einbringungsart abhängt. Man kann den Frischbeton einbringen mit 1. Rinnen und Rohren sowie Bändern, 2. Pumpen, 3. Kübeln.

Während das Einbringen nach 1. nur für kleine Baustellen, untergeordnete Betone, bei kleinen Fallhöhen (bis maximal 10 m) oder in Anschluß an Pumprohre

(Spinnenverteilung), in schwer zugängliche, enge Räume in Frage kommt, wird das Einbringen mit Pumpen oder Kübel allgemein angewendet. Der Anwendungsbereich des *Pumpbetons* ist beschränkt; es ist vorwiegend der Stollen- und Tunnelbau, wo die Förderung mit Pumpen (Kolben- und Druckluftförderung) vorherrscht, aber auch schwerbewehrte Massenbetone komplizierter Bauart (Krafthausbetone) wird man besser mit dem plastischen Pumpbeton herstellen.

Beim *Pumpbeton* ist die direkte Beschickung der Pumpenvorsilos oder Rührwerke durch den Mischer die Regel. Die Pumpen stehen dann in der Betonfabrik unter der Mischanlage. Sind neben dem Pumpbeton auch steifere Betone für den Kübeltransport herzustellen, ist die Pumpe verschiebbar einzurichten, falls nicht ohnehin genügend Höhe für beide Beschickungsarten vorhanden ist. Betonpumpen fördern horizontal bis höchstens 300 m, bei größeren Entfernungen wird mit gleich starken Relaispumpen weitergefördert oder — wirtschaftlicher — der Beton mit Liefermischer oder LKW zur Pumpstation gebracht. Die Aufgabe ist in diesem Falle unbedingt mit Vormischern (Rührwerken) auszustatten.

Der Vorteil des Pumpbetons liegt darin, daß enge Räume, die oft mit Bewehrung dicht gefüllt sind, bei verhältnismäßig einfacher Installation und großer Leistung (bis 30 m^3/h) einwandfrei betoniert werden können. Trotzdem ist man bestrebt, ihn wo irgend möglich durch den Kübel- (Rüttel-) Beton zu verdrängen, um dessen wesentlich bessere Güteeigenschaften auszunützen, die im kleineren WZ-Faktor, im größeren Korn und im geringeren Feinstsandanteil liegen. Der Praktiker wird immer zum weicheren Beton neigen, nicht allein wegen der leichteren Verarbeitbarkeit, sondern weil er weiß, daß Schäden, die durch schwerverdichtbaren, sandarmen, groben Beton an wichtigen, schlecht zugänglichen Stellen entstehen können, oft irreparabel sind.

Am häufigsten wird Beton aller Art mit *Kübel* oder *Wagen* eingebracht, die direkt vom Mischer beschickt werden und im Gleisbetrieb oder über Baustraßen mit LKW unter das Einbringgerät gebracht werden. Hierzu werden Kräne verschiedener Art verwendet, worunter sich — vorwiegend in Europa — der *Turmkran* als das beliebteste Gerät erwiesen hat. Diese Krantype, günstig im Profil, ist leicht zu installieren und universell für verschiedene Teilarbeiten wie Mauerung, Schalung, Armierung und Betonierung zu verwenden. Die Kranabmessung und Tragfähigkeit richtet sich nach der erforderlichen Betonleistung, nach der Größe der sonstigen Einbauteile (Quadern usw.) und allenfalls auch nach dem Gewicht der größten Schal- und Rüstelemente. Die Krankübel sollen in ihrer Größe so gewählt werden, daß sie bei kleinstem Eigengewicht die Tragfähigkeit des Krans gut ausnützen. Tab. 110 enthält durchschnittliche Angaben über Kranleistungen (für Kräne Fabrikat Wolff) mit einigen technischen Daten. Die Kranleistung ist fallweise für den tatsächlich zum Einsatz vorgesehenen Kran nachzuprüfen, da die Leistung stark von der Hub- und Senkzeit abhängt und auch davon, ob Fahrbewegungen notwendig sind, die nicht gleichzeitig mit dem Heben ausgeführt werden können.

In der Kostenberechnung für die Baueinrichtung sind die Aufwendungen für den Unterbau der Fahrbahn, die meist aus einem Querschwellenoberbau besteht (Schienen Form Xa, A, Schwellen 16/25), zu berücksichtigen. Hierbei sind Brückenkonstruktionen, wie sie für Kranbahnen oft erforderlich sind, nach gesonderter statischer Untersuchung für Kranlasten und Transportzüge (LKW) zu entwerfen.

Die in Europa so häufig verwendeten Turmkräne aller Größen sind in Amerika weniger bekannt; es werden dort, von Hammerkopf- bzw. Gantrykränen abgesehen, überwiegend auf Raupen und Gummirädern fahrende Spezialkräne verwendet. Ihr Vorteil liegt in der größeren Hub- und Drehgeschwindigkeit, z. B. 4 bis 5 U/min, in der raschen Einsatzmöglichkeit, Entfall von Montage und Fahr-

Tabelle 109. *Betonpumpen und Betonspritzgeräte*

Förderrohrdurchmesser d mm	Antriebsart	Kraftbedarf PS	Druckluftbedarf m³/min/atü	Ungefähre Leistung in m³ Beton je h	Bedienung	Gewicht t	Anmerkungen
1. *Betonspritzgeräte*							
25	Druckluft		3/1,5–3,5	0,75	1	0,25	Zuleitung für Wasser $^1/_2''$ δ_{max} = Größtkorn $= {}^1/_3 - {}^1/_2$ Rohrdurchmesser
32	Druckluft		5/1,5–3,5	1,5–2,0	1	0,60	
30	Druckluft		10–15/ 1,5–3,5	4,0–8,0	1	0,75/1,0	
2. *Betonförderanlagen mit Druckluft**							
		Treibkessel-Inhalt	**				
150	Druckluft	375 l	5–10	0,38 in 2–4 min	1		L_{max} = 200–250 m in Abhängigkeit von Druckluft
180	Druckluft	bis	bis	bis	1		
200	Druckluft	1000 l	15–30	1,0	1		
3. *Beton-Kolbenpumpen*							
a) Kurbelantrieb							
50	Elektro-Motor						Größte horizontale Förderweite: 250–300 m 1 m Hochfördern = 6 m horizontales Fördern. Je steifer der Beton, um so größer der Verschleiß, er ist am geringsten bei idealer Kornverteilung. Gebrochener Zuschlagstoff hat gegenüber Rundkorn und feinsandreichen Gemengen höheren Verschleiß zur Folge. Die Ersatz-(Verschleiß)-teilkosten sind durch Rep.-Zuschlag nicht annähernd gedeckt, hierfür ist in der Kalkulation ein Wert von *0,3 bis 0,6‰ des Neuwertes* je Betriebsstunde zu berücksichtigen. Größtkorn $d_{max} = \frac{D\,(\text{Förderrohr})}{3}$ Bei Transportbeton und Relaispumpen unbedingt Rührwerk vorsehen.
100	Elektro-Motor						
150	Elektro-Motor	25	—	8–12	1	2,8	
180	Elektro-Motor	40–45	—	15–20	1	3,3	
200	Elektro-Motor	55–60	—	35–50	1	8,0	
b) Hydraulischer Antrieb (Druckflüssigkeit)							
150	Elektro-Motor	27 PS	—	15–20	1	2,6	
180	Elektro-Motor	52	—	25–30	1	2,8	
200	Elektro-Motor	60	—	30–45	1	2,6	

* Preßluftbedarf je nach Förderdistanz und Höhe

** Pufferkessel um 2–6 m³ je nach Leistung unbedingt vorzusehen.

bahnbau und Verwendbarkeit als Bagger. Die Tragfähigkeiten sind größer, die Ausleger erreichen bereits eine Höhe von 75 und mehr Meter. Die Nachteile liegen im ungünstigeren Arbeitsprofil, im größeren Gewicht und im höheren Kraftauf-

Tabelle 110. *Durchschnittliche Angaben über Turmkräne (Wolff)*
(Kräne mit Portal)

	Bauart (Form) in tm					Anmerkungen
	15	30	40	60	90	
Tragfähigkeit in t						
T_{max}	3,0	4,0	6,0	6,0	6,0—9,0	bei kleinster Ausladung
T_{min}	0,9	1,5	2,0	2,0	2,0	bei größter Ausladung
Ausladung in m						
L_{max} bei T_{min}	16,0	20,0	20—25	25,0	30,0	
L_{min} bei T_{max}	6,0	10,0	7,5	10,0	10,0	
Größte Hakenhöhe bei 2 Zwischenstücken m						
H_{max}	22,0	27,0	27,0	29,0	42,0	
H_{min}	33,0	42,0	42,0	49,0	55,0	
Kübelgröße (Linhoff) m³	0,25	0,50	0,75	0,75	0,75	Kübelabmessungen gelten für L_{max} (größte Ausladung) und Linhoff-Kübel.
Kübelgewicht (Linhoff) t	0,30	0,38	0,43	0,56	0,65	
Spurweite (m)	2,80	3,06	3,80	3,80	5,00	Klappkübel (Silokübel) sind leichter und ermöglichen eine bessere Kranausnützung
Kranschwellen (Abmessungen)	cm m 16/25/3,0	cm m 20/30/4,0	cm m 20/30/4,5	cm m 20/30/4,5 bis 5,0	cm m 22/30/6,0	Verlegen von Krangeleisen 4,0—6,0 h/m
Krangewicht t ohne Ballast	11,5	18,5	23,0	33,0	50,0	
Motorleistungen usw.: Heben PS	13,5	29	29	34	45	Ausnutzung: 0,3—0,5 × Σ PS je nach Einsatzart.
Geschwindigkeit m/min	(40)	(45)	(45)	(45)	(45)	
Fahren PS	7,5	13	13	18	12	
m/min	(40)	(30)	(30)	(25)	(25)	
Schwenken PS	0,6	2,5	3	6	13,5	
U/min	1,1	(1,1)	(0,8)	(0,6)	(0,6)	
Σ PS	22	44	45	58	71	
Auf- und Abbau Arbeitsstunden	400 h	600 h	800 h	1200 h	1600 h	ohne Planum, ohne Krangleisarb. mit Nadelhilfe
Durchschnittliche Leistung m³/h	5,5	11	16,5	16	16,5	bei 20 bis 22 Spielen je h und Linhoff-Kübel

Anmerkung: Obige Angaben beziehen sich auf Wolff-Portalkrane, für andere Fabrikate sind die Daten bei gleicher Form sehr verschieden. Bei Leistungsvergleichen spielen die Schnelligkeit der Spiele (Hub- und Drehgeschwindigkeiten) sowie Auf- und Abbauzeiten eine wesentliche Rolle. Leichtbaukrane (ohne Portal) sind in vielen Fällen (z. B. schwierigem Terrain) und kurzer Bauzeiten den schwereren Typen vorzuziehen.

wand für die Einheit der Leistung, außerdem werden allfällige Überbrückungen wesentlich kostspieliger.

Das Einsatzgebiet von Bändern, Betonpumpen und Turmkränen ist im allgemeinen auf Bauten von mittelgroßen Betonkörpern und Leistungen bis zu etwa 1500 m³ je Tag beschränkt. Bereits im Schleusen-, mehr noch im Talsperrenbau mit seinen großen Abmessungen und großen Tagesleistungen ist der Turmkran üblicher Ausführung und Größe nicht mehr zweckmäßig. Die Einrichtungskosten steigen, besonders wenn teure und oft behindernde Überbrückungen notwendig werden; die Zahl der Geräte kann nicht beliebig gesteigert werden, da die gleichzeitige Beschickung vieler Kräne die Gesamtleistung herabsetzt und die Betriebskosten beträchtlich erhöht. Es ist von Fall zu Fall zu untersuchen, ob anstelle einer Turmkraninstallation nicht eine andere Lösung wirtschaftlicher ist. So wurden gerade im

Tabelle 111

Bauwerk: (Sperre) Bezeichnung	Baujahre bzw. Jahr der Fertigstellung	Beton-Inhalt in Mio m³	Installierte Betoneinbringung: KK = Kabelkran, TK = Turmkran, D = Derrick, BB = Betonierbühne, V = Verteilgerät; * = feststehend, ∥ = parallelfahrend, ↷ = kreisfahrend, *T* = Tragfähigkeit, *L* = Spannweite, *F* = Fahrbahnlänge, *K* = Betonkübelinhalt							
			Geräte	Anzahl	Art	*T* t	*L* m	*F* m	*K* m³	Anmerkungen
1. *Österreich*										
Kaprun (Limberg)	40/51	0,44	KK	3	∥	8,5	410	130	2,5	
Kaprun (Mosersperre)	50/56	0,67	KK	3	∥	9,5	416	97	3,0	
Kaprun (Drossensperre)	50/56	0,35	KK	3	∥	9,5	560 bis 570	62 bis 110	3,0	
Silvretta-Sperre	39/48	0,41	KK	1	*	8,5	480	—	2,5	+ BB
Weißsee-Sperre	50/52	0,059	KK	1	*	8,5	250	—	2,5	+ BB
Dobra-Sperre	50/52	0,090	TK	3	∥	$2{,}2^5$	—	145		F 45
Ottenstein-Sperre	53/57	0,130	KK	1	↷	9,5	420	170	3,0	
Salza-Sperre	47/49	0,023	TK	2	∥	$2{,}2^5$	—	75		F 45
Hierzmann-Sperre	48/50	0,043	KK	1	↷	5,0	220	120	1,5	
Ranna-Sperre	49/50	0,032	KK	1	↷	5,0	130	?	1,5	
Großer Mühldorfersee	54/57	0,153	KK	2	↷	9,5	610	72	3,0	+ V
						5,0			1,5	
Kleiner Mühldorfersee	56/58	0,060	KK	1	↷	5,0	220	50	1,5	+ V
Hochalmsee	57/58	0,029	TK	2	∥	$2{,}2^5$	—	170		F 45
Kops-Sperre (im Bau)	61/65	0,490	KK	2	↷	20	—	—	6,0	
2. *Schweiz*										
Lucendro-Sperre	1947	0,155	KK	1	↷					+ BB
Rätherichsboden-Sperre	1950	0,280	KK	2	*	10				+ BB
Oberaar-Sperre	1954	0,50	KK	2	*	10	230 bis 350	—	3,5	+ BB
Dixence	1961	1,73	KK	4	↷	20	870	300	6,0	$H_{max} = 300$ h
Mauvoisin	1958	2,10	KK	3	↷	20	513	190	6,0	$H_{max} = 275$ h
Gugra	1958	0,81	KK	2	↷	20	800	180	6,0	
Sambucco	1956	0,72	KK	3	∥	10	350	100	3,5	
Zerveila	1957	0,65	KK	2	∥	20	500	120	6,0	
Rossens	1948	0,25	KK	1	*	3,0		—	—	
			TK	5	∥	2,5	—	240		F 50

Tabelle 111 (Fortsetzung)

Bauwerk: (Sperre) Bezeichnung	Baujahre bzw. Jahr der Fertigstellung	Beton-Inhalt in Mio m³	Installierte Betoneinbringung: KK = Kabelkran, TK = Turmkran, D = Derrick, BB = Betonierbühne, V = Verteilgerät; * = feststehend, ‖ = parallelfahrend, ↷ = kreisfahrend, T = Tragfähigkeit, L = Spannweite, F = Fahrbahnlänge, K = Betonkübelinhalt — Geräte	Anzahl	Art	T t	L m	F m	K m³	Anmerkungen
3. *Amerika*										
Pickwick Dam	1938	2,88	KK	4	‖	20	416		6,0	
			KK	1	↷	20	487		6,0	3 × 814
							max.			1 × 640
Shasta-Dam	1945	6,66	KK	7	↷	20	814		6,0	L = 1 × 600
Keswick-Dam	1950	1,50	KK	1	↷	10	427		3,0	1 × 295
Noris-Dam	1936	0,96	KK	2	‖	20	587		6,0	1 × 218
Parker-Dam	1938	0,29	KK	2	↷	20	460		6,0	
Madden-Dam	1962	0,35	KK	1	‖	20	404		6,0	
Conchas-Dam	1939	3,37	KK	2	↷	10	503		3,0	
				1	*	10	520		3,0	
Marshall-Dam	1942	2,59	KK	1	↷	20	640		6,0	
Norfolk-Dam	1943	1,15	KK	2	↷	10	884		3,0	
Brunewill-Dam	1943	0,89	KK	2	↷	20	616		6,0	
				1	*	20	616		6,0	
Hungry-Horse-Dam	1953	2,36	KK	3	↷	25	750		7,5	
				1		25	740		7,5	
Grand-Coulee-Dam	1942	7,7	V	6	‖	20	1100		6,0	15000 m³/Tg
Hoover-Dam	1936	3,4	KK	2	↷	25	470		7,5	
			KK	2	↷	25	860		7,5	
4. *Italien*										
Diga di Cancano	1955	0,515	KK	3	↷	20	485	110	6,0	
Val-Galina	49/51	0,100	D	1	*	6	50	—	2,0	
			KK	1	‖	6	250	100	2,0	
Lumiei	46/48	0,104	D	4	*	P90	—	—	2–2,5	
Pieve di Cadore	47/49	0,377	TK	1	‖	—	—	320	2–2,5	Form 90
			D	2	*	—	—	—	2–2,5	„
San Giustina	46/50	0,120	KK	2	‖	10_n				
			D	1						

Schleusenbau vielfältige Lösungen versucht. Portalkräne hoher Leistung, Bandstraßen mit Verteilgeräten und Kabelbrücken wurden in verschiedenen Formen angewendet. Beim Bau des Donaukraftwerkes Aschach wurden für den Bau der Schleusen Spezialturmkräne sehr hoher Leistung (Form 234) entwickelt, so daß man für die Betonierung der Schleusenmauern (630000 m³) mit drei Kränen auskommen konnte.

Im Talsperrenbau mit seinen größeren Tagesleistungen erweist sich aber der *Kabelkran* in seinen verschiedenen Ausführungsformen allen anderen Lösungen im allgemeinen überlegen. Unter gewissen Verhältnissen können noch Turmkrananlagen oder schwere stationäre Derricks mit der Kabelkrananlage wetteifern. Bei zunehmender Längenausdehnung des Sperrenkörpers und in schwierigem Gelände bleibt jedoch nur der Kabelkran das einzig geeignete Einbringgerät für große Betonleistungen.

Tab. 111 gibt eine Übersicht über die Installation der Betoneinbringung einiger großer Sperrenbauten der letzten Jahre; die beherrschende Stellung des Kabelkranes ist offensichtlich.

Die Leistung eines Kabelkranes hängt von seiner Tragfähigkeit, seiner Spielzahl, von der Bauwerksform, der Betonierweise und Schichthöhe und schließlich von der Art der Beschickung und Bedienung ab. Die Planung einer Kabelkrananlage ist schwierig und erfordert viel Erfahrung, sie soll daher nur in Zusammenarbeit mit den Lieferfirmen und Spezialingenieurbüros durchgeführt werden.

Man verwendet Kabelkräne als *feste Kräne* mit oder ohne Verteilgeräte, Kräne mit *parallelfahrbaren* oder einseitig *kreisfahrenden* Türmen. Feste Kräne werden auch mit *Schwenk*- oder *Wipp*türmen gebaut, um teure Fahrbahnen zu ersparen und den Arbeitsbereich des Kranes ohne Verwendung von Verteilgeräten zu vergrößern. Es können keine allgemeinen Regeln über die Wahl der Krantype usw. gegeben werden. Die Geländeverhältnisse und die Bauwerksform diktieren in den meisten Fällen die Wahl. In Grenzfällen entscheidet ein Kostenvergleich. Man trachtet, mit geringsten Fahrbahnlängen auszukommen und die Türme so niedrig als möglich zu halten. Dies gilt besonders für die Fahrtürme.

Für den Auf- und Abbau der Türme ist mit 80 bis 100 h je t Stahlkonstruktion zu rechnen, wenn entsprechende Montagegeräte zur Verfügung stehen. Mit den gleichen Werten sind die Kranfahrbahnen zu kalkulieren. Der Stahlbedarf für Türme und Fahrbahnen ergibt sich aus den Entwürfen. In sehr roher Annäherung ist der Bedarf für Fahrbahngerüste mit 50 bis 60 kg je m^3 umbautem Raum anzunehmen.

Türme und Fahrbahnkonstruktionen sind im Hinblick auf eine spätere Wiederverwendung zu entwerfen. Dies gelingt jedoch selten, da sich ähnliche Verhältnisse kaum wiederholen. Es spielt daher der Ansatz für die Abschreibung dieser Stahlteile, die meist mit hohen Zu- und Abtransportkosten belastet sind, eine große Rolle in der Kalkulation. Bei Vergleichsrechnungen mit anderen Lösungen sind die Vorteile einer Kabelkrananlage richtig abzuschätzen. Sie bestehen vor allem darin, daß die Leistungsreserve der Anlage sehr groß ist, daß der Arbeitsraum für das Bauwerk frei ist von störenden Hilfsfundamenten, Hilfsgerüsten, Arbeitswegen und überdies große Einzellasten im Arbeitsraum transportiert werden können.

Für den Auf- und Abbau eines Kabelkranes kann ohne Arbeiten für Türme und Fahrbahnen und ohne Zutransporte für eine mittlere Spannweite von 350 bis 400 m näherungsweise gerechnet werden: 150 bis 180 h je t.

Die Leistung einer Kabelkrananlage hängt — wie bereits erwähnt — von vielen Faktoren ab. Zur ersten Orientierung dienen die Angaben der Tab. 112, die sich auf 400 m Spannweite und maximal 100 m Hubhöhe beziehen. (Fahrgeschwindigkeit maximal 6,0 m/sec, Hubgeschwindigkeit 1,5 m/sec, Senken 1,5 m/sec, Klappreiter).

Tabelle 112

Tragfähigkeit t	Kübelinhalt m^3	Kübelgewicht t	Festbeton je Spiel m^3	Spielzahl je h	Leistung je h m^3
5	2,0	1,0	1,5	12—18	18—27
8,5	4,0	2,0—2,5	3,0		35—55
20	8,0	5,0—6,0	6,0		70—100

22.14 Verarbeiten des Frischbetons

Frischbeton wird unmittelbar nach dem Einbringen *verteilt* und *verdichtet.* Das *Verteilen* geschieht in kleineren Räumen von Hand, oft mit Hilfe von leichten Rüttlern, im großen Blockraum von Sperren und Schleusen, wo mit Schichthöhen von 50 bis 70 cm gearbeitet wird, wird der mit Kübeln eingebrachte Beton so in Lagen (Walmen) geschüttet, daß nicht mehr viel Verteilarbeit nötig ist. Bei größeren Kübeln (> 2,0 m³) gelingt dies nicht mehr, man setzt kleinere bis mittlere Planierraupen zur Verteilung ein. Die Größe der Raupen richtet sich nach der Tragfähigkeit des Kranes, der sie umzusetzen hat. Beim Betoneinbau mit schwenkbaren Förderbändern (von Bandbrücken) ist ein Raupeneinsatz nicht notwendig, da die Bandabgabe bei einem Minimum an Einbaumannschaft eine gleichmäßige Verteilung des Betons ermöglicht.

Die *Betonverdichtung* erfolgt heute fast nur mehr mit Rüttlern, die in verschiedenen Ausführungsformen und Größen verwendet werden. Vorherrschend ist der Tauch- oder Innenrüttler, während Außenrüttler oft im Stollen- und Tunnelbau, vorwiegend bei geringen Auskleidungsstärken, vorgezogen werden. Oberflächenrüttler in Verbindung mit Fertigern sind beim Bau von Straßenfahrbahnen und im Brückenbau in Verwendung, doch werden im Straßenbau stärkere Unterbetone bereits mit Tauchrüttlern wirksam verdichtet. Rüttler werden mit Strom oder Preßluft angetrieben. Die Zahl der erforderlichen Rüttler richtet sich nach Größe und Leistung, die wiederum von Art und Aufbau des Betons abhängen (Tab. 113).

Tabelle 113. *Durchschnittliche Leistungen von Innenrüttlern* (U = 9000—10000 U/min)

Rüttlerflasche	Kraft (Luft) Bedarf[1]		Leistung[2] steifer/weicher Beton	
d (mm)	Elektr.-Rüttler PS	Preßluftrüttler m³/min	Elektr.-Rüttler m³/h	Preßluft m³/h
50	0,8—1,0	0,8	6/10	3/6
70	1,5—2,0	1,0	10/20	5/10
100	2,5—3,0	1,5	15/25	8/16
125	4,0—5,0	2,0	20/35	10/25

[1] Ausnützung von Rüttlergruppen $\alpha = 0{,}5$—$0{,}6$

[2] Werte gelten für Massenbeton und Stahlbeton großer Querschnitte.

22.15 Nachbehandeln des fertigen Betons

Die Nachbehandlung des fertigen Betons erfordert keinen weiteren Geräteaufwand, auch die Arbeit selbst wird in der Kostenberechnung oft vernachlässigt. Nur bei weiträumigen Baustellen sind für das Feuchthalten des Betons unter Umständen viele Rohr- und Schlauchleitungen vorzusehen, deren Kosten zu berücksichtigen sind. Auch der Aufwand an Wasser kann in der heißen Jahreszeit bedeutend sein. Normalerweise sind für die Betonerzeugung je m³ Beton rund 150 bis 200 l Wasser erforderlich, für das Feuchthalten von Beton und Annässen der Schalung sowie Reinigen der Arbeitsfugen ist dieser Wert um 50 bis 100 l/m³ zu erhöhen.

22.2 Bedarf an Baustoffen

Die verschiedenen Betonarten des Bauwerkes sind im Leistungsverzeichnis und in technischen Bedingungen meist ausführlich beschrieben. In der Regel wird das Mischungsverhältnis, der Sollgehalt an Bindemittel in Kilogramm je Kubikmeter Fertigbeton, angegeben; hierbei sind bestimmte Festigkeiten zu erreichen. Es kommt aber auch vor, daß das Mischungsverhältnis vom Unternehmer frei gewählt werden kann, nur sind bestimmte Güteeigenschaften wie Druckfestigkeit, Wasserdichtigkeit, Raumgewicht usw. zu erreichen. Die bestehenden Vorschriften über Mindestbindemittelgehalt sind natürlich einzuhalten. Der Unternehmer wird nun — falls keine Vorversuche vorliegen — nach eigener Erfahrung, aus Ergebnissen ausgeführter ähnlicher Bauten oder gar nach eigenen Vorversuchen ein passendes Mischungsverhältnis festlegen. Diese Anschätzung birgt eine gewisse Unsicherheit in sich, die der Unternehmer im Rahmen seines Wagnisses auf sich nimmt, ähnlich wie dies bei Anerkennung ungenügender Bodenaufschlüsse der Fall ist.

22.21 Mischungsverhältnis, Bindemittelgehalt je Kubikmeter Fertigbeton

Der Bedarf an *Bindemitteln* ist bekannt, ihre Kosten je Tonne loco Baulager sind aus den Werkspreisen einschließlich aller Fracht-, Transport- und Umladespesen zu ermitteln. Hierbei ist der *Verlust* durch die gesamte Manipulation bis zur Verarbeitung in der Mischanlage zu berücksichtigen. Bei Verpackung in Säcken schwankt der Verlust von 2 bis 4%; bei Transport in losem Zustand in Großbehälterwagen und pneumatischem Umschlag in Vorratsilos von 0 bis 0,2%. Ist von diesen Silos ein neuerlicher Umschlag in Kleinbehälter durchzuführen, ist mit 0,2 bis 0,5% zu rechnen. Ein Transport in TM-Behältern bis zur Baustelle begrenzt den Verlust auf 0 bis 0,2%.

Die Verluste für Zusätze wie Traß, Thurament usw. sind in gleicher Weise zu berücksichtigen.

Der Bedarf an *Zuschlagstoffen* je Kubikmeter Fertigbeton (vollständig verdichteter Beton) ist keine konstante Ziffer, sie schwankt je nach Mischungsverhältnis, Zement- und Wassergehalt, Kornzusammensetzung, Betonsteife, getrennter oder unsortierter Beigabe. Sie ändert sich, ob gebrochenes oder rundes Material, ob schwere oder leichte Rüttler oder Stampfer verwendet werden, ob der Beton gepumpt wird oder ob er aus extrem großen Körnungen aufgebaut ist. Die Menge der notwendigen Zuschlagstoffe je Kubikmeter Beton, gemessen in losem Zustand, schwankt von 1,0 bis 1,4 m³. Sie ist genau nur durch einen Eingangsversuch zu bestimmen, der alle aufgezählten Variablen berücksichtigt. Liegen Werte von ausgeführten Bauten ähnlicher Art vor, so können diese für die Kalkulation verwendet werden.

Wie genau nun die Ermittlungen über den „Eingang“ anzustellen sind, hängt von den Zuschlagstoffkosten und der zu verarbeitenden Gesamtmenge ab. Sie wird entscheidend beeinflußt, ob ihre Gewinnung und Erzeugung unmittelbar an der Baustelle geschieht oder ob sie von Fremdunternehmern über größere Entfernungen herangeschafft oder vom Bauherrn kostenlos beigestellt werden. Wenn keine näheren Unterlagen über den mutmaßlichen Eingang der vorgesehenen Zuschlagstoffmenge vorliegen, kann genau genug mit einem mittleren Wert von

1,30 m³ loser Zuschlag je m³ Beton

gerechnet werden. Der Wert verschiebt sich nach *unten*, je fetter die Mischung, je feinkörniger das Korngemenge und je weicher der Beton verarbeitet wird. Er *erhöht* sich bei mageren Mischungen, bei sinkender Steife und bei getrennter Zugabe der Zuschlagstoffe. Der Wert steigt auch, wenn die Größtkorngrenze steigt und mit schweren Rüttlern gearbeitet wird.

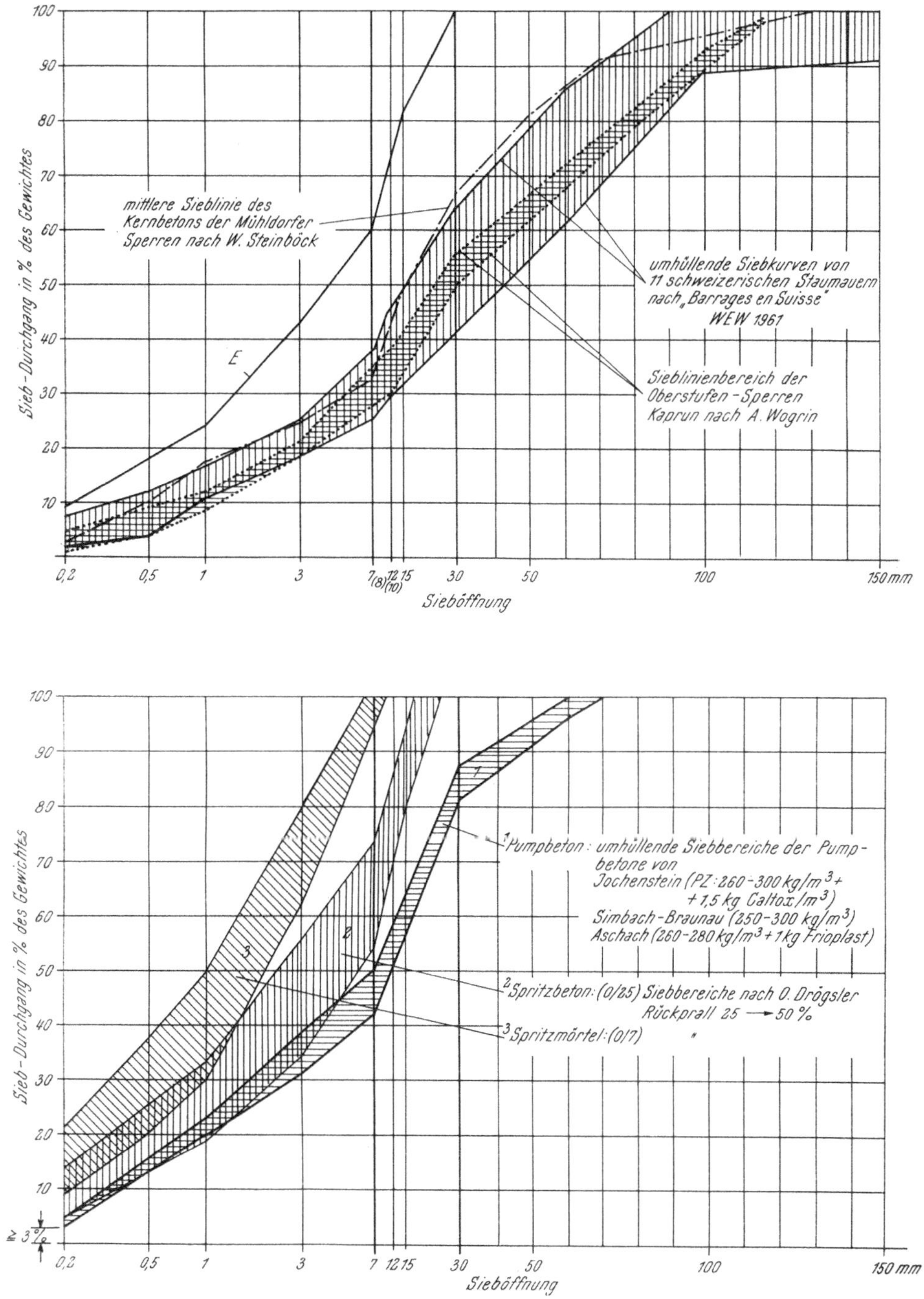

Abb. 28. Sieblinien von Spritz- und Pumpbetonen

Inwieweit Verluste an Zuschlagstoffen zu berücksichtigen sind, hängt von der Art und Häufigkeit des Umschlags ab. Bei Silolagerung sind sie ohne Bedeutung, bei offenen Halden am Hang oder auf weniger ebenem Gelände können die Mengen, die zur Verfüllung von toten Räumen erforderlich werden, unter Umständen ein nicht mehr zu vernachlässigendes Maß erreichen. Solche Verluste sind für Sande größer als für Kiese, überschreiten jedoch im allgemeinen kaum 2 bis 3%.

Oft ist es notwendig, Teile des Zuschlagstoffgemenges durch Fremdbezug zu ergänzen, besonders wenn der Kornaufbau des Naturgemenges ein Manko im Bereiche des Feinsandes aufweist oder die mineralogische Beschaffenheit dieser Anteile wegen glimmeriger oder lehmiger Bestandteile ausgeschieden und durch einwandfreie Sande ersetzt werden muß.

Fehlt Feinsand, so kann es bei geringem Abgang noch wirtschaftlich sein, durch erhöhte Gewinnung einen Ausgleich zu schaffen. Es fallen dann allerdings bei allen größeren Körnungen Mehrmengen an, die nicht immer verwertbar sind. Ist der Sand auszuscheiden, so sind die Kosten für den Fremdbezug einschließlich Transporte und Manipulation anteilmäßig gesondert zu berücksichtigen.
Abb. 27 und 28 zeigen Sieblinien für Sperrenbeton und Sieblinien für Pump- und Spritzbetone.

22.22 Güteeigenschaften des Betons sind vorgeschrieben

1. *Druckfestigkeit.* Ist die Druckfestigkeit vorgeschrieben, so soll bei hochwertigen Betonen die Dosierung mit den vorgesehenen Zuschlagstoffen aus Eignungsversuchen ermittelt werden, wobei die normgemäßen Mindestmengen einzuhalten sind; sie betragen:

	Österreich	Deutschland
Beton ohne Bewehrung	125	100—125 kg/m³
Stahlbeton	225	240—300 kg/m³
Stahlbeton, der Witterung ausgesetzt	240	270—300 kg/m³

Als weitere Anhaltspunkte für die Kalkulation dienen die dem Dykerhoff-Widmann-Taschenbuchkalender entnommenen Werte der Tab. 114.

Tabelle 114. *Baustoffbedarf je 1 m³ Beton, Kiessand 0/30, brauchbare Körnung*

Vorgesehener Druckfestigkeitsbereich *WB* 28	Mutmaßlicher Bedarf je 1 m³ Beton				
	Zement kg/m³	Kiessand 0/30 kg/m³	Zement l/m³	Kiessand 0/30 l/m³	Mischungsverhältnis in RT
400—600	400	1650—1800	333	1000	1:3
350—450	325	1780—1940	270	1080	1:4
225—350	265	1830—2000	220	1100	1:5
200—300	225	1870—2030	188	1130	1:6
150—250	200	1930—2100	167	1170	1:7
120—210	180	1970—2140	150	1190	1:8
100—170	160	2000—2180	133	1200	1:9
80—150	150	2060—2250	125	1250	1:10
50—110	125	2060—2250	104	1250	1:12
30— 70	100	2120—2300	85	1280	1:15

2. *Wasserdichtigkeit*: Wasserdichter Beton ist bei sehr guter Kornzusammensetzung und Verwendung von Zusatzmitteln bei einer Mindestdosierung von 270 kg

je m^3 zu erreichen. Es ist möglich, diesen Wert noch zu unterschreiten, doch ist dann die Dosierung aus Versuchsreihen zu ermitteln.

3. *Frostsicherheit*: Im allgemeinen ist wasserdichter Beton auch frostsicher, es bestehen aber auch wasserdurchlässige Betone die Frostprobe. Zwischen Druckfestigkeit und Frostsicherheit besteht kein Zusammenhang. Für die Frostsicherheit ist neben der Zementdosierung der Kornaufbau im Feinsand entscheidend, ebenso die Verwendung von gesunden, frostsicheren Zuschlagstoffen. Die Verwendung von LP-Mitteln ist zur Erzeugung von frostsicherem Beton unerläßlich.

Die untere Grenze der Dosierung liegt im allgemeinen bei 200 kg/m^3 für Betone, die nicht mit Wasser in Berührung kommen, für wasserdurchtränkte Betone liegt sie bei 240 kg/m^3.

4. *Beton bestimmten Raumgewichtes*: Die Einhaltung eines bestimmten Raumgewichtes ist bei gegebenen Zuschlagstoffen nur bei Einhaltung der Dosierung und Einbringen einer bestimmten Verdichtungsarbeit möglich. Bei vielen Bauwerksteilen ist es jedoch ausgeschlossen, den Beton bis zur verlangten Höchstgrenze zu verdichten, das vorgeschriebene Raumgewicht kann dann nicht erreicht werden. Dies gilt vor allem für Stollenauskleidungen und enge, schwer erreichbare Räume und dicht armierte Betonteile.

22.23 Bedarf an Mischwasser

Die Mischwassermenge ist aus dem vorgesehenen Wasserzementwert zu ermitteln und mit den Kosten für die Gewinnung oder bei Netzbezug mit den vorgeschriebenen Entnahmegebühren einzurechnen. Hierzu kommt die für die Nachbehandlung notwendige Wassermenge, aufgerundet um den Bedarf für das Reinigen der Aufstandsflächen und Arbeitsfugen sowie für das Feuchthalten der Schalung. Hierfür sind 50 bis 100 l je m^3 Beton anzunehmen.

22.24 Zusätze

Die Kosten der Zusätze sind mit dem vorgeschriebenen Anteil zu berücksichtigen, ebenso zusätzliche Installationen für die Lagerung und Beigabe der Zusatzmittel.

22.3 Lohnkosten der Betonarbeiten (1/3/6/10)

Die Lohnkosten der Betonarbeiten errechnen sich aus dem einmaligen Zeitaufwand für die Beistellung und Wartung der Geräte und dem Zeitbedarf für die Betonherstellung selbst. Bei allen größeren Betonarbeiten sind diese Werte nach den Grundsätzen dieses Kapitels mit größter Sorgfalt zu ermitteln. Verschiedene Einrichtungen ergeben einen verschiedenen Zeitbedarf für das Herstellen, weshalb bei Vergleichen beide Kostenstellen gemeinsam zu betrachten sind. Es ist die Lösung vorzuziehen, die bei einem Minimum an Gesamtkosten einen einfachen, klaren Betrieb bei genügender Reservehaltung ergibt. Teure Einrichtungen (mit Sondergeräten) verbilligen nicht immer die Betonherstellung, es sei denn, daß große Mengen und hohe Leistung die Installation von Geräten besonderer Art rechtfertigen. Im Zeitaufwand für das Herstellen des Betons spiegelt sich die wirtschaftlichere Einrichtung. Es genügt nicht, zur Berechnung dieses Zeitbedarfes mehr oder weniger brauchbare Erfahrungsziffern oder Werte aus Kalkulationsbüchern herauszuziehen. Nur bei gleichartigen Verhältnissen können Nachkalkulationswerte zum Vergleich verwendet werden; auch bei kleineren Bauten und einfachen Verhältnissen ist es zulässig, Werte aus Büchern zu entnehmen.

Für diese Fälle mögen die Ansätze der Tab. 115 für den Zeitaufwand je Kubikmeter Beton genügen. Sie gelten vor allem, wenn keine größeren Transporte zur Mischanlage oder zur Einbaustelle erforderlich sind und für den Einbau übliche Geräte (Turmkräne usw.) zur Verfügung stehen. Die Werte beinhalten keine Ansätze für die Gewinnung und Aufbereitung der Zuschlagstoffe und keine Stundenanteile für Schalung, Armierung und Gerüstung, die gesondert zu errechnen sind.

Tabelle 115. *Stundenaufwand je Kubikmeter Beton*

Vorbemerkung: Die angegebenen Näherungswerte gelten nur für das Herstellen, Zubringen, Verteilen und Verdichten sowie für die Nachbehandlung. Sie enthalten *nicht* das Einrichten der Baustelle, Aufbereiten der Zuschlagstoffe, Schalen und Armieren.

1.	Fundamentbeton und Betone großer Abmessungen		
		$B \geqq 4{,}00$ m	3–4 h/m³
2.	Fundamentbeton kleiner Abmessungen		
		$B \leqq 3{,}00$ m	4–6 h/m³
3.	Aufgehender Beton von Mauern und Pfeilern großer Abmessungen	$B = 2{,}0–3{,}0$ m	4–5 h/m³
4.	Aufgehender Beton wie 3.	$B = 1{,}0–2{,}0$ m	5–6 h/m³
5.	Zuschlag zu Positionen 1. und 2. für Behinderung		
	a) durch Aussteifungen		1–2 h/m³
	b) durch leichte Armierung 20–40 kg/m³		0,5–1 h/m³
	c) „ schwere „ 40–100 „		1–2 h/m³
6.	Stahlbeton schwerer Deckenplatten (Platten, Gewölbe, Turbinendecken)	$D = 1{,}5–2{,}5$ m	4–5 h/m³
7.	Stahlbeton schwerer Plattenbalken von Brückentragwerken		5–6 h/m³
8.	Stahlbeton leichter Plattenbalkenkonstruktionen		5–7 h/m³
9.	Stahlbeton feingliedriger Konstruktionen: Schwere Säulen, Stiegenläufe		8–12 h/m³
10.	Beton kleiner Querschnitte: Randsteine, Schächte		6–8 h/m³
11.	Unterlagsbeton $d = 10–20$ cm		6–8 h/m³
12.	Straßenbaubeton $d = 20–25$ cm, hergestellt mit Fertiger		4–5 h/m³
13.	Böschungsbetone (1:2, 1:3) 20–25 cm		
		a) ohne Sondergerät	8–10 h/m³
		b) mit „	4–5 h/m³
14.	Betone von Formsteinen		
		a) kleine Fertigteile	20–25 h/m³
		b) große „	10–15 h/m³
15.	Betone von Stollen- oder Tunnelauskleidungen (ohne Wassererschwernisse und Wasserüberleitungen)		
	a) Gewölbe ($d = 0{,}4–0{,}6$), (Pumpbeton)		3–5 h/m³
	b) Sohle		4–6 h/m³
16.	Beton herstellen (mischen) allein (mit Schrapperaufgabe)		0,4–0,7 h/m³
	Beton verteilen und verdichten		
	a) Stampfen		1,0–1,5 h/m³
	b) Rütteln (je nach Betonart)		0,4–0,8 h/m³
	Nachbehandeln		0,2–0,3 h/m³
	Zutransport, Kranbedienung usw.		nach örtlichen Verhältnissen
17.	Betonherstellung von Hand		4–5 h/m³

Für größere und schwierige Betonbauten sollen die Werte der Tabelle nicht benützt werden, vielmehr ist der Zeitaufwand nach der gewählten Einrichtung und der sich daraus ergebenden Bedienungsmannschaft neu abzuleiten. Auf diese Weise werden grobe Fehler schematischer Tabellenbenützung vermieden. Auch Nachkalkulationswerte können nicht einfach übernommen werden, sondern sind einer neuen Ermittlung nur vergleichsweise gegenüberzustellen.

Die Bedienungsmannschaft besteht aus der festen, von der Leistung unabhängigen Besetzung der Mischer, Kräne und Wagen und der veränderlichen Besetzung für Beschickung, Transport und Einbau, sofern nicht auch Teile dieser Arbeiten maschinell eingerichtet sind.

Aus der Summe aller an der Betonherstellung beschäftigten Arbeiter ergibt sich der Stunden- bzw. Tagesaufwand für die in diesem Zeitabschnitt erzeugte Betonleistung. Es ist besser, den Tagesaufwand zu ermitteln, um auch alle Nebenarbeiten einzuschließen. Hierzu gehören Vor- und Nacharbeiten, Vorbereiten der Betonierstellen, Reinigen der Arbeitsgeräte und -plätze, Herrichten von Fahrbahnen, Schüttrinnen, Arbeitstreppen usw.

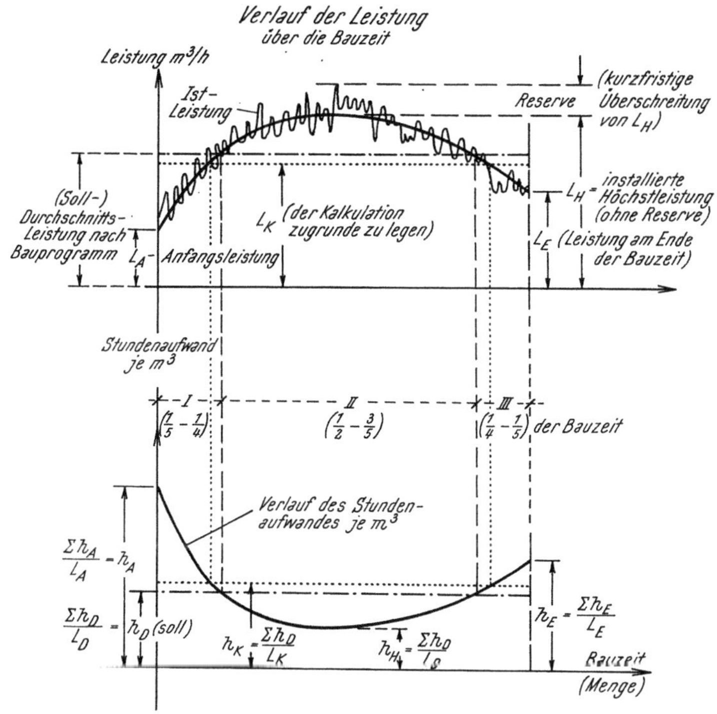

Abb. 29. Betonierleistung und Bauzeit

Der Summe der Arbeitsstunden je Schicht stehen die Betriebskosten für die Maschinen für den gleichen Zeitraum (Schicht) gegenüber. Beide Summen, durch die zu erwartende *Durchschnittsleistung* der Anlage dividiert, ergeben den je Kubikmeter Beton notwendigen Zeit- und Betriebskostenaufwand.

Die Festlegung der zu erwartenden *Durchschnittsleistung* ist für die Kostenermittlung von entscheidender Bedeutung und kann für Großbaustellen nur von erfahrenen Kalkulanten mit einiger Sicherheit festgelegt werden. Dieser Wert ist nicht aus der zu erwartenden Durchschnittsleistung der Mischanlage alleinabzuleiten, sondern hat alle auf die Betoneinbringung wichtigen Einflüsse zu berücksichtigen, mit denen im Laufe der gesamten Herstellung zu rechnen ist. Während Schlechtwetter, Frost, wenig erfahrene Aufsicht und ungeschulte Arbeitskräfte, mögliche Maschinenschäden bei empfindlichen Anlagen, stets wechselnde Bauwerksformen und kleine Teilmengen die Leistung nach unten beeinflussen, ergeben sich bei Arbeiten, die über längere Zeit andauern und sich über große Mengen erstrecken, Vorteile, die bei der Kalkulation nicht außer acht bleiben dürfen. Zum besseren Verständnis der Zusammenhänge sei der Regelverlauf einer Betonierung in Abhängigkeit von der Bauzeit bzw. Menge in Abb. 29 schematisch dargestellt.

L_A als Anfangswert liegt weit unter L_D, die je nach Eigenart der Einrichtung und Bauwerksgestalt nach 15 bis 25% der Bauzeit erreicht wird, um am Ende, bedingt meist durch die Konstruktionsform der Bauwerksteile oder Beginn der Räumung, wieder unter L_D zu fallen. Im Bereich II liegt die Leistung über L_D und nähert sich in diesem Teil der durch die Einrichtung gegebenen Höchstgrenze, die unter Heranziehung von Reserven sogar kurzfristig überschritten werden kann. Dieser charakteristische Verlauf enthält nun keineswegs den durch Störungen und Unterbrechungen entstehenden höheren Bedarf an Arbeitsstunden. Dieser ist vielmehr durch die Festlegung von L_K als der zu erwartenden Durchschnittsleistung zu berücksichtigen. L_K liegt meist 5 bis 15% unter L_D, während L_H mit 40 bis 60% Abstand über L_D gewählt wird. L_K ist um so mehr unter L_D zu senken, je störungsanfälliger, z. B. bei alten Geräten, die Anlage ist, je stärker sich die Arbeitsräume auflösen, je dichter die Bewehrung und je höher der Schalungsanteil ist.

Die Besetzung der maschinellen Anlagen, der Mischer, Transportgeräte, Kräne oder Pumpen ist je nach der Zahl der Geräte und ihrem Zusammenbau leicht zu bestimmen. Für die Besetzung an der Verarbeitungsstelle dienen folgende Anhaltspunkte:

Die Zahl der dort einzusetzenden Kräfte schwankt je nach der stündlichen Einbaumenge, nach Betonsteife und Schalungsanteil, sie wird ferner durch die Form des jeweils zu betonierenden Teiles, durch dessen Bewehrung und durch die Art der Einbringung selbst beeinflußt. Extrem trockener Kübelbeton mit höherem Grobkornanteil erfordert naturgemäß mehr Arbeitskräfte zur Verteilung als plastischer Pumpbeton, der überwiegend zu stochern oder schwach zu rütteln ist. Als Faustregel gelte, daß für die Betonverarbeitung, Verteilung und Verdichtung sowie sorgsames Einbringen an der Schalung bei weiten Räumen und trockenem Gemenge ($B \geqq 6{,}0$ m) 1 Mann stündlich 2,0 bis 2,5 m^3 verarbeitet, bei weicheren Betonen steigt dieser Wert auf 3,0 bis 4,0 m^3; hierbei stehen zur Verdichtung Innenrüttler zur Verfügung, zur Verteilung bei großen Einbringgefäßen von 2,0 m^3 aufwärts und größeren Räumen auch Planierraupen. Bei Verteilung mit Bandgeräten und größeren Betonpumpen beträgt der Wert 5,0 bis 6,0 m^3 je Mann.

Ist Beton in kleinen Räumen $B \leqq 4{,}0$ m zu verarbeiten, fällt die Leistung entsprechend Sie sinkt auf 1,0 bis 1,5 m^3 je Mann und Stunde, sowohl für unbewehrte als auch schwach bewehrte (20 bis 30 kg Fe/m^3) Betone. Bei stärkerer Bewehrung sinkt die Leistung sogar auf 0,5 bis 1,0 m^3. Bei aufgehendem Beton dünner Wände und Säulen, die nur von außen beschickt werden können, sind für den Einbau 1,5 bis 2,0 m^3 je Mann und Stunde zu rechnen.

Tab. 108 enthält für die üblichen Größen von Freifallmischern die stündliche Leistung in Abhängigkeit von der Zahl der Mischen. Mit welchen Werten die *Zahl* der zu installierenden Mischmaschinen zu bestimmen ist, hängt von der Art der Beschickung und von der zur Verfügung stehenden Mischertype ab. Bei modernen Mischmaschinen liegt bei direkter Beschickung die durchschnittliche stündliche Leistung bei 25 bis 30 Mischen. Für die Festlegung der Mischerzahl ist jedoch mit einem Wert von 20 bis 25 Mischen bei neuen Geräten, mit 15 bis 20 Mischen bei gebrauchten Mischern zu rechnen. Die Prospekte mancher Mischerwerke geben Höchstleistungen bis zu 40 Mischen an. Diese Angaben sind mit Vorsicht aufzunehmen und sollten keineswegs einer Kalkulation als mögliche Dauerleistung zugrunde gelegt werden. *Automatische* Mischanlagen, bei denen Beschickung, Wägung aller Komponente einschließlich Wasser, Mischen und Entleeren von einem

Schaltschrank ausgeführt werden, erfreuen sich im Massenbetonbau zunehmender Beliebtheit und werden bereits für kleinere Stundenleistungen gebaut. Ihr Vorteil liegt in der größeren Verläßlichkeit des Mischablaufes, der gleichbleibenden Güte des Mischgutes und in den geringeren Betriebskosten. Die Besetzung einer solchen Anlage kann unabhängig von der Leistung auf *einen* sehr verläßlichen Bedienungsmann an der Schaltanlage, einen Mann für die Regelung der Füllung des Vorsilos und je nach Größe fallweise ein bis zwei Mann für die Wartung der maschinellen und elektrischen Einrichtungen beschränkt werden.

Die *Betriebsstoffe* je Kubikmeter Beton ergeben sich aus dem Kraftbedarf aller an der Betonherstellung eingesetzten Maschinen unter Rücksichtnahme auf ihre Belastung, bezogen auf die mögliche Durchschnittsleistung L_K. Der Verbrauch an Betriebsstoffen (Dieselöl, Schmierstoffe, Strom) schwankt je nach Belastung der einzelnen Maschinen. Die Kosten für Ersatzteile werden mit den Reparaturkosten der Geräte erfaßt, der Verbrauch an Verschleißteilen ist jeweils mit den Betonierungskosten zu ermitteln.

Nebenarbeiten. Es ist in vielen Fällen nicht möglich, mit der vorgesehenen Hauptinstallation alle Teile der Bauwerke zu erreichen. Abseits liegende Teile müssen mit zusätzlichen Einrichtungen erfaßt werden. Zwischengerüste, Rutschen, Relaisstationen im Pumpbetrieb und weitere Kräne werden erforderlich. Die Betonierleistung ist für diese Teile geringer anzusetzen, so wie auch die Kosten aller zusätzlichen Einrichtungen jeweils gesondert zu berechnen sind. Zu den Nebenarbeiten der Betonherstellung zählen neben den Leistungen, die als Vorbereitung der Betonierung dienen, die Herstellung von Fahrbahnen, Zufahrtswegen, Gerüsten für Arbeitsbühnen, Verteilgeräten, Gerüste für Pumprohrleitungen, Rutschen, Sondereinrichtungen für Unterwasserbetonierung usw. Alle diese Kosten sind im Verhältnis zu den Hauptarbeiten der Betonierung im allgemeinen von geringerer Bedeutung, doch von Fall zu Fall stets neu zu ermitteln und zu berücksichtigen.

22.4 Transportbeton

An vielen Orten stehen bereits Transportbetonfabriken zur direkten Beschikkung der Baustellen zur Verfügung. Auch hier wird eine Gegenüberstellung der Eigenkosten zu den angebotenen Preisen des Transport-Betonwerkes rasch Aufklärung über die Wirtschaftlichkeit des Transportbetons bringen. Sie wird gerade bei kleineren und mittleren Tagesleistungen schon wegen des Entfalls der eigenen Installationen zugunsten des Transportbetons ausfallen, da auch bei großen Kapazitäten der Betonwerke, die heute bei 600 bis 800 m³ je Tag liegen, die gesamte Leistung kaum einer einzigen Baustelle kontinuierlich zugute kommen kann. Die Grenzmenge über der die Installation einer eigenen Baustellenanlage wirtschaftlicher sein dürfte, liegt wenn nicht andere Gründe für den Transportbeton sprechen, bei etwa 800 bis 1500 m³. Sie hängt wesentlich von der Größe der gewählten Installation, ihrer Ausnützung (Betriebsintenstität) und der Einsatzzeit ab.

Die Anlagen funktionieren meist vollautomatisch und liefern den Frischbeton bis zu mittleren Transportweiten von 8 bis 12 km, wobei die Fahrzeit 45 bis 60 min nicht überschreiten soll. Die Vorteile des Transportbetons liegen in gleichbleibender Güte bei beliebig gewählter Zusammensetzung. Die Art des Betons beeinflußt maßgebend die Wahl des Transportgerätes. Weichplastischen Beton wird man mit Liefermischern, steifen mit Lastwagen oder Kübeln als werksgemischten Beton fördern. An der Baustelle sind leistungsfähige Übergabeeinrichtungen (Silos usw.) vorzusehen, um den Aufenthalt der kostspieligen Transportfahrzeuge auf ein

Mindestmaß zu beschränken, wie sich überhaupt die Baustelle in ihrer Organisation ganz auf die Eigenheiten des Transportbetons einstellen muß. Eine wesentliche Vorsorge ist von seiten der Baustelle und vom Werk vor allem bei hochwertigen Betonen vorzusehen: Der verläßliche Schutz vor Verwechslungen, dies vor allem dann, wenn das Lieferwerk gleichzeitig mehrere Baustellen mit verschiedenen Betonsorten beschickt.

22.5 Betonfertigteilbau

Wenngleich der Betonfertigteilbau sein vornehmstes Anwendungsgebiet im Hoch- und Industriebau gefunden hat, so führen auch im Tiefbau bei besonderen Bauwerken den Konstrukteur und Kalkulanten die Überlegungen zwangsläufig zur Anwendung des Fertigteilbaues. Vor allem wenn gleichbleibende, sich oft wiederholende Bauwerksformen herzustellen sind, wird man den Vorteil der vorgefertigten Elemente immer wieder ausnützen. Es ist von Fall zu Fall zu überlegen, ob die Anwendung des Fertigteilbaues wirtschaftlich gerechtfertigt ist. Hierzu diene die Gegenüberstellung der Vor- und Nachteile dieser Bauweise gegen die übliche Ausführungsart:

1. Fertigteilbau

a) *Vorteile*: Die Erzeugungsstelle ist wettergeschützt, sie ist unabhängiger von Außentemperaturen. Die Leistung der Erzeugung ist höher, Formen und Maße können exakter eingehalten werden, ebenso besondere Betongüten. Auch die Sichtbetonflächen können schöner ausgeführt werden. Größere Arbeitsgeschwindigkeit vor allem an der Baustelle, geringerer Lohnanteil und geringerer Anteil an Facharbeitern.

b) *Nachteile*: Größere Investitionen für die Fabrikationsanlagen, Investition für Hebezeuge im Werk, Hebezeuge an der Baustelle und für Transportmittel. Sehr große Stücke erfordern hohe Kosten für Spezialtransportfahrzeuge. (Vermeidung durch Anlage der Fabrikationsstätte unmittelbar an der Baustelle.) Beschädigung der Fertigteile beim Transport und beim Versetzen (Abbrechen von Kanten und irreparable Risse).

Geringe Anpassungsfähigkeit bei Planänderungen. Schwierigkeiten in der Ausführung der Verbindungsfugen an Ort und Stelle (Isolierung).

Fehlen einer monolithischen, statisch erwünschten Verbindung.

2. Übliche Bauweise

a) *Vorteile*: Anpassung an Ort und Stelle, leichter vor allem bei Planänderungen. Geringste Transportkosten. Sehr geringe Investitionen, herkömmliche Geräte, keine Beschädigungsgefahr, monolithische Wirkung.

b) *Nachteile*: Größerer Lohnanteil, größerer Anteil an Fachkräften (wesentlich bei Mangel an Arbeitskräften). Arbeit im Freien, Einfluß der Witterung, besonders im Winter.

Gegenseitige Arbeitsbehinderung der Arbeitspartien. Langsamere Arbeitsgeschwindigkeit, geringere Gesamtleistung.

Verlängerung der Ausschalfristen im Winter.

Im Tiefbau kommt die Anwendung von Fertigteilen bei folgenden Arbeiten in Frage: Betonrohre, Stollen- und Tunnelauskleidung, Fertigbetonpfähle, Fertigteilbrücken, Schalungsplatten, Verkleidungssteine usw.

Entscheidende Voraussetzungen für die Anwendung: Oftmalige Wiederholung (die Wirtschaftlichkeit steigt mit zunehmender Zahl beträchtlich), einfache Formen, statisch klare Auflösung der Konstruktion. Vorhandensein der notwendigen Hebegeräte.

22.6 Eisenbiegearbeiten

So wie die Schalung bildet auch die Bewehrung einen bedeutenden Kostenträger im Betonpreisaufbau. Je nach ihrem Anteil, der sich von 10 bis 20 kg für schwach bewehrte, bis zu 40 bis 60 kg für normale Konstruktionen und in besonderen Fällen bis zu 150 kg je m³ Beton bewegt, schwankt auch ihr Einfluß auf die Kosten der Betoneinbringung und -verarbeitung. Mit zunehmender Armierung und kleiner werdenden Arbeitsräumen steigt der Lohnaufwand für die Betonherstellung.

22.61 Einrichtung und Gerätebedarf

Rundstahlhauptlager und Biegeplatz schließen zweckmäßig aneinander an. Ihre Ausstattung beschränkt sich auf den Biegetisch mit Biegemaschine, die zur Verarbeitung von Durchmessern bis zu 40 mm bei einem Kraftbedarf von 5 PS ausreicht. Die Wahl ist nach den zu verarbeitenden Stahlmengen zu treffen. Die vielgebrauchte Futura-Biegemaschine läßt Biegeleistungen bis zu 4,0 bis 5,0 t je 10 h bei 50 mm Durchmesser zu. Neben der Biegemaschine ist für das Ablängen der sortenmäßig geordneten Rundstähle eine Rundeisenschneidemaschine (1,0 bis 5,0 PS) vorzusehen. Für das Versetzen der Bewehrung stehen für die Schalungsteile in den meisten Fällen Kräne zur Verfügung, die auch den weitgehenden Einbau vollständig abgebundener Armierungsteile ermöglichen.

22.62 Materialaufwand

(siehe Arbeitstabellen, S. 277ff.)

Die Bewehrungskosten werden je gebogener Tonne Rundstahl ermittelt. Der Stahlbedarf ergibt sich aus den Biegeplänen, vermehrt um den (Verlust aus) Verschnitt, der durchschnittlich mit 5% anzunehmen ist. Bei schwachen Durchmessern (bis 12 mm) und einfachen, langgestreckten Konstruktionen beträgt der Verschnitt 2 bis 3%, bei komplizierten Teilen und starken Querschnitten kann er bis zu 5 bis 6% steigen. Für große Tragwerke ist es daher zweckmäßig, die Rundstähle größerer Durchmesser (ab 30 mm) gleich in richtigen Längen vom Werk zu bestellen. Die Errechnung des durchschnittlichen Tonnenpreises hat bei größeren Bestellmengen unter Rücksichtnahme auf die tatsächlichen Abmessungen und Gewichte zu erfolgen. Er wird hergeleitet aus dem Grundpreis mit Zuschlägen für verschiedene Querschnitts- und Längenabmessungen, der Walztoleranzen sowie Nachlässen für Bestellmengen von 5 bis 10 t.

Bei öffentlichen Bauten stellt der Bauherr in vielen Fällen den Rundstahl bei. Es ist bei der Kostenberechnung darauf zu achten, wie die Abrechnung des beigestellten Eisens erfolgt. Meist wird auf Grund der Biegepläne die gesamte eingebaute Eisenmenge ermittelt und ein fester Prozentsatz für Verschnitt zugeschlagen. Erweist sich dieser Satz als zu knapp, dann trägt der ausführende Unternehmer die verbleibende Differenz. Es ist daher bei der Kalkulation bereits zu überlegen, ob mit dem vorgeschriebenen Verschnitt das Auslangen gefunden werden kann, ansonsten ist ein entsprechender Differenzbetrag einzurechnen. Spickeisen an Arbeitsfugen, zusätzliche Eisen für Stöße, Unterstellungen von Armierungen und Distanzhalter fehlen meist in den Biegeplänen, sie sind als Teile der Gesamtarmierung Erfordernisse des Bauwerks. Der Aufwand an Bindedraht ist mit 1 bis 2% der Eisenkosten ausreichend gedeckt.

22.63 Arbeitsaufwand (1/—/5/5)

Am Baulager ist das Eisen getrennt nach Dimensionen und Stahlarten gelagert. Für das Abladen vom Waggon sind 1,5 bis 2,0 h/t zu rechnen, für Wiederaufnahme und Umschlichten 1,0 bis 1,5 h/t. Die Arbeiten für die Herstellung der Bewehrung gliedern sich in:

1. Zubringen zum Biegetisch,
2. Schneiden,
3. Biegen,
4. Transport vom Biegeplatz zur Einbaustelle,
5. Einbau (Verlegen und Flechten).

Zubringen, Schneiden und Biegen als vorbereitende Arbeiten werden nicht selten von eigenen Arbeitspartien auf einem Zentralbiegeplatz ausgeführt, sie erfordern je nach Bewehrungsart folgende Arbeitsstunden:

Bewehrung bis Durchmesser 20:	Leichte Bewehrung, Bügel, Säulen, Körbe, Spiralarmierung	20—30 h/t
Bewehrung über Durchmesser 20:	Schwere Armierung, mehrfach gebogene Eisen mit Endhaken	10—20 h/t

Der Zutransport vom Biegeplatz zur Einbaustelle oder vom Zentralbiegeplatz zur Baustelle ist gesondert zu berücksichtigen, wobei die Kosten für Auf- und Abladen der gebogenen, gebündelten und betäfelten Stangen, ferner Fracht bzw. LKW-Kosten einzurechnen sind. Für diese Manipulation sind je Tonne 4 bis 5 Stunden ausreichend. Für den Einbau bzw. Transport vom letzten Wagen zur Einbaustelle im Bauwerk stehen die Hebegeräte der Baustelle, wie Turmkräne, Fahrkräne usw. zur Verfügung. Die anteiligen Lohnkosten hierfür sind im Aufwand für das Verlegen und Flechten der Bewehrung inbegriffen. Es werden benötigt für

leichte Armierung bis Durchmesser 20 an Ort und Stelle verlegt und gebunden	35—45 h/t
leichte Armierung bis Durchmesser 20 (bereits vorgebunden) verlegt	25—35 h/t
schwere Armierung über Durchmesser 18 mm an Ort und Stelle verlegt und geflochten	25—40 h/t
schwere Armierung über Durchmesser 18 mm am Biegeplatz vorbereitet und vorgeflochten	20—30 h/t

Faßt man alle Arbeiten zusammen, was auf größeren Baustellen die Regel ist, so ergeben sich im Durchschnitt für mittlere Arbeitskräfte:

Bewehrung bis Durchmesser 20 für einfache Konstruktionsteile	60 h/t
Bewehrung bis Durchmesser 20 für komplizierte Formen	75 h/t
Armierung über Durchmesser 20 für einfache Teile	50 h/t
Armierung über Durchmesser 20 für komplizierte Konstruktionen	65 h/t
Komplizierte Konstruktionen für Turbinen, Spiralen sowie für Behälter und Silos	85 h/t
Im großen Durchschnitt kann bei reinen Eisenbetonkonstruktionen bei Wasserbauten (Krafthäusern usw.) mit	65 h/t
für alle Arbeiten vom Baulager bis zum Einbau gerechnet werden.	
Bewehrung für Spannbetonkonstruktionen je nach Spannsystem	120—150 h/t

Bei *Stollenarmierung* ist für Biegen und Zuschnitt ein Ansatz von 20 bis 30 h/t ausreichend. Der Zutransport ist je nach örtlichen Verhältnissen gesondert zu ermitteln und ergibt oft einen sehr beachtlichen Aufwand. Für Verlegen und Flechten ist der Arbeitsaufwand 30 bis 40 h/t.

Wird *Baustahlgewebe* in Rollen oder Matten verwendet, sind für die Verlegung 40 h/t erforderlich.

Für das Schweißen von Rundstahl mit Stumpfschweißmaschine ist je Stoß 0,15 bis 0,30 h je nach Durchmesser (10 bis 40 mm) zu rechnen.

22.7 Schalungsarbeiten

Einen sehr wichtigen Teil in der Kostenberechnung des Betons bildet die Ermittlung der Schalungskosten, die 60 bis 200% der Betonkosten betragen können. Nicht selten ist die Schalung gesondert je Quadratmeter abgewickelter Schalfläche, sehr oft jedoch mit den Betonarbeiten je Kubikmeter Beton anzubieten. In diesem Falle ist vorweg die Gesamtschalfläche nach den jeweiligen Betongattungen zu ermitteln (Quadratmeter Schalfläche je Kubikmeter Beton). Zwischenschalungen, Aussparungen, Abschalung von Arbeitsfugen, die meist nicht gesondert vergütet werden, sind hierbei nicht zu vergessen. Die stets steigenden Schnittholzkosten rechtfertigen bei der Kalkulation der Schalung Genauigkeit in der Detailerhebung.

Man unterscheidet:

1. Normale Schalung mit Abbund und Zusammenbau an Ort und Stelle.
2. Teilweise abgebundene Schalung mit Zusammenbau im Bauwerk.
3. Abgebundene Schalung mit Versetzen oder Verfahren im Bauwerk.

Die Schalungsteile bestehen überwiegend aus Holz: die Schalhaut aus losen oder zu größeren Tafeln zusammengefügten Brettern (25 bis 30 mm), die Schaltafeln aus gespundeten Brettern oder geleimten Furnieren mit und ohne Rahmen. Metallschalungen, meist für einfache, ebene Formen, werden überall dort verwendet, wo die häufige Wiederverwendung oder besondere Anforderungen an die Sichtfläche eine Anschaffung rechtfertigen.

Die Kosten der Schalung ergeben sich aus dem Arbeitsaufwand für den Abbund, das Ein- und Ausschalen samt dem Auf- und Abbau der zugehörigen Gerüste und Unterstellungen und dem Aufwand an anteiligen Materialkosten je Quadratmeter Schalfläche.

22.71 Baueinrichtung und Gerätebedarf

Die Vorbereitungsarbeiten für die Schalung spielen sich am Abbundplatz ab, der mit dem Schnürboden unmittelbar neben dem Bauholzlager in rund 400 bis 600 m² Größe anzulegen ist. Bei abgelegenen Baustellen erweist sich die Aufstellung eines kleinen Säge- (Wald-) Gatters neben dem Holzplatz als vorteilhaft, da für größere Holzkonstruktionen oft Sonderlängen oder abnormale Querschnitte herzustellen sind, die aus dem eigenen Rundholzlager billiger eingeschnitten werden können.

Neben einer stationären Kreis- und Bandsäge sind auf größeren Baustellen tragbare Holzbearbeitungsmaschinen wie Elektrohandkreissägen, Holzbohrmaschinen usw. sehr nützlich. Wenn gehobelte Tafeln und Bretter herzustellen sind, ist auch eine Abricht- und Dicktenhobelmaschine unentbehrlich; Schaltafeln üblicher Abmessungen werden jedoch preiswerter von Holzwerken bezogen. Für die Reinigung von Schalbrettern und Tafeln benützt man (mit gemischtem Erfolg) Reinigungsmaschinen.

Der Zutransport der am Abbundplatz vorbereiteten Elemente von ganz oder teilweise abgebundenen Schalungen (z. B. Turbinensauger, Spiralen usw.) erfolgt über die Haupttransportverbindung (Gleis, LKW oder Tieflader). Zum Einbau stehen die Großgeräte der Betoneinbringung (Derricks, Turm- oder Kabelkräne, Raupenkräne) zur Verfügung.

22.72 Stoffaufwand

Je nach Schalungskonstruktion ergibt sich je Quadratmeter Schalfläche ein bestimmter Aufwand an

Schalungstafeln,
Brettern 2,5 bis 3,0 cm
Kanthölzern 8/8 bis 12/12 usw.
Rundholz
Nägeln, Drähten, Schrauben, Spannschlössern
Blechen, Ankereisen, Schalöl.

Für Stahlschalungen sind neben dem Stahlbedarf für die Schalungskonstruktion die Ergänzungen für Verluste an Ankerschrauben, Bolzen und sonstigen Verbindungsmitteln zu berücksichtigen.

Statisch hat die Schalung dem Betondruck und der Beanspruchung durch die Einbaugeräte (Fahrzeuge, Kübel, Rüttler usw) zu genügen. Der Betondruck und seine Verteilung hängt von der Betonkonsistenz, der Betoniergeschwindigkeit, der Erhärtungszeit des Betons, der Schichthöhe und von den Verdichtungsgeräten ab. Diese Faktoren sind bei der Bemessung der Schalung und ihrer Verankerung zu berücksichtigen. Die Einzelteile der Schalung sind so groß zu wählen, daß die Tragfähigkeit der vorhandenen Einbaugeräte ausgenützt wird. Bei leichten Kränen und Zusammenbau an Ort und Stelle wird man die Teile handlich und klein wählen, während man bei schweren Hebegeräten zusammengebaute Konstruktionen versetzen kann (z. B. große Schaltafeln mit Schal- und Rüstträgern).

Der Materialverbrauch (Verlust, Abschreibung) je Quadratmeter geschalter Fläche hängt von folgenden Faktoren ab:

1. Konstruktion der Schalung, ihr Materialaufwand (K) beträgt K m^3 Holz je m^2 bzw. kg Kleineisen je m^2.
2. Abmessungen und Form des Betonkörpers.
3. Häufigkeit der Verwendung (n_1).
4. Beton(tages)leistung (L_1) bzw. in einem Zug zu betonierende Menge.

Die Schalungsarbeiten sollen als Ganzes betrachtet werden, um je nach Bauwerksform und Wiederverwendungsmöglichkeit eine wirtschaftliche Konstruktion zu wählen. Allgemein kann für (Seiten-) Schalungen folgende rohe Überlegung gelten:

Ausgehend von der Betontagesleistung L_1 ergibt sich der zugehörige Schalungsbedarf F_1 $\left(F_1 = \frac{\text{Gesamtschalfläche}}{L_1}\right)$. Die gleichzeitig zu schalende Fläche muß größer als F_1 sein, da für das Betonieren, Erhärten, Ausschalen und Bewehren mehr Arbeitsräume bereitzustellen sind. Je nachdem, ob es sich um einfache oder komplizierte Bauteile handelt, müssen täglich $\alpha \times F_1 (\alpha = 4 - 6)$ Schalflächen vorbereitet sein. Die Häufigkeit der Verwendung ergibt sich im Durchschnitt mit:

$$n_1 = \frac{\text{Gesamtschalfläche}}{\alpha \times F_1},$$

der Materialverbrauch/m² $= \frac{K}{n_1}$, höchstens jedoch $\frac{K}{n}$ (n aus Tab. 117, Häufigkeitsziffern).

Bei Tragwerken ist zu unterscheiden zwischen Seitenschalungen und den Schalungen für die Untersichten (Trägerboden), für die eine längere Schalfrist ein einzuhalten ist.

Tabelle 116. *Materialbedarf je Quadratmeter geschalter Fläche (K)*

$$\text{Materialverbrauch(verlust) je m}^2 \doteq \frac{\text{Materialbedarf je m}^2}{\text{Häufigkeit}} \left(\frac{K}{n}\right)$$

(ohne Verschnitt, der im Holzpreis berücksichtigt wird)

Bauart der Schalung	m³ Holz / kg Stahl je m²	Anmerkungen: Bedarf an Kleineisen usw. Anteile der Holzarten
a) Holzkonstruktionen		
1. Aufgelöste Schalungen für einfache Flächen für Wände und Pfeiler von Säulen (ohne Abstützungen)	0,05—0,06	1. Verbrauch an Nägeln: 0,10—0,15 kg/m² Verbrauch an Rödeldraht: Je nach Konstruktion 0,05—0,15 kgm² Bretter: Kantholz ≐ 1:1
1a. Aufgelöste Schalung wie 1. für Träger, Unterzüge usw.	0,06—0,09	
1b. Tafelschalung für Träger, Unterzüge usw.	0,05—0,06	
2. Aufgelöste Schalungen für unregelmäßige Formen, einfach gekrümmte Flächen (ohne Abstützungen)	0,07—0,09	2. Nägel- und Rödeldrahtverbrauch: 0,15 kg/m² Bretter: Kantholz ≐ 1,5:1
3. Tafelschalungen für einfache Flächen wie 1.	0,05—0,06	3., 4. Verbrauch an Nägeln nur für Herstellung der Tafeln: 0,10—0,15 kg/m² Anker: 0,6—0,8 Stück/m² je nach Betondruck Ankerverlust je nach Ankerkonstruktion; bei verlorenen Ankern rund 0,6—1,5 kg/m² Spannschlösserbedarf: 1—2 Stück/m², bei Wänden 2—4 Stück/m²
4. Tafelschalungen für komplizierte Flächen wie 2.	0,06—0,08	
5. Abgebundene Schalungen für mehrfach gekrümmte Flächen (ohne Unterstellungen)	0,07—0,10	
5a. Kletterschalung mit Stützkonstruktion		5a. Ankerbedarf (verlorene Anker) ≐ 2—2,5 kg/m² Bedarf an Eisenzeug für Gespärre: 30—35 kg je m³ Holz, allenfalls Blechverkleidung (1 mm)
$H = 2{,}0$ m	0,25—0,30	
$H = 3{,}0$ m	0,20—0,25	
6. Seitliche Abstützung		6. Rundholz : Kantholz ≐ 2:1
$H = 0—4$ m	0,04—0,05	
$H = 4—8$ m	0,05—0,07	
7. Unterstellungen		7. Rundholz : Kantholz ≐ 2:1
$H = 0—4$ m	0,06—0,15	
$H = 4—8$ m	0,10—0,20	

Tabelle 116 (Fortsetzung)

Bauart der Schalung	m^3 Holz / kg Stahl } je m^2	Anmerkungen: Bedarf an Kleineisen usw. Anteile der Holzarten
b) Stahlkonstruktionen:		
1. Stahlschalungen für Wände	60—85 kg	
2. Stahlschalungen für Säulen	50—60 kg	
2a. Stahlschalungen für Wände als Kletterschalung, einschließlich Stützkonstruktion kg/m²		
Schichthöhe $H = 2{,}0$ m	0,18—0,22 m²	je nach Konstruktionsart
$H = 3{,}0$ m	0,15—0,20 m²	Verlorene Anker 1,5—2,5 kg/m²
3. Stollen- und Tunnelschalung fahr- oder verschiebbar mit Unterstellgerüsten	150—250 kg	Nur nach Sonderentwurf genau festzustellen.
4. Unterstellgerüste (Rohrgerüste)	8—12 kg	je m³ umbauter Raum
5. Zuschlag für fahrbare Gerüste von 4.	15—20%	

Anmerkung: Alle Ziffern der Tab. 116 sind angenäherte, durchschnittliche Werte, der genauere Bedarf an Holz und Stahl ist jeweils aus einem Detailentwurf zu entnehmen.

Die Schalfristen betragen (bei $T \geqq 5\,°C$):

	normale Zemente	frühhochfeste Zemente
Seitenschalungen		
von Mauern > 3,0 m und Säulen	3 Tage	1 Tag
Massenbetonkörper $H = 1{,}5$—$3{,}0$ m	1—2 Tage	1 Tag
Innenauskleidung von Stollen und Tunnel	2—3 Tage	1—2 Tage
Deckenplatten	8 Tage	4 Tage
Brückengewölbe	2—3 Wochen	1—2 Wochen
Stützen von Balken und weitgespannten Deckenplatten	3 Wochen	1 Woche
Vorgespannte Konstruktionen		
(nach Aufbringen von 75% der vorgesehenen Vorspannkraft)	3—7 Tage	3—4 Tage

Tab. 116 enthält Erfahrungswerte für den Materialbedarf (K) je Quadratmeter geschalter Fläche. Der Verbrauch je Quadratmeter ergibt sich genau genug aus der Division dieser Werte durch die Ziffern (n) der Tab. 117, die als Häufigkeitsziffern des Schalungseinsatzes bezeichnet werden. Ist in einem bestimmten Fall die tatsächliche Einsatzmöglichkeit geringer ($n_1 < n$), so ist der Holzpreis entsprechend dem höheren Restwert des Rückgewinnes zu vermindern. Je höher n, um so mehr verliert die Beurteilung des Restwertes an Bedeutung, besonders bei aufgelösten Schalungen. Im Tiefbau ist eine Berücksichtigung des Holzrestwertes nur in aller Vorsicht möglich, da örtliche und zeitliche Änderungen im Bauablauf, die Unterschätzung von unregelmäßigen Bauwerksformen u. dgl. m. eine volle Ausnützung der Schalung nicht immer zulassen.

Der Materialaufwand für Schalgerüste ist nach gesonderter statischer Untersuchung zu bemessen, für eine näherungsweise Annahme dienen die Angaben des Kapitels „Holzbauarbeiten". Für eine erste Kostenberechnung genügt es, bis zu Raumhöhen von 5,0 m und Belastungen bis zu 1,0 t/m² den Gerüstholzbedarf mit 3 bis 4% des umbauten Gerüstraumes anzunehmen. Das Verhältnis Kant- zu Rundholz liegt bei 2:1 bis 1:1. An Schrauben und Klammern werden 20 bis 25 kg Eisenzeug je m³ Holzkonstruktion benötigt.

Tabelle 117. *Häufigkeitsziffern des Schalungseinsatzes* (*n*)
(Höchstwerte der Einsatzmöglichkeit)

Bauart der Schalung	Verwendung bei einfachen Formen (großen Flächen)	Verwendung bei unregelmäßigen Formen (kleine Flächen)
a) Holzkonstruktionen		
1. Schalung (aufgelöst)		
Bretter 25—40 mm	5 } i. M. 5	3 } i. M. 3—2
Kantholz 8/8—12/14 mm	8	6
Rundholz Durchmesser 12—16 cm	10	8
2. Schalung (teilweise abgebunden)		
Tafeln für Wände	6— 8	4—6
„ „ Säulen	6— 8	
Kanthölzer hierzu	10—12	8
3. Tafelschalung (solider Fabrikate)[1]		
Tafeln auf Rahmen	15—20[2]	10—12
„ ohne Rahmen	15—25[2]	10—15
„ Sperrholz auf Stahlrahmen	20—30[2]	15—20
„ ohne Rahmen, mit Profileisen eingefaßt	25—35[2]	20—25
4. Kletterschalungen für Wände		
zerlegbar wie 1.	15—25[2]	10—15
Tafeln und Stützkonstruktionen als Einheit	20—40	15—25
5. Schalungsformen abgebunden für sich wiederholende Einsätze für fahrbare Konstruktionen usw.		
a) aus Brettern, gehobelt	15—25	10—20
b) Blech verkleidet	25—35	15—25
c) Sperrholz verkleidet, imprägniert	35—50	25—35
b) Stahlkonstruktionen[3]		
a) Wände und Säulen	150—200	—
b) Kanalquerschnitte und Stollen	80—150	—
c) Kletterschalungen	100—150	—
c) Untergerüste		
a) Holzgerüste (Rundholz)	20—30	15—25
b) Stahlrohrgerüste[4]	50—80	40—60
d) Spannschlösser aller Typen	20—40	—
e) Schraubenverankerungen (wiedergewinnbare Teile)	30—50	—
f) Aussparungen in Holz je nach Art und Größe	1— 5	1

[1] Maximale Nutzungsdauer von Tafelschalungen: 2—3 Jahre.

[2] Die höheren Werte gelten für gleichbleibende sich wiederholende große Flächen.

[3] Die Einsatzmöglichkeit von Stahlschalungen und Stahlrohrgerüsten ist sehr groß. Die Kosten je Quadratmeter werden nach den Richtlinien der Gerätelisten je Monat mit 2,5 bis 3,5% des Neuwertes ermittelt, entsprechend einer Nutzungsdauer von 8 bis 12 Jahren. Schalungen für besondere Querschnitte und Sonderformen sind jedoch auf die Einsatzzeit der Baustelle bis auf den Alteisenwert abzuschreiben.

[4] Einschließlich Reparaturkosten.

Die Ausnützung der Gerüstkonstruktion ist naturgemäß geringer als die der Schalung, da ihre Wiederverwendung durch die Schalfristen eingeschränkt ist. Der höhere Restwert des Rüstholzes ist daher im Ansatz für die Holzkosten zu berücksichtigen.

Auch im Rüstungsbau setzen sich immer mehr ingenieurmäßige Lösungen durch, die in ihren Kosten ungleich wirtschaftlicher sind. Holzbedarf 1,2 bis 1,5% des umbauten Raumes, bei einem Eisenaufwand von 15 bis 80 kg je m³ Holz je nach Art der gewählten Konstruktion). Der Wald an Stützen löst sich auf in abgebundene, leicht zerlegbare und vielseitig verwendbare Elemente in Holz, vorwiegend jedoch in Stahl. Es empfiehlt sich, bei großen Unterstellungen und Lehrgerüsten von Lieferfirmen des Gerüstbaues Rat und Angebote über die Gerüstung einzuholen. Langdauernde Einsätze rechtfertigen einen Ankauf, kurzzeitige eine Anmietung von Gerüstkonstruktionen.

22.73 Lohnkosten der Schalungsarbeiten (1/10/7/2)

Für die Berechnung des Lohnaufwandes können die Zeitwerte der Tab. 118 benützt werden. Sie setzt den Einsatz geübter Arbeitskräfte voraus und für die Arbeit selbst die Bereitstellung von maschinellen Einrichtungen für den Antransport des Schalholzes oder abgebundener Teile vom Baulager zum Versetzgerät; sonst sind für die erschwerte Zubringung die Werte entsprechend zu erhöhen.

Auf 1 m³ verarbeitetes Schalholz bezogen bewegt sich der Arbeitsaufwand zwischen 20 und 50 h je nach Schwierigkeitsgrad. In einer Arbeitsschicht von 8 h schalt ein geübter Schaler 3 bis 10 m² ein und aus.

Die Werte der Position 1 können um 15 bis 20% gesenkt werden, wenn einmal abgebundene Schalungsteile öfter verwendet werden, da sich die festen Kosten des ersten Abbundes (auch Anteile) auf mehrere Einsätze verteilen. Bei Verwendung von Schalungstafeln, die meist nicht selbst hergestellt werden, bleiben die Werte für mehrere Einsätze gleich. Auch die Werte für die Kletterschalung beziehen sich nicht auf die erste Herstellung der Schalung, die fertig angeliefert wird, sondern auf Einschalen (Umsetzen), Ausschalen und Reinigen. Schalungen auf fahrbaren oder verschiebbaren Gerüsten setzen die Umstellkosten bedeutend herab und sind immer anzuwenden, wo einfache Bauwerksformen dies zulassen und die Kosten für die Herstellung eines Fahrplanums oder von Verschiebebahnen in vertretbaren Grenzen liegen. Oft ist es zweckmäßig, nur das Untergerüst allein fahrbar zu machen und die Schalhaut neu aufzubauen und nur während der Betonierung und Schalung zu unterstellen. Der Stollen- und Tunnelbau ist das typische Anwendungsgebiet für fahrbare Holz- und Stahlschalungen, ebenso lange Mauern und hochliegende Trag- (Dach-) Konstruktionen, Bei Staumauern großer Höhe, die in Einzelblöcken von 1,5 bis 3,0 m Schichthöhe hergestellt werden, werden (freikragende) Kletterschalungen angewendet, die in Europa als Holz-, Holz-Stahl- und Stahlkonstruktionen, in Amerika vorwiegend nur als Stahlschalungen zum Einsatz kommen. Betonschalungen, die im Bauwerk verbleiben, wurden beim Bau der Mühldorfer Sperren des Reißeck-Kraftwerkes erstmalig angewendet. Es wurden hierbei aufgewendet:

Herstellung der Platten 1,0 × 2,0 m, $d = 0{,}10$ m) im Vacuum-Verfahren	2,5—3,0 h/m²
Versetzarbeiten ohne Antransporte	1,0—1,5 h/m²
Verkittung der Fugen mit Igaskitt einschließlich Nachbehandlung	1,3—1,4 h/m²

Tabelle 118. *Arbeitsaufwand*

Arbeitsstunden je Quadratmeter geschalter Fläche

Vorbemerkung: Die Erfahrungswerte der Tabelle gelten für die reine Schalarbeit und normale Verhältnisse sowie eingearbeitete Arbeitskräfte. Kleine oder wechselnde Teilflächen und schlecht zugängliche Arbeitsplätze erhöhen den Aufwand. Neues Holz ist leichter zu verarbeiten als bereits mehrfach verwendetes Altholz. Es ist auch angenommen, daß Hebezeuge (Kräne) für die Zubringung vor allem abgebundener Schalungsteile zur Verfügung stehen. Die Kranhilfe ist bei der Kostenrechnung anteilig zu berücksichtigen. Aussparungen aller Art sind gesondert anzusetzen.

Bauteil:	h/m²	Anmerkungen
1. Aufgelöste Schalung:		
(Vorbereiten, einschalen, ausschalen, reinigen, umstellen)		
a) Fundamente	1,0—1,2	
b) Wände (einseitig abgestützt)		Ohne Abstützung
bis 4,0 m	1,2—1,8	
bis 8,0 m	1,6—2,5	
c) Wände (zweiseitig)		
bis 4,0 m	1,6—2,0	
bis 8,0 m	1,8—3,0	
d) Dünne Wände	2,0—2,5	
e) Schräge Flächen	+ 15—30%	
f) Einfach gekrümmte Flächen für Wände usw.		Ohne Rüstung
bis 4,0 m	2,5—3,0	
bis 8,0 m	3,0—3,5	
g) Mehrfach gekrümmte Flächen für Turbineneinläufe, Spiralen usw.	4,5—7,0	Ohne Rüstung
h) Deckenschalung (*ohne* Rüstung)		
1. mit ebener Untersicht	1,2—1,5	
2. aufgelöste Untersicht	1,8—2,5	
3. Gewölbe (Bogenbrücken)	2,0—2,5	
i) Balkenschalung (Brückenträger usw.)	2,0—2,5	
j) Säulen	1,5—2,0	Je nach Querschnitt und Höhe
k) Schalungen von Aussparungen, Nischen usw.	5,0—10,0	
2. Tafelschalung (Holz):		Gespundete Bretter auf Rahmen
a) Fundamente	1,0—1,2	
b) Wände bis 4,0 m	1,2—1,8	
bis 8,0 m	1,8—2,5	
c) Deckenschalung (ohne Rüstung)		
1. mit ebener Untersicht	1,0—1,5	
2. Plattenbalken	1,8—2,5	
3. Bogenbrücken	1,5—2,5	
d) Kletterschalung $H = 2{,}0$ m nach außen abgestützt	2,0—2,50	Für das Höhersetzen stehen eigene Hebegeräte (Kleinkräne usw.) zur Verfügung
3. Stahlschalung:		
a) Herstellen der Schalung	—	Als Lieferung in Abschreibung enthalten
b) Erste Montage (Demontage)	40—50 h/t	Kran für Montage und erstes Versetzen vorhanden

Tabelle 118 (Fortsetzung)

Bauteil		h/m²	Anmerkungen
c) Versetzen, Ein- und Ausschalen:			
1. Wände bis 4,0 m		0,6—0,8	Je nach Konstruktion
bis 8,0 m		0,8—1,2	
2. Decken (ohne Unterstellen)		1,0—1,2	
3. Kletterschalung $H = 2{,}0$ m (nach außen abgestützt)		2,20—2,50	
4. Stollenschalung (ohne Sohle), fahrbar		0,4—0,9	
4. *Gleitschalung* ($h = 1{,}20$ m)			Für geschlossene Wandkonstruktionen
a) Auf- und Abbau	m¹	25—30	nach lfm Umfang
b) Schalen (gleiten) je m² Wand	m²	0,6—1,0	Wirtschaftlich erst ab Höhen von mehr als 10 m

23. Isolierungsarbeiten

23.0 Allgemeines

Der dauernde Bestand des Bauwerkes ist unter anderem von seiner mehr oder minder gut geplanten und sorgfältig ausgeführten Isolierung gegen Feuchtigkeit abhängig. Wenn auch die Begutachtung der vorgesehenen Abdichtung nicht Sache des Kalkulanten ist, so hat er darauf zu achten, ob nicht Bedenken dagegen geltend zu machen sind, denn die Verantwortung für Schäden und Fehler der Isolierungskonstruktion liegt beim Bauunternehmer, auch wenn er die Isolierung durch eine Spezialfirma ausführen läßt.

Isolierungen gegen Feuchtigkeit sollte der Tiefbauunternehmer nie selbst ausführen, vor allem nicht Abdichtungen gegen Druckwasser, von Brückentragwerken, Tunneln und Behältern. Nur untergeordnete Isolierungsarbeiten, wie Anstriche, Horizontalisolierungen gegen Grundfeuchte, Dachisolierungen können mit geschulten Kräften selbst gemacht werden. Sonst ist die Mitarbeit einer bewährten Isolierfirma vorzusehen und von ihr Angebote einzuholen. Oft werden bei großen Bauten Isolierarbeiten vom Bauherrn getrennt vergeben. In diesem Falle hat der Bauunternehmer auf eine scharfe Trennung der Gewährleistungsbereiche zu achten, was jedoch aus Gründen, die in der Wechselbeziehung zwischen Abdichtung und Bauwerk liegen, nicht immer möglich ist.

23.1 Einrichtung und Gerätebedarf

Isolierarbeiten erfordern keine besonderen Einrichtungen, wohl aber genügend Arbeitsraum am Bauwerk und Lagerplätze für die Dichtungsstoffe. Es ist zweckmäßig, bei größeren Arbeiten ein eigenes Magazin hierfür vorzusehen.

23.2 Materialbedarf

Für den Bedarf an Isolierstoffen ist die gewählte Konstruktion der Abdichtung maßgebend. Es ist dabei auf die Art der Ausschreibung zu achten, wie weit Übergriffe, ein- und ausspringende Formen u. dgl. abgerechnet werden. Sonst regeln Aufmaß und Abrechnung die Normen bzw. technischen Vertragsbedingungen. Der Bedarf an Isoliermassen hängt von der Art des Mittels, von der Beschaffenheit und Lage des zu isolierenden Untergundes und schließlich von der ausgeschriebenen Ausführung ab. Horizontale und vertikale Flächen haben einen unterschiedlichen Verbrauch. Der Bedarf in Kilogramm je Quadratmeter horizontaler, ebener Flächen ist in Tab. 119 angegeben.

Als Träger von Isolierungen werden die verschiedensten Ausführungsformen geliefert. Von der einfachen, zwei- oder mehrlagigen Isolierpappe bis zu Kunststoffbahnen, Alu-, Cu- und Opanolfolien. Hierüber sind vom Abdichtungsunternehmer Vorschläge und Preise einzuholen, er hat auch anzugeben, welche Nebenleistungen bauseits beizustellen sind. Meist handelt es sich um den kostenlosen Zutransport seiner Materialien zur Baustelle, Beistellen von Brennmaterial, Lagerplätze, absperrbare Räume, Arbeitsgerüste.

Werden für untergeordnete Objekte die Isolierbahnen selbst verlegt, so ist der Mehrbedarf für Übergriffe (10 bis 15%) zu berücksichtigen. Für den Bedarf

Tabelle 119

Horizontale, ebene Flächen		Rauher, ebener Beton	Schalreiner glatter Beton	Verputztes Mauerwerk aller Art
Voranstrich einmalig mit Kaltemulsionen		0,35—0,50	0,25—0,35	0,20—0,30
Isolieranstrich mit Steinkohlenteerpech,				
Bitumen	0,50 mm	1,00—1,50	0,80—1,00	0,90—1,00
	0,75 mm	1,80—2,00	1,60—1,80	1,50—1,70
	1,00 mm	2,50—2,80	2,10—2,60	2,00—2,50
Asphaltüberzug:	1,00 mm		1,80—2,50	1,50—2,00

an Klebemassen sind überdies die, meist reichlichen, Angaben der Lieferfirmen zu beachten. Die Kosten des Brennmaterials, Verschleiß an Gefäßen, Werkzeugen, Pinsel, Gerüste u. dgl. werden mit einem Zuschlag von 2 bis 3% auf die Kosten der Isolierstoffe berücksichtigt.

Fugenbleche (Kupfer oder Alcuta), Gummi-Dichtungsbänder werden mit der jeweiligen Breite nach laufenden Meter abgerechnet. Auch hier sind die Übergriffe entsprechend den Stoßlängen und dem mit dem Stoß entstehenden Aufwand an Stoßarbeit und Material (Nieten, Klebemasse usw.) einzurechnen.

23.3 Arbeitsaufwand

Für die meist vom Tiefbauunternehmer selbst ausgeführten Isolierarbeiten können die in Tab. 120 angegebenen Ansätze benützt werden.

Tabelle 120

Arbeit	E	h/E
1. Einmalige *Voranstriche* mit Kaltasphaltlösungen		
an horizontalen Flächen	m²	0,12—0,15[1]
an vertikalen „	m²	0,15—0,20[1]
2. Mehrmalige Anstriche:		
2 Anstriche	m²	0,20—0,30
3 „	m²	0,25—0,35
3. *Isolieranstriche* auf vorangestrichenen Flächen		
Gesamtstärke 0,50 mm/m²		0,20—0,40
0,75 mm/m²		0,30—0,50
4. Verlegen einer Lage Isolierpappe auf vorangestrichener Fläche		
horizontal	m²	0,30—0,40
vertikal	m²	0,40—0,50
5. Verlegen von zwei Lagen auf vorangestrichener Fläche		
horizontal	m²	0,50—0,60
vertikal	m²	0,60—0,70
6. Verlegen von Dachpappe in Dehnfugen	m²	0,30—0,50
7. Versetzen von fertig gebogenen Fugenblechen		
$B = 0{,}40-0{,}60$, samt Stoßarbeit	m¹	4,0—6,0
8. detto, von Sika-Fugenbändern	m¹	1,0—1,5
9. Verfüllen von horizontalen Fugen 15 bis 20 mm stark mit		
Dichtungskitt, etwa 20 mm tief	m¹	1,2—1,5[2]
10. Schutzestrich		
$d = 2-15$ cm mit oder ohne Stahleinlagen	m³	20—30[3]
11. Schutzbeton über Isolierung		
$d = 10-20$ cm	m³	10—15
12. Schutzmauerwerk über Isolierung	m³	8—10
13. Verputzen von rauhem Beton zur Aufnahme der Isolieranstriche	m²	0,50—0,60

[1] Überkopf: + 30—50%. [2] Vertikalfugen + 30% [3] Stahleinlagen nach Abschnitt 22.63.

24. Oberbauarbeiten

24.0 Allgemeines

Im Tiefbau, besonders bei Wasserkraftwerksbauten, sind immer wieder Gleisarbeiten aller Art auszuführen. Entweder sind es Anschlußgleise zum Bahnnetz, Gleisverlegungen bestehender Anlagen, Rollbahnen der 600- oder 900 mm-Spur, Arbeitsgleise im Stollen- oder Tunnelbau. Auch im Erdbetrieb kann unter bestimmten Umständen bei großen Mengen und großen Förderweiten ein Gleisbau immer noch wirtschaftlich sein, wenngleich der gleislose Betrieb unzweifelhaft infolge seiner besseren Anpassungsfähigkeit an alle Bauphasen des Längs- und Querschnittes vorzuziehen ist. Nur dort, wo eine starre Förderverbindung über eine große Distanz einzurichten ist, ist unter Umständen eine Rollbahn mit vorhandenen Geräten gegenüber einem Wagenpark, der neu zu beschaffen ist, wirtschaftlicher. Die Daten dieses Kapitels beziehen sich auf Oberbauarbeiten am Vollspur-, 900 mm- oder 600 mm-Gleis, bei den beiden letzteren auf ausgesprochene Baugleise provisorischen Charakters. Für Arbeiten am Vollspurgleis wird man in der Regel Spezialfirmen als Nachunternehmer heranziehen, die über eingearbeitete Leute verfügen und die Vorschriften des Bahnbetriebes gut kennen.

24.1 Einrichtung und Gerätebedarf

Soweit nicht mit den üblichen Handwerkzeugen des Gleisbaues gearbeitet wird, werden heute bei Oberbauarbeiten eine Reihe von Verrichtungen maschinell ausgeführt, und zwar:

1. Bohren von Schwellen,
2. Bohren und Schneiden von Schienen,
3. Einschrauben von Schwellenschrauben,
4. Unterstopfen von Schwellen.

Die Geräte hierfür sind elektrische oder mit Benzinmotor angetriebene, handliche Geräte von 1 bis 3 kW Leistung. Den Strom bezieht man aus fahrbaren Stromerzeugungsanlagen (5 bis 7,5 kW). Sie erleichtern vor allem die mit der Montage des Oberbaues zusammenhängenden Arbeiten. Zur Sicherung des in die richtige Höhenlage gehobenen Oberbaues wird anstelle des händischen Unterstopfens mit dem Stopfkrampen eine Gleisstopfmaschine verwendet, die den Gleisschotter einrüttelt. Es gibt auch unterstopfende Maschinen. Ein Gleisstopfgerät ermöglicht eine sehr schnelle und wesentlich exaktere Unterstopfung des Oberbaues.

Auch für die Erdarbeiten des Oberbaues, Beseitigen des alten Schotterbettes werden mit Erfolg kleine Raupen und kleine Bagger oder Lader verwendet, wenn man von den großen Gleisbaumaschinen absieht, die in einem Arbeitsgang und mit einer Besetzung von 20 Mann je Tag 900 lfm Oberbau ausräumen, den Altschotter sortieren und wieder in das Gleis zurückbefördern. Auch die Gleisvorlage wird rascher durch Verlegen ganzer abgebundener Gleisstöße bewerkstelligt, die auf dem fertigen Gleis herangebracht und über Vorbauwagen verlegt werden.

Diese Großgeräte des Oberbaues werden in der Regel von den Bahnverwaltungen in eigener Regie zur Durcharbeitung größerer Gleisstrecken eingesetzt.

Für die Verladung von Schotter und ausgehobenem Bettungsmaterial werden vorteilhaft Greifer und Förderbänder verwendet.

24.2 Materialbedarf

Tab. 121 gibt den Materialbedarf für 1 lfm Gleis der Normalspur (Form Xa, A und K), der 900 mm- und 600 mm-Spur. Normalspurgleise werden in der Regel von Betriebsmitteln der Bundesbahnen befahren, müssen daher in ihrer Ausführung den Bahnvorschriften entsprechen. Diese Vorschriften sind in Österreich zusammengefaßt in der Oberbauvorschrift B 51. Die Bedarfsziffern der Normalspur stammen aus der B 51 der ÖBB.

Tabelle 121. *Oberbaugewichte für Gleise auf Holz- und Stahlschwellen*

Spurweite:	Normalspur			900 mm		600 mm	
Art				leicht	schwer	leicht	schwer
Bezeichnung:	Xa	A	K	—	—	—	—
Schienen:							
Gewicht kg/m	35,65	44,35	49,03	24,5—27,5	33,5	12	14
Höhe mm	125	140		110—115	135	80	80
Länge m	12,5—30	15—25	15—30	9—12	9—12	6—9	9
Laschen:							
Gewicht kg/Paar	22,40	21,20	18,40	14,5—18,0	27,5	3,0	6,5
Schienengewicht + Laschen kg je lfm Gleis	73,00	90,50	99,86	52—58	72,0	25,0	30,0
Sonstiges Kleineisen: Laschenschrauben, Schwellenschrauben, -nägel usw. kg je lfm Gleis	12,70	25,70	47,93	1,55	1,80	0,70	0,80
Schwellen aus Holz:							
Höhe cm	15	15		14—15	14—15	12—13	12—13
Breite cm	24/16	24/16		18—20	18—20	14—16	14—16
Länge m	2,60	2,60		1,80	1,80	1,20	1,20
$B = 0{,}9$ m³							
Anzahl je lfm Gleis Stück	1,5	1,5	1,4	1,33	1,33	1,33	1,33
Gesamtgewicht je lfm Gleis mit Holzschwellen kg	207,0	237,70	269,0	53,60	74,00	25,70	30,80
Schwellen aus Stahl:		86 kg					
Länge m	2,50	2,60	2,60	—	—	—	—
Anzahl je lfm Gleis	1,25	1,4	1,5	1,33	1,33	1,33	1,33
Schwellen in Beton:							
Höhe cm	20	20	20	—	—	—	—
Breite cm	30	30	30				
Länge m	2,30	2,30	2,30				
Gewicht je Schwelle kg	225	225	225	—	—	—	—
Anzahl je lfm Gleis Stück	1,4	1,4	1,5	—	—	—	—
Gesamtgewicht je lfm Gleis mit Betonschwellen	400	431	486	—	—	—	—

24.3 Arbeitsaufwand

Tabelle 122

Arbeit (Beschreibung)	E	E/h	Anmerkungen
1. *Abbrechen* eines Gleises der *Normalspur*, Beiseitesetzen der Schienen und Schwellen und des Kleineisens, Ausräumen des Schotterbettes, Verladen aller Teile und Abtransport zum nächsten Bahnhof, einschließlich Abladen und Stapeln			
Gleis Form Xa	m^1	2,5—2,8	Anteil Schotterbett ausräumen: 1,6 h/m^1
A	m^1	2,8—3,0	
K	m^1	3,0—3,2	
2. *Abbrechen* eines Gleises der 900-mm-Spur, sonst wie 1.	m^1	1,0—1,2	
3. *Abbrechen* eines Gleises der 600-mm-Spur, sonst wie 1.	m^1	0,5—0,6	
4. *Regulieren* eines Gleises (Durcharbeiten) in der freien Strecke der Hauptbahn. Ausräumen des alten Schotterbettes, Einschottern, zweimaliges Unterstopfen, Richten der Schwellen und Nachziehen der Befestigungsmittel	m^1	1,6—2,2	Je nach Zugsdichte. Bei Nebengeleisen — 10—20%, in Tunnels 30—40% höher
5. Heben des Gleises um 15 cm, Regulieren und Einschottern, Profilieren wie 4.	m^1	2,5—3,5	Hiervon Abladen und Einbauen des Oberbauschotters: 1,0 h/m^1
6. Durcharbeiten von einfachen Weichen auf Holzschwellen, sonst wie 4.	je Stück	80—150	Auf Eisenschwellen + 15—20%
7. Auswechseln von Schwellen im Vollspurgeleise, ohne Zu- und Abtransport der Baustoffe	je Stück	2,5—3,0	Im Schmalspurgeleise 1,5—2,0 h/Stück, in Bahnsteigen 25—35%
8. Binden von Normalspur-Schwellen im Gleis	je Bund	0,5—0,6	
9. Auskoffern des alten Schotterbettes mit Lader oder Bagger, Verladen, Verführen und Abladen, Oberbau Form A, K	je m^1	1,5—2,0	Ohne Aushub seitlicher Gräben usw.
10. Neulage eines Gleises[1] der Normalspur, und zwar Anliefern und Verteilen der Schienen und Schwellen, Montieren, Einschottern, Heben, Unterstopfen, Antransport und Abladen des Schotters, ohne Auskoffern und sonstige Erdarbeiten			Für Schmalspur: 900 mm: 2,0—2,5 h/m^1 600 mm: 1,2—1,8 h/m^1
			[1] Voraussetzung: Gleise gesperrt bzw. ausreichend lange Zugspausen,
Form Xa	m^1	4,0—4,5	
„ A	m^1	4,5—5,5	
„ K	m^1	5,0—6,0	im Tunnel + 20—30%
11. Montieren des Oberbaues, der Schienen und Holzschwellen (Baustoffe seitwärts gelagert) für Normalspur			Für Schmalspur: 900 mm: 0,9 h/m^1 600 mm: 0,6 h/m^1
Form Xa	m^1	1,50	
„ A	m^1	1,60	
„ K	m^1	1,40	

Tabelle 122 (Fortsetzung)

Arbeit (Beschreibung)	E	E/h	Anmerkungen
12. Vollständige Neulage[1] des Oberbaues Form K auf Holzschwellen einschließlich Erdarbeiten und übliche Nebenarbeiten	je m[1]	7,5—8,0	[1] Bei voll gesperrtem Gleis Bei starkem Zugverkehr im Klotzverfahren: je lfm 9,0—9,5 h/m[1]
13. Abbinden einer Weiche an Ort und Stelle, Befestigen der Schienen, Einschottern, Heben und Ausrichten (ohne Erdarbeiten)			
Form Xa		260 h/Stück	
„ A		280 h/Stück	
„ K		320 h/Stück	
900 mm		100 h/Stück	
14. Abladen von Oberbauschotter und Einschottern des Normalspurgleises, bei 45 cm Schotterbettstärke	m[1]	0,8—1,0	Abladen von Silo-(Talbot-)wagen: 0,4—0,6 h/m[1] Abladen je m³ von Hand: 0,6—0,8 h von Silowagen je m³: 0,2—0,3 h
15. Abladen von Schwellen für Oberbau Form A und K	100 Stück	5—8	
16. Abladen von Schienen	t	2,0	
17. Abtrag einer Weiche. Zerlegen und Beiseitesetzen, Aufladen auf Bahnwagen			
Form Xa	Stück	80	
„ A	„	90	
„ K	„	100	
(900 mm)	„	60	
18. Sägen (Schneiden) einer Schiene mit Kaltsäge Form Xa	Stück	0,60	
„ A	„	0,80	
„ K	„	0,90	
19. Umnageln eines Schienenstranges bei Spurerweiterung bzw. Spuränderung	m[1]	0,20—0,40	Je nach Beeinflussung durch den Betrieb
20. Bohren von Schwellen mit Bohrmaschine für Befestigungsmittel Form A bzw. K	Stück	0,20—0,25	
21. Bohren eines Loches in Schienen Form A, K	Stück	1,0	
22. Aufladearbeiten auf Bahnwagen von Hand			
a) Schotter	m³	1,0—1,5	
b) Schwellen	100 Stück	5—6	
c) Schienen	t	1,5—2,0	
d) Sand	m³	0,8—1,2	
e) Bruchsteine	m³	1,5—2,5	

25. Aufschließungsarbeiten

25.0 Allgemeines

Nahezu jedem Tiefbau gehen Bodensondierungen voraus, die einen möglichst guten Einblick in die geologischen Verhältnisse des Untergrundes geben sollen. Die Fragestellung ist von Fall zu Fall veschieden; entweder ist der Boden in der geplanten Gründungstiefe genau zu erkunden, oder es ist der Verlauf der anstehenden Felsoberfläche festzustellen, oder schließlich die Eignung des Bodens zur Dammschüttung oder als Betonzuschlagstoff. Auch zur Feststellung der voraussichtlichen Menge zu bestimmten Zwecken geeigneten Lockerbodens, seiner geologischen Zusammensetzung und sonstigen bodenmechanischen Eigenschaften sind verläßliche Aufschlußarbeiten aller Art und in ausreichendem Umfang notwendig. Oft sind diese Arbeiten gesondert — vor Beginn der Projektsarbeiten — anzubieten oder vom Unternehmer vorzuschlagen.

Ausmaß und Art der Arbeiten wird je nach Bauzweck vom Ingenieurgeologen festgelegt und nach Bedarf erweitert. Über die Anlage von Sondierungen unterrichtet die Fachliteratur, hier seien nur Anhaltspunkte für eine erste Anschätzung der Kosten von Aufschlußarbeiten zusammengestellt. Für die Bohrarbeiten wird man in der Regel Spezialfirmen des Tiefbohrfaches zur Offertlegung einladen.

Zur Ausführung kommen:

1. Schlitze und Gräben,
2. Schächte und Brunnen,
3. Sondierstollen,
4. Tiefbohrungen
   a) Schlagbohrungen in Lockerböden Durchmesser 100 bis 500 mm,
   b) Kernbohrungen in Fels Durchmesser 46 bis 86 mm.

25.1 Schlitze und Gräben, Schächte

Ihre Ausführung erfolgt meist von Hand; der Einsatz von Geräten kommt nur dann in Frage, wenn deren Zutransport ohne Schwierigkeiten möglich ist und viele Aufschlüsse in kurzer Frist zu machen sind. In diesem Falle sind die Kosten nach Kapitel 9 zu ermitteln, wobei die Durchschnittsleistung der Geräte auf 20 bis 30% der Normalleistung zu senken ist, da die kleinen Mengen der Einzelaushübe keine zügige Arbeit gestatten. In den meisten Fällen liegen die Orte der Erkundung abseits von Verkehrswegen, der Arbeitsumfang ist gering, so daß nur händischer Aushub in Frage kommt. Es ist entsprechend den Werten des Kapitels 9 zu rechnen für:

Offene Schlitze 1,5—2,0 m breit, etwa 2,0—3,0 m tief im schrägen Hang, ohne Wasserhaltung und ohne Pölzung

im leichten Boden	1,0—1,2 h/m³
im mittleren ,,	1,5—1,8 h/m³
im schweren ,,	2,0—4,0 h/m³
Pölzung von Schlitzen oder Gräben	1,5—2,5 h/m²
Holzverlust/m²	etwa 0,01 m³/m²

Schächte: 1,5 × 1,5 bis 2,0 × 2,0 m je nach Tiefe, bis zu wasserführenden Schichten, ohne Wasserhaltung		leichter Boden	mittlerer Boden	schwerer Boden
Schachtaushub 2—4 m² bis 2,0 m Tiefe im Trockenen	je m³	2,0—2,5	2,5—3,0	2,5—5,0 h/m³
Tiefenzuschlag je m	je m³	0,5—0,7	0,8—1,0	1,0—1,5 h/m³
Zuschlag bei Wasserhaltung	je m³	0,5	0,8	1,2 h/m³
		leichte Pölzung	mittlere Pölzung	schwere Pölzung
Pölzung	je m²	2,0	3,0	5,0 h
Holzverlust	je m²	0,02	0,07	0,15 m³

Wasserhaltung siehe Kapitel 16.

25.2 Stollen

So wie Schächte werden auch Stollen im kleinsten Profil (1,60 × 1,80 m) bei Aufschließungen angeordnet, da sie den besten Einblick in den Untergrund ermöglichen. Sie dienen der Erkundung der Felsgrenzen und der Beschaffenheit der Übergangszone. Sie werden von der Lockerseite bis an die Felsgrenze vorgetrieben oder — selten — im gewachsenen Fels geführt und mit Stichstollen der Grenzverlauf des Felshorizontes erkundet. Die Kostenermittlung erfolgt nach den Angaben des Kapitels 10, doch sind die Ansätze für die Vortriebsleistung geringer zu nehmen, da diese Baustellen meist nur ungenügend besetzt und versorgt sind. Zur Ausführung kommen Stollen durch schwere Blockhalden oder es sind Vortriebe in mürben, nachbrüchigen Felspartien der Übergangszonen und schließlich im gewachsenen Gebirge zu führen.

a) *Stollen in drückendem, rolligem Gebirge:* $F = 3{,}0$ m².
Vortrieb bei vollständiger Getriebezimmerung:
Holzbedarf 0,15 m³ □, 0,25 m³ ○ je lfm
Vortriebsleistung bei 4—5 Mann Besetzung: — 0,60 lfm/Schicht (8 h)
Aufwand 60—70 h/lfm

b) *Stollen in schweren Blockstrecken* mit teilweiser Getriebezimmerung:
Vortriebsleistung bei 5 Mann Besetzung: 1,00—1,20 lfm/Schicht (8 h)
Aufwand 40—45 h/lfm
Holzbedarf 0,10 m³ □, 0,15 m³ ○ je lfm
Sprengstoffbedarf 3,0 kg/lfm

c) *Stollen in standfester Moräne:*
Kopfschutz und Seitenverzug
Vortriebsleistung 1,5—2,0 lfm/Schicht
Aufwand 25—30 h/lfm
Holzbedarf 0,15—0,18 m³ □ ○ je lfm
Sprengstoffbedarf 4,0—5,0 kg/lfm

d) *Stollen in brüchigem Fels* des Überganges, nicht standfest:
Kopfschutz, mittelschwerer Einbau
Vortriebsleistung 2,0—2,5 lfm/Schicht
Besetzung 5 Mann
Aufwand 15—20 h/lfm
Sprengstoffbedarf 6— 8 kg/lfm
Holzeinbau 0,10—0,15 m³ □ ○ je lfm

e) Stollen im standfesten, gesunden Fels:
Vortriebsleistung 2,5—3,0 m/Schicht
Besetzung 5 Mann
Aufwand 12—15 h/lfm
Sprengstoff 10—15 kg/lfm

Tabelle 123

	Profil	Beschreibung	Besetzung	Vortriebsleistung je Schicht m je 8 h	h/m³ l	h/lfm	Holz □ ○ m³/m	Sprengstoff kg/lfm
a	$b = 1{,}60$ $h = 1{,}80$ $F \doteq 3\ m^2$	schwerste Verhältnisse, naß, Getriebe	5[1]	0,60 1,80 m/Tag	22	67	□ 0,15 ∅ 0,23	1,0
b	,,	Blockwerk, teilweise Getriebe, trocken	5	1,00 3,0 m/Tag	14	40	□ 0,10 ∅ 0,15	3,0
c	,,	Moräne, standfest, mittlere Pölzung	5	1,50 4,50 m/Tag	9	27	□ 0,06 ∅ 0,10	5,0
d	,,	brüchiger Fels, mittlere Pölzung	5	2,00 6,0 m/Tag	6,7	20	□ 0,05 ∅ 0,08	8,0
e	,,	Urgestein fest, trocken	5	2,30 7,0 m/Tag	4,3	13	—	12,0

[1] Einschließlich Hilfsbetriebe!

25.3 Tiefbohrungen: Schlagbohrung, Kernbohrung, Wasserdruckprobe, Injektionen

Bohrarbeiten sollen durch Firmen mit hierzu nötiger Ausrüstung und Personal ausgeführt werden; nur sie verfügen über genügend Erfahrung und leistungsfähige Einrichtungen. Die Angaben dieses Abschnittes sollen daher nur zur *Anschätzung* der Kosten von Bohrarbeiten dienen. Bohrarbeiten zu Aufschlußzwecken sind — besonders im Gebirge — schon durch ihre abseitige Lage, Schwierigkeit des Antransportes der Versorgung bei Störungen und Reparaturen teurer als Bohrungen im Tal und in der Nähe von Ortschaften.

Bohrungen im Blockwerk oder im gemischten Material von großblockigen Schutthalden sind nur mit erfahrenem Personal und entsprechendem Gerät ausführbar. Normalerweise kommt für die Abteufung der großkalibrigen Bohrrohre die *Schlagbohrung* zur Anwendung. Die Rohrdurchmesser liegen zwischen 200 und 500 mm, die Teufen sind selten tiefer als 30 bis 40 m, meist 15 bis 20 m. Der Vorteil der Schlagbohrung liegt in ihrer verhältnismäßig einfachen Einrichtung und Handhabung. Leider bringen die Ergebnisse keinen verläßlichen Aufschluß über Aufbau und Kornzusammensetzung und keine genauen Angaben über die Verteilung des feinen Materials.

Das *Bohrgerät* ist mit einer frei ablaufenden Bohrwinde mit Diesel- oder Elektromotor (15 bis 20 PS) ausgerüstet, dazu Spülpumpe, Spülwasserbehälter, ein Holz- oder Stahlturm und Bohrrohrgarnituren verschiedener Durchmesser.

Die *Bohrpartie* besteht aus dem Bohrmeister und 2 bis 4 Mann.

Die *Bohrleistung* hängt von Bohrtiefe, Bodengattung und Bohrdurchmesser ab.

Für den *Auf- und Abbau* eines Schlagbohrgerätes sind 80 bis 100 Stunden zu rechnen, wenn nicht die örtlichen Verhältnisse den Bau eines Untergerüstes oder zusätzliche Planierarbeiten notwendig machen, deren Kosten gesondert zu ermitteln sind.

Tabelle 124

Bodengattung Gebirgsart	Durchschnittliche Leistung je Schicht alte → neue Geräte	Anmerkungen
Leichter Boden: Humus, Sand, Kiessand, lehmiger Sand und lockerer Kies	3,0—10,0	Werte gelten für d_m = 300 bis 400 mm und mittlere Tiefen von 10 m
Mittlerer Boden: Festgelagerter Lehm, kiesiger Lehm, Schotter, Kies, Sand	1,5— 6,0	Besetzung des Bohrgerätes 2—4 Mann
Schwerer Boden: Festgelagerte Moräne, mittleres Blockwerk, Grob- und Roll-Kies	1,0— 4,0	Aufstellung des Schlagbohrgerätes (ebenes Planum): 80—100 h Umstellen: 60— 80 h
Sehr schwerer Boden: Schweres Blockwerk, mürber Fels, mürbe Schiefer, gebundener Kies	0,5— 2,0	

Das *Umstellen* auf eine Nachbarbohrstelle wird 60 bis 80 Arbeitsstunden beanspruchen.

Werden Hindernisse in Form großer Findlinge usw. angefahren, ist die normale Bohrarbeit nicht mehr möglich, es muß gemeißelt werden. Diese Arbeit wird meist in Regie verrechnet, wobei die „Meißelstunde" als Gesamtaufwand der dabei tätigen Bohrmannschaft einschließlich Verbrauch an Meißelstahl usw. errechnet wird.

Sehr vorteilhaft läßt sich bei Findlingen der Vortrieb durch Sprengen mit Auflegeschüssen bewerkstelligen; das Bohrrohr wird dabei etwas gezogen. Die Verrechnung dieses Verfahrens, das fachkundige Arbeit erfordert, erfolgt gleichfalls in Regie. Größere Gesteinsblöcke können auch nach Vorbohren mit einem Kernbohrgerät gesprengt werden.

Kernbohrungen: Aufschlußbohrungen im Fels werden mit kleinen Drehbohrgeräten mit und ohne Kerngewinnung ausgeführt.

Die Bohrkronendurchmesser liegen zwischen 46 und 86 mm, die Kerndurchmesser sind nur rund 10 mm geringer. Die gewonnenen Kerne geben einen sehr guten Einblick in die Gesteinsbeschaffenheit; das Verhältnis der erbohrten Kernlänge zur Bohrlochlänge gibt überdies einen Aufschluß über die Gesteinsgüte, Anteil an mürben Zwischenschichten usw.

Für die Bohrung werden *Bohrkronen* mit Hartmetall-, Sintermetall- oder Diamantbestückung verwendet. Die richtige Wahl der Kronen hängt von der Gesteinshärte und -zusammensetzung ab und ist entscheidend für den wirtschaftlichen Erfolg der Kernbohrung. Für die Kalkulation ist die Standzeit der Bohrkronen maßgebend. Man kann vorsichtig mit folgenden Werten rechnen:

Standzeiten von Bohrkronen (durchschnittliche Werte): Die Standzeit ist abhängig von der Konstruktionsart der Krone, der Art der Bestückung, der Güte des Hartmetalls und von der Konstruktionsart der Bohrmaschine. Krone und Maschine müssen aufeinander abgestimmt sein! Genaue Angaben sind nur aus Versuchsbohrungen zu ermitteln):

		Weichgestein	Hartgestein
1. *Kernbohrkronen:*			
a) Hartmetallkronen	Durchmesser 46—86 mm	100—150	50— 60
b) Diamantkronen	Durchmesser 46—86 mm	100—200	40—100
2. *Schlagbohrkronen:*			
Hartmetall	Durchmesser 32—42 mm	100—250 m	50—100 m

Der Kraftbedarf liegt für die kleinen Kernbohrgeräte zwischen 10 und 25 PS.

Gleichzeitig mit den Kernbohrungen werden auch *Wasserdruckproben* zur Feststellung der Wasserverluste des mehr oder weniger zerklüfteten Gebirges vorgenommen. Die Bohrlöcher werden in Abschnitten von etwa 5,0 m durch Setzkolben abgedichtet und der Wasserverlust je laufenden Meter und je Minute bei 0 bis 15 atü gemessen. Damit erhält man ein gutes Bild über die Erfordernisse einer später auszuführenden Dichtung des Felsens im Bereiche von Sperren, Druckstollen etc. Eine Wasserdruckprobe kann in 1 bis 5 h — je nach Bodendichte — ausgeführt werden. Es sind mit diesen Stunden auch die Aufenthalte, die die Kernbohrung selbst durch die Unterbrechung erhält, zu berücksichtigen. Für das Einpressen des Wassers werden Injektionskolbenpumpen verwendet, die entweder druckluftangetrieben oder mit dem Antrieb des Kernbohrgerätes betätigt werden.

Zur Beurteilung, ob ein bestimmter Felsuntergrund, z. B. unter einer Sperre als dicht anzusehen ist, gelte die Forderung, daß die Wasseraufnahme bei Bauhöhen über 30 m mit 10 atü Druck nicht größer als etwa 1 bis 2 l/m min sein soll und 3 l/m min bei Stauwerken unter 20 m.

Oft werden die aufgebohrten Löcher mit einem Zement-Wassergemenge ausgepreßt, und zwar stufenweise mit der Bohrung oder nach Abschluß der Bohrung und der Wasserdruckprobe. Diese Injektionen in Felspartien führen zur Abdichtung der Klüfte und sonstigen Wasserwege. Sie sind im Rahmen von Aufschlußarbeiten als Testvorgang zu betrachten, um für ein späteres Abdichtungsprogramm z. B. unter Sperren brauchbare Werte für die Abschätzung dieser Arbeiten zu erhalten. Bei zahlreichen Injektionen wird man die Auspressung von einer zentralen Injektionsstation großer Leistung vornehmen. Für Einzelbohrlöcher genügt eine kleine Pumpe von etwa 5 PS Leistung. Die Aufnahme des Gebirges an Injektionsflüssigkeit (im Mittel 1 Teil Zement zu 2 bis 3 Teilen Wasser) wird in l und m bei etwa 10 atü angegebene, sie lag z. B. im gewachsenen Untergund der Limbergsperre (Kalkglimmerschiefer) im Mittel bei 120 bis 150 l/m; im Gneis und Glimmerschiefer der Hierzmannsperre wurden im Mittel 80 bis 100 l/m eingepreßt. Der Zentralgneis der Reißecksperren hatte eine Aufnahmefähigkeit von 60 bis 80 l/m.

Über die Leistung der Kernbohrgeräte können nur ungefähre Werte angegeben werden. Sie hängen vor allem vom Gestein ab, das zu durchbohren ist; aber auch die Bauart des Gerätes, Bau der Bohrkronen, Anordnung der Schneiden und Diamanten usw. sind für die Leistung von ausschlaggebender Bedeutung. Bei Verwendung von Diamantkronen ist es notwendig, Drehbohrmaschinen mit automatisch regelbarem Anpreßdruck und Drehzahl zu verwenden. Für die Beseitigung des Bohrmehls und Kühlung der Schneiden wird fortlaufend gespült; hierfür sind 20 bis 80 l/min Spülwasser bei 10 bis 15 atü erforderlich. Wenn kein Anschluß an eine bestehende Leitung möglich ist, ist das Spülwasser rückzugewinnen und mit der dem Gerät meist angebauten Spülpumpe der Krone zuzuführen. Stark klüftige Gesteinsschichten ergeben totalen Spülwasserverlust.

Ein modernes Kernbohrgerät ist mit 2, manchmal 3 Mann besetzt und leistet bei mittlerem Durchmesser von 56 cm, ohne Aufenthalte durch Gestängewechsel, Spülarbeit, Kronenwechsel usw. im Durchschnitt je Bohrstunde bei mittleren Bohrtiefen von 30 bis 50 m:

Granit, Gneis	0,20—0,30 m/h (0,3—0,5 cm/min)
Kalkglimmerschiefer, Glimmerschiefer	0,50—0,70 m/h (0,3—0,5 cm/min)
Harte Kalke, Dolomite, Nagelfluh, harte Sandsteine	0,90—1,30 m/h (1,5—2,0 cm/min)
Kalke, Phyllit, Sandsteine	1,00—1,50 m/h (1,7—2,5 cm/min)
Beton ($W_{28} = 300$)	0,90—1,50 m/h (1,5—2,5 cm/min)

Die Bohrtiefen im Rahmen von Aufschlußbohrungen werden 150 bis 200 m kaum übersteigen. Die angegebenen Werte sind wegen der Aufenthalte durch Gestängewechsel mit zunehmender Tiefe zu vermindern, und zwar bis 100 m um 30%, bis 150 m um 50%. Die Werte gelten außerdem für annähernd vertikale Bohrungen. Bei Schräglagen ist ebenfalls mit verminderter Leistung zu rechnen.

Für den Auf- und Abbau eines Kernbohrgerätes sind 30 bis 60 h notwendig, für die Umstellung 40 h.

Die Verrechnung von Injektionen erfolgt entweder nach Kilogramm oder Tonne eingepreßten Zementes ohne Rücksicht auf das Mischungsverhältnis oder je Liter Gemenge bestimmter Mischung. Die Leistung der Einpreßpumpe hängt sehr von der Konsistenz des verwendeten Injiziergutes ab, aber auch von der Gängigkeit der Klüfte und vom gewählten Einpreßdruck. Leistungswerte werden daher in *sehr weiten* Grenzen schwanken. Für die Kalkulation kann mit einer Leistung von 0,05 bis 0,5 t/h (10 bis 100 h/t) gerechnet werden, wobei der Kraftbedarf der Pumpe je nach Einpreßgeschwindigkeit sehr unterschiedlich ist.

So arbeiten beispielsweise Drucklufteinpreßgeräte (Kolbenpumpen) bei einem Druckluftbedarf von 2 bis 3 m^3/min, mit Leistungen von 15 bis 40 l/min bei einem Einpreßdruck von 7 bis 40 atü je nach der Gängigkeit der zu verpreßenden Hohlräume und nach dem Mischungsverhältnis des verwendeten Zement-Wassergemenges. Zu diesen Werten kommen alle Aufenthalte für Vormischen, Manipulation beim Einfügen der Rohre, Umstellungen usw. anteilig noch hinzu.

Für einfache Verpressungen werden häufig Injektionskessel (Fabrikate Torkret, Wolfsholz usw.) verwendet. Je nach Kesselgröße (70 bis 150 l) und Füllungszahl 5 bis 16 liegen die Leistungen bei 0,4 bis 1,0 m^3 Einpreßgemenge je Stunde bei sehr klüftigen Felspartien bzw. altem Mauerwerk oder mageren Betonen.

26. Winterarbeiten

26.0 Allgemeines

Winterarbeiten verursachen Mehrkosten, die zwischen 5 und 15% der auf die Wintermonate (November bis März) entfallenden Rohbaukosten betragen können. Sie sind um so geringer, je besser die Vorsorgen für die Arbeiten bei Frost, Schnee und Nebel getroffen werden. Wenn man von jenen winterlichen Verhältnissen absieht, die eine vollständige und längerdauernde Einstellung der Bauarbeiten im Winter erzwingen, wie Lawinengefahr, starker Eisgang, außergewöhnlich langanhaltende tiefe Temperaturen, Schneefall, so ist in den meisten Baufällen des Tiefbaues durchgehende Winterarbeit möglich. Im Wasserbau liegt das Hauptgewicht der Arbeiten in den Wintermonaten mit ihren niederen Wasserführungen, aber auch im Stollen- und Tunnelbau sowie im reinen Felsbau ist im Winter eine Unterbrechung nicht notwendig, wenn die Zugänge zu den Stollenportalen sowie die Deponieplätze für den Ausbruch bzw. Abraum wintersicher angelegt sind. Oft sind — von Wasserbauarbeiten abgesehen — gewisse Arbeiten im Winter günstiger auszuführen als im Sommer, z. B. Aushübe in gemischten, nicht sehr standfesten Böden mit hohen Böschungen, Transporte über gefrorene, sonst weiche Böden, u. dgl. sind ebenfalls in den Wintermonaten bei entsprechender Vorplanung besser abgewickelt worden. Betonarbeiten ist hingegen besonders bei feingliedrigen Teilen auch bei guter Vorsorge, bei sehr niederen und lang andauernden Frosttemperaturen eine Grenze gesetzt, doch bedeutet dies in unseren Breiten keine vollständige Unterbrechung, vor allem nicht bei Massenbetonen oder im Fertigteilbau. Bei Vermauerung von Steinen aller Art wärmt man diese und den Mörtel gut vor und wird nur bei Temperaturen etwa unter -5° nicht mehr weiterarbeiten, da dann auch die Leistung der Arbeitenden stark sinkt. Der Zusammenbau von Stahlkonstruktionen ist im Winter nur bei Schweißarbeiten behindert. Am meisten sind Putzarbeiten gefährdet. Innenputze können durch Abschalungen und Ausheizen der Arbeitsräume noch gut ausgeführt werden, hingegen sind Außenputzarbeiten praktisch nur unter hohen Mehrkosten ausführbar. Holzarbeiten, Rüstungen, Schalungen erfahren im Winter eine gewisse Beeinträchtigung; nur darf bei allen vorübergehenden Installationen nicht übersehen werden, daß entweder frostfrei zu gründen ist oder belastete Böden vor Frost zu schützen sind, um — besonders bei bindigen Böden — Auffrierungen mit allen unangenehmen Begleiterscheinungen zu vermeiden. Wird im Winter ausgehoben, so sind Böden und Aushubsohle vor Frost zu schützen, ebenso ist Fels oder gefrorener Boden unmittelbar vor der Betonierung aufzuwärmen bzw. aufzutauen. Eisenbiegearbeiten sind im Winter schon durch geringen Frost behindert, so daß auch die Biegeplätze durch Flugdächer und Verschalung vor Wind und Schnee zu schützen sind.

Der Winterbau ist ohne Schwierigkeiten durchzuführen, wenn alle notwendigen Maßnahmen zum Schutz gegen Frost ausreichend und rechtzeitig vorgesehen werden und die dadurch entstehenden Mehrkosten in einem wirtschaftlich vernünftigen Verhältnis zu den Gesamtbaukosten stehen.

Diese Maßnahmen gliedern sich in Einrichtungen zum Schutze der angelieferten Baustoffe und der herzustellenden Bauwerksteile vor den Einflüssen des Winterwetters.

Schutz der Baustoffe

Bindemittel: Verwendung von losen Bindemitteln, Abschalung der Blechbehälter, absolute Trockenlagerung, kurze Manipulationswege.

Sand, Kies, Splitt: Abdeckung mit Planen, Stroh, Brettern, darüber Schnee, Depot über Heizschlangen, Heizkanälen. Vorwärmung inmittelbar vor Entnahme mit Dampfspießen.

Werksteine: Lagerung unter Schutz vor Schnee und Regen mit Brettern und Planen usw. Vorwärmung unmittelbar vor Einbau in Vorwärmhallen; Hallengröße je nach Einbauleistung und Steingrößen.

Transporte von Zuschlagstoffen oder Beton: Abdeckung mit Planen, Stroh und Brettern; Isolierung von Behältern mit Stroh, Glaswolle usw.

Aufbereitung und Betonfabrik: Vollständige, winddichte Verschalung mit Dämmplatten, Brettern, Glaswolle; besondere Vorsorge für Siloverschlüsse, Heizung mit Warmluftstrahlern, Radiatoren; Vorwärmung des Anmachwassers bis etwa 60°, Isolierung der Betonbehälter. Besondere Vorwärmung des Sandes 0/3 bzw. 0/7.

Schutz der Bauteile

Allgemein: Umhüllung, Überdachung und Luftheizung ganzer Bauteile.

Beton: Isolierung der Schalung, Einbringtemperatur etwa 20 °C. Abdeckung der fertiggestellten Teile, Beheizen mit Warmluft; Umhüllung der Baustelle. Verwendung von Frostschutzmitteln, erhöhte Zementmenge, Anblasen mit Naßdampf unmittelbar nach der Fertigstellung bzw. Entschalung.

Mauerwerk: Abdecken mit Planen und Anblasen mit Warmluft oder Dampf, Koksöfen.

Innenputz (*Torkret*): Ausheizen der zu verputzenden Räume nach entsprechender Abschalung und Vorwärmen der Unterlage. Verwendung von Koksöfen, Hyloöfen, Gas- oder Elektro-Strahlern.

Versetzarbeiten: Ausreichende Vorwärmung der Mauerwerks-, Altbeton- und Stahlteile, da sonst die kleinen Mengen der Aussparungsbetone unter Frost nur ungenügend erhärten. Abdeckung und Warmhaltung während der Erhärtungszeit.

Die Kostenrechnung von Winterbauarbeiten hat, ob diese nun Gegenstand eines eigenen Leistungsverzeichnisses sind oder nicht, folgende Arbeiten zu umfassen:

1. An- und Abtransport sowie Auf- und Abbau aller Einrichtungen, die für die wintersichere Ausführung der nach dem Bauprogramm in die Wintermonate (November bis März) fallenden Arbeiten notwendig sind: Frostschutz der Maschinen, der Arbeitsstellen, der Wasserleitungen, Versorgung der Baustelle mit Dampf oder Heißluft, Warmwasser, Vorwärmhallen für Werksteine, Einrichtungen für Vorwärmung der Zuschlagstoffe und sonstigen Baustoffe, Schutzdächer, Abdeckungen usw. Auf- und Abbau von Dampfleitungen von einer oder mehreren zentralen Dampfversorgungsanlagen. Abschalung von Betonfabriken, Aufbereitungen usw., soweit nicht diese Leistungen bereits in anderen Positionen eingerechnet sind.

2. Vorhalten der Einrichtungen von 1. und Instandhaltung über die Wintermonate. Der Verbrauch an Planen, Stroh, Brettern usw. für Abdeckungen ist in 1. zu berücksichtigen.

3. Betrieb der Einrichtung nach 1. Bedienung und Verbrauch an Kohle oder Heizöl usw. je Betriebsstunde oder je Betriebstag bei durchlaufendem Heizbetrieb.

4. Betrieb der Einrichtung nach 1., jedoch nur für die Erzeugung von Anmachwasser, je Betriebsstunde oder je Betriebstag.

5. Betrieb von Koksöfen, Ölöfen, Elektro- oder Gas-(Propan-)Strahlern je Betriebsstunde oder je Betriebstag je Heizeinheit (Koksöfen, Strahler usw.).

6. Kosten (einmalige) von frostschützenden, winddichten Umhüllungen von Rohrleitungen usw., von Schutzdächern, Auf- und Abbau und Verbrauch an Baustoffen je Quadratmeter Umhüllungsfläche oder Quadratmeter Grundriß oder je laufenden Meter Rohrleitung. Umstellen von Heizeinrichtungen, Winterschutzkleidung usw.

7. (Mehr-) Kosten für Schlechtwetterperioden, über die Schlechtwettervergütung hinausgehende Kosten (Gemein- und Gerätekosten).

26.1 Einrichtung und Gerätebedarf

Für die Erzeugung der notwendigen Dampf- oder Warmluftmengen wird an Groß- oder Mittelbaustellen zentral zu den Aufbereitungs- und Betonerzeugungsanlagen meist in Verbindung mit diesen eine genügend groß bemessene Kesselanlage mit festen und beweglichen Rohrsträngen eingerichtet. Die erforderliche Größe der Anlage ist auf Grund einer *Wärmebedarfsrechnung* zu bestimmen, sie ist abhängig von

stündlicher Beton- und Mauerungsleistung,
Anmachwassermenge je h,
Sand- und Kiesbedarf je h,
Depotgröße der Zuschlagstoffe und Art der Lagerung (Silo oder Halde),
umbautem Raum der Aufbereitung und Betonfabrik,
sonstigen Heizzwecken,
Außentemperatur (untere Grenze).

Bei Großbaustellen ist es zweckmäßig, für Beratung, Bemessung und Bau von Heizanlagen unbedingt eine Fachfirma heranzuziehen und ihre Mitarbeit schon für die Kostenberechnung vorzusehen. Es lassen sich keine allgemeinen Ziffern des Bedarfs an Wärme bzw. Heizkesselfläche in Abhängigkeit von der Betonleistung angeben. Mittlere Baustellen mit einer stündlichen Betonleistung von 10 bis 15 m³ werden mit 8 bis 12 m² Kesselheizfläche auskommen. Von drei Großwasserbaustellen, die über die Wintermonate bis zu — 15 °C durcharbeiteten, sei die installierte Kesselheizfläche für die Versorgung von Betonfabrik, Aufbereitung und Vorratsilos in Abhängigkeit von der durchschnittlichen Betonleistung angegeben:

1. Innkraftwerk Braunau:	100 m² Kesselheizfläche 60 m³/h durchschnittliche Betonleistung
2. Donaukraftwerk Jochenstein:	120 m² Kesselheizfläche 100 m³/h durchschnittliche Betonleistung
3. Innkraftwerk Schärding:	60 m² Kesselheizfläche 80 m³/h durchschnittliche Betonleistung

Für kleine Baustellen haben sich vor allem für rein örtliche Zwecke trag- und fahrbare Anlagen ausgezeichnet bewährt, die entweder für Dampf allein oder für

Warmlufterzeugung verwendet werden können. Die Wärmequelle Dampf dient zur Vorwärmung von Sand und Kies, zur Vorwärmung und Reinigung von Schalung und Armierung und Mauerungssteinen sowie zur Dampfhärtung von Beton. Warmluft, umgewälzt mit Gebläsen, hält abgeschalte Räume, Betonanlagen und Aufbereitungen unter erträglicher Arbeitstemperatur (8 bis 10°).

Für Dampfleitungen liegen die üblichen Durchmesser zwischen 5 und 15 cm, die flexiblen Leitungen haben meist $1^1/_2$ bis 2 ″ Querschnitt. Warmluftleitungen haben je nach Leistungen einen Querschnitt von 30 bis 50 cm.

26.2 Materialaufwand

Für den Betrieb einer Dampfkesselanlage kann je nach Kesselgröße und Feuerungsart je Quadratmeter Heizfläche mit einem ungefähren Verbrauch von

Steinkohle	(7000—8000 kal)	4—5	kg/m², h
Braunkohle	(1500—1800 kal)	15—25	kg/m², h
Heizöl	(9000—10000 kal)	2,5—3,5	kg/m², h

gerechnet werden.

Für eine erste rohe Annahme dienen folgende Angaben:

1 m² Kesselheizfläche liefert je Stunde bei 8—10 atü 25 kg Dampf von 150 bis 200 °C
oder 500 m³ Warmluft von 80 °C
oder 100 l Warmwasser von 80 °C,
ein Kokskorb üblicher Größe (50 × 50 × 100 cm) verbraucht 5 bis 8 kg Koks/h.

Der Verbrauch an Planen, Stroh und sonstigen Abdeckmaterialien wird mit der gesamten Arbeitsfläche ermittelt und je nach täglichem Arbeitsfortschritt eine ein- oder mehrmalige Verwendung angenommen.

Bei Ermittlung der Vorhaltekosten für die Heizanlagen ist zu berücksichtigen, daß die Anlagen meist nicht ununterbrochen voll über die Wintermonate in Betrieb stehen und sie bei mehrjährigen Bauten auch in den übrigen Monaten auf der Baustelle verbleiben und nur stillgelegt sind.

Es ist also zu unterscheiden zwischen:

1. Vorhaltung und Wartung während des Stillstandes und
2. Vorhaltung, Wartung und Reparaturen während des Vollbetriebes.

Die Kosten von 1. können über die gesamte Einsatzzeit ermittelt werden, die Mehrkosten nach 2. wird man zweckmäßig auf die Betriebsstunde umschlagen und mit diesen verrechnen.

26.3 Lohnaufwand

Die Leistung des Arbeiters ist im allgemeinen im Winter geringer als in der übrigen Jahreszeit, es lassen sich jedoch keine Erfahrungsziffern, z. B. Leistung in Abhängigkeit von der Temperatur angeben. So können schon geringe Frostgrade bei dauerndem Wind die Arbeiten schwer behindern, während an windstillen Tagen noch bei verhältnismäßig großer Kälte ohne Leistungsabfall gut gearbeitet werden kann. Im Durchschnitt kann wohl angenommen werden, daß bei den üblichen Frostgraden 0 bis — 15 °C die Leistung des Arbeiters bei Arbeiten an ungeschützten, freien Orten je nach Arbeitsart um 10 bis 50% absinkt. Je 15 bis 20 Mann ist außerdem stets ein Mann mit zusätzlichen Arbeiten beschäftigt, und zwar Abdecken mit Planen und Stroh, Sandstreuen an Wegen und Lauftreppen, Reinigen der Schalung und Armierung von Schnee- und Eisresten, Versorgen der Dampfspieße usw.

Die Kosten der Schneeräumung der Baustelle sowie z. B. händischer Aushub in gefrorenem Boden lassen sich kalkulatorisch schwer erfassen, so daß es üblich ist, den tatsächlichen Aufwand festzustellen und in Regie (Tagelohn) zu verrechnen. Ist die Schneeräumung jedoch zwingend einzurechnen, so ist an Hand von „Klima-Hilfsblättern für den Winterbau" für die voraussichtlich zu erwartende Schneemenge eine angenäherte Ermittlung anzustellen. Die gesamte voraussichtlich schneebedeckte Fläche an Zufahrten, Arbeits- und Lagerplätzen ist mit einem Neuschneedurchchnitt von 30 bis 40 kg/m² für den ganzen Winter freizulegen. Rechnet man mit händischer Arbeit, so ist für die Räumung mit einer Leistung von 2 bis 4 m³ Neuschnee (Neuschneegewicht etwa 500 kg/m³) je Stunde und Arbeiter zu rechnen. Maschinen beseitigen je Stunde naturgemäß ungleich größere Schneemengen. So sind näherungsweise die Leistungen von

Bagger von 2 m³ Löffelinhalt:	250—350	m³/h	Aufnehmen und Beiseitesetzen
Bagger von 1 m³ „	120—150	m³/h	„ „ „
Schaufellader 1m³ „	60—100	m³/h	„ „ „
Schneefräsen	100—2000	t/h	„ „ „
Snowboy	60—100	t/h	„ „ „

Festgefrorener Boden behindert den maschinellen Aushub nur geringfügig, wenn die Aushubgrenze weit unter die Frostgrenze reicht. Hingegen erreicht der Aushub von Hand nahezu den Aufwand für gewachsenen Fels 2,5 bis 3,5 h/m³, wobei auch ein Anteil an Sprengmitteln 0,05 bis 0,10 kg/m³ einzurechnen ist.

Die Betreuung von Dampfkesselanlagen ist meist mit einem einzigen (geprüften) Heizer möglich, wenn die Brennstoffe unmittelbar neben dem Kesselhaus liegen. Sonst ist für deren Zutransport noch eine weitere Hilfe notwendig. Bei Heizung mit Kokskörben ist für die Versorgung von 10 Heizstellen 1 Mann ständig notwendig, Ölfeuerungen (Hyloöfen) erfordern je Tag 1 h für Vorbereitung und Bedienung.

Die Verlegung und der Abbau von isolierten Dampfleitungen ist mit 0,3 bis 0,5 h/lfm im Auf- und Abbau der Anlage zu berücksichtigen. Ausgedehnte Anlagen benötigen einen Mann zur Betreuung und allfälligen Umlegung der Leitungen, sofern diese Arbeit nicht im Ansatz für die Winterarbeit selbst bereits berücksichtigt wurde.

Grundsätzlich ist zu sagen, daß sich der Arbeitsablauf des Winterbaues gegenüber den sommerlichen Verhältnissen völlig anders abspielt und daher die nach dem Bauprogramm in den Winter fallenden Arbeiten nach den Grundlagen des vorliegenden Kapitels zu kalkulieren sind.

Arbeitstabellen

1. Umrechnungstabelle

Englische (und amerikanische) Maße in metrische		und umgekehrt:	
Längen		*Längen*	
inch (in.)	2,54 cm	mm	0,039 in.
foot (ft.)	30,48 cm	cm	0,394 in.
yard (yd.)	0,914 m	m	3,281 ft. = 1,094 yd.
nautic mile (n.mi.)	1,855 km	km	0,539 naut.mi. = 0,621 mi.
mile (mi.)	1,609 km		
Flächen		*Flächen*	
square inch (sq.in.)	6,452 cm^2	mm^2	0,00155 sq.inch.
square foot (sq.ft.)	0,093 m^2	cm^2	0,155 sq.in.
square yard (sq.yd.)	0,836 m^2	m^2	1,196 sq.yd. = 10,765 sq.ft.
acre	0,405 ha	a	11,962 sq.yd.
square mile (sq.mi.)	2,590 km^2	ha	2,471 acre
		km^2	0,386 sq.mi.
Rauminhalte		*Rauminhalte*	
cubic inch (cu.in.)	16,386 cm^3	cm^3	0,061 cu.in.
cubic foot (cu.ft.)	0,029 m^3	m^3	1,307 cu.yd. = 35,315 cu.ft.
cubic yard (cu.yd.)	0,765 m^3		= 0,353 reg.ton
ton burden (reg.ton) (Registertonne)	2,832 m^3		
Flüssigkeitsmaße		*Flüssigkeitsmaße*	
pint	0,568 l	l	0,220 Imp.gal. = 0,264 US.gal.
quart (qt.)	1,136 l		= 0,880 qt. = 1,761 pint
US-gallon (US.-gal.)	3,785 l	hl	0,611 Br.barr.
imperial gallon (imp.gall.)	4,546 l		
british barrel (br.barr.)	163,566 l		
Gewichte		*Gewichte*	
ounze (oz)	28,35 g	g	0,0353 oz.
pound (lb.)	0,454 kp	kp	2,203 lb. = 35,248 oz.
hundredweight (cwt.)	50,802 kp	qt	1,968 cwt = 220,416 lb
short ton (sh.ton)	0,907 t	t	0,984 longton = 1,103 sh.ton
long ton	1,016 t		
Kombinierte Maße		*Kombinierte Maße*	
Belastungen			
pound per lin.ft. (lb.p.lin.ft.)	1,488 kp/m	kp/m	0,672 lb.p.ft.
			2,016 lb.p.yd.
Spannungen			
pound per square yard (lb.p.sq.yd.)	0,542 kp/m^2	t/m^2	0,823 longton p.sq.yd.
pound per square foot (lb.p.sq.ft.)	4,882 kp/m^2	kp/m^2	1,844 lb. p.sq.yd.
			= 0,205 lb.p.sq.ft.
pound per square inch (lb.p.sq.in.)	0,0703 kp/cm^2	kp/cm^2	14,223 lb. p.sq.in.(psi)
			= 2049,18 lb.p.sq.ft.
			= 18442,62 lb.p.sq.yd.
Spezifische Gewichte			
pound per cubic foot (lb.p.cu.ft.)	16,019 kp/m^3	t/m^3	0,753 longton p.cu.yd.
		kp/m^3	1,686 lb.p.cu.yd.
			= 0,0624 lb.p.cu.ft.
Arbeit (Momente) in.-lb.	0,0115 mkp	tm	7233 ft.lb. = 86796 in.lb.

2. Rundstahltabellen

Drähte

Durchmesser in mm		Anzahl, Querschnitt in Quadratzentimetern und Gewicht je laufenden Meter in Kilogramm									
		1	2	3	4	5	6	7	8	9	10
1,0	F	0,008	0,016	0,024	0,032	0,040	0,047	0,055	0,063	0,071	0,079
	G	0,006	0,012	0,019	0,025	0,031	0,037	0,043	0,049	0,056	0,062
1,1	F	0,010	0,019	0,029	0,038	0,048	0,057	0,067	0,076	0,086	0,095
	G	0,007	0,015	0,022	0,030	0,037	0,045	0,052	0,060	0,067	0,071
1,2	F	0,011	0,023	0,034	0,045	0,057	0,068	0,079	0,090	0,102	0,113
	G	0,009	0,018	0,027	0,036	0,044	0,053	0,062	0,071	0,080	0,089
1,3	F	0,013	0,027	0,040	0,053	0,067	0,080	0,093	0,106	0,120	0,133
	G	0,010	0,021	0,031	0,042	0,052	0,063	0,073	0,083	0,094	0,104
1,4	F	0,015	0,031	0,046	0,062	0,077	0,092	0,108	0,123	0,139	0,154
	F	0,012	0,024	0,036	0,048	0,060	0,073	0,085	0,097	0,109	0,121
1,5	F	0,018	0,035	0,053	0,070	0,088	0,106	0,123	0,141	0,158	0,176
	G	0,014	0,028	0,042	0,056	0,069	0,083	0,097	0,111	0,125	0,139
1,6	F	0,020	0,040	0,060	0,080	0,101	0,121	0,141	0,161	0,181	0,201
	G	0,016	0,032	0,047	0,063	0,079	0,095	0,111	0,126	0,142	0,158
1,7	F	0,023	0,045	0,068	0,091	0,114	0,136	0,159	0,182	0,204	0,227
	G	0,018	0,036	0,054	0,071	0,089	0,107	0,125	0,143	0,160	0,178
1,8	F	0,025	0,051	0,076	0,102	0,127	0,152	0,178	0,203	0,229	0,254
	G	0,020	0,040	0,060	0,080	0,100	0,120	0,140	0,160	0,180	0,200
1,9	F	0,028	0,057	0,085	0,113	0,142	0,170	0,198	0,226	0,255	0,283
	G	0,022	0,045	0,067	0,089	0,112	0,134	0,156	0,178	0,201	0,223
2,0	F	0,031	0,063	0,094	0,126	0,157	0,188	0,220	0,251	0,283	0,314
	G	0,025	0,049	0,074	0,099	0,124	0,148	0,173	0,198	0,222	0,247
2,2	F	0,038	0,076	0,114	0,152	0,190	0,228	0,266	0,304	0,342	0,380
	G	0,030	0,060	0,089	0,119	0,149	0,179	0,209	0,238	0,268	0,298
2,4	F	0,045	0,090	0,136	0,181	0,226	0,271	0,316	0,362	0,407	0,452
	G	0,036	0,071	0,107	0,142	0,178	0,213	0,249	0,284	0,320	0,355
2,5	F	0,049	0,098	0,147	0 190	0,245	0,294	0,343	0,392	0,441	0,490
	G	0,039	0,077	0,116	0,154	0,193	0,231	0,270	0,308	0,347	0,385
2,6	F	0,053	0,106	0,159	0,212	0,265	0,318	0,371	0,424	0,477	0,530
	G	0,042	0,083	0,125	0,167	0,209	0,250	0,292	0,334	0,375	0,417
2,8	F	0,062	0,123	0,185	0,246	0,308	0,369	0,431	0,492	0,554	0,615
	G	0,048	0,097	0,145	0,193	0,242	0,290	0,338	0,386	0,435	0,483
3,0	F	0,071	0,141	0,212	0,282	0,353	0,423	0,494	0,564	0,635	0,705
	G	0,056	0,110	0,167	0,222	0,278	0,333	0,389	0,444	0,500	0,555
3,1	F	0,076	0,151	0,227	0,302	0,378	0,453	0,529	0,604	0,680	0,755
	G	0,059	0,118	0,178	0,237	0,297	0,355	0,414	0,474	0,533	0,592
3,2	F	0,081	0,161	0,242	0,322	0,403	0,483	0,564	0,644	0,725	0,805
	G	0,063	0,126	0,189	0,252	0,316	0,379	0,442	0,505	0,568	0,631
3,4	F	0,091	0,182	0,273	0,364	0,455	0,546	0,637	0,728	0,819	0,910
	G	0,071	0,143	0,214	0,285	0,357	0,428	0,499	0,570	0,642	0,713
3,8	F	0,113	0,226	0,339	0,452	0,565	0,678	0,791	0,904	1,017	1,130
	G	0,089	0,178	0,267	0,356	0,445	0,534	0,623	0,712	0,801	0,890
4,0	F	0,1257	0,2514	0,3771	0,5028	0,6285	0,7542	0,8799	1,0056	1,1313	1,257
	G	0,0982	0,1974	0,2961	0,3948	0,4935	0,5922	0,6909	0,7896	0,8883	0,987

Rundstahl

Durchmesser	Fläche cm^2 Gewicht kg/m	Stückzahl 1	2	3	4	5	6	7	8	9	10
4	cm^2	0,1257	0,2514	0,3771	0,5028	0,6285	0,7542	0,8799	1,0056	1,1313	1,2570
	kp/m′	0,0987	0,1974	0,2961	0,3948	0,4935	0,5922	0,6909	0,7896	0,8883	0,9870
5	cm^2	0,196	0,393	0,589	0,785	0,982	1,178	1,374	1,571	1,767	1,963
	kp/m′	0,154	0,308	0,462	0,616	0,770	0,924	1,078	1,232	1,386	1,540
5,5	cm^2	0,238	0,475	0,713	0,950	1,188	1,425	1,663	1,900	2,138	2,376
	kp/m′	0,187	0,374	0,561	0,748	0,935	1,122	1,309	1,496	1,683	1,870
6	cm^2	0,283	0,565	0,848	1,131	1,414	1,696	1,979	2,262	2,545	2,828
	kp/m′	0,222	0,444	0,666	0,888	1,110	1,332	1,554	1,776	1,998	2,220
7	cm^2	0,385	0,770	1,55	1,539	1,924	2,309	2,694	3,079	3,464	3,850
	kp/m′	0,302	0,604	0,906	1,208	1,510	1,812	2,114	2,416	2,718	3,020
8	cm^2	0,503	1,005	1,508	2,011	2,513	3,016	3,519	4,021	4,524	5,027
	kp/m′	0,395	0,790	1,185	1,580	1,975	2,370	2,765	3,160	3,555	3,950
9	cm^2	0,636	1,272	1,908	2,544	3,180	3,816	4,452	5,088	5,724	6,360
	kp/m′	0,499	0,998	1,497	1,996	2,495	2,994	3,493	3,992	4,491	4,990
10	cm^2	0,785	1,571	2,356	3,142	3,927	4,712	5,498	6,283	7,069	7,854
	kp/m′	0,617	1,234	1,851	2,468	3,085	3,702	4,319	4,936	5,553	6,170
11	cm^2	0,950	1,900	2,850	3,800	4,750	5,700	6,650	7,600	8,550	9,500
	kp/m′	0,746	1,492	2,238	2,984	3,730	4,476	5,222	5,968	6,714	7,460
12	cm^2	1,13	2,26	3,39	4,52	5,65	6,79	7,92	9,05	10,18	11,31
	kp/m′	0,888	1,776	2,664	3,552	4,440	5,328	6,216	7,104	7,992	8,880
13	cm^2	1,33	2,66	3,99	5,32	6,65	7,98	9,31	10,64	11,97	13,30
	kp/m′	1,04	2,08	3,12	4,16	5,20	6,24	7,28	8,32	9,36	10,40
14	cm^2	1,54	3,08	4,62	6,16	7,70	9,24	10,78	12,32	13,85	15,39
	kp/m′	1,21	2,42	3,63	4,84	6,05	7,26	8,47	9,68	10,89	12,10
15	cm^2	1,77	3,54	5,31	7,08	8,85	10,62	12,39	14,16	15,39	17,70
	kp/m′	1,39	2,78	4,17	5,56	6,95	8,34	9,73	11,12	12,51	13,90
16	cm^2	2,01	4,02	6,03	8,04	10,05	12,06	14,07	16,08	18,10	20,11
	kp/m′	1,58	3,16	4,74	6,32	7,90	9,48	11,06	12,64	14,22	15,80
17	cm^2	2,27	4,54	6,81	9,08	11,35	13,62	15,89	18,16	20,43	22,70
	kp/m′	1,78	3,56	5,34	7,12	8,90	10,68	12,46	14,24	16,02	17,80

Rundstahl (Fortsetzung I)

Durchmesser	Fläche cm² Gewicht kp/m	Stückzahl 1	2	3	4	5	6	7	8	9	10
18	cm²	2,54	5,09	7,63	10,18	12,72	15,27	17,81	20,36	22,90	25,44
	kp/m′	2,00	4,00	6,00	8,00	10,00	12,00	14,00	16,00	18,00	20,00
19	cm²	2,84	5,68	8,52	11,36	14,20	17,04	19,88	22,72	25,56	28,40
	kp/m′	2,23	4,46	6,69	8,92	11,15	13,38	15,61	17,84	20,07	22,30
20	cm²	3,14	6,28	9,42	12,57	15,71	18,85	21,99	25,13	28,27	31,41
	kp/m′	2,47	4,94	7,41	9,88	12,35	14,82	17,29	19,76	22,23	24,70
21	cm²	3,46	6,92	10,38	13,84	17,30	20,76	24,22	27,68	31,14	34,60
	kp/m′	2,72	5,44	8,16	10,88	13,60	16,32	19,04	21,76	24,48	27,20
22	cm²	3,80	7,60	11,40	15,21	19,01	22,81	26,61	30,21	34,21	38,01
	kp/m′	2,98	5,96	8,94	11,92	14,90	17,88	20,86	23,84	26,82	29,80
23	cm²	4,15	8,30	12,45	16,60	20,75	24,90	29,05	33,20	37,35	41,50
	kp/m′	3,26	6,52	9,78	13,04	16,30	19,56	22,82	26,08	29,34	32,60
24	cm²	4,52	9,05	13,57	18,10	22,62	27,14	31.67	36,19	40,72	45,24
	kp/m′	3,55	7,10	10,65	14,20	17,75	21,30	24,85	28,40	31,95	35,50
25	cm²	4,91	9,82	14,73	19,64	24,55	29,46	34,37	39,28	44,19	49,10
	kp/m′	3,85	7,70	11,55	15,40	19,25	23,10	26,95	30,80	34,65	38,50
26	cm²	5,31	10,62	15,93	21,24	26,55	31,86	37,17	42,47	47,78	53,09
	kp/m′	4,17	8,34	12,51	16,68	20,85	25,02	29,19	33,36	37,56	41,73
27	cm²	5,73	11,46	17,19	22,92	28,65	34,38	40,11	45,84	51,57	57,30
	kp/m′	4,49	8,98	13,47	17,96	22,45	26,94	31,43	35,92	40,41	44,90
28	cm²	6,16	12,32	18,47	24,63	30,79	36,95	43,10	49,26	55,42	61,58
	kp/m′	4,83	9,66	14,49	19,32	24,15	28,98	33,81	38,64	43,47	48,30
29	cm²	6,61	13,22	19,83	26,44	33,05	39,66	46,27	52,88	59,49	66,10
	kp/m′	5,19	10,38	15,57	20,76	25,95	31,14	36,33	41,52	46,71	51,90
30	cm²	7,07	14,14	21,21	28,27	35,34	42,41	49,48	56,55	63,62	70,69
	kp/m′	5,55	11,10	16,65	22,20	27,75	33,30	38,85	44,40	49,95	55,50
31	cm²	7,55	15,10	22,65	30,20	37,75	45,30	52,85	60,40	67,95	75,50
	kp/m′	5,92	11,84	17,76	23,68	29,60	35,52	41,44	47,36	53,28	59,20
32	cm²	8,04	16,08	24,13	32,17	40,21	48,25	56,30	64,34	72,38	80,42
	kp/m′	6,31	12,62	18,93	25,24	31,55	37,86	44,17	50,48	56,79	63,10

Rundstahl (Fortsetzung II)

Durchmesser	Fläche cm² Gewicht kp/m	Stückzahl 1	2	3	4	5	6	7	8	9	10
33	cm²	8,55	17,10	25,65	34,20	42,75	51,30	59,85	68,40	76,95	85,50
	kp/m′	6,71	13,42	20,13	26,84	33,55	40,26	46,97	53,68	60,39	67,10
34	cm²	9,08	18,16	27,24	36,32	45,40	54,48	63,55	72,63	81,71	90,79
	kp/m′	7,13	14,26	21,39	28,52	35,65	42,78	49,91	57,04	64,17	71,30
35	cm²	9,62	19,24	28,86	38,48	48,10	57,72	67,34	76,96	86,58	96,20
	kp/m′	7,55	15,10	22,65	30,20	37,75	45,30	52,85	60,40	67,95	75,50
36	cm²	10,18	20,36	30,54	40,72	50,89	61,07	71,25	81,43	91,61	101,79
	kp/m′	7,99	15,98	23,97	31,96	39,95	47,94	55,93	63,92	71,91	79,90
37	cm²	10,80	21,60	32,40	43,20	54,00	64,80	75,60	86,40	97,20	108,00
	kp/m′	8,44	16,88	25,32	33,76	42,20	50,64	59,08	67,52	75,96	84,40
38	cm²	11,34	22,68	34,02	45,36	56,71	68,05	79,39	90,73	102,07	113,41
	kp/m′	8,90	17,80	26,70	35,60	44,50	53,40	62,30	71,20	80,10	89,00
39	cm²	11,90	23,80	35,70	47,60	59,50	71,40	83,30	95,20	107,10	119,00
	kp/m′	9,38	18,76	28,14	37,52	46,90	56,28	65,66	75,04	84,42	93,80
40	cm²	12,57	25,13	37,70	50,27	62,83	75,40	87,96	100,53	113,10	125,67
	kp/m′	9,87	19,74	29,61	39,48	49,35	59,22	69,09	78,96	88,83	98,70
41	cm²	13,20	26,40	39,60	52,80	66,00	79,20	92,40	105,60	118,80	132,00
	kp/m′	10,4	20,8	31,2	41,6	52,00	62,4	72,8	83,2	93,6	104,0
42	cm²	13,90	27,80	41,70	55,60	69,50	83,40	97,30	111,20	125,10	139,00
	kp/m′	10,9	21,8	32,7	43,6	54,5	65,4	76,3	87,2	98,1	109,0
43	cm²	14,50	29,0	43,5	58,0	72,5	87,0	101,5	116,0	130,5	145,0
	kp/m′	11,4	22,8	34,2	45,6	57,0	68,4	79,8	91,2	102,6	114,0
44	cm²	15,20	30,40	45,6	60,8	76,0	91,2	106,4	121,6	136,8	152,0
	kp/m′	11,9	23,8	35,7	47,6	59,5	71,4	83,3	95,2	107,1	119,0
45	cm²	15,19	31,81	47,71	63,62	79,52	95,43	111,33	127,23	143,14	158,33
	kp/m′	12,5	25,0	37,5	50,0	62,5	75,0	87,5	100,0	112,5	125,0
46	cm²	16,6	33,2	49,8	66,4	83,0	99,6	116,2	132,8	149,4	166,0
	kp/m′	13,0	26,0	39,0	52,0	65,0	78,0	91,0	104,0	117,0	130,0
48	cm²	18,10	36,20	54,30	72,4	90,5	108,6	126,7	144,8	162,9	181,0
	kp/m′	14,2	28,4	42,6	56,8	71,0	85,2	99,4	113,6	127,8	142,0
50	cm²	19,64	39,27	58,91	78,54	98,18	117,81	137,45	157,08	176,72	196,36
	kp/m′	15,1	30,2	45,3	60,4	75,5	90,6	105,7	120,8	135,9	151,0

bi-Stahl

$\sigma_{ezul} = 4000$ kp/cm²
Mindeststreckgrenze $\sigma_{es} = 6800$ kp/cm²
Zugfestigkeit $\sigma_{ez} = 8000$ kp/cm²

Bezeichnung	Durchmesser der Längsstäbe in mm	Querschnitt der Stege Höhe mm	Querschnitt der Stege Dicke mm	Lichter Abstand der Längsstäbe mm	Statische Querschnittsfläche cm²	Gewicht je lfm kg	Entspricht Stahl etwa Durchmesser II	III
bi 31	2 × 3,1	3,0	2,5	20	0,15	0,13	6	5
bi 36	2 × 3,6	3,5	2,5	20	0,20	0,17	7	6
bi 40	2 × 4,0	4,5	3,0	20	0,25	0,22	8	7
bi 59	2 × 5,6	5,5	3,5	20	0,50	0,42	12	10
bi 69	2 × 6,9	7,0	3,5	20	0,75	0,63	15	12
bi 80	2 × 8,0	8,0	4,0	20	1,00	0,84	17	14
bi 89	2 × 8,9	9,0	4,5	20	1,25	1,04	19	16
bi 98	2 × 9,8	10,0	5,0	20	1,50	1,26	21	18
bi 113	2 × 11,3	11,5	5,5	23	2,00	1,69	23	20

Baustahlgitter

Erzeugungsprogramm
Liste der BSTG = Normalformate in Matten

Mattenbezeichnung	Stahlquerschnitt je 1 m Breite längs cm²	quer cm²	Abstand der Längs-Drähte mm	Quer-Drähte mm	Durchmesser der Einzeldrähte längs mm	quer mm	Durchschnittsgewicht je m² etwa kg
A 30	0,71	0,23	100	300	3,0	3,0	0,74
A 34	0,91	0,30	100	300	2,4	3,4	0,95
A 38	1,13	0,38	100	300	3,8	3,8	1,19
A 42	1,38	0,46	100	300	4,2	4,2	1,45
A 46	1,66	0,46	100	300	4,6	4,2	1,68
A 50	1,96	0,46	100	300	5,0	4,2	1,90
A 55	2,38	0,46	100	300	5,5	4,2	2,23
A 60	2,83	0,55	100	300	6,0	4,6	2,65
A 65	3,32	0,66	100	300	6,5	5,0	3,12
A 70	3,85	0,79	100	300	7,0	5,5	3,65
A 76	4,54	0,94	100	300	7,6	6,0	4,30
A 82	5,28	1,11	100	300	8,2	6,5	5,02

Liste der BSTG = Spezialformate in Matten

CQ 30	0,47	0,47	150	150	3,0	3,0	0,74
CQ 38	0,76	0,76	150	150	3,8	3,8	1,21
AQ 50	1,96	1,96	100	100	5,0	5,0	3,08

Die im Matten-Erzeugungsprogramm angeführten Typen können auch als Rollen hergestellt werden.

Normalbreite der A-Matten und Spezialformate 2,40 m, Lagerlängen 6 m

Baustahlgitter (Fortsetzung)

Liste der BSTG = Spezialtypen in Rollen

Rollen bezeichnung	Stahlquerschnitt je 1 m Breite		Abstand der Längs- Drähte	Abstand der Quer- Drähte	Durchmesser der Einzeldrähte		Durchschnitts-gewicht
	längs cm²	quer cm²	mm	mm	längs mm	quer mm	je m² etwa kg
AR 30	0,71	0,24	100	300	3,0	3,0	0,74
AR 34	0,91	0,30	100	300	2,4	3,4	0,95
AR 38	1,13	0,38	100	300	3,8	3,8	1,19
AR 42	1,38	0,46	100	300	4,2	4,2	1,45
ARQ 30	0,71	0,71	100	100	3,0	3,0	1,12
AQR 34	0,91	0,91	100	100	3,4	3,4	1,43
AQR 38	1,13	1,13	100	100	3,8	3,8	1,78
AQR 42	1,38	1,38	100	100	4,2	4,2	2,16
CQR 30	0,47	0,47	150	150	3,0	3,0	0,74
CQR 38	0,76	0,76	150	150	3,8	3,8	1,21
DR 30	1,42	0,24	50	300	3,0	3,0	1,28
DR 34	1,82	0,30	50	300	3,4	3,4	1,67
DR 38	2,26	0,38	50	300	3,8	3,8	2,08
DR 42	2,78	0,46	50	300	4,2	4,2	2,54
DQR 38	1,42	1,42	50	50	3,0	3,0	2,23

Vorangeführte Rollentypen werden derzeit in der Normalabmessung 50 × 2,40 m geliefert.

Die Herstellung von Rollen mit anderen Drahtabständen und Durchmessern sowie in verschiedenen Breiten und Längen, ist nach vorhergehender Preisvereinbarung möglich. (Weitere Angaben siehe Firmenprospekt.)

Erzeuger: Felten & Guilleaume A. G., Werk Bruck/Mur.

Baustahlgewebe-Lagermatten

Mattenart	Matten-bezeich-nung	Abstände der Längs-stäbe	Abstände der Quer-stäbe	Durchmesser der Längs-stäbe	Durchmesser der Quer-stäbe	Stahlquerschnitt je m der Längs-stäbe	Stahlquerschnitt je m der Quer-stäbe	Gewichte je Matte	Gewichte je m²
		mm	mm	mm	mm	cm²/m	cm²/m	kg	kg/m²
Nicht-stat.	N 47	150	150	3,0	3,0	0,47	0,47	8,2	0,76
	N 91	100	100	3,4	3,4	0,91	0,91	15,5	1,44
	N 94	75	75	3,0	3,0	0,94	0,94	16,0	1,49
	N 98	50	50	2,5	2,5	0,98	0,98	16,6	1,54
N	N 141	50	50	3,0	3,0	1,41	1,41	23,9	2,22
quadr.	Q 92	150	150	4,2	4,2	0,92	0,92	16,1	1,50
	Q 131	150	150	5,0/4,0	5,0	1,31	1,31	20,6	1,92
	Q 139	100	100	4,2	4,2	1,39	1,39	23,7	2,20
	Q 158	150	150	5,5/4,0	5,5	1,58	1,58	24,2	2,25
	Q 185	150	150	4,2d	6,0	1,85	1,88	28,2	2,62
Q	Q 188	150	150	6,0	6,0	1,88	1,88	32,9	3,06
	Q 196	100	100	5,0	5,0	1,96	1,96	33,5	3,12
	Q 222	150	150	4,6d	6,5	2,22	2,21	33,4	3,11
	Q 257	150	150	7,0	7,0	2,57	2,57	44,7	4,16
	Q 262	150	150	5,0d	7,0	2,62	2,57	39,0	3,63
	Q 377	150	150	6,0d	8,5	3,77	3,78	57,0	5,30

Baustahlgewebe-Lagermatten (Fortsetzung)

Mattenart	Mattenbezeichnung	Abstände der Längsstäbe	Abstände der Querstäbe	Durchmesser der Längsstäbe	Durchmesser der Querstäbe	Stahlquerschnitt je m der Längsstäbe	Stahlquerschnitt je m der Querstäbe	Gewichte je Matte	Gewichte je m²
		mm				cm²/m		kg	kg/m²
rechteckig	R 92	150	250	4,2/4,0	4,2	0,92	0,56	12,6	1,17
	R 111	150	250	4,6/4,0	4,2	1,11	0,56	13,9	1,29
	R 131	150	250	5,0/4,0	4,2	1,31	0,56	15,2	1,41
	R 168	150	250	4,0d	4,2	1,68	0,56	17,5	1,63
	R 185	150	250	4,2d	4,2	1,85	0,56	18,8	1,75
R	R 222	150	250	4,6d	4,2	2,22	0,56	21,6	2,01
	R 262	150	250	5,0d	4,2	2,62	0,56	24,7	2,30
	R 317	150	250	5,5d	4,6	3,17	0,66	29,9	2,78
	R 377	150	250	6,0d	5,0	3,77	0,78	35,5	3,30
	R 443	150	250	6,5d	5,5	4,43	0,95	41,9	3,90

Lagermatten: Länge = 5,0 m, Breite = 2,15 m. Rollen: Länge = 50,0 m. Breite = 2,15 m. — Außer „Baustahlgewebe-Lagermatten" wird auch noch „Baustahlgewebe nach Mattenliste" hergestellt.

Erzeuger: Baustahlgewebe GmbH, Düsseldorf.

3. Drahtseile

Litzenspiralseile für Turm- und Derrickkrane.
Gleich- oder Langschlagseile für Zugseile von Seilbahnen, Bremsberge, Aufzüge
Kreuzschlagseile für Hebezeuge und Windwerke

Machart: Normal-Machart, Parallelschlagseile, Seale-Machart für Bagger, Schrapper usw. Warrington-Machart für Fördereinrichtungen. Verschlossene Seile (innen Runddrähte, außen mehrere Lagen Profildrähte) für Kabelkrane, Seilschwebebahnen, Kabelbagger usw.

Die folgenden Beispiele wurden dem Fabrikationsprogramm Österreichischer Drahtseilwerke entnommen.

Drahtseile in 114drähtiger Normal-Machart

bestehend aus 6 Litzen zu je 19 Flußstahldrähten

Flechtformel: $h + 6\ (1 + 6 + 12)$

Seil-Nenndurchmesser	Draht-Nenndurchmesser	Metallischer Querschnitt des Seiles	Seilgewicht[1, 2]	Rechnerische Bruchlast des Seiles in kg bei einer Nennfestigkeit in kg/mm² von		
mm	mm	mm²	kg/m	180	130	160
3,9	0,24	5,16	0,046	670	830	930
4,2	0,25	6,05	0,054	790	970	1090
4,5	0,28	7,02	0,063	910	1120	1260
5,0	0,31	8,60	0,077	1120	1380	1550
5,5	0,34	10,4	0,094	1350	1660	1860
6,0	0,37	12,3	0,11	1590	1960	2210
6,5	0,40	14,3	0,13	1860	2290	2560
7,0	0,45	18,1	0,16	2350	2900	3260

[1] Bei gefetteten Seilen erhöht sich das angegebene Metergewicht um etwa 5%, bei geölten und leicht gefetteten Seilen um etwa 2 bis 3%.

[2] Bei Seilen mit Drahtseele erhöht sich das Metergewicht um etwa 10% und die Bruchlast um mindestens 7,5%.

Bei Bestellung wird um Angabe der Schlagart (Kreuzschlag oder Gleichschlag) und der Schlagrichtung (rechts- oder linksgängig) gebeten.

Drahtseil in 114drähtiger Normal-Machart (Fortsetzung)

Seil-Nenn-durchmesser	Draht-Nenn-durchmesser	Metallischer Querschnitt des Seiles	Seilgewicht	Rechnerische Bruchlast des Seiles in kg bei einer Nennfestigkeit in kg/mm² von		
mm	mm	mm²	kg/m	180	130	160
8,0	0,50	22,4	0,20	2910	3580	4030
8,5	0,55	27,1	0,24	3520	4340	4880
9,5	0,60	32,2	0,29	4190	5150	5800
10,5	0,65	37,8	0,34	4920	6050	6800
11,0	0,70	43,9	0,40	5700	7000	7900
11,5	0,75	50,4	0,45	6550	8050	9050
12,5	0,80	57,3	0,52	7450	9150	10300
14,0	0,90	72,5	0,65	9450	11600	13100
16,0	1,00	89,5	0,81	11600	14300	16100
17,5	1,10	108,3	0,97	14100	17300	19500
19,0	1,20	128,9	1,16	16800	20600	23200
21,0	1,30	151,3	1,36	19700	24200	27200
22,0	1,40	175,5	1,58	22800	28100	31600
24,0	1,50	201,5	1,81	26200	32200	36300
25,0	1,60	229,2	2,06	29800	36700	41300
27,0	1,70	258,8	2,33	33600	41400	46600
28,0	1,80	290,0	2,61	37700	46400	52200
30,0	1,90	323,2	2,91	42000	51700	58200
32,0	2,00	358,1	3,22	46600	57300	64500
33,0	2,10	394,9	3,55	51300	63200	71100
35,0	2,20	433,4	3,90	56300	69300	78000
39,0	2,50	559,6	5,04	72700	89500	100100
44,0	2,80	702,0	6,32	91300	112300	126400
48,0	3,10	860,4	7,74	111900	137700	154900
53,0	3,40	1035,0	9,32	134600	165600	186300

Drahtseile in 222drähtiger Normal-Machart

bestehend aus 6 Litzen zu je 37 Flußstahldrähten

Flechtformel: $h + 6\ (1 + 6 + 12 + 18)$

Seil-Nenn-durchmesser	Draht-Nenn-durchmesser	Metallischer Querschnitt des Seiles	Seilgewicht[1] [2]	Rechnerische Bruchlast des Seiles in kg bei einer Nennfestigkeit in kg/mm² von[2]		
mm	mm	mm²	kg/m	130	160	180
7,0	0,31	16,8	0,15	2180	2680	3020
8,0	0,34	20,2	0,18	2620	3220	3630
8,5	0,37	23,9	0,22	3100	3820	4300
9,0	0,40	27,9	0,25	3630	4460	5000
10,0	0,45	35,3	0,32	4590	5650	6350
11,0	0,50	43,6	0,39	5650	7000	7850
12,0	0,55	52,7	0,47	6850	8450	9500
13,0	0,60	62,8	0,57	8150	10000	11300

[1] Bei gefetteten Seilen erhöht sich das angegebene Gewicht um etwa 5%, bei geölten und leicht gefetteten Seilen um etwa 2 bis 3%.

[2] Bei Seilen mit Drahtseele erhöht sich das Metergewicht um etwa 10% und die Bruchlast um mindestens 7,5%.

Bei Bestellung wird um Angabe der Schlagart (Kreuzschlag oder Gleichschlag) und der Schlagrichtung (rechts- oder linksgängig) gebeten.

Drahtseile in 222drähtiger Normal-Machart (Fortsetzung)

Seil-Nenn-durchmesser mm	Draht-Nenn-durchmesser mm	Metallischer Querschnitt des Seiles mm²	Seilgewicht kg/m	Rechnerische Bruchlast des Seiles in kg bei einer Nennfestigkeit in kg/mm² von 130	160	180
14,5	0,65	73,7	0,66	9600	11800	13300
15,5	0,70	85,4	0,77	11100	13700	15400
16,5	0,75	98,1	0,88	12800	15700	17700
17,5	0,80	111,6	1,00	14500	17900	20100
18,5	0,85	126,0	1,13	16400	20200	22700
20,0	0,90	141,2	1,27	18400	22600	25400
22,0	1,00	174,4	1,57	22700	27900	31400
24,0	1,10	211,0	1,90	27400	33800	38000
26,0	1,20	251,1	2,26	32600	40200	45200
29,0	1,30	294,7	2,65	38300	47200	53000
31,0	1,40	341,7	3,08	44400	54700	61500
33,0	1,50	392,3	3,53	51000	62800	70600
35,0	1,60	446,4	4,02	58000	71400	80400
37,0	1,70	503,9	4,54	65500	80600	90700
40,0	1,80	564,9	5,08	73400	90400	101700
42,0	1,90	629,4	5,66	81800	100700	113300
44,0	2,00	697,4	6,28	90700	111600	125500
49,0	2,20	843,9	7,60	109700	135000	151900
51,0	2,30	922,4	8,30	119900	147600	166000
53,0	2,40	1004	9,04	130500	160600	180700
55,0	2,50	1090	9,81	141700	174400	196200
57,0	2,60	1179	10,61	153300	188600	212200
60,0	2,70	1271	11,44	165200	203400	228800
62,0	2,80	1367	12,30	177700	218700	246000
64,0	2,90	1466	13,19	190600	234600	263900
66,0	3,00	1569	14,12	204000	251000	282400

Drahtseile in 296drähtiger Normal-Machart

bestehend aus 8 Litzen zu je 37 Flußstahldrähten

Flechtformel: $h + 8\ (1 + 6 + 12 + 18)$

Seil-Nenn-durchmesser m	Draht-Nenn-durchmesser mm	Metallischer Querschnitt des Seiles mm²	Seilgewicht kg/m	Rechnerische Bruchlast des Seiles in kg bei einer Nennfestigkeit in kg/mm² von 130	160	180
13,5	0,50	58,1	0,54	7550	9300	10500
14,5	0,55	70,3	0,66	9150	11300	12700
16,0	0,60	83,7	0,78	11900	13400	15100
17,5	0,65	98,2	0,92	28000	15700	17700
19,0	0,70	113,9	1,06	14800	18200	20500
20,0	0,75	130,8	1,22	17000	20900	23500
21,0	0,80	148,8	1,39	19300	23800	26800
23,0	0,85	168,0	1,57	21800	26900	30200
24,0	0,90	188,3	1,76	24500	30100	33900
25,0	0,95	209,8	1,96	27300	33600	37800
27,0	1,00	232,5	2,17	30200	37200	41900
30,0	1,10	281,3	2,63	36600	45000	50600

Drahtseile in 296drähtiger Normal-Machart (Fortsetzung)

Seil-Nenn-durchmesser	Draht-Nenn-durchmesser	Metallischer Querschnitt des Seiles	Seilgewicht	Rechnerische Bruchlast des Seiles in kg bei einer Nennfestigkeit in kg/mm² von		
m	mm	mm	kg/m	120	160	180
32,0	1,20	334,8	3,13	43500	53600	60300
35,0	1,30	392,9	3,67	51100	62900	70700
38,0	1,40	455,7	4,26	59200	72900	82000
40,0	1,50	523,1	4,89	68000	83700	94200
43,0	1,60	595,1	5,56	77400	95200	107100
46,0	1,70	671,9	6,28	87300	107500	120900
48,0	1,80	753,2	7,03	97900	120500	135600
51,0	1,90	839,2	7,84	109100	134300	151100
54,0	2,00	929,0	8,69	120900	148800	167400
56,0	2,10	1025,0	9,57	133300	164000	184500
59,0	2,20	1125,0	10,51	146300	180000	202500

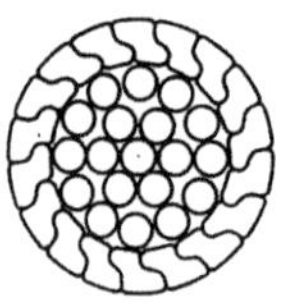

Abb. 30a

Stahldrahtseile in vollverschlossener Machart mit 1 Z-Profildrahtlage (Abb. 30a)

Tragseile für Personen- und Materialseilbahnen

Laufende Nr.	Seil-Nenn-durch-messer d ≈	Runddrähte		Z-Profildrähte		Metall-Quer-schnitt des Seiles F_m	Rech-neri-sches Seil-gewicht q ≈	Rechnerische Bruchlast des Seiles bei einer Nennfestigkeit σ_B = kg/mm²		
		Durch-messer	F_m	Höhe	F_m			120	135	150
	mm	mm	mm²	mm	mm²	mm²	kg/m	kg		
VR 18	18	2,15	69,9	3,5	129,0	199	1,69	23900	26800	29800
VR 20	20	2,35	83,0	4,2	179,9	263	2,24	31600	35500	39400
VR 22,5	22,5	2,8	118,5	4,2	205,6	324	2,75	38900	44200	49600
VR 25	25	2,59	131,5	5,0	266,3	398	3,38	47800	53500	59700
VR 26,5	26,5	3,25	159,6	5,0	284,0	444	3,77	53300	59900	66600
VR 28	28	3,6	196,2	5,0	325,8	522	4,44	62600	70400	78300
VR 30	30	4,0	242,0	5,0	339,5	581	4,94	69700	78400	87400
VR 33	33	4,55	312,3	5,0	377,2	689	5,86	82700	93000	103300
VR 34,5	34,5	3,45	347,9	5,0	412,5	760	6,46	91200	102600	114000
VR 37	37	3,8	421,3	5,0	450,0	871	7.40	104500	117500	130600
VR 38,5	38,5	4,0	468,8	5,0	449,7	918	7,80	110200	123900	137700
VR 41	41	4,4	565.3	5,0	488,8	1054	8,96	126500	142300	158100
VR 42,5	42,5	4,6	617,2	5,0	508,3	1125	9,56	135000	151800	168700
VR 45	45	5,0	728,5	5,0	547,0	1276	10,85	153100	171700	190400
VR 47	47	5,25	802,2	5,0	567	1369	11,64	164300	184800	205300
VR 48,5	48,5	5,1	759,0	6,2	750	1509	12,83	181100	203700	
VR 50	50	5,35	835,5	6,2	780	1615	13,73	193800	218000	
VR 52	52	4,35	912,1	6,2	810	1722	14,64	206600	232400	
VR 55	55	4,7	1059,2	6,2	870	1929	16,40	231500	260400	
VR 57	57	4,9	1156,9	6,2	900	2037	17,48	246800	276100	
VR 59	59	5,1	1248,6	6,2	930	2179	18,52	261500	294100	
VR 60,5	60,5	5,3	1352,4	6,2	960	2312	19,65	277400	312100	

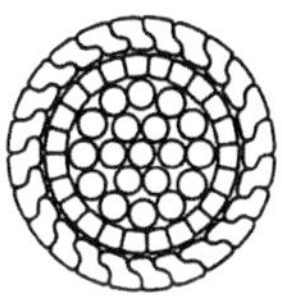

Abb.30b

Stahldrahtseile in vollverschlossener Machart mit 1 Keil- und 1 Z-Profildrahtlage (Abb. 30b)

Tragseile für Personen-, Materialseilbahnen und Kabelkrane

Lfd. Nr.	Seil-Nenn-durch-messer d ≈ mm	Runddrähte Durchmesser mm	Runddrähte F_m mm²	Keil-Profildrähte Höhe mm	Keil-Profildrähte F_m mm²	Z-Profildrähte Höhe mm	Z-Profildrähte F_m mm²	Metall-Querschnitt des Seiles F_m mm²	Rechnerisches Seilgewicht q ≈ kg/m	Rechnerische Bruchlast des Seiles bei einer Nennfestigkeit σ_B = kg/mm² 120 kg	135 kg	150 kg
VK 20,5	20,5	2,2	27,3	2,7	74,2	4,2	179,9	281	2,39	33700	37900	42100
VK 23	23	2,5	35,2	3,4	101,2	4,2	205,6	342	2,91	41000	46200	51300
VK 25	25	2,7	41,0	3,4	101,2	5,0	266,3	408	3,47	49000	55100	61200
VK 26,5	26,5	3,2	57,3	3,4	118,0	5,0	284,0	459	3,90	55100	62000	68800
VK 29	29	3,7	76,8	3,7	150,5	5,0	325,8	553	4,70	66400	74600	82900
VK 31	31	4,4	107,8	3,7	170,9	5,0	339,5	618	5,25	74200	83400	92700
VK 32,5	32,5	4,7	122,7	4,1	224,4	5,0	358,3	705	5,99	84600	95100	105700
VK 34	34	3,15	149,3	4,1	237,6	5,0	412,5	799	6,79	95900	107800	119800
VK 36	36	3,5	184,5	4,1	264,0	5,0	431,3	880	7,48	105600	118800	132000
VK 38	38	4,0	241,3	4,1	290,4	5,0	449,7	981	8,34	117700	132400	147100
VK 40	40	4,3	277,6	4,1	303,6	5,0	488,8	1070	9,10	128400	144400	160500
VK 42	42	4,6	318,4	4,5	350,8	5,0	508,3	1178	10,01	141400	159000	176700
VK 45	45	3,7	402,0	4,5	381,3	5,0	547,4	1331	11,31	159700	179600	199600
VK 47	47	3,95	458,0	4,5	411,8	5,0	567	1437	12,21	172400	193900	215500
VK 49	49	3,75	409,2	5,0	423,6	6,2	750	1583	13,46	190000	213700	
VK 50,5	50,5	3,95	458,0	5,0	441,3	6,2	780	1679	14,27	201500	226600	
VK 52	52	4,2	517,0	5,0	476,6	6,2	810	1804	15,33	216500	243500	
VK 55	55	4,6	617,2	5,0	511,9	6,2	870	1999	16,99	239900	269800	
VK 57	57	4,9	702,5	5,0	547,2	6,2	900	2150	18,28	258000	290200	
VK 59	59	4,0	771,2	5,0	564,8	6,2	930	2266	19,26	271900	305900	
VK 60,5	60,5	4,2	850,6	5,0	582,5	6,2	960	2393	20,34	287200	323000	
VK 62	62	4,4	930,0	5,0	600,1	6,2	990	2520	21,42	302400	340200	
VK 64	64	4,6	1016,8	5,0	617,7	6,2	1020	2654	22,55	318500	358300	

Freileitungsseile

Seil (Nennquerschnitt) mm²	Cu und Al mm²	Cu und Al Dm mm	Cu kg/km	Al kg/km	Stahl—Al 1:6 q mm²	Stahl—Al 1:6 Dm mm	Stahl—Al 1:6 kg/km
10	10	4,1	92	—	—	—	—
16	15,9	5,1	146	44,5	17,8	5,4	62,5
25	24,2	6,3	222	67,5	27,8	6,5	97,5
35	34	7,5	312	95	40,0	8,1	140,5
50	49	9,0	449	136,5	56,3	9,6	197
70	66	10,5	605	183,5	77,8	11,6	277,5
95	93	12,5	852	259	105,0	13,4	371,5
120	117	14,0	1075	326	143,5	15,7	510
150	147	15,8	1345	409	174,3	17,3	619,5

Quelle: Hütte, Bd. 2.

4. Stahl-Streckenausbau

Profile der Österreichisch-Alpine Montangesellschaft

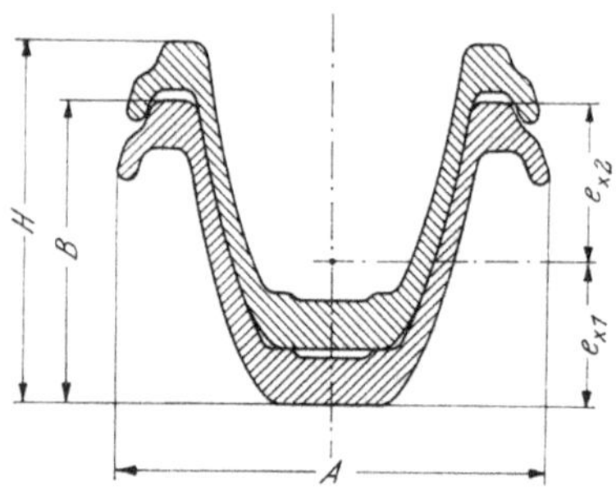

Abb. 31

Glockenprofile E 18, E 21, E 27 (Abb. 31)

Klasse	Abmessungen A	B	H	Statische Werte Jx	ex¹	ex²	Wx¹	Wx²	Jy	Wy	F	G
	mm			cm⁴	mm	mm	cm³	cm³	cm⁴	cm³	cm²	kg/m
E 18	**146**	**99**	**115**	**252,4**	**45,0**	**54,0**	**56,1**	**46,7**	**340,5**	**46,7**	**21,9**	**17,2**
E 21	**147**	**102**	**121**	**310,2**	**47,4**	**54,6**	**65,5**	**59,0**	**436,5**	**59,4**	**26,2**	**20,6**
E 27	**147**	**107**	**131**	**413,5**	**49,8**	**57,2**	**83,1**	**72,3**	**553,3**	**75,3**	**33,8**	**26,5**

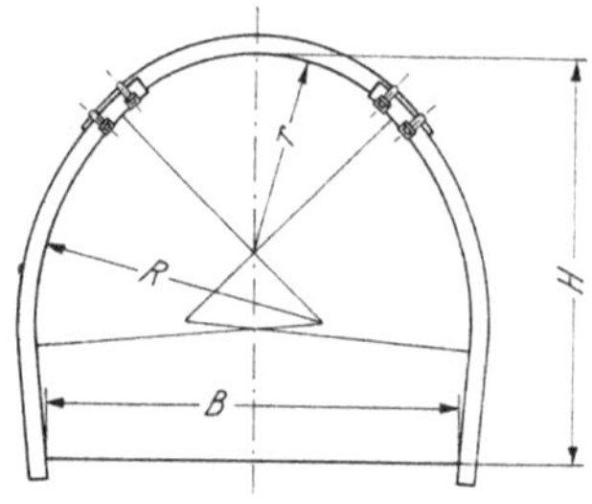

Abb. 32

Regelform	Querschnitt	Hauptabmessungen				Gewicht		
		mm				kg		
	m²	*R*	*r*	*B*	*H*	E 18	E 21	E 27
110	4,0	1400	1120	2259	1976	142	161	200
112	4,0	1700	1120	2483	1927	142	161	200
114	4,5	1400	1120	2222	2185	147	167	208
116	4,5	1700	1120	2450	2122	147	167	208
118	5,0	1700	1120	2415	2317	156	178	221
120	5,0	1400	1400	2644	2124	154	176	218
122	6,3	1400	1400	2562	2590	170	194	242
124	6,3	1700	1400	2790	2500	168	192	239
126	8,0	2240	1400	3125	2821	181	207	258
128	10,0	2240	1700	3500	3172	198	227	284

Glockenprofile TH 21/58, TH 28/58 (Abb. 33)

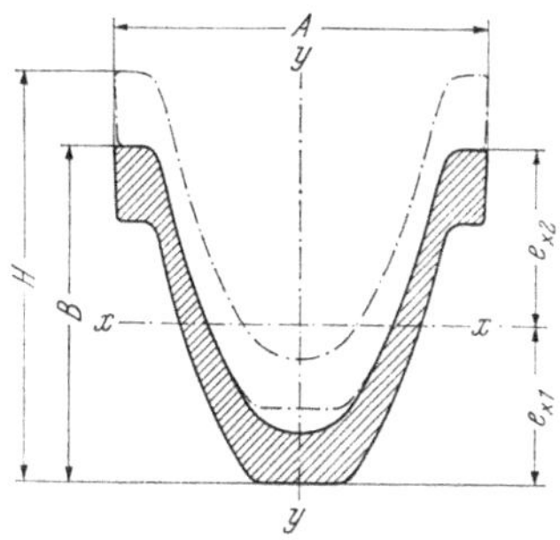

Abb. 33

Gewichts-Klasse	Abmessungen A	B	H	Statische Werte Jx	ex¹	ex²	Wx¹	Wx²	Jy	Wy	F	G
	mm			cm⁴	mm	mm	cm³	cm³	cm³	cm⁴	cm²	kg/m
TH 21/58	124	108	132	336	51	57	65,0	59,0	366	59,0	26,8	21
TH 28/58	143	125	152	596	59	66	101,0	90,8	650	90,8	35,7	28

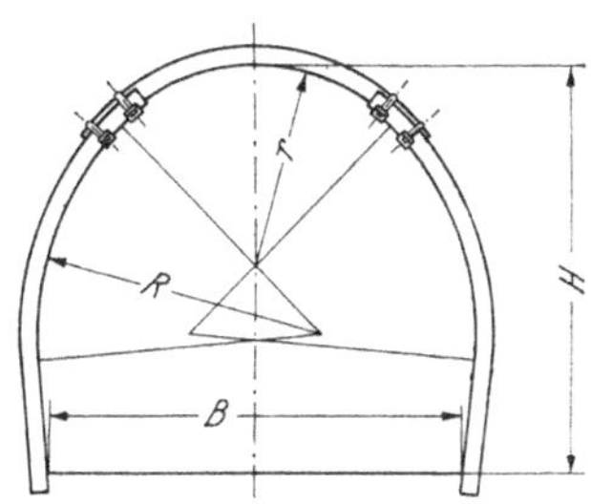

Abb. 34

Regel-form	Quer-schnitt	Hauptabmessungen mm				Gewicht des kompletten Bogens kg	
	m²	R	r	B	H	TH 21/58	TH 28/58
110	4,0	1400	1120	2260	1976	162	208
112	4,0	1700	1120	2483	1927	162	208
114	4,5	1400	1120	2222	2185	171	219
116	4,5	1700	1120	2450	2122	171	219
118	5,0	1700	1120	2415	2317	179	230
120	5,0	1400	1400	2644	2124	176	226
122	6,3	1400	1400	2562	2590	195	251
124	6,3	1700	1400	2790	2500	193	248
126	8,0	2240	1400	3125	2821	207	268
128	10,0	2240	1700	3500	3172	227	295

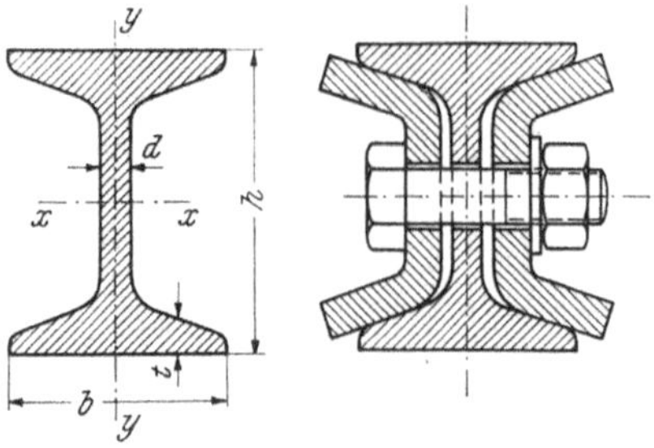

Starrer Ausbau, Streckenbogen G 120 (Abb. 35)

Abb. 35

Abmessungen				Fläche	Gewicht	Festigkeitswerte					
h	*b*	*d*	*t*			*Jx*	*Wx*	*ix*	*Jy*	*Wy*	*iy*
mm				cm^2	kg	cm^4	cm^3	cm	cm^4	cm^3	cm
120	92	11	15	37,6	30,—	816	136	4,66	150	32,6	2,00

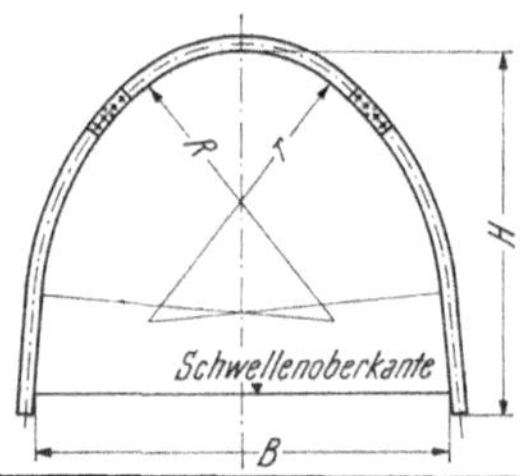

Abb. 36

Regelform	*R*	*r*	*B*	*H*	Gewicht	Streckenquerschnitt
	mm				kg	m^2
1	2000	1000	2880	2360	225,8	5,0
2	2240	1120	3230	2650	249,2	6,3
3	2500	1250	3625	3000	274,2	8,3
4	2800	1400	4065	3350	303,2	10,0
5	3500	1750	5000	3550	333,3	12,5
6	3750	1900	5300	3750	350,6	14,0
7	4000	2000	5600	4000	370,1	16,0

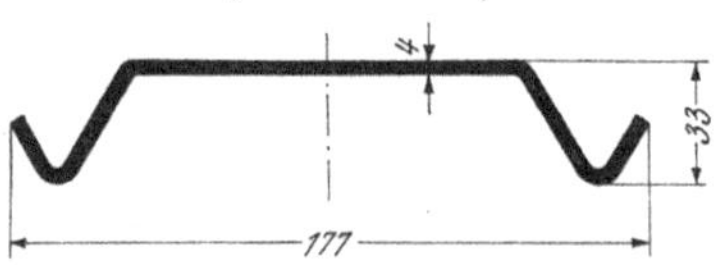

a) R 20

Stahlverzugsbleche (Abb. 37)

Abb. 37

Länge des Streckenverzuges nach R 20	Gewicht	Widerstandsmoment	Gewicht je m Streckenverzug
	je m Streckenumfang		
mm	kg	cm^3	kg/m
560	21,3	35	6,9
630	24,0	35	6,9
710	27,0	35	6,9
800	30,4	35	6,9
900	34,2	35	6,9
1000	38,0	35	6,9
1120	42,5	35	6,9
1250	47,5	35	6,9

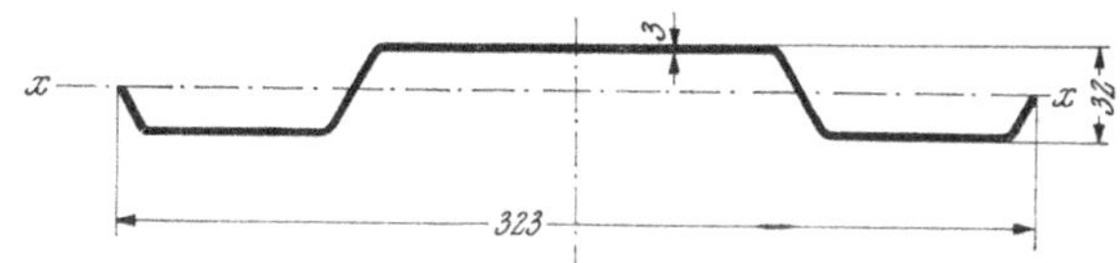

Abb. 38

b) Stahlverzug 320

Der „Stahlverzug 320“ wird normal in untenstehenden Längen geliefert, andere Längen nach Wunsch (Abb. 38).

Normallängen mm	Gewicht je Stück kg	Gewicht je Meter Streckenumfang kg	W_x je Meter Streckenumfang cm³	Stückzahl je Meter Streckenumfang
600	5,23	16,2	37,5	3,1
750	6,53	20,2	37,5	3,1
1000	8,71	27,0	37,5	3,1
1500	13,07	40,5	37,5	3,1
3000	26,13	81,0	37,5	3,1

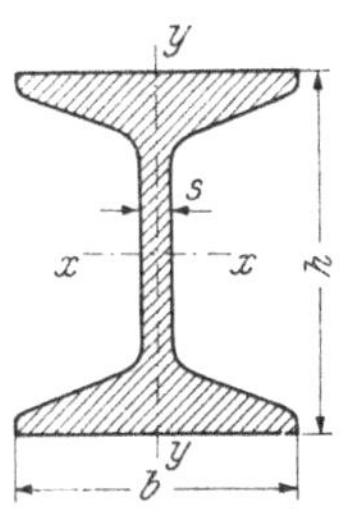

Abb. 39

Profile des Stollenausbaus „Gerlach“ der Rheinstahl Wanheim GmbH — Werk Gladbeck (Abb. 39)

Type	h mm	b mm	s mm	G kg/m	F cm²	J_x cm⁴	W_x cm³	i_x cm	J_y cm⁴	W_y cm³	i_y cm
90	90	76	8	17,7	22,5	281	62,5	3,53	62,6	16,5	1,67
100	100	80	9	20,7	26,4	403	80,7	3,91	80,5	20,1	1,75
110	110	84	10	24,5	31,1	570	103	4,28	103	24,5	1,82
120	120	92	11	29,5	37,6	816	136	4,66	150	32,6	2,00
130	130	100	12	35,0	44,6	1130	175	5,05	211	42,3	2,18

5. Felsanker (Gebirgsanker)

GHH-Gebirgsanker der Gutehoffnungshütte Sterkrade A. G., Werk Sterkrade

Werkstoff: St. 50, 11

a) Raubkeilanker mit Kopfstück, Schale, Ankerplatte, Klaue, Mutter (Abb. 40).
b) Schlitzkeilanker mit Schlagmuffe, Keil, Ankerplatte, Klaue, Bundmutter.

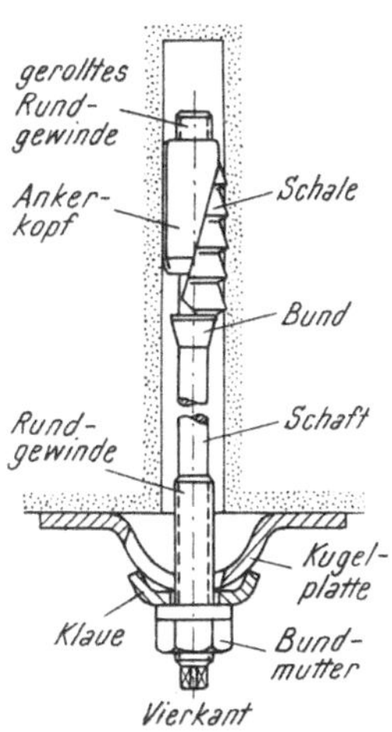

Abb. 40

Nr.	Länge mm	Gewichte (komplett) kg Schlitzkeilanker Durchmesser 24	Gewichte (komplett) kg Rauhkeilanker Durchmesser 20
1	800	6,4	6,6
2	900	6,7	6,8
3	1000	7,0	7,0
4	1120	7,4	7,3
5	1250	7,8	7,7
6	1400	8,2	8,0
7	1600	8,8	8,5
8	1800	9,4	9,0
9	2000	10,0	9,5
10	2240	10,7	10,1
11	2500	11,5	10,7
12	2800	12,4	11,5

Felsanker Ancrall der Walzstahl A. G. Basel

Bestandteile des Ankers:

1. Schraubenschaft (St. 70, 11) wiederverwendbar, mit viergängigem 8-mm-Steilgewinde und 32-mm-Sechskantkopf.
2. Sechskantspreizkonus.
3. Spreizelement (Spreizkopf) mit Leichtmetall-Spreizkeilen.

Typen	Gesteinsart	Bohrloch-Durchmesser
Nr. 32	für sehr hartes Gestein	33 mm
Nr. 35	„ hartes „	36 mm
Nr. 38	„ halbhartes „	39 mm
Nr. 42	„ weiches „	43 mm
Nr. 46	„ sehr weiches „	47 mm

Länge m	Nr.	Gewicht kg	Länge m	Nr.	Gewicht kg	Länge m	Nr.	Gewicht kg
0,80	32	1,55	2,00	32	3,40	4,00	32	8,20
	35	1,64		35	3,49		35	8,29
	38	1,79		38	3,64		38	8,44
	42	1,93		42	3,78		42	8,58
	46	2,13		46	3,98		46	8,78
1,20	32	2,20	2,50	32	5,00	5,00	32	10,20
	35	2,29		35	5,09		35	10,29
	38	2,44		38	5,24		38	10,44
	42	2,58		42	5,38		42	10,58
	46	2,78		46	5,58		46	10,78
1,50	32	2,60	3,00	32	6,20	6,00	32	12,20
	35	2,69		35	6,29		35	12,29
	38	2,84		38	6,44		38	12,44
	42	2,98		42	6,58		42	12,58
	46	3,18		46	6,78		46	12,78
1,80	32	3,15						
	35	3,24						
	38	3,39						
	42	3,53						
	46	3,73						

Platten zur Stützung für Felsanker Ancrall

aus Stahl von 150/150/8	aus Stahl von 200/200/10
Type 82/90°	Type 82/90°
Type 59,5/75,5°	Type 59,5/75,5°
Type 37/53°	Type 37/53°
Gewicht 1,350 kg	Gewicht 3 kg

Felsanker der Fa. Goldenberg, Levallois-Perret (Seine)

Ankerschaft: wiedergewinnbar, normale Schaftlänge: 1,80 m.

Type	Schaftdurchmesser	Type	Schaftdurchmesser
30 B	20 mm	38 BR 1	18 mm
30 B	18 mm	42 BR 1	18 mm
32 C	17 mm	42 BGE	19,5 mm

Bestandteile: Ankerbolzen, Platten mit Unterlagsscheiben oder nachgiebige Platten mit schwenkbarer Kuppel, Haken, Keile für Haken, Mutter 38 mm.

Tragfähigkeit bis zu 20 t.

Perfo-Anker und Perfo-Dübel

Der Perfo-Anker ist ein Eisenbeton-Anker für Bohrlöcher beliebiger Art und Lage. In das Bohrloch wird eine Hülse, das Perfo-Rohr, das in der Längsrichtung aus zwei Hälften besteht, eingeführt. Das Rohr ist mit einem plastischen, rasch abbindenden Zementmörtel gefüllt. In diese Hülse wird der Ankerbolzen eingetrieben, wodurch der Zementmörtel durch die Perforierungen ausgepreßt wird und den Raum zwischen Bohrloch und Bolzen satt ausfüllt. Die Bolzen bestehen aus gewöhnlichem Rundeisen, Torstahl o. dgl. Geliefert werden die *Perfo-Anker-Röhren* in 2 m Länge, Blechstärke 0,7—1,0 mm, Rohrinnendurchmesser 23, 27, 29, 31 mm, die zugehörigen Bolzendurchmesser betragen 16, 19, 22, 25 und 28 mm. Perfo-Anker haben sich bewährt zur Felsnagelung im Tunnel- und Stollenbau, im Felsaushub zur Sicherung der Böschungen und zur Befestigung von Bolzen in Fels und Beton.

6. Rohre

Gewinderohre nach DIN 2439, 2440 und 2441

Nennweite		Äußerer Rohr-durchmesser	Leichte (Gasrohre) nach DIN 2439		Mittelschwere (Gasrohre) nach DIN 2440		Schwere (Dampfrohre) nach DIN 2441	
			Wanddicke	Gewicht (einschl. Muffe)	Wanddicke	Gewicht	Wanddicke	Gewicht
Zoll	mm	mm	m	kp/m	mm	kp/m	mm	kp/m
$^{1}/_{8}$	6	10	2	0,395	2	0,398	2,5	0,465
$^{1}/_{4}$	8	13,25	2,25	0,610	2,25	0,615	2,75	0,717
$^{3}/_{8}$	10	16,75	2,25	0,805	2,25	0,812	2,75	0,956
$^{1}/_{2}$	15	21,25	2,4	1,115	2,75	1,26	3,25	1,45
$^{3}/_{4}$	20	26,75	2,4	1,440	2,75	1,65	3,5	2,03
1	25	33,5	2,9	2,187	3,25	2,45	4	2,94
$1^{1}/_{4}$	32	42,25	3,1	2,99	3,25	3,17	4	3,81
$1^{1}/_{2}$	40	48,25	3,1	3,45	3,5	3,92	4,25	4,67
2	50	60			3,75	5,29	4,5	6,25
$2^{1}/_{2}$	65	75,5			3,75	6,77	4,5	8,01
3	80	88,25			4	8,51	4,75	9,98
$(3^{1}/_{2})$	(90)	101			4,25	10,4	5	12,3
4	100	113,5			4,25	11,9	5	13,8
5	125	139			4,5	15,5	5,5	18,7
6	150	164,5			4,5	18,6	5,5	22,4

Für verzinkte Rohre sind die Gewichte etwa um 6% höher.

Fluß-Stahlrohre, Leitungs-

Rohr-Außendurchmesser mm	Rohr-Außendurchmesser Zoll	*Normalwand*[2] mm	*Normalwand*[2] Gewicht kg/m	Dünne Wand mm	Dünne Wand Gewicht kg/m	Sonstige Wanddicken in mm (größer als Normalwand), Gewicht in kg/m: 3	3,5	4	4,5	5	5,5	6	7	8
51	*2*	*2,5*	*2,99*			3,55	4,10	4 64	5,16	5,67	6,17	6,66	7,60	8,48
54[1]	2 1/8	2,5	3,18			3,77	4,36	4,93	5,49	6,04	6,58	7,10	8,11	9,08
57	*2 1/4*	*2,75*	*3,68*			4,00	4,62	5,23	5,83	6,41	6,99	7,55	8,63	9,67
60[1]	2 3/8	3	4,22				4,88	5,52	6,16	6,78	7,39	7,99	9,15	10,3
63,5	*2 1/2*	*3*	*4,48*				5,18	5,87	6,55	7,21	7,87	8,51	9,75	11,0
70	2 3/4	3	4,96				5,74	6,51	7,27	8,01	8,75	9,47	10,9	12,2
76	*3*	*3*	*5,40*				6,26	7,10	7,93	8,75	9,56	10,4	11,9	13,4
83	3 1/4	3,25	6,39				6,86	7,79	8,71	9,62	10,5	11,4	13,1	14,8
89	*3 1/2*	*3,25*	*6,87*				7,38	8,38	9,38	10,4	11,3	12,3	14,2	16,0
95	3 3/4	3,5	7,90					8,98	10,0	11,1	12,1	13,2	15,2	17,2
102	4	3,5	9,50					9,67	10,8	12,0	13,1	14,2	16,4	18,5
108	*4 1/4*	*3,75*	*6,64*					10,3	11,5	12,7	13,9	15,1	17,4	19,7
121	4 3/4	4	11,5						12,9	14,3	15,7	17,0	19,7	22,3
133	*5 1/4*	*4*	*12,7*						14,3	15,8	17,3	18,8	21,8	24,7
146	5 1/5	4,25	14,9						15,7	17,4	19,1	20,7	24,0	27,2
152[1]	5 3/4	4,25	15,5						16,4	18,1	19,9	21,6	25,0	28,4
159	*6 1/4*	*4,5*	*17,2*							19,0	20,8	22,6	26,2	29,8
171	6 3/4	4,5	18,5							20,5	22,4	24,4	28,3	32,2
191	*7 1/2*	*5,25*	*24,1*								25,2	27,4	31,8	36,1
216	*8 1/2*	*6*	*31,0*										36,1	41,0
241	9 1/2	6,25	36,1										40,4	46,0
267	*10 1/2*	*6,5*	*41,8*										44,9	51,1
292	11 1/2	7	49,2											56,0
318	*12 1/2*	*7,5*	*57,4*											61,2
343	13 1/2	8	66,1	6	49,9									
368	*14 1/2*	*8*	*71,0*	*6*	*53,6*									
394	15 1/2		85,5	6	57,4									
419	*16 1/2*	*9,5*	*95,9*	*6*	*61,2*									
445	17 1/2	10	107	6,5	70,3									
470	*18 1/2*	*10,5*	*119*	*6,5*	*74,3*									
495	19 1/2	11	131	7	84,4									
521	*20 1/2*	*11,5*	*144*	*7*	*88,8*									

[1] Diese Norm stimmt überein mit den Empfehlungen des ISA-Komitees 5a — Rohrleitungen — vom Juni 1938, mit Ausnahme der Rohraußendurchmesser 54, 60, 152, die in der Empfehlung nicht enthalten sind (ISA = Internationale Föderation der Nationalen Normen-Vereinigungen). Die *kursiv* gedruckten Rohr-Außendurchmesser sind zu bevorzugen.

[2] Rohre mit *Normalwand* sind in Handelsgüte in der Regel ab Lager lieferbar.

[3] Werkstoff (bei Bestellung angeben): *St 00.29*, *St 35.29*, St 45.29[4], *St 55.29*, St 65.29[4] oder Sonderausführung nach DIN 1620.

und Konstruktionsrohre (DIN 2448)

Sonstige Wanddicken in mm (größer als Normalwand)															Rohr-Außen-durchmesser
9	10	11	12	14	16	18	20	22	24	26	28	30	32	35	
Gewicht in kg/m															mm
															51
															54[1]
10,7															57
11,3															60[1]
12,1	13,2														63,5
13,5	14,8														70
14,9	16,3	17,6													78
16,4	18,0	19,5													83
17,8	19,5	21,2	22,8												89
19,1	21,0	22,8	24,6												95
20,6	22,7	24,7	26,6												102
22,0	24,2	26,3	28,4	32,5											108
24,9	27,4	29,8	32,3	36,9											121
27,5	30,3	33,1	35,8	41,1	46,2										133
30,4	33,5	36,6	39,7	45,6	51,3										146
31,7	35,0	38,3	41,4	47,7	53,7	59,5									152[2]
33,3	36,7	40,1	43,5	50,1	56,4	62,6									159
36,0	39,7	43,4	47,1	54,2	61,2	67,9	74,5								171
40,4	44,6	48,8	53,0	61,1	69,1	76,8	84,3	91,7							191
45,9	50,8	55,6	60,4	69,7	78,9	87,9	96,7	105							216
51,5	57,0	62,4	67,8	78,4	88,8	99,0	109	119	128						241
57,3	63,4	69,4	75,5	87,4	99,0	111	122	133	144						267
62,8	69,5	76,2	82,9	96,0	109	122	134	146	159	171					292
68,6	76,0	83,3	96,6	105	119	133	147	161	174	187	200	213			318
74,1	82,1	90,1	98,0	114	129	144	159	174	189	203	218	232			343
79,7	88,3	06,8	105	122	139	155	172	188	204	219	235	250	265		368
	94,7	104	113	131	149	167	184	202	219	236	253	269	286	310	394
	101	111	120	140	159	178	197	215	234	252	270	288	305	331	419
		118	128	149	169	190	210	230	249	269	288	307	326	354	445
		125	136	157	179	201	222	243	264	285	305	326	346	375	470
			143	166	189	212	234	257	279	301	322	344	365	397	495
			151	175	199	223	247	271	294	317	340	363	386	419	521

[1] Rohre aus St 45.29 und St 65.29 werden nur auf besonderes Verlangen hergestellt.
Stähle mit garantierten Warmfestigkeitseigenschaften nach DIN 17175.
Stähle nach Sondervorschriften (z. B. für Kesselrohre)
Sofern in der Bestellung kein besonderer Werkstoff angegeben wird, werden die Rohre in Handelsgüte St 00.29 geliefert.

Betonrohre

(Auszug aus ÖNORM B 5070)

Arten der Betonrohre: Type A: Rohre mit Nachweis der Wasserdichtigkeit
Type B: Rohre ohne Nachweis der Wasserdichtigkeit

Formen: Runde Rohre werden ohne Fuß als Falz- oder Muffenrohre, mit Fuß als Falzrohre, eiförmige Rohre als Falzrohre mit Fuß hergestellt.

Falzrohre (Form F, mit Fuß; Form R, ohne Fuß):

Gerade Rohre: $L = 1000$ mm $\pm$ 10 mm zulässige Abweichung
Wandstärke w sowie die Maße o und u sind von der Art des verwendeten Werkstoffes und der Herstellung abhängig.

D mm	Zulässige Abweichung	f mm	w mm	Gewicht etwa kg	D mm	Zulässige Abweichung	f mm	w mm	Gewicht etwa kg
100	± 2	80	28	25	350	± 4	280	45	138
125		100	30	30	400		320	50	195
150		120	30	40	500	± 5	400	60	261
200	± 3	160	32	56	600	± 6	450	65	435
250		200	35	77	700		500	70	510
300	± 4	400	40	115	800	± 7	550	80	660

Muffenrohre:

Gerade Rohre: $L = 1000$ mm $\pm$ 10 mm zulässige Abweichung
Die Wanddicke w ist von der Art des verwendeten Werkstoffes und der Herstellung abhängig.

D mm	Zulässige Abweichung	w mm	Gewicht etwa kg	D mm	Zulässige Abweichung	w mm	Gewicht etwa kg
100	± 2	25	25	300	± 4	32	80
125		25	30	350		34	108
150		27	38	400		35	130
200	± 3	29	54	500	± 5	40	190
250		30	65	600	± 6	45	260

Steinzeugrohre

(Maße und Gewichte laut Werksangaben, Maße von *DIN 1230*, Ausgabe August 1957 abweichend.)

Gerade Rohre (alle Maße in mm)

Werte	Nennweite D in mm							
	100	125	150	200	250	300	350	400
D_1	143	160	194	244	300	352	406	470
D_2	198	232	260	315	378	435	502	560
m	60	60	70	70	70	70	70	70
3	17	17,5	22	22	25	26	28	35
Stückgewicht kg	16,5	20,5	26,5	37,5	53,0	74,0	85,5	116,5

Benennung	Werte	Nennweite D in mm 100	125	150	200	250	300	350	400
Bogen 45°	Stückgewicht kg	6,0	7,5	10,0	16,0	24,0	37,5	50,0	65,0
Bogen 90°	r	150	170	170	200	220	250	250	280
	Stückgewicht kg	7,0	8,5	12,5	20,0	28,0	44,0	57,5	87,0
Einfachabzweig 90°	a	180	220	270	250	250	250	240	240
	b	120	140	170	200	220	250	280	300
	L	600	600	600	600	600	600	600	600
	Stückgewicht kg	13,0	15,5	24,5	33,0	51,0	61,5	81,0	108,0
Einfachabzweig 45°	a	250	300	360	390	390	450	500	500
	b	300	300	330	350	350	450	500	500
	L	600	600	600	600	600	600	800	1000
	Stückgewicht kg	14,0	17,0	25,5	35,0	49,0	75,5	96,5	155,0
Doppelabzweig	Baulänge L	600	600	600	600	600	600	800	1000
	Stückgewicht kg	18,0	21,5	31,5	46,0	64,0	100,0	130,0	206,5
Übergang (Baulänge 300)	Stück-gew. kg, Übergang auf NW 125	8,0	—	—	—	—	—	—	—
	Übergang auf NW 150	9,0	11,0	—	—	—	—	—	—
	Übergang auf NW 200	13,0	13,5	14,5	—	—	—	—	—
	Übergang auf NW 250	16,0	16,5	18,0	19,0	—	—	—	—
	Übergang auf NW 300	20,0	20,0	22,5	23,0	27,0	—	—	—
	Übergang auf NW 350	33,0	35,0	28,5	28,0	32,0	34,0	—	—
	Übergang auf NW 400	45,0	47,0	52,5	45,5	48,0	50,0	54,5	—
Putzrohr (Baulänge 600)	Patent, Stückgew. kg	18,5	20,5	23,0	31,0	41,0	56,0	68,0	81,5
	gewöhnl. + Deckel, Stückgew. kg	10,0 +2,5	12,5 +2,5	18,0 +2,5	25,0 +4,0	35,0 +4,0	47,5 +4,0	58,0 +4,0	78,0 +4,0

Schrifttum

Arbeitsgemeinschaft zur Förderung der österreichischen Bauwirtschaft (AFÖB): Merkblatt für den Winterbau, Jg. 11, Nr. 7. Wien: Österreichische Staatsdruckerei. 1951.

BACH, K.: Richtlinien für die Einrichtung von Ingenieurbaustellen. Fortschritte und Forschungen im Bauwesen, Reihe A, Jg. 10, H. 11 (1943).

BACHUS, E.: Grundbaupraxis. (Handbibliothek für Bauingenieure, Neue Reihe.) Berlin—Göttingen—Heidelberg: Springer. 1961.

Barrages en Suisse. Sonderheft des Schweizerischen Wasserwirtschaftsverbandes, H. 6/7 (1961).

Bauen ohne Winterpause. Fachzeitung für Rationalisierung im Bauwesen der Rationalisierungsgemeinschaft „Bauwesen" im RKW, Jg. 11, H. 1 (1963).

Bauhandbuch 1960, 1961, 1962, 1963. (Herausgeber: Österreichische Bauzeitung.) Wien: Österreichischer Wirtschaftsverlag.

BAUMEISTER, L.: Preisermittlung und Veranschlagen von Hoch-, Tief- und Stahlbetonbauten, 11. Aufl. Berlin—Göttingen—Heidelberg: Springer. 1955.

BERGER, R.: Unterwasserstollen für KW Rheinau. Bautechnik, Bd. 4, H. 7 (1957).

BLUM, H.: Flachspundwände, Entwicklung und Anwendung in Europa. Bautechnik, H. 7 (1949).

BÖHM, F.: Schalung und Rüstung, 3. Aufl. Berlin: W. Ernst. 1943.

— Das Betonieren bei Frost, 4. Aufl. Berlin: W. Ernst. 1944.

BROCHER, E.: Wege und Möglichkeiten der Anwendung von Fertigteilen aus Beton im Bauwesen. Baugewerbe, H. 6 (1962).

BUDDENBERG, A.: Neuer Straßentunnel in New York. Bautechnik, H. 6 (1949).

DECK: Der Turmdrehkran in der Bauwirtschaft. Baumaschine und Bautechnik, Jg. 1, H. 4, S. 80 (1954).

Deutscher Verdingungsausschuß: Verdingungsordnung für Bauleistungen (VOB). Düsseldorf: Werner. 1951.

DRAXLMAYR, E.: Probleme der österreichischen Bauwirtschaft. Österreichische Bauzeitung, Nr. 48 (1957).

DREES, N.: Planierraupen und Planierreifenschlepper. Bauingenieur, H. 4 (1955).

DRESSEL, G.: Leistungsentlohnung im Baubetrieb. Bauwirtschaft, H. 30 (1955).

— Bauhof-Organisation. Österreichische Bauzeitung, Nr. 8 (1961).

— Die Arbeitsstudie auf der Baustelle. Österreichische Bauzeitung, Nr. 49 (1961).

DRÖGSLER, O.: Zur Technologie des Spritzbetons. Berg- und Hüttenmännische Monatshefte, Jg. 106, H. 5/6 (1961).

EILMANN, H. W.: Die Ufermauer an der NO-Seite von Helgoland. Bautechnik, H. 8 (1949).

Euclid-Werke: Leistungs- und Kostenberechnung der Euclid-Fahrzeuge.

FOGELSTRÖM, G., und K. H. FRAENKEL: Bohrpläne. In: Handbuch für Sprengarbeiten. Stockholm: Atlas Copco A. B. 1961.

FREY, R.: Die Bedeutung der Verdingungsnormen. Österreichische Bauzeitung, H. 47 (1963).

FRITSCH, J., W. STEINBÖCK und A. WOGRIN: Fortschritte in der Betontechnik des Massenbetonbaues. (Schriftenreihe des Österreichischen Wasserwirtschaftsverbandes, H. 34.) Wien: Springer. 1957.

GARBOTZ, G.: Handbuch des Maschinenwesens beim Baubetrieb, Bd. 1. Berlin: Springer. 1932.

— Die Baueinrichtungen für Talsperrenbauten. Bautechnik, Jg. 34, H. 8, S. 315ff. (1957).

GEBAUER, F.: Ratonalisierung im Bauwesen. Österreichische Ingenieur-Zeitschrift, Jg. 6, H. 6 (1963).

GRENGG, H.: Statistik der Österreichischen Talsperren. (Die Talsperren Österreichs, H. 12.) Wien: Springer. 1962.

HETZEL, K.: Baumaschinen und Bauleistungen. Technische Hochschule München: Eigenverlag. 1956.

HRASTNIK, H.: Rationalisierung im Bauwesen. Österreichische Ingenieur-Zeitschrift, Jg. 1, H. 10 (1958).

HUMMEL, A.: Das Beton-ABC, 10. Aufl. Berlin: W. Ernst. 1948.

KASTNER, H.: Die Anwendung der Grundwasserabsenkung beim Bau einer Wasserkraftanlage. Wasserkraft und Wasserwirtschaft, H. 1, S. 17 (1943).

— Statik des Tunnel- und Stollenbaues auf der Grundlage geomechanischer Erkenntnisse. Berlin—Göttingen—Heidelberg: Springer. 1962.

KIRGIS, L.: Tiefbau-Taschenbuch. Stuttgart: Franckh'sche Verlagshandlung. 1955.

KNOP, F.: Baustelleneinrichtung und Maschineneinsatz auf der Baustelle Jochenstein. Baumaschine und Bautechnik, H. 9 (1955).

KÖGLER, F., und A. SCHEIDIG: Baugrund und Bauwerk, 2. Aufl. Berlin: W. Ernst. 1939.

KOMOLI, E. H.: Kalkulation im Bauwesen. Porr-Nachrichten 1960.

KÜHN, G.: Der gleislose Erdbau. Anwendung und Einsatz der Geräte. Organisation und Kalkulation des Förderbetriebes. Berlin—Göttingen—Heidelberg: Springer. 1956.

— Felsbaggerungen unter Wasser. Baumaschine und Bautechnik, H. 34, S. 5 (1959).

KÜPPERS, TH.: Der Bauunternehmer zwischen Kosten und Preis. Bauwirtschaft, H. 24 (1959).

KÜPPERS, TH., und K. H. PFARR: Erläuterungen zur Baugeräteliste mit Kalkulation und Abrechnung der Gerätekosten. (Schriftenreihe Baubetrieb und Bauwirtschaft.) Wiesbaden: Bauverlag. 1960.

Larssen-Handbuch. Dortmunder-Hoerder-Hüttenverein AG. 1938 ff.

LAUFFER, H.: Gebirgsklassifizierung für den Stollenbau. Geologie und Bauwesen, Jg. 24, H. 1 (1958).

— Die neuere Entwicklung der Stollenbautechnik. Österreichische Ingenieur-Zeitschrift, Jg. 3, H. 1 (1960).

LEVSEN, P.: Kalkulation im Baugewerbe, Bd. 4. Berlin: Fachverlag Thiele und Schön. 1955.

LINDER, R.: Technologie des Spritzbetons. Baumaschine und Bautechnik, H. 2, 3 (1963).

LOY, G.: Betoneinbringung, Schalung und Rüstung beim Donaukraftwerk Aschach. Bauingenieur, Jg. 38, H. 7 (1953).

— Bauverträge und Preisbildung. Vortrag anläßlich des Seminars des Wirtschaftsförderungsinstituts Wien, Februar 1963.

LUCAS, G.: Der Tunnel. Berlin: W. Ernst. 1926.

MACULAN, R.: Die normgemäße Baupreiskalkulation. Wien: Österreichischer Gewerbeverlag. 1950.

MARNITZ, F.: Spülen und Saugen. Bautechnik, H. 8 (1943).

— Erfahrungen beim Bau und Betrieb von Spüleinrichtungen. Bautechnik, H. 52/56 (1949).

MESCHAN, F.: Kabelkrane oder Betonierbühnen. Der Bauingenieur, Jg. 29, H. 3 (1954).

MEYER und WIESNER: Der angemessene Preis im Baugewerbe. Berlin: O. Elsner. 1943.

MÜLLER, L.: Der Mehrausbruch in Tunneln und Stollen. Geologie und Bauwesen, Jg. 24, H. 3—4 (1959).

— Der Felsbau, Band 1. Stuttgart: F. Enke. 1963.

OHNESORGE, A., und H. BOIDA: Kosten der Preßlufterzeugung und des Preßluftbohrbetriebes bei der Gesteinsgewinnung. Berlin: Verlag der Deutschen Arbeitsfront. 1938.

OPITZ, G.: Selbstkostenermittlung für Bauarbeiten, Teil I und II. Düsseldorf: Werner. 1956 und 1957.

Österreichische Baugeräteliste, Ausgabe 1961. Wien: Österreichischer Wirtschaftsverlag.

Österreichischer Normenausschuß: Rechtliche und Technische Bestimmungen für Bauleistungen. Wien: Springer. 1949 ff.

PAULMANN, M., und R. BLAUM: Die Bagger und die Baggereihilfsgeräte. Berlin: Springer. 1923.

PEURIFOY, R. L.: Estimating Construction Costs. New York: McGraw Hill. 1953.

PFARR, K. H.: Plus oder Minus. Wiesbaden—Berlin: Bauverlag. 1961.

PLOCEK, W., und L. SELTENHAMMER: Anlagekosten und Baukostenbewegung im Österreichischen Wasserkraftwerkbau. Österreichische Zeitschrift für Elektrizitätswirtschaft, Jg. 14, H. 7 und 9 (1961).

PLÜMKE, K.: Preisermittlung für Bauarbeiten. Köln: R. Müller. 1962.
PRANGE, H.: Anwendungsbereich und Berechnungsmethoden der Baugeräteliste 1952. Bauwirtschaft, H. 2, S. 3 (1953).
RABCEWICZ, L. v.: Die Ankerung im Tunnelbau. Schweizerische Bauzeitung, H. 9, S. 123 (1957).
RASPER, F.: Ein neuer leistungsfähiger Schneidkopf-Saugbagger. Bauingenieur, H. 9 (1955).
RATHSMANN, E.: Die Verwendung von Druckluft im neuzeitlichen Gebirgsstraßenbau. Die Bauindustrie, Jg. 10, H. 2, S. 32 (1942).
— Druckluft-, Spritz- und Einpreßverfahren im Baubetrieb. Die Bauindustrie, Jg. 10, H. 5, S. 116 (1942).
— Seilbahnen auf Baustellen. Die Bauindustrie, Jg. 10, H. 18, S. 470 (1942).
— Deutsche Autoschütter. Straßen- und Tiefbau, H. 9, S. 6/7 (1955).
RAUH, A.: Druckluft und Gezähewirtschaft in der Bauindustrie. Berlin: O. Elsner. 1950.
RIND, C.: Die Baustelleneinrichtungen der Sperren Dobra und Ottenstein der Kamptalkraftwerke. Zeitschrift des Österreichischen Ingenieur- und Architekten-Vereines, Jg. 101, H. 17/18 (1956).
— Über die Baugrubenumschließungen beim Bau von Niederdruckanlagen. Bericht 230 H/40 der 5. Weltkraftkonferenz, Wien 1956.
— Der gleislose Förderbetrieb beim Bau der Sperren Moserboden. Die Bauwirtschaft, H. 43 (1956).
RITTER, H.: Kostenberechnung im Ingenieurbau. Berlin: Springer. 1929.
RÖSSERT, H.: Das Flußkraftwerk Braunau der Österreichisch-Bayerischen Kraftwerke A. G. Die Bauwirtschaft, H. 25 (1953).
SATTLER, K.: Betrachtungen über Schalungen, Rüstungen, Gerüstbrücken. Beton- und Stahlbetonbau, Jg. 46, S. 169 (1951).
SCHLÄPFER, A.: Installationen der Staumauerbaustelle. Wasser und Energiewirtschaft, Sonderheft „Talsperren“, Nr. 7/8/9 (1956).
SCHLEICHER, E.: Winterbau — Eine Tagung und eine Reise. Die Bauwirtschaft, Jg. 6, H. 23, S. 668 (1956).
SCHLOSSER, D.: Maßnahmen zur Leistungssteigerung auf Eisenbetonbaustellen. Die Bauindustrie, Jg. 11, H. 2, S. 41 (1943).
SCHOLTIS, G., und J. FRITSCH: Fortschritte im Massenbetonbau und ihre praktische Verwertung. Bericht 12 H/4 der 5. Weltkraftkonferenz, Wien 1956.
SOESER, M.: Allgemeine Baubetriebslehre. Wien: Springer. 1930.
— Bauführung und Bauverrechnung von Hoch- und Tiefbauten. Wien: G. Fromme. 1948.
SONDEREGGER, A.: Spritzbeton im Stollenbau. Schweizerische Bauzeitung, Jg. 74, Nr. 14, S. 212 (1956).
SPANIER, P: Erschließung und Einrichtung der Großbaustelle Innstufe Schärding-Neuhaus. VDI-Zeitschrift, Bd. 103, S. 281 (1961).
SPEIDEL, K.: Die Schalung — Wichtigster Kostenfaktor bei der Betonherstellung. Das Baugewerbe, H. 8 (1960).
Stahlspundwand, Die „Hoesch-“. Dortmund: Westfalenhütte. 1960.
STEINBÖCK, W.: Die Staumauer am Großen Mühldorfersee. (Die Talsperren Österreichs, H. 10.) Wien: Springer. 1959.
STIMPFL, H.: Kalkulation im Hochbau (Richtlinien, Zeitaufwand, Materialbedarf). Wien: Selbstverlag. 1959.
STRÄUSSLER, E.: Bautabellen. Wien: Verlag für Jugend und Volk. 1949.
STUMPF, K.: Erkenntnisse bei Anwendung der gleislosen Förderung in Tagbausteinbrüchen. Fördern und Heben, Bd. 8, H. 10 (1955).
Talsperren. Sonderheft der Wasser- und Energiewirtschaft, Nr. 7/8/9 (1956).
Telsmith Engineering Works: Aggregate Producers Handbook. Milwaukee, Wis., USA: Smith Engineering Works. 1955.
THEINER, O.: Untersuchungen der Walzenverdichtungsvorgänge. Baumaschine und Technik 1959.
TRIESEL, O., und W. FESSLER: Erschließung von Großbaustellen im Hochgebirge. Österreichische Bauzeitschrift, Jg. 11, H. 7/8 (1956).

VAS, O.: Wasserkraft- und Elektrizitätswirtschaft in der Zweiten Republik. (Schriftenreihe des Österreichischen Wasserwirtschaftsverbandes, H. 30.) Wien: Springer. 1956.

Vereinigung Schweizerischer Tiefbauunternehmer: Berechnungsgrundlagen für Tiefbauarbeiten, Anleitung 1962. Zürich: Buchdruckerei a. d. Sihl AG.

WALCH, O.: Baumaschine und Baueinrichtungen, 3 Bände. Berlin—Göttingen—Heidelberg: Springer. 1956 bis 1958.

WALTHER, A.: Kalkulation und Rechnungswesen des Baugeschäftes. Schweizer Baumeisterverband, Zürich.

WEBER, R.: Rohrförderung von Beton. Düsseldorf: Betonverlag GmbH. 1963.

WEDLER, B.: Möglichkeiten der Rationalisierung im Wohnungsbau. Die Bauwirtschaft, H. 20, S. 580 (1956).

WETZEL, E.: Der Betriebswirkungsgrad von Wasserhaltungspumpen auf Baustellen. Bautechnik, Jg. 19, H. 19, S. 209 (1941).

— Senkung der Wasserhaltungskosten durch Änderung des Abrechnungsverfahrens. Der Bauingenieur, H. 7, S. 251—254 (1950).

WHITE, L., und E. A. PRENTIS: Cofferdams. New York: Columbia University Press. 1950.

WOGRIN, A.: Die Betontechnik der Oberstufensperren. Salzburg: Eigenverlag der Tauernkraftwerke AG. 1955.

WOLF, P.: Leistungsermittlung mechanisierter Bauvorgänge. Bauwirtschaft, H. 10, S. 205 (1957).

Sachverzeichnis

5000/28/65

GPSR Compliance

The European Union's (EU) General Product Safety Regulation (GPSR) is a set of rules that requires consumer products to be safe and our obligations to ensure this.

If you have any concerns about our products, you can contact us on ProductSafety@springernature.com

In case Publisher is established outside the EU, the EU authorized representative is:

Springer Nature Customer Service Center GmbH
Europaplatz 3
69115 Heidelberg, Germany

Batch number: 10584556

Printed by Printforce, the Netherlands